AR 超媒体教材

普通高等院校电子科学技术类"十四五"重点建设教材

传感器技术

（第三版）

高晓蓉　李金龙　彭朝勇　王　楠　编

西南交通大学出版社
·成都·

内 容 简 介

本书以介绍传感器应用中所必需的基本技术和技能为目标，系统讲解了传感器技术的基本理论，详细阐述了各类传感器的工作原理、结构特点和测量电路，并给出了具体应用实例。全书共分 11 章，第 1 章介绍传感器的基本概念、数学模型、提高性能的措施和标定技术；第 2 章至第 4 章介绍传统的电阻、电容和电感式传感器；第 5 章至第 7 章介绍压电式、热电式和磁敏式传感器；第 8 章和第 9 章介绍光电式传感器和光纤传感器；第 10 章介绍生物传感器、微传感器、智能传感器等新型传感器及多传感器系统中的数据融合技术；第 11 章为实验。

作者 2003 年及 2013 年分别编写的《传感器技术》第一版及第二版出版后，深受广大师生的欢迎，并获得西南交通大学优秀教材奖，在全国一直畅销不衰。随着传感器技术的发展以及作者近年在传感器及检测技术方面的科研经历和教学经验的丰富，作者对本书的内容进行了大量更新和补充，使得该书内容更加新颖和实用。

本书适合作为普通高等院校电子、电气及机械类专业学生的教材以及教学参考书，也可供传感器专业的相关技术人员阅读和参考。

图书在版编目（CIP）数据

传感器技术 / 高晓蓉等编. —3 版. 成都：西南交通大学出版社，2021.8（2023.6 重印）
ISBN 978-7-5643-8099-1

Ⅰ. ①传… Ⅱ. ①高… Ⅲ. ①传感器 – 高等学校 – 教材 Ⅳ. ①TP212

中国版本图书馆 CIP 数据核字（2021）第 131262 号

Chuanganqi Jishu

传感器技术

（第三版）

高晓蓉 李金龙 彭朝勇 王 楠 / 编	责任编辑 / 李华宇
	封面设计 / 何东琳设计工作室

西南交通大学出版社出版发行
（四川省成都市金牛区二环路北一段 111 号西南交通大学创新大厦 21 楼 610031）
发行部电话：028-87600564 028-87600533
网址：http://www.xnjdcbs.com
印刷：成都蜀通印务有限责任公司

成品尺寸　185 mm × 260 mm
印张　22　字数　549 千
版次　2003 年 9 月第 1 版　2013 年 2 月第 2 版　2021 年 8 月第 3 版
印次　2023 年 6 月第 11 次

书号　ISBN 978-7-5643-8099-1
定价　49.90 元

课件咨询电话：028-81435775
图书如有印装质量问题　本社负责退换
版权所有　盗版必究　举报电话：028-87600562

第三版前言

党的二十大报告指出：要加快实现高水平科技自立自强。必须坚持科技是第一生产力、人才是第一资源、创新是第一动力，深入实施科教兴国战略、人才强国战略、创新驱动发展战略。坚持把发展经济的着力点放在实体经济上，推进新型工业化，加快建设制造强国、质量强国、航天强国、交通强国、网络强国、数字中国。实施产业基础再造工程和重大技术装备攻关工程，支持专精特新企业发展，推动制造业高端化、智能化、绿色化发展。推动战略性新兴产业融合集群发展，构建新一代信息技术、人工智能、生物技术、新能源、新材料、高端装备、绿色环保等一批新的增长引擎。

在信息化和数字化时代背景下，随着对传感器技术新原理、新材料和新技术研究的不断深入，新品种、新结构、新应用不断涌现，智能化、可移动化、微型化、集成化、多样化已成为其重要发展趋势。

智能传感器实现多种传感功能的集成，完成信号探测、变换处理、逻辑判断、功能计算、双向通信以及自校准、自补偿、自诊断等功能。同时，通过与人工智能技术相结合，各种基于模糊推理、神经网络、专家系统的高度智能传感器成为研究热点。在克服了节点资源限制，满足网络扩展性、容错性的要求后，无线传感网络方兴未艾。特别是随着集成微电子机械加工技术的日趋成熟，更为传感器微型化发展提供了重要技术支撑。新材料技术的突破加快了新型传感器的涌现，除半导体材料、光导纤维外，有机敏感材料、陶瓷材料、超导材料、纳米材料和生物材料推陈出新，促进了生物传感器、光纤传感器、气敏传感器、数字传感器的发展。

在2003年第一版、2013年第二版的基础上，第三版教材在完善原有传统传感器知识的同时，重点补充了对新型和智能化传感器的介绍。在第2章电阻式传感器中增加了气敏传感器、湿敏传感器；在第5章压电式传感器中补充了声表面波传感器和超声传感器；在第8章光电式传感器中涵盖了红外传感器的内容。新增加的第10章新型传感器，主要介绍了生物传感器、微传感器、智能传感器的原理、应用和发展趋势，同时补充了多传感器系统中的数据融合技术。

传感器技术是一门理论性和实践性都很强的学科，为此，结合编者20多年的"传感器技术"教学实践经验，在第三版教材中重新梳理和补充了实验内容，包括4个基础演示实验、4个半自拟实验和4个小组课程设计实验。在团队协作的课程设计实验中，采取了基于 PBL（基于问题/项目的学习）和 TBL（基于团队的学习）的专业课教学模式，完成从"以教师为中心"到"以学生为中心"的转变，使学生成为知识的发现者。

作为一门理工科高年级的专业课程，深度挖掘和提炼"传感器技术"课程体系中所蕴含的思想价值和精神内涵是非常有必要的。为此，新版教材中融入中国高速铁路发展中的智能检测技术，列举中国高铁名片、中国基建等大国利器实例，以"润物细无声"的方式在课程中融入课程思政的内容，在潜移默化中坚定学生理想信念、厚植爱国主义情怀。

第三版教材中另一个突出特点是采用了 AR（增强现实）技术，实现了将真实世界信息和虚拟世界信息"无缝"集成，将教材内容科学直观地以视、音、图、文等电子方式展示出来，多角度、多维度地呈现教材内容，增强了学习的互动性和趣味性。结合教材内容设计制作的 60 个 AR 超媒体数字资源（42 个动画及模型、18 个微课及视频），在采用智能终端扫描教材相应位置的图片或二维码后，会呈现出传感器模型、工作原理动画及实际应用场景，让学习者身临其境地感受教材中描述的内容，激发学习兴趣，提升学习效果。

结合新工科专业人才培养要求，教材在编排上考虑了从知识维度和认知维度满足课程教学目标要求。知识技能方面，在各类传统传感器和新型传感器学习的基础上，建立传感器的基本概念，了解传感器在机器控制系统中的重要作用，理解传感器的检测原理和结构特点，掌握传感器的测量电路和典型应用。能力培养方面，针对具体检测目标需求，能够完成对传感器的选型及检测系统设计，利用掌握的传感器知识技能实现对实际场景物理量的检测和信号处理。情操培养方面，通过学习和实践，培养学生对传感器技术的兴趣、对自然科学的热爱；在团队合作的课程设计中锻炼学生的领导力，使其领会团队协作的重要性。

本书在编写过程中参阅、借鉴了有关书籍和文献，在此一并表示诚挚的谢意。同时感谢在本书编写和出版过程中给予帮助的同事。

由于编者的水平和经验有限，书中难免存在不足之处，敬请广大专家、读者批评指正。

编　者

2023 年 6 月

第二版前言

传感器技术、计算机应用技术和通信技术是电子信息技术的三大主要组成部分。传感器技术是电子技术类、检测技术类和信息科学类的一门主要专业技术课，是现代科学技术中的一个重要领域。在当今的信息时代中，随着自动测控系统的发展，传感器作为信息捕捉的必要手段，对其依赖程度越来越大。传感器技术的发展推动了科学技术的进步，可以说，没有传感器也就没有现代化的自动测量和控制系统，没有传感器将没有现代科学技术的迅速发展。

目前，传感器的重要性正日益为人们所认识，国内外都已将传感器技术列为优先发展的科技领域之一。国内外高校许多专业都开设了相应课程，传感器方面的教材和专著陆续问世，这些书籍在原理性与实用性、传统性与新型性，以及广度与深度上各有侧重。为适应传感器应用和发展的需要，同时达到拓宽专业面的目的，作者在多年传感器技术本科教学的基础上，结合自身的科研体会，于2003年编写和出版了这本教材。

针对近年来传感器新技术飞速发展的现状，本书在再版过程中精选内容，在不削弱传统的较为成熟的传感器基本内容的前提下，以较大篇幅充实了新型传感器的内容，特别是增加了各章节中关于传感器具体应用的实例，同时补充了两个半自拟试验的内容，要求学生独立设计和完成，以锻炼学生分析问题和解决问题的实践能力。

鉴于传感器种类繁多，涉及的学科广泛，本书的重点放在原理阐述和实际应用的介绍上，既保证必要的、简明的数学推导，详细地给出物理概念，同时结合较多的应用实例，引导学生在学习本课程后，能收到举一反三、触类旁通的效果。

本书共分10章，除绪论和第1章外，传感器各章均具有一定的独立性。第1章概述有关传感器的基本概念；第2章至第4章介绍传统的电阻、电容和电感式传感器；第5章至第7章介绍压电式、热电式和磁敏式传感器的结构、工作原理及其应用等；第8章和第9章介绍光电式传感器和光纤传感器的原理、特点、应用和发展前景；第10章为实验。

本书是作者结合多年来从事传感器技术教学和科研的实践体会编写而成的。在编写过程中参阅了一些国内公开发表的有关文献，在此一并表示诚挚的谢意。同时感谢在本书编写和出版过程中给予帮助的同事。

由于编者的水平和经验有限，对书中的不妥之处，敬请批评指正。

编 者

2012 年 12 月

第一版前言

传感器技术（非电量测量技术）是电子技术类、检测技术类和信息科学类的一门主要的专业技术课，是现代科学技术中的一个重要领域。在当今的信息时代中，随着自动测控系统的发展，传感器作为信息捕捉的必要手段，对其依赖程度越来越大。传感器技术的发展推动了科学技术的巨大进步，可以说，没有传感器也就没有现代化的自动测量和控制系统，没有传感器将没有现代科学技术的迅速发展。

目前，传感器的重要性正日益为人们所认识，国内外都已将传感器技术列为优先发展的科技领域之一。国内高校许多专业都开设了相应课程，传感器方面的教材和专著陆续问世，这些书籍在原理性与实用性、传统性与新型性，以及广度与深度上各有侧重。为适应传感器应用和发展的需要，同时达到拓宽专业面的目的，作者在多年传感器本科教学的基础上，结合自身的科研体会，编写了这本教材。

针对近年来传感器新技术飞速发展的现状，本书通过精选内容，在不削弱传统的较为成熟的传感器基本内容的前提下，以较大篇幅充实了新型传感器的内容。鉴于传感器种类繁多，涉及的学科广泛，不可能也没有必要对各种具体传感器逐一剖析，本书的重点放在原理阐述和实际应用的介绍上，既保证必要的、简明的数学推导，详细地给出物理概念，同时结合较多的应用实例，引导学生在学习本课程后，能收到举一反三、触类旁通的效果。

为培养、锻炼学生的实践能力，在教材中还引入了实验环节，通过实验加深对基本概念的理解，进一步掌握传感器的检测方法，提高学生分析问题和解决问题的能力。本书共编排了六个实验。为达到开拓学生视野、启发思维的目的，本书设计的实验结合了科研成果（实验二、实验五），有一定的先进性和实用性，同时突出了铁路特色（实验一、实验二）和光电技术的特点（实验五、实验六）。为锻炼学生综合运用所学知识的能力，本书设计了两个半自拟实验（实验四、实验六），要求学生独立设计和完成，最大限度地锻炼学生的实践能力。

本书共分十章，除绪论和第一章外，传感器各章均具有一定的独立性。第一章概述有关传感器的基本概念；第二章至第四章介绍了传统的电阻、电容和电感类的传感器；第五章至第七章介绍压电式、热电式和磁敏式传感器的结构、工作原理及其应用等；第八章和第九章介绍光电式传感器和光纤传感器的原理、特点、应用和发展前景；第十章为实验。

本书编写过程中参阅了一些国内公开发表的有关文献，在此一并表示诚挚的谢意。同时感谢在本书编写和出版过程中给予帮助的领导、教师和同学。

由于传感器是多学科知识的综合，涉及内容多、面广，而编者的水平和经验有限，书中的疏漏及不妥之处在所难免，敬请批评指正。

编　者
2003 年 5 月

AR 超媒体数字资源索引

序号	资源名称	资源类型	页码
1	人机系统机能对应关系	微课	1
2	电气化铁路升降弓压力特性检测原理	AR 动画	3
3	电力机车受电弓升降弓时间检测原理	AR 动画	4
4	传感器的定义	微课	7
5	结构型和物性型传感器的比较	微课	9
6	大吨位电容称重传感器	AR 动画	11
7	加速度传感器模型	AR 模型	24
8	超声波流速计	AR 动画	34
9	容栅传感器	AR 动画	36
10	闭环技术	微课	39
11	应变计的横向效应	微课	58
12	电阻应变仪	微课	75
13	环形相敏检波器工作原理	AR 动画	78
14	膜片式应变压力计	AR 动画	83
15	筒形称重传感器	微课	84
16	筒形结构的称重传感器	AR 动画	85
17	应变式扭矩传感器	AR 动画	86
18	差动式变间隙型电容传感器	AR 动画	105
19	扇形平板结构差动变面积型电容传感器	AR 动画	109
20	柱面形结构差动变面积型电容传感器	AR 动画	109
21	变介质型电容传感器	AR 动画	110
22	变压器电桥电路	微课	115
23	运算放大器式电路	微课	118
24	差动式电容压差传感器	AR 动画	125
25	电容式加速度传感器	AR 模型	125
26	变气隙式自感传感器	AR 动画	130
27	差动式 E 形结构自感传感器	AR 动画	132
28	π形差动变压器结构原理	AR 动画	138
29	二极管相敏检波电路	微课	142
30	电涡流传感器工作原理	微课	144

续表

序号	资源名称	资源类型	页码
31	高频反射式电涡流传感器	AR动画	144
32	电涡流传感器测量转速	AR动画	149
33	电涡流阵列传感器单元线圈触发方式	AR动画	151
34	压电陶瓷的压电机理	AR动画	160
35	压电晶片的连接方式	微课	160
36	相控阵超声传感器的结构	AR模型	172
37	相控阵超声传感器的波阵面形成	AR动画	173
38	相控阵超声传感器的聚焦法则	AR动画	173
39	采用相控阵超声探伤技术的中国高速列车轮对检测设备	AR视频	174
40	热电偶传感器接触电势形成原理	AR动画	193
41	热电偶冷端补偿方法	微课	199
42	热电偶冷端电桥补偿法	AR动画	200
43	霍尔传感器测量转速	AR动画	215
44	磁敏电阻工作原理	AR动画	216
45	磁敏二极管工作原理	AR动画	218
46	光生伏特效应原理	AR动画	223
47	光位置传感器工作原理	AR动画	233
48	色敏光电传感器	微课	235
49	光电数字转速表	AR动画	237
50	CCD图像传感器电荷定向转移输出	微课	243
51	CCD图像传感器定向转移过程	AR动画	243
52	线型CCD图像传感器工作过程	AR动画	245
53	CCD图像传感器尺寸测量基本原理	AR动画	247
54	铁路轮对外形尺寸动态检测原理	AR视频	250
55	铁路受电弓滑板磨耗动态检测原理	AR动画	250
56	红外热成像原理检测钢轨缺陷	AR动画	256
57	光纤微弯损耗光强调制原理	AR动画	266
58	光纤波长调制与解调	微课	267
59	光纤位移传感器的光反射原理	AR动画	270
60	无人驾驶概念车环境感知原理	AR动画	303

目 录

绪 论 ·· 1
　　习题及思考题 ·· 6

第 1 章　传感器技术基础 ·· 7
　1.1　传感器的基本概念 ·· 7
　1.2　传感器的静态数学模型及其基本特性指标 ······································ 15
　1.3　传感器的动态数学模型及其动态特性指标 ······································ 23
　1.4　改善传感器性能的技术途径 ·· 32
　1.5　传感器的标定与校准 ··· 42
　　习题及思考题 ··· 45

第 2 章　电阻式传感器 ··· 47
　2.1　电位器式传感器 ·· 47
　2.2　电阻应变计的原理及特性 ··· 55
　2.3　测量电路及电阻应变仪 ·· 64
　2.4　电阻应变式传感器的应用 ··· 80
　2.5　气敏电阻传感器的原理及应用 ··· 87
　2.6　湿敏电阻传感器的原理及应用 ··· 93
　　习题及思考题 ·· 100

第 3 章　电容式传感器 ··· 102
　3.1　电容式传感器的工作原理和结构 ·· 102
　3.2　电容式传感器的测量电路 ·· 111
　3.3　电容式传感器的应用 ·· 121
　　习题及思考题 ·· 128

第 4 章　电感式传感器 ··· 129
　4.1　自感式传感器 ··· 129
　4.2　互感式传感器 ··· 137
　4.3　电涡流式传感器 ·· 144
　4.4　电感式接近传感器 ··· 152
　　习题及思考题 ·· 154

第 5 章　压电式传感器 ································· 157

5.1　压电效应和压电材料 ······························· 157
5.2　压电式传感器的等效电路和测量电路 ············· 160
5.3　压电式传感器的应用 ······························· 166
5.4　超声波传感器 ······································· 168
5.5　声表面波传感器 ···································· 174
习题及思考题 ··· 182

第 6 章　热电式传感器 ································· 184

6.1　热电阻 ··· 184
6.2　热敏电阻 ·· 188
6.3　热电偶 ··· 192
6.4　PN 结型温度传感器 ································ 202
习题及思考题 ··· 204

第 7 章　磁敏式传感器 ································· 206

7.1　霍尔传感器 ·· 206
7.2　磁敏电阻器 ·· 215
7.3　磁敏二极管和磁敏三极管 ·························· 217
习题及思考题 ··· 220

第 8 章　光电式传感器 ································· 221

8.1　光电效应 ·· 222
8.2　基于外光电效应的光电器件 ······················· 224
8.3　基于内光电效应的光电器件 ······················· 226
8.4　新型光电传感器 ···································· 233
8.5　光电式传感器的应用 ······························· 235
8.6　光固态图像传感器 ································· 242
8.7　红外传感器 ·· 250
习题及思考题 ··· 257

第 9 章　光纤传感器 ···································· 258

9.1　光纤传感器基础 ···································· 258
9.2　光纤传感器的调制技术 ···························· 263
9.3　光纤传感器应用举例 ······························· 268
习题及思考题 ··· 271

第 10 章 新型传感器 ... 272

- 10.1 生物传感器 ... 272
- 10.2 微传感器 ... 279
- 10.3 智能传感器 ... 288
- 10.4 多传感器系统中的数据融合技术 ... 297
- 习题及思考题 ... 304

第 11 章 实 验 ... 305

- 11.1 基础演示实验 ... 305
  - 实验 1-1 电位器式传感器及对接触线抬升量的测量 ... 305
  - 实验 1-2 电阻应变式传感器及电阻应变仪的原理和使用 ... 309
  - 实验 1-3 电涡流位移传感器的原理及其静态标定方法 ... 313
  - 实验 1-4 光纤高低电压隔离信号传输实验 ... 317
- 11.2 半自拟实验 ... 320
  - 实验 2-1 热电式传感器的温度自动控制实验 ... 320
  - 实验 2-2 光电报警实验 ... 325
  - 实验 2-3 热释电红外传感器探测人体 ... 330
  - 实验 2-4 光电式传感器测速实验 ... 332
- 11.3 小组课程设计实验 ... 334
  - 实验 3-1 基于红外热释电传感器的人体遥感装置设计 ... 334
  - 实验 3-2 基于光电对射开关的列车测速装置设计 ... 335
  - 实验 3-3 基于温度传感器的环境智能温控设计 ... 335
  - 实验 3-4 基于超声传感器的智能小车避障设计 ... 336

参考文献 ... 337

绪 论

传感器的英文是 Sensor 或 Transducer，Sensor 直译为"感觉"。

1. 人与机器系统的机能对应关系

我们知道，人类有五大感觉器官，即眼、耳、鼻、舌、皮肤，人类是通过这些感觉器官感知外界信息的。人脑对这些信息进行分析、处理，最后作出判断和反应，控制人类肢体的动作，这就是人体系统的组成。

对于机器系统而言，它包括传感器、计算机和执行器三部分。传感器是各种机械和电子设备的感觉器官，称为"机电五官"，用于感知外界信息。电子计算机对这些信息进行处理后，作出反应，控制各类执行器（如自动化机械及智能机器人等）。由此可以看到人与机器的机能对应关系，如图 0.1 所示，称为"机电五官"的传感器对应人类的五官，用于感知外界信息；计算机对应人类的大脑，用于分析和处理信息；而各种执行器则对应人类的肢体，完成各种操作和动作。

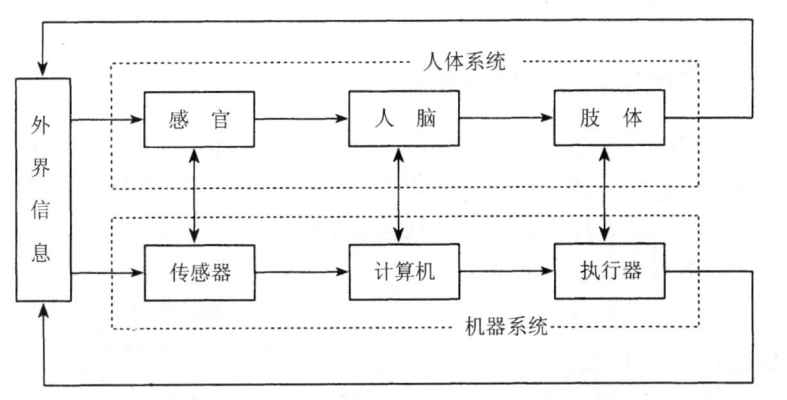

图 0.1 人与机器系统的机能对应关系

传感器作为"机电五官"，同人类的五官一样，能感觉到各种信息，诸如光、色、温度、压力、声音、湿度、气味及辐射等。而且，在很多方面，传感器的性能已经凌驾于人类五官之上。例如：它可以在人类无法忍受的高温、剧毒和放射性等恶劣环境下工作，还可以感知到人类五官所不能感知的量，如紫外线、红外线、超声波、磁场等。从这个意义上说，传感器具有人类梦寐以求的特异功能。其次，有些量虽然人的感官可以感受到，但是传感器的测量范围更宽、精度更高、可靠性更好。例如：在检测可见光方面，人眼的视觉残留约为 0.1 s，而光敏晶体管的响应时间可短到纳秒量级；人眼的角分辨率为 1′，而光栅测距的精确度可达

$1''$；激光定位的精度在月球与地球距离（3.8×10^5 km）范围内可达 10 cm 以内，这些都是人类五官所远远不能及的。最后，传感器可以把人所不能看到的物体通过数据处理变为视觉图像，CT（计算机断层扫描）就是一个典型的例子，它能把人体的内部组织形貌用断层图像显示出来。

2. 传感器的主要应用

图 0.2 给出了传感器的主要应用领域及相对需要量。其中，横轴列出的是传感器主要应用领域，纵轴是传感器的相对需要量。相对需要量大于 70 的应用领域有：信息处理、科技测试、设备控制、机器人、汽车、环境污染、医疗、防火、光能利用等。

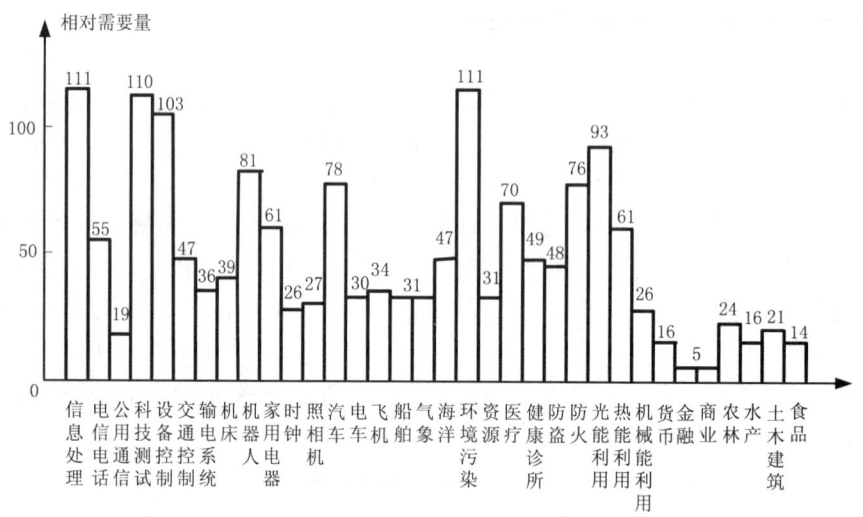

图 0.2 传感器的主要应用领域及相对需要量

由此可见，从太空探测到海洋开发，从各种复杂的工程系统到日常生活的衣食住行，几乎每一个现代化的项目，都离不开各种各样的传感器。可以这样说，没有传感器就没有现代化的自动测量和控制系统，没有传感器就没有现代科学技术的迅速发展。

【例 0.1】 化工产品自动化生产过程。

如图 0.3 所示，在化工产品自动化生产过程中，首先在进料时要对大吨位的原料进行自

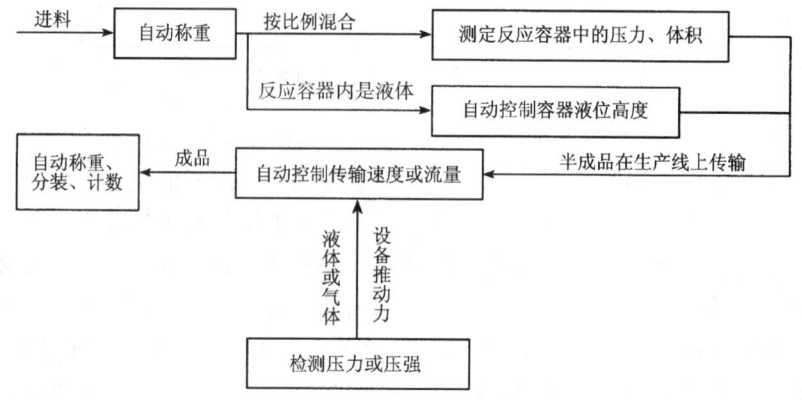

图 0.3 化工产品自动化生产过程

动称重，分析原料成分或浓度，使它们按比例混合。混合后，在反应容器中自动反应，又必须测定反应容器中的压力或体积，以保证和监测反应的顺利和正常进行。如果是液体，则需要自动控制容器液位高度。然后，半成品在生产线（管道）中传输，需要自动控制传输速度或流量，则必须使用液动或气动设备以产生推动力，因而要检测压力或压强……最后，成品进行自动分装、称重、计数等。

所有这些环节，都需要使用各种传感器对相应的参数进行检测和控制，使设备或系统自动、正常地运行在最佳状态，保证生产的高效率和高质量。

【例0.2】 电力机车入库受电弓状态自动检测。

电气化铁路电力机车的牵引方式是非自给性的，电能是通过电力机车车顶受电弓滑板与接触网导线的滑动接触而取得的。因此，弓网关系是电气化铁路的主要特点之一，受电弓的性能直接影响电力机车的受流特性，因此对受电弓的检测非常必要。

图0.4是受电弓压力特性的检测原理。图0.4（a）中，机车入库后，检测设备自动定位到受电弓的位置，通过安装在装置前端的应变式压力传感器，在匀速升弓和降弓过程中检测压力的变化，并给出随高度位置变化的升弓、降弓压力曲线和压差变化。而图0.4（b）是列车通过式受电弓压力检测原理。

扫描下图可浏览AR资源——电气化铁路升降弓压力特性检测原理。

（a）定点式升降弓压力特性检测原理　　　　（b）通过式受电弓压力检测原理

图0.4　受电弓压力特性的检测原理

图0.5是受电弓升降弓时间的检测原理。系统采用反射式光电传感器，自动检测受电弓从升弓位置到降弓位置的降弓时间以及从降弓位置到升弓位置的升弓时间。

【例0.3】 航天器。

为使航天器按预先设计好的轨道正常运行，需控制航天器的飞行参数和姿态，并监测发动机的工作状态，这就需要利用多种传感器进行检测，将传感器获取的各种信号送到各类测量仪表和自动控制系统进行自动调节，使航天器正常运行。

扫描下图可浏览 AR 资源——电力机车受电弓升降弓时间检测原理。

图 0.5　电力机车受电弓升降弓时间的检测原理

从现代机器系统的组成就可以看到，传感器是实现自动检测和自动控制的首要环节，如果没有传感器对原始信息进行精确、可靠的捕获和转换，那么，一切测量和控制都是不可能实现的。因此，传感器在工业检测与自动控制系统、汽车、家用电器、机器人、医疗及人体医学、环保、航空及航天、遥感技术及军事技术领域等方面都有重要的应用。

3. 传感器的地位和重要性

1）现代测量与自动控制的首要环节

传感器是信息采集系统的首要部件，是计算机的"五官"，如果没有传感器对原始信息进行精确、可靠的捕获和转换，一切测量和控制都是不可能实现的。

2）衡量国家综合实力的重要标志

传感器与传感器技术的发展水平是衡量一个国家综合实力的重要标志，也是判断一个国家科学技术现代化程度与生产水平高低的重要依据。

3）现代信息产业的三大支柱

现代信息产业的三大支柱为：传感器技术、计算机技术、通信技术。其中，传感器技术既是现代信息产业的源头，又是信息社会赖以存在和发展的物质与技术基础。

如果没有高度保真和性能可靠的传感器，没有先进的传感器技术，信息的准确获得与精密检测就成了一句空话，通信技术和计算机技术也就成了无源之水、无本之木，现代测量与自动化技术随之变成水中之月、镜中之花。

4）各国政府高度重视

日本科学技术厅把传感器技术列为六大核心技术（计算机、通信、激光、半导体、超导和传感器）之一。日本政府还在 21 世纪技术发展中将传感器列在前位。美国将"传感器及信号处理"列为对国家安全和经济发展有重要影响的关键技术之一。欧洲各国把传感器技术作为优先发展的重点技术。我国政府在"863"计划及重点科技攻关项目中,均把传感器列在重要位置。

4. 传感器的发展方向

在人类全面进入信息化、数字化的时代,随着探知领域和探索空间的拓展,人们需要获得的信息种类日益增加,要求加快信息传递的速度和增强信息处理的能力,因而要求与此相对应的核心技术必须跟上人类信息化飞速发展的需要。因此,传感器领域的主要技术将在现有基础上延伸和提高,并加速新一代传感器的开发和产业化,主要表现在对新理论的探讨、新技术的应用、新材料和新工艺的研究。

1) 努力实现传感器的新特性

努力研制出检测范围宽、灵敏度高、精度高、响应速度快、互换性好的传感器。

2) 确保传感器的可靠性,延长其使用寿命

确保传感器可靠性的意义很直观,因为它直接关系到系统的误动作和抗干扰的问题。传感器的可靠性主要体现在:具有较长的使用寿命,且能在恶劣的环境下工作。

3) 提高集成化和功能化程度

提高集成化与功能化程度就是要在同一芯片上集成传感器、各种电路(温度补偿电路、信号放大电路等),构成集成化传感器。更进一步,将执行机构和多种传感器也集成在单个芯片上,以实现传感器的多功能化以及信息处理一体化。

4) 微型化

微机电系统(MEMS)是一种轮廓尺寸在毫米量级、元件尺寸在微米量级的可运动的微型机电装置。微机电系统技术借助集成电路的制造技术来制造机械装置,可制造出微型的执行机构,如齿轮、电机、泵、阀门、悬臂梁、光学镜片等。目前已开发出的微型集成传感器有力、压力、加速度、化学传感器等。微机电系统技术的出现是传统机械加工技术的巨大变革,采用微机电系统制作的微传感器和微系统,具有微体积、低成本、高可靠性等独特的优点。

5) 新型功能材料的开发

传感器技术的发展是与新材料的研究开发密切结合在一起的,可以说,各种新型传感器孕育在新材料之中。例如,半导体材料和新工艺的发展,促进了半导体传感器的迅速发展,从而研制和生产出一批新型的半导体传感器;压电半导体材料促进了压电集成传感器的形成;高分子压电薄膜的出现,使机器人触觉传感器更接近人的皮肤。

新型敏感材料将加速开发,纳米材料和技术的发展,微电子、光电子、生物化学、信息处理等各学科、各种新技术的相互渗透和综合利用,可望研制出一批新颖、先进的传感器,

如新一代光纤传感器、生物传感器、诊断传感器、超导传感器、焦平面阵列红外探测器、智能传感器以及模糊传感器等。

应该承认，人的感官在许多方面仍然优于传感器，如零维探测与多维感知、单功能与多功能、微分与积分、非智能与智能等。人与传感器之所以具有这些差别，主要是因为人脑的作用。人脑具有学习功能，不仅能学习新知识，还能把过去学到的知识加以组织利用。人脑的分析判断能力是过去无数经验的综合，人脑可以处理不完全的、模糊的信息。因此，传感器技术发展的总趋势是小型化、集成化、多功能化、智能化和系统化。传感器将从仅具有单纯判断功能发展到具有学习功能，最终发展到具有创造能力。其表现如下：

① 传感器的多功能化。传感器的多功能化经历了以下几个阶段：最初是孤立的传感器件，只能检测单一的量；后来把多个不同功能的传感器集成在一起，可以检测多种量；目前传感器的多功能化进展处于把电子线路与传感器集成在一起，能够实现信号处理，以及加上机械结构，使之具有执行功能，甚至把能源也集成在一起，实现有源、智能、多功能传感器系统的应用。

② 向模糊识别方向发展。从传感器的模式看，微观信息由人工智能完成，感觉信息由神经元完成，宏观信息由模糊识别完成。以往传感器的局限性在于它只见树木不见森林，只见微观不见宏观，未来的神经元加模糊识别传感器将既见树木又见森林。

③ 由经典型向量子型转化。以往的传感器由于尺寸大，可以用经典物理很好地描述。随着传感器尺寸的微型化，量子效应将日渐起到支配作用。从波动理论来看，当尺寸大的时候光波发挥作用，在量子效应起支配作用的范围内，电子波（德布罗意波）将发挥作用。在将来，把两种波统一在一起的统一波（Union Wave）将用以揭示传感器的工作规律。

④ 由数字传感器向模拟传感器发展。目前传感器的转换原理是数字方式的。数字方式的含义并不是说检测量与输出量是数字编码形式，而是指它的检测方式是检测时间轴上的一点（瞬间），空间轴上的一点（零维），是单一检测量。未来的传感器将在时间上实现广延，空间上实现扩张（多维），检测量实现多元，检测方式实现模糊识别。从这个意义上讲，传感器的识别方式将由数字方式向模拟方式发展。

习题及思考题

1. 传感器是物物相连的物联网 IoT 技术的基础环节，物联网技术的发展对传感器会提出哪些需求？
2. 传感器是机器系统的感觉器官，举例说明某一传感器优于人体感觉器官的性能，使机器系统可以更好地感知世界。
3. 汽车可以通过安装 GPS 定位，但当汽车行驶在隧道中、高架桥以及地下车库时，会失去 GPS 信号，这时候可以通过什么传感器给出汽车的具体位置？
4. 传感器向着智能化方向发展需要具备哪些功能特点？
5. 结合高端芯片制造，谈谈你对集成微型智能传感器发展中涉及的光刻技术的认识。

第 1 章

传感器技术基础

在学习各类具体的传感器之前，首先应掌握传感器技术的基础知识。这一章主要包括以下几方面的内容：
① 传感器的基本概念；
② 传感器的静态数学模型和基本特性指标；
③ 传感器的动态数学模型和基本特性指标；
④ 改善传感器性能的技术途径；
⑤ 传感器的标定与校准。

1.1 传感器的基本概念

微课：传感器的定义

1. 传感器的定义

何谓传感器？至今国内外尚无统一定义。由绪论中的介绍知道，人类的五官是天然的传感器，而在工程技术领域里，可将传感器看成是人体五官的工程模拟物。于是，可以将传感器定义为：把特定的被测量信息按一定规律转换成某种可用信号输出的器件或装置。

传感器首先是一种测量器件或装置，它的作用是测量。例如，发电机是不是传感器？我们知道，发电机是将机械能转换为电能的一种装置，它为人类提供电能，但不是用于测量的，所以发电机仅作为发电设备时，不是传感器。但是，当通过发电机发电量的大小来测定调速系统机械转速时，发电机可看作是一种用于测量的传感器，称之为测速发电机，或叫作发电机测速传感器。

传感器定义中所谓的"特定的被测量信息"，一般是指非电量，这种非电被测量主要包括物理量、化学量和生物量等。

表征物质特性或其运动形式的参数很多，总的可分为电量和非电量两大类。电量一般是指物理学中的电学量，如电压、电流、电阻、电容、电感等；非电量则是指除电量之外的一些参数，如压力、流量、尺寸、位移、质量、力、速度、加速度、转速、温度、浓度、酸碱度等。

人们在科学试验和生产活动中，需要对这些电量和非电量进行测量。采用一般电工仪表和电子仪器可测量电信号，而在众多的实际测量中，大多数是对非电量的测量，传感器技术就是一种对非电量进行测量的技术。

传感器定义中提到的"可用信号"是指便于处理、传输的信号，就目前的科技发展水平而言，这种便于处理、传输的"可用信号"就是电信号。因此，有时也将传感器狭义地定义为"把外界非电量信息转换成与之有确定对应关系的电量输出的器件或装置"。当然，我们可以想象，随着光技术的不断发展，当人类跨入光子时代，光信号将成为最便于处理和传输的信号。那时，传感器的概念就将随之发展成为："把外界信息按一定规律转换成光信号输出的器件。"所以，传感器的概念是一个发展的概念，它将随着科学技术的不断进步而发展。这也是传感器没有一个确定、统一定义的原因。

传感器起到的是一个"转换"作用，因此传感器也叫作变换器、换能器或探测器。一般情况下这些提法不会矛盾，可以等同，但在不同的技术领域中，有着不同的技术术语。在非电量电测技术中，传感器一词是和工业测量联系在一起的，即实现非电量转换成电量的器件称之为传感器。当传感器输出的电信号为标准输出信号时，也称为变送器。

在水声和超声波等技术中，强调的是能量的转换，如压电元件可以起到机-电或电-机能量的转换作用，所以把这种进行能量转换的器件称之为换能器；对于硅太阳能电池来说，也是一种换能器件，它将光能转换成电能输出，但在这类器件上强调的是转换效率，习惯上叫转换器。

2. 传感器的物理定律

这里所说的传感器的物理定律，是指在传感器的设计和使用过程中所必须遵循的物理定律，它们都是物理学的基本定律，可分为四大类：守恒定律、统计法则、场的定律和物质定律。

1) 守恒定律

守恒定律表示物理量随着空间和时间的移动，其总量保持不变的定律，包括能量守恒、动量守恒和电荷守恒等定律。传感器与被测量之间能量转换时必须遵守守恒定律。

2) 统计法则

统计法则是分子、原子、电子等运动的微观世界与能被直接观察的宏观世界相结合的定律，如热力学第二定律。这些统计法则常与传感器的工作状态有关。

3) 场的定律

场的定律描述电场、磁场、物质场、重力场等在空间和时间上的变化规律。这些变化规律可由物理方程给出，这些物理方程可作为传感器工作的数学模型。例如，利用静电场定律研制的电容式传感器，利用电磁感应定律研制的电感式传感器等。利用场的定律构成的传感器称为结构型传感器。

4) 物质定律

物质定律表示各种物质本身内在客观性质的定律，如胡克定律（$F=kx$）、欧姆定律

（$U=R \cdot I$）等。这些客观性质常用表示物质固有性质的物理常数加以描述，常数的大小决定着传感器的主要性能，如胡克定律中的弹性系数 k 和欧姆定律中的电阻 R。利用半导体物质法则——压阻、热阻、光阻、湿阻等效应，可分别做成压敏、热敏、光敏、湿敏等传感器件。基于物质定律构成的传感器称为物性型传感器。

【例 1.1】 举例说明结构型传感器和物性型传感器的区别。

结构型传感器是遵循场的定律构成的传感器，而物性型传感器是基于物质定律构成的传感器，如电容式传感器就是利用静电场定律研制的结构型传感器，而压敏传感器则是利用半导体材料的压阻效应制成的物性型传感器。下面对电容式传感器和压敏感器进行比较。

微课：结构型和物性型传感器的比较

电容式传感器由固定极板和活动极板组成，如图 1.1 所示。设极板间距为 d，极板的有效长度为 l，极板宽度为 b，则极板面积为 $l \cdot b$，这样一个电容器的电容为

$$C_0 = \frac{\varepsilon_0 \varepsilon_r l b}{d} \quad (1.1)$$

当电容式传感器的活动极板发生位移 Δl 时，电容器的极板有效面积将减小为 $(l-\Delta l)b$，这时，电容器的电容变为

$$C = C_0 - \Delta C = \frac{\varepsilon_0 \varepsilon_r (l-\Delta l) b}{d} \quad (1.2)$$

化简得

$$\frac{\Delta C}{C_0} = 1 - \frac{l-\Delta l}{l} = \frac{\Delta l}{l} \quad (1.3)$$

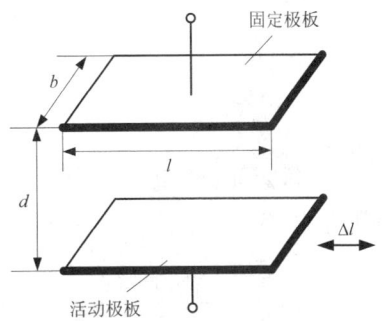

图 1.1 电容式传感器

则输出灵敏度为

$$S = \frac{\Delta C}{\Delta l} = \frac{C_0}{l} = \frac{\varepsilon_0 \varepsilon_r b}{d} \quad (1.4)$$

由此我们看到，对于电容式传感器，它的输出灵敏度是由极板的尺寸 b、极板间距离 d、极板间介质的性质 ε_r 决定的，而与构成传感器的具体物质（极板材料）无关。

压敏传感器是利用半导体材料的压阻效应制成的。所谓的"压阻效应"，是指对半导体材料施加压应力时，材料除产生变形外，其电阻率 ρ 也要发生变化，如图 1.2 所示。这里，电阻率 ρ 的变化情况除与外加压应力的大小有关外，还与半导体材料的性质有关。例如，在构成压敏传感器的半导体硅片中，掺入不同种类的杂质（硼或磷），或者掺入杂质的浓度不同，都会使压敏传感器的特性受到决定性的影响。因此，对于压敏传感器这类物性型传感器来说，其特性与构成传感器的物质的性质有密切关系。

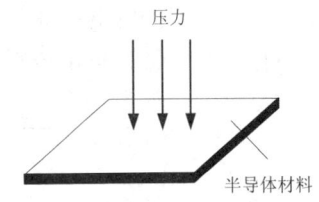

图 1.2 压阻效应

通过比较可以看出，结构型传感器的特性主要由其结构参数决定，与构成传感器的物质的性质无关，而物性型传感器的特性则主要由构成传感器的物质的性质决定。一般来说，结构型传感器的性能由于与物质的性质无关，因此性能稳定，不

易受环境温度的影响。目前，结构型传感器在工业测量等方面应用广泛，但制造性能良好的结构型传感器，需要很高的技术水平，成本较高。与此对照，物性型传感器却随着半导体技术和物性物理学的飞速发展正迅速地发展起来。这种物性型传感器与集成电路（IC）的生产一样，随着产量的增大，成本显著降低。物性型传感器是今后传感器的发展方向之一，所占的比例将不断增大。

3. 传感器的组成

传感器由敏感元件、传感元件和其他辅助部件组成，如图 1.3 所示。

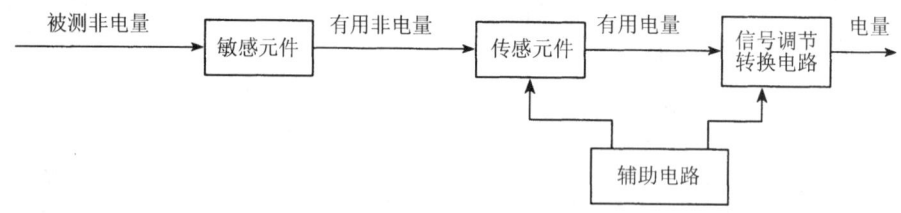

图 1.3 传感器的组成框图

- 敏感元件：直接感受被测非电量，并按一定规律转换成与被测非电量具有确定关系的有用非电量。
- 传感元件：又称变换器，将敏感元件输出的有用非电量直接转换成电量。
- 信号调节与转换电路：把传感元件输出的电信号转换为便于显示、记录、处理和控制的有用电信号。
- 辅助电路：包括电源等环节。

对于结构型和物性型传感器而言，其传感器的组成是不同的。对于物性型传感器，其组成环节比较简单，如图 1.4 所示。它没有敏感元件，传感元件能直接感受被测非电量而输出电量。例如，对于半导体压敏传感器，被测非电量"压力"作用在传感元件上时，传感元件直接将它转换为电阻（率）的变化，即直接转换成了有用电量输出。

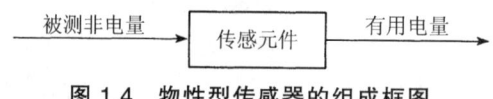

图 1.4 物性型传感器的组成框图

结构型传感器一般包括敏感元件和传感元件两个环节，即被测非电量通过敏感元件转换为有用非电量，再由传感元件转换为有用电量输出，如图 1.5 所示。

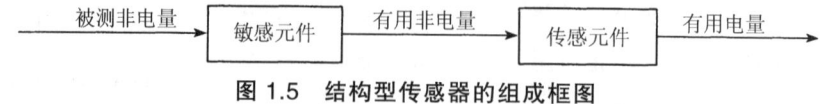

图 1.5 结构型传感器的组成框图

【例 1.2】 大吨位电容式称重传感器。

大吨位电容式称重传感器基于电容式传感器原理，结构如图 1.6 所示，它由定极板、动极板、弹性体、极板绝缘体等部分组成。设极板间距为 d，则传感器的初始电容为 $C_0 = \dfrac{\varepsilon_0 \varepsilon_r A}{d}$，

A 为极板有效面积。这种大吨位称重传感器一般埋于地下,当载重车辆在上面经过时,弹性体受压力作用而产生形变,反应为动极板的上下位移,导致极板间距离减小为 d',电容量也发生相应的变化,变为 $C' = \dfrac{\varepsilon_0 \varepsilon_r A}{d'}$。

这里,被测非电量为外界压力,弹性体则作为敏感元件,将外界压力转换为电容器极板间距离的变化,这是一个有用非电量,然后,再经电容传感器这个传感元件,将其转换为有用电量(电容量 C)输出。

扫描下图可浏览 AR 资源——大吨位电容称重传感器。

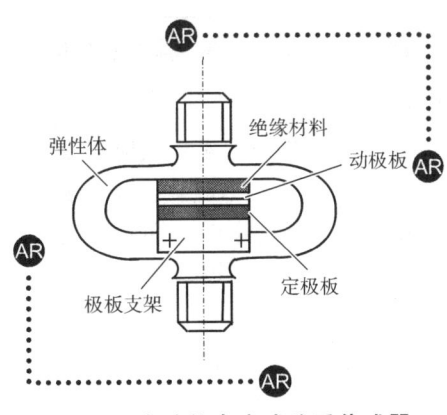

图 1.6 大吨位电容式称重传感器

实际上,传感器的具体构成方法,根据被测对象、转换原理、使用环境及性能要求等具体情况不同,有很大差异。从能量角度分析,典型的传感器构成方法有三种,即自源型、带激励源型和外源型。前两者属于能量转换型传感器,也称为有源型传感器;后者是能量控制型传感器,也称为无源型传感器。

1)自源型

自源型是最简单、最基本的传感器构成形式,如图 1.7 所示,只含有转换元件。自源型传感器的特点是不需要外能源,其转换元件能从被测对象直接吸取能量,并转换成电量输出,但输出电量较弱。例如,热电偶、压电器件等都属于自源型传感器。

【例 1.3】 热电偶传感器。

图 1.8 是热电偶传感器的原理示意图。热电偶是利用热电效应构成的传感器,即将两种不同性质的导体 A、B 组成回路,若节点(1)、(2)处于不同温度时,即 $T \neq T'$,两者间将产生热电势,回路中形成电流,电流的大小与两节点的温度差有关。

这里,被测量是节点温度,热电偶传感器将被测温度场的能量(热量)直接转换成电量的输出,并不需要其他外能源。因此,它是一种自源型传感器,属于能量转换型传感器。

图 1.7 自源型传感器的构成　　图 1.8 热电偶传感器的原理示意图

2）带激励源型

带激励源型传感器由转换元件和辅助能源两部分组成，如图 1.9 所示。这里的辅助能源起激励作用，可以是电源或磁源。它的特点是不需要变换电路即可有较大的电量输出。例如，磁电式传感器、霍尔电磁式传感器等都属于带激励源型传感器。

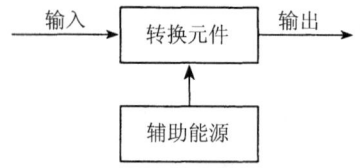

图 1.9　带激励源型传感器的构成

【例 1.4】　霍尔电磁感应式传感器。

图 1.10 所示霍尔电磁感应式传感器是依据霍尔效应制成的。所谓霍尔效应，是指将一载流导体放在磁场中，如磁场方向（z 方向）与电流方向（x 方向）正交，则在与磁场和电流两者都垂直的方向上（y 方向），将会出现横向电势，即霍尔电势，其大小为

$$U_H = K_H \cdot I \cdot B = \frac{R_H}{d} \cdot I \cdot B \tag{1.5}$$

式中　K_H——霍尔灵敏度；
　　　R_H——霍尔系数；
　　　d——霍尔元件的厚度。

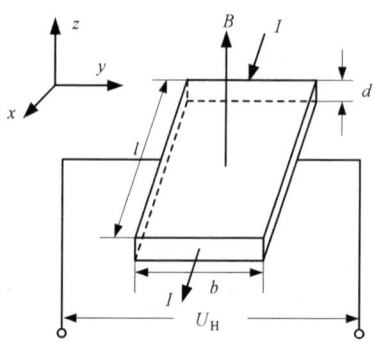

图 1.10　霍尔效应示意图

由此可见，对于霍尔电磁感应式传感器，假设被测量为外加磁场，则转换元件（霍尔传感器）需在辅助能源（激励电流）的作用下，将磁场的变化转换为电量（霍尔电势 U_H）的输出。它是一种带激励源型传感器，仍属于能量转换型传感器。

【例 1.5】　磁电式传感器。

图 1.11 所示磁电式传感器是根据电磁感应定律制成的。"电磁感应定律"是指，变化的磁场产生电场，即当 W 匝线圈在均恒磁场中运动时，设通过线圈的磁通为 Φ，则线圈内产生的感应电势 e 与磁通变化率 $\dfrac{d\Phi}{dt}$ 的关系为

$$e = -W \frac{d\Phi}{dt} \tag{1.6}$$

根据电磁感应定律,可以制成磁电式传感器。

磁电式传感器由永久磁铁、线圈和动铁芯等部分组成。永久磁铁和线圈固定不动,当动铁芯上下移动时,使永久磁铁和动铁芯之间的气隙δ变化,同时,磁路磁阻也发生变化,引起线圈内磁通的变化,即$\frac{\mathrm{d}\Phi}{\mathrm{d}t}$变化,这样,在线圈中将产生感应电势。这里,被测量是动铁芯上下移动的距离,辅助能源是永久磁铁与动铁芯构成的磁源,磁电式传感器在辅助能源(磁源)的激励下,将被测量(气隙δ的变化)转换为线圈感应电势输出。因此,这种磁电式传感器属于带激励源型传感器,是一种能量转换型传感器。

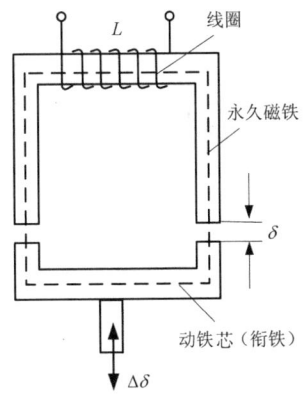

图1.11 磁电式传感器原理示意图

3) 外源型

外源型传感器由转换元件、变换电路和外加电源组成,如图1.12所示。这里的"变换电路"是指信号调理与转换电路,把转换元件输出的电信号,调理成便于显示、记录、处理和控制的可用信号,例如,电桥、放大器、振荡器、阻抗变换器及脉冲调宽电路等。可见,外源型传感器必须通过带外电源的变换电路,才能获得有用的电量输出,这与前面介绍的属于能量转换型的自源型、带激励源型传感器显然不同,外源型传感器是一种能量控制型传感器。

实际使用中的传感器,其特性会受到环境变化的影响。为消除环境干扰的影响,目前广泛采用的线路补偿法有三种构成形式,即相同传感器的补偿型、差动结构补偿型和不同传感器的补偿型。

相同传感器的补偿型如图1.13所示,采用两个完全相同的转换元件,并置于同一环境中。其中一个转换元件接收输入信号并接受环境影响,另一个只接受环境影响,然后,通过线路,使后者消除前者环境干扰的影响。这种方法在应变式传感器中常被采用。

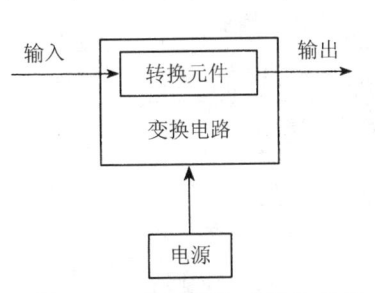

图1.12 外源型传感器的构成

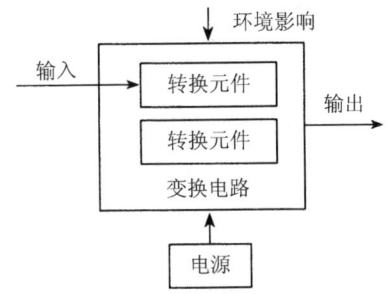

图1.13 相同传感器补偿型的构成

差动结构的补偿型如图1.14所示,采用两个完全相同的转换元件,它们同时接收被测输入量,并置于同一环境中。但两个转换元件对被测输入量作反向转换,对环境干扰量作同向转换,这样,通过测量电路,使有用输出量增加,干扰量相互抵消。

不同传感器的补偿型如图1.15所示,转换元件1和2是两个性质不同的转换元件,转换元件2接收输入信号,并已知其受环境影响的特性,转换元件1接受环境影响,并通过电路向转换元件2提供等效的抵消环境影响的补偿信号。

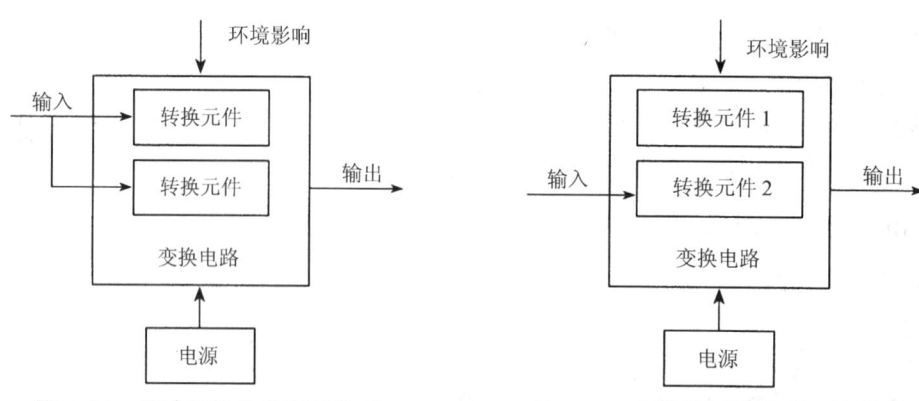

图 1.14　差动结构补偿型的构成　　　图 1.15　不同传感器补偿型的构成

4．传感器的分类

传感器的种类很多，同一原理的传感器，可以同时测量多种非电量，而同一种被测量，又可以用几种不同的传感器来测量，因此，传感器的分类方法很多。了解传感器的分类，旨在加深理解，便于应用。

（1）按输入物理量的性质分类

根据输入量的性质进行分类，是以输入物理量命名的，比较明确地指出了传感器的用途，便于使用者选用，如位移传感器、速度传感器、温度传感器等。同时，这种分类方法将种类繁多的物理量分为两大类，即基本物理量和派生物理量。例如，将"力"视为基本物理量，可派生出压力、重量、应力、力矩等派生物理量，当我们需要测量这些派生物理量时，只要采用基本物理量传感器就可以了。所以，了解基本物理量和派生物理量的关系，对选用传感器是很有帮助的。表1.1给出的是常用的基本物理量和派生物理量。

表 1.1　常用的基本物理量和派生物理量

基本物理量		派生物理量
位　移	线位移	长度、厚度、应变、振动、磨损、不平度
	角位移	旋转角、偏转角、角振动
速　度	线速度	速度、振动、流量、动量
	角速度	转速、角振动
加速度	线加速度	振动、冲击、质量
	角加速度	角振动、扭矩、转动惯量
力	压　力	重量、应力、力矩
时　间	频　率	周期、计数、统计分布
温　度		热容量、气体速度、涡流
光		光通量与密度、光谱分布

按输入物理量进行传感器分类的方法，将原理不同的传感器归为一类，不易找出每种传感器在转换机理上的共性和差异，因此，不利于掌握传感器的一些基本原理和分析方法。

（2）按工作原理分类

按工作原理分类是以传感器对信号转换的作用原理命名的，如应变式传感器、电容式传感器、压电式传感器、热电式传感器等。这种分类方法较清楚地反映出了传感器的工作原理，有利于对传感器进行深入研究分析。本书就是采用这种分类方法，从而进行结构编排的。

（3）按能量关系分类

根据能量关系分类，可将传感器分为能量转换型和能量控制型。前面介绍的自源型和带激励源型传感器属于能量转换型传感器，其传感器的输出量直接由被测输入量的能量转换而得，又称为有源传感器。外源型传感器的输出量能量必须由外加电源供给，只是受被测输入量的调节和控制，是能量控制型传感器，又称为无源传感器。

（4）按输出信号的性质分类

根据输出信号为模拟信号或数字信号，可将传感器分为模拟式和数字式。数字式传感器便于与计算机联网，且抗干扰性较强，如光栅传感器等。

（5）按构成原理分类

按构成原理不同，可将传感器分为结构型传感器和物性型传感器。结构型传感器是以其转换元件结构参数的变化实现信号转换的，而物性型传感器是以其转换元件物理特性的变化而实现信号转换的。

（6）按构成传感器的功能材料分类

按构成传感器的功能材料不同，可将传感器分为半导体传感器、陶瓷传感器、光纤传感器、高分子薄膜传感器等。

（7）按某种高新技术命名的传感器分类

有些传感器是根据某种高新技术命名的，如集成传感器、智能传感器、机器人传感器、仿生传感器等。

1.2 传感器的静态数学模型及其基本特性指标

根据传感器的定义，传感器感受被测输入量，并将感受到的被测输入量，按一定的规律输出为有用信号。因此，我们有必要研究传感器的输入-输出关系，来指导传感器的设计、制造、校准及使用。

描述传感器输入-输出关系的方法有两种：一是传感器的数学模型，二是传感器的各种基本特性指标。两者都可用于描述传感器的输入-输出关系及其特性。在设计、研究传感器时，常常用到传感器的数学模型来准确完整地反映传感器的输入-输出特性；而在制造和使用传感器时，常根据传感器生产厂商给出的各种基本特性指标来选择适当的传感器。

根据被测输入量的性质，可对描述传感器输入-输出关系的数学模型和特性指标进行划分，被测输入量可分为静态量、准静态量和动态量，其中，静态量是指输入量对时间的各阶导数为零，即输入量不随时间的变化而变化；准静态量是指输入量在较长时间内基本不变化；而动态量是指输入量将随时间变化而变化。与之相应，我们将描述被测输入量为静态量和准静态量的数学模型称为传感器的静态数学模型，将描述被测输入量为动态量的数学模型称为传感器的动态数学模型。类似地，描述传感器输入-输出关系的基本特性指标也分为静态特性指标和动态特性指标，静态特性指标用以描述被测输入量为静态、准静态量时传感器的输入-输出特性，而动态特性指标用以描述被测输入量为动态量时传感器的输入-输出关系。

在这一节里，介绍传感器的静态数学模型及其静态基本特性指标。

1. 传感器的静态模型

传感器的静态模型是指在静态条件下得到的传感器的数学模型。所谓"静态条件"，是指被测输入量对时间 t 的各阶导数为零。当被测输入量为准静态量时，也可用静态数学模型来近似地描述。

传感器的静态模型可以用代数方程和特性曲线来描述。

1）代数方程

在不考虑传感器滞后及蠕变的情况下，传感器的静态数学模型可以用一个代数方程来表示，即

$$y = a_0 + a_1 x + a_2 x^2 + \cdots + a_n x^n \tag{1.7}$$

式中　x——输入量；

　　　y——输出量；

　　　a_0——零位输出（输入量 x 为零时的输出量）；

　　　a_1——传感器的灵敏度，常用 K 或 S 表示；

　　　a_2，…，a_n——非线性项的待定常数。

传感器的静态模型有三种特殊形式，其代数方程可表示为

$$y = a_1 x \tag{1.8}$$

$$y = a_2 x^2 + a_4 x^4 + \cdots \tag{1.9}$$

$$y = a_1 x + a_3 x^3 + a_5 x^5 + \cdots \tag{1.10}$$

式（1.8）表示传感器的输入-输出关系呈严格的线性关系，而式（1.9）、式（1.10）表示的输入-输出关系均为非线性关系，必须采取线性化补偿措施。

2）特性曲线

表示传感器输入-输出关系的曲线称为传感器的特性曲线。代数方程式（1.7）~（1.10）可分别用特性曲线描述为图 1.16 所示的（a）、（b）、（c）和（d）四种情况。

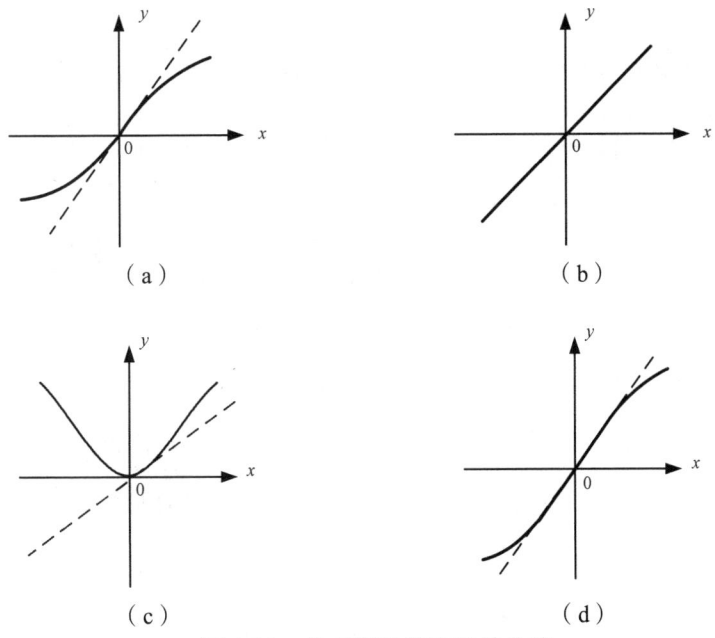

图 1.16 传感器的静态特性曲线

从图 1.16 中可以看出，图（b）为理想线性输出特性，图（a）、（c）、（d）都出现非线性的情况，且图（d）具有奇次方的代数方程，它在相当大的输入范围内有较宽的准线性。

2. 传感器的静态特性指标

传感器的静态特性指标主要有线性度、滞后、重复性、灵敏度、分辨力、阈值、稳定性、漂移、精度（静态误差）等。其中，线性度、滞后和重复性是三个较为重要的指标，传感器的静态误差就可以由这三个指标综合给出。

1）滞 后

滞后表示传感器在正、反行程期间，其输入-输出曲线不重合的程度。这里，传感器的正向行程是指输入量增大的行程，而传感器的反向行程是指输入量减小的行程。

如图 1.17 所示，对于同一大小的输入信号 x，在 x 连续增大的正向行程中，对应某一输出量为 y_i，而在 x 连续减小的反向行程中，对应另一输出量为 y_d，且 $|y_i - y_d| \neq 0$，这就是传感器的滞后现象。

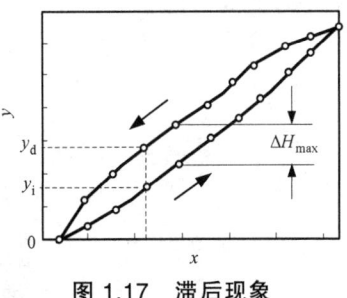

图 1.17 滞后现象

传感器的滞后现象表示为

$$e_H = \frac{\Delta H_{max}}{y_{F \cdot S}} \times 100\% \tag{1.11}$$

式中　ΔH_{max}——正、反行程输出的最大差值；
　　　$y_{F \cdot S}$——满量程输出值。

2）线性度

传感器的线性度又称非线性，表示传感器实际的输入-输出曲线（校准曲线）与拟合直线之间的吻合（或偏离）程度。

这里的实际输入-输出曲线，又称为传感器的校准曲线，它是通过实际测量、标定得到的，如图1.18所示。当一个输入量作用于传感器，得到一个相应的输出量，从而可在平面坐标上确定一个点，将一系列这样的测量标定点连接在一起，就得到了传感器的实际输入-输出曲线，又称校准曲线。定义中的"拟合直线"是我们所选定的工作曲线，一般选取与校准曲线误差最小的直线作为拟合直线。

线性度通常采用相对误差表示，即

$$e_L = \pm \frac{\Delta L_{max}}{y_{F \cdot S}} \times 100\% \tag{1.12}$$

式中　ΔL_{max}——输出量与输入量的实际曲线（校准曲线）与拟合直线之间的最大偏差；
　　　$y_{F \cdot S}$——满量程输出值。

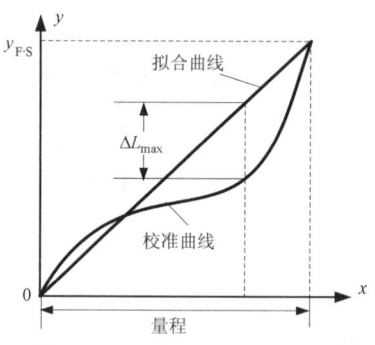

图1.18　传感器线性度的表示

显然，选定的拟合直线不同，得到的传感器的线性度就不同，因此，拟合直线的选定非常重要。选定拟合直线的过程，就是传感器线性化的过程。拟合直线选定的原则是：保证尽量小的非线性误差，同时使计算与使用方便。选定拟合直线的方法，即传感器线性化的方法主要有理论直线法、端点线法、最佳直线法、最小二乘法以及计算程序法、硬件处理法等。

（1）理论直线法

理论直线法是以传感器的理论特性线作为拟合直线，与实际测量值无关。这种方法的优点是简单、方便，但通常非线性误差较大，如图1.19（a）所示。

（2）端点线法

端点线法是以传感器校准曲线两端点间的连线作为拟合直线。这种方法也较简单，但非线性误差也很大，如图1.19（b）所示。

（3）最佳直线法

最佳直线法选定的拟合直线，能保证传感器的正、反行程校准曲线对它的正、负偏差相等且最小。这种方法的拟合精度高，但通常需要用图解法或计算机计算来获得，如图1.19（c）所示。

（4）最小二乘法

按最小二乘原理求取的拟合直线，能保证与校准曲线的残差平方和最小。最小二乘法的拟合精度很高，是一种普遍推荐使用的方法。

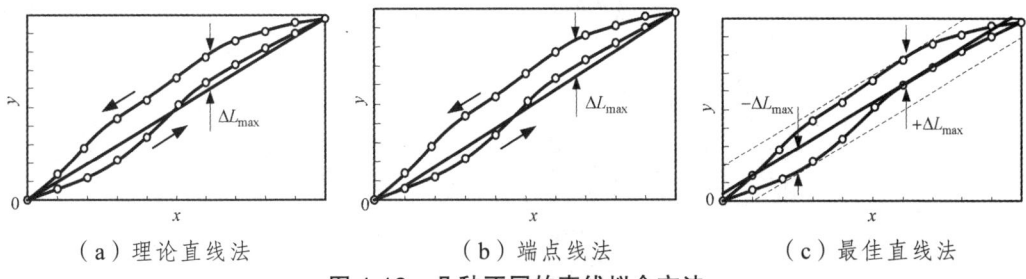

（a）理论直线法　　　　　（b）端点线法　　　　　（c）最佳直线法

图 1.19　几种不同的直线拟合方法

【例 1.6】　用最小二乘法求拟合直线。

设拟合直线为 $y = kx + b$，则拟合直线与校准数据的残差 Δi 可表示为

$$\Delta i = y_i - (kx_i + b) \tag{1.13}$$

按最小二乘原理，应使 $\sum_{i=1}^{n} \Delta i^2$ 最小，即将其分别对 k 和 b 求一阶偏导数，并令其等于零，可求出 b 和 k，即

$$\left[\sum_{i=1}^{n} \Delta i^2\right]' = 2\sum_{i=1}^{n} \Delta i (\Delta i)' \tag{1.14}$$

对 b 求一阶偏导数，并令其等于零，得

$$-2\sum_{i=1}^{n} \Delta i \xlongequal{令} 0$$

则

$$\sum_{i=1}^{n} y_i - \sum_{i=1}^{n} b - \sum_{i=1}^{n} kx_i = 0$$

$$b = \frac{1}{n}\left(\sum_{i=1}^{n} y_i - \sum_{i=1}^{n} kx_i\right) \tag{1.15}$$

对 k 求一阶偏导数，并令其等于零，得

$$-2\sum_{i=1}^{n} \Delta i \cdot x_i \xlongequal{令} 0$$

则

$$\sum_{i=1}^{n} x_i y_i - \sum_{i=1}^{n} bx_i - \sum_{i=1}^{n} kx_i^2 = 0$$

即

$$\sum_{i=1}^{n} x_i y_i - b\sum_{i=1}^{n} x_i - k\sum_{i=1}^{n} x_i^2 = 0 \tag{1.16}$$

将 $b=\dfrac{1}{n}\left(\sum\limits_{i=1}^{n}y_{i}-k\sum\limits_{i=1}^{n}x_{i}\right)$ 代入式（1.16）得

$$k=\dfrac{\sum\limits_{i=1}^{n}x_{i}\cdot\sum\limits_{i=1}^{n}y_{i}-n\sum\limits_{i=1}^{n}x_{i}y_{i}}{\left(\sum\limits_{i=1}^{n}x_{i}\right)^{2}-n\sum\limits_{i=1}^{n}x_{i}^{2}} \qquad (1.17)$$

$$b=\dfrac{\sum\limits_{i=1}^{n}x_{i}\cdot\sum\limits_{i=1}^{n}x_{i}y_{i}-\sum\limits_{i=1}^{n}x_{i}^{2}\cdot\sum\limits_{i=1}^{n}y_{i}}{\left(\sum\limits_{i=1}^{n}x_{i}\right)^{2}-n\sum\limits_{i=1}^{n}x_{i}^{2}} \qquad (1.18)$$

（5）硬件线性化方法

简单的线性化处理技术是以非线性矫正非线性，即"以畸制畸"。其典型措施是，将两只非线性传感器连接成差动形式，使它们的非线性误差大小相等而极性相反，以此来获得较为理想的线性输出特性。

图 1.20 中的曲线 Ⅰ、Ⅱ 分别为两只非线性传感器的输出特性曲线，两元件接成差动形式后，就可得到曲线 Ⅲ 所示的输出特性。

利用线性元件和非线性元件的串、并联，也可以达到线性化的目的，在热电式传感器一章中，将作详细介绍。

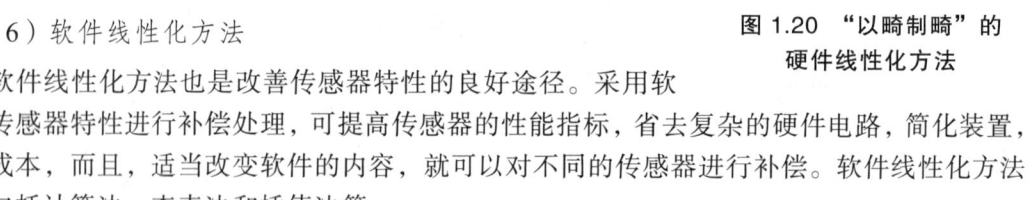

图 1.20 "以畸制畸"的硬件线性化方法

（6）软件线性化方法

软件线性化方法也是改善传感器特性的良好途径。采用软件对传感器特性进行补偿处理，可提高传感器的性能指标，省去复杂的硬件电路，简化装置，降低成本，而且，适当改变软件的内容，就可以对不同的传感器进行补偿。软件线性化方法具体包括计算法、查表法和插值法等。

3）重复性

重复性是反映传感器在同一工作条件下，输入量按同一方向作全量程连续多次测试时，所得特性曲线间一致程度的指标。如图 1.21 所示，各条曲线越靠近，重复性越好，误差也越小。重复性误差反映的是校准数据的离散程度，属于随机误差，因此，重复性误差应根据标准偏差计算，即

$$e_{\mathrm{R}}=\pm\dfrac{a\sigma_{\max}}{y_{\mathrm{F\cdot S}}}\times100\% \qquad (1.19)$$

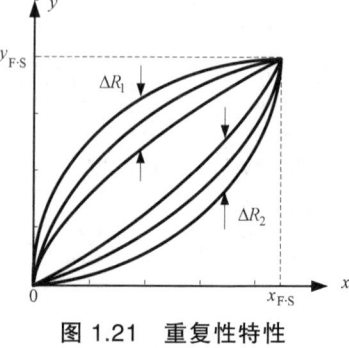

图 1.21 重复性特性

式中　$\sigma_{\max}$——各校准点正、反行程输出值的标准偏差的最大值；

a——置信系数，通常取 2 或 3。$a=2$ 时，置信概率为 95.4%；$a=3$ 时，置信概率为 99.73%。

如果误差服从高斯分布，标准偏差可按贝塞尔公式计算，即

$$\sigma = \sqrt{\frac{\sum_{i=1}^{n}(y_i - \bar{y})^2}{n-1}} \tag{1.20}$$

式中 y_i——某校准点的输出值;

$\bar{y}$——各次测量值的平均值,$\bar{y} = \frac{1}{n}\sum_{i=1}^{n} y_i$;

n——测量次数。

4) 灵敏度

传感器的灵敏度是其输出量增量 Δy 与输入量增量 Δx 的比值,常用 K 或 S_n 表示,即

$$K = \frac{\Delta y}{\Delta x} \tag{1.21}$$

对于线性传感器,如图 1.22(a)所示。灵敏度就是其拟合直线的斜率 $K = \frac{y - y_0}{x}$,是一个常数。对于非线性传感器,如图 1.22(b)所示,其灵敏度不是常数,而是一个变量,用 $\frac{dy}{dx}$ 表示传感器在某一工作点的灵敏度。

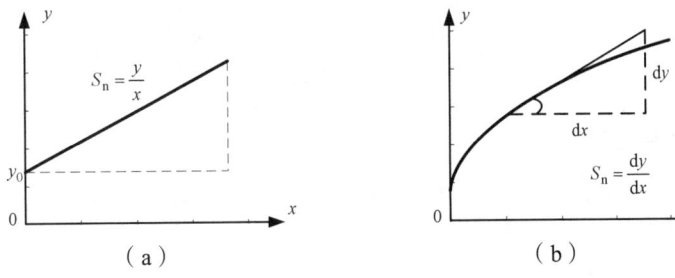

图 1.22 灵敏度的定义

实际使用中,由于外源型传感器的输出量与供给传感器的电源电压大小有关,因此,其灵敏度的表达中需要包含电源电压的因素。例如,某位移传感器,当电源电压为 1 V 时,每 1 mm 位移变化引起的输出电压变化为 100 mV,则其灵敏度可表示为 100 mV/(mm·V)。

5) 分辨力(率)

分辨力是指传感器在规定测量范围内所能检测出的被测输入量的最小变化量。有时,也用分辨力值相对于满量程输入值的百分数表示,称为分辨率。

6) 稳定性

稳定性有短期稳定性和长期稳定性之分。对于传感器,常用长期稳定性来描述其稳定性,即传感器在相当长的时间内仍保持其性能的能力。传感器的稳定性是指在室温条件下,经过规定的时间间隔后,传感器的输出与起始标定时的输出之间的差异。有时,也用标定的有效期来表示传感器的稳定性程度。

7) 漂 移

传感器的漂移是指在外界的干扰下，传感器输出量发生与输入量无关的、不需要的变化。漂移包括零点漂移和灵敏度漂移。

零点漂移和灵敏度漂移又可分为时间漂移（时漂）和温度漂移（温漂）。时漂是指在规定条件下，零点或灵敏度随时间的缓慢变化；温漂是指由于温度变化而引起的零点或灵敏度漂移。

8) 阈 值

阈值是指传感器产生可测输出变化量时的最小被测输入量值。有的传感器在零位附近存在严重的非线性，形成"死区"，将"死区"的大小作为阈值，如图1.23（a）所示。更多情况下，阈值主要取决于传感器的噪声大小，因而只给出噪声电平，如图1.23（b）所示。

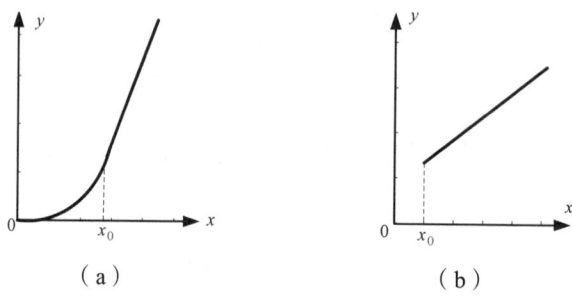

图 1.23 阈值的定义

9) 静态误差（精度）

静态误差是评价传感器静态性能的综合性指标，即传感器在满量程内任一点的输出值相对于其理论值可能偏离（逼近）的程度。

静态误差的常用计算方法有：

① 将非线性、滞后、重复性误差按代数或几何法综合，即

$$e_s = \pm\sqrt{e_L^2 + e_H^2 + e_R^2} \tag{1.22}$$

或

$$e_s = \pm(e_L + e_H + e_R) \tag{1.23}$$

这样计算所得的静态误差偏大。

② 将全部校准数据相对于拟合直线的残差看成随机分布，求出标准偏差：

$$\sigma = \sqrt{\frac{\sum_{i=1}^{p}(\Delta y_i)^2}{p-1}} \tag{1.24}$$

式中 Δy_i——各测试点的残差；

p——总的测试点数。

静态误差表示为

$$e_s = \pm \frac{(2 \sim 3)\sigma}{y_{\text{F·S}}} \times 100\% \tag{1.25}$$

这样计算所得的静态误差偏小。

③ 由于非线性、滞后可反映为系统误差,而重复性反映为随机误差,将系统误差和随机误差分开考虑更为合理,计算公式为

$$e_s = \pm \frac{|(\Delta y)_{\max}| + a\sigma}{y_{\text{F·S}}} \times 100\% \tag{1.26}$$

式中　$(\Delta y)_{\max}$——系统误差的极限值;

　　　σ——标准偏差;

　　　a——根据置信概率确定的置信系数。

1.3　传感器的动态数学模型及其动态特性指标

当被测输入量是一个随时间变化的动态量时,传感器的输出与输入信号的关系,称为传感器的动态特性。它描述的是在被测输入量为动态量时,传感器的输出动态响应特性。有的传感器尽管其静态特性非常好,但由于其不能很好地反映输入量快速变化的情况,输出的动态响应特性差,导致严重的动态误差。因此,评价一个传感器的优劣,必须从其静态和动态两方面的特性来衡量。

传感器的动态特性,可以通过传感器的动态数学模型及传感器的动态特性指标来描述。

1. 动态模型

动态模型是指传感器在动态信号作用下,其输出和输入信号的一种数学关系。动态模型通常采用微分方程和传递函数来描述。

1) 微分方程

在研究传感器的动态响应特性时,一般都忽略传感器的非线性及随机变化等因素,而把传感器看成一个线性的定常系统来考虑,即用线性常系数微分方程来描述传感器输出量 $y(t)$ 与输入量 $x(t)$ 的动态关系,其通式为

$$\begin{aligned} &a_n \frac{\mathrm{d}^n y}{\mathrm{d}t^n} + a_{n-1} \frac{\mathrm{d}^{n-1} y}{\mathrm{d}t^{n-1}} + \cdots + a_1 \frac{\mathrm{d}y}{\mathrm{d}t} + a_0 y \\ &= b_m \frac{\mathrm{d}^m x}{\mathrm{d}t^m} + b_{m-1} \frac{\mathrm{d}^{m-1} x}{\mathrm{d}t^{m-1}} + \cdots + b_1 \frac{\mathrm{d}x}{\mathrm{d}t} + b_0 x \end{aligned} \tag{1.27}$$

这是一个 n 阶线性常系数微分方程,式中,a_0、a_1、$\cdots$、a_n,b_0、b_1、$\cdots$、b_m 是取决于传感器结构参数的常数。对于传感器,除 $b_0 \neq 0$ 外,一般 $b_1 = b_2 = \cdots = b_m = 0$。

对于常见的传感器，其动态模型通常可用零阶、一阶或二阶的常微分方程来描述，分别称为零阶环节、一阶环节和二阶环节，其方程如下：

零阶环节　　　$a_0 y = b_0 x$ （1.28）

一阶环节　　　$a_1 \dfrac{\mathrm{d}y}{\mathrm{d}t} + a_0 y = b_0 x$ （1.29）

二阶环节　　　$a_2 \dfrac{\mathrm{d}^2 y}{\mathrm{d}t^2} + a_1 \dfrac{\mathrm{d}y}{\mathrm{d}t} + a_0 y = b_0 x$ （1.30）

凡是能用一个零阶线性微分方程来描述的传感器就称为零阶传感器。依此类推，能用一阶、二阶线性微分方程来描述的传感器就称为一阶、二阶传感器。一般阶数越高，传感器的动态特性就越复杂。

零阶环节在测量上是个理想环节，即无论输入量 $x(t)$ 随时间怎样变化，传感器的输出总是与输入成确定的比例关系，在时间上也无滞后，是一种与频率无关的环节，故又称为比例环节或无惯性环节。严格来讲，这种零阶传感器是不存在的，只有在一定工作范围内，某些高阶传感器系统可近似地看成是零阶环节。在实际中，经常遇到的是一阶和二阶环节的传感器。

【例 1.7】　分析加速度传感器的动态特性。

如图 1.24 所示，将这样的加速度传感器与被测物连接在一起，用以测量被测物相对于地球参照物的加速度 a，设被测物相对地球参照物的位移为 x，则其加速度 a 可表示为 $a = \dfrac{\mathrm{d}^2 x}{\mathrm{d}t^2}$。

扫描下图可浏览 AR 资源——加速度传感器模型。

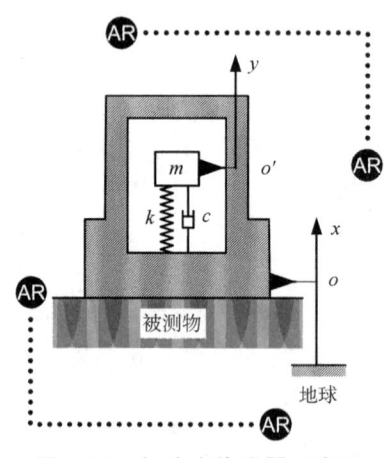

图 1.24　加速度传感器示意图

由于加速度传感器与被测物连接在一起，则可利用传感器质量块 m 相对于其外壳的位移 y 来反映外壳（被测物）相对于地球参照物的加速度 a。

取质量块 m 为分析对象，它受弹簧力为 $-ky$，受阻尼力为 $-c\dfrac{\mathrm{d}y}{\mathrm{d}t}$，由牛顿第二定律知

$$m\frac{\mathrm{d}^2(x+y)}{\mathrm{d}t^2} = -c\frac{\mathrm{d}y}{\mathrm{d}t} - ky \tag{1.31}$$

即

$$m\frac{\mathrm{d}^2 y}{\mathrm{d}t^2} + c\frac{\mathrm{d}y}{\mathrm{d}t} + ky = -m\frac{\mathrm{d}^2 x}{\mathrm{d}t^2} = -ma \tag{1.32}$$

这是一个二阶常微分方程，加速度 a 为输入信号，y 为输出信号，相应的系数分别为：$a_0 = k$，$a_1 = c$，$a_2 = m$，$b_0 = -m$。因此，这个加速度传感器是一个二阶环节的传感器。

用微分方程作为传感器的数学模型，其优点是，通过求解微分方程，容易分清暂态响应与稳态响应，因为其通解只与传感器本身的特性及起始条件有关，而特解则还与输入量 x 有关。但是，求解微分方程很麻烦，为了求解方便，常采用传递函数来研究传感器的动态特性。

2）传递函数

传递函数是一种更简便、更实用的描述传感器动态模型的方法。

传递函数在数学上的定义是：初始条件为零时，输出量（响应函数）的拉普拉斯变换与输入量（激励函数）的拉普拉斯变换之比。

拉普拉斯变换可定义如下：

如果在 $t \leqslant 0$ 时，$y(t) = 0$，则 $y(t)$ 的拉普拉斯变换为

$$Y(s) = \int_0^\infty y(t)\mathrm{e}^{-st}\mathrm{d}t \tag{1.33}$$

式中，$s = \sigma + \mathrm{j}\omega$ 称为拉普拉斯变换自变量，是个复数；σ 是收敛因子；ω 为角频率；$\mathrm{j} = \sqrt{-1}$。

式（1.27）是一个时域的数学模型，它可简写为

$$\begin{aligned}&a_n y^{(n)} + a_{n-1} y^{(n-1)} + \cdots + a_1 y^{(1)} + a_0 y \\&= b_m x^{(m)} + b_{m-1} x^{(m-1)} + \cdots + b_1 x^{(1)} + b_0 x\end{aligned} \tag{1.34}$$

对这样一个线性常系数微分方程两边取拉普拉斯变换，得

$$\begin{aligned}&(a_n s^n + a_{n-1} s^{n-1} + \cdots + a_1 s + a_0)Y(s) \\&= (b_m s^m + b_{m-1} s^{m-1} + \cdots + b_1 s + b_0)X(s)\end{aligned} \tag{1.35}$$

其中，$Y(s)$ 是输出量的拉普拉斯变换，即

$$Y(s) = \mathscr{L}[y(t)] = \int_0^\infty y(t)\mathrm{e}^{-st}\mathrm{d}t \tag{1.36}$$

$X(s)$ 是输入量的拉普拉斯变换，即

$$X(s) = \mathscr{L}[x(t)] = \int_0^\infty x(t)\mathrm{e}^{-st}\mathrm{d}t \tag{1.37}$$

根据传递函数的定义，得到微分方程式（1.27）的传递函数为

$$H(s) = \frac{Y(s)}{X(s)} = \frac{b_m s^m + b_{m-1} s^{m-1} + \cdots + b_1 s + b_0}{a_n s^n + a_{n-1} s^{n-1} + \cdots + a_1 s + a_0} \tag{1.38}$$

这样，就可以用传递函数 $H(s)$ 作为动态模型来描述传感器的动态响应特性。它具有这样一些特点：

① 传递函数 $H(s)$ 反映的是传感器系统本身的特性，只与系统结构参数 a_i、b_i 有关，而与输入量 $x(t)$ 无关。因此，用传递函数 $H(s)$ 可以简单而恰当地描述传感器的输入-输出关系。

② 对于传递函数 $H(s)$ 描述的传感器系统，只要知道 $X(s)$、$Y(s)$、$H(s)$ 三者中任意两者，就可方便地求出第三者。如图 1.25 所示，只要给系统一个激励信号 $x(t)$，便可得到系统的响应 $y(t)$，系统的特性就可被确定，而无须了解复杂系统的具体内容。

③ 同一个传递函数可能表征着两个完全不同的物理系统，说明它们具有相似的传递特性。但不同的物理系统有不同的系数量纲，即通过系数 a_i 和 b_j（$i=0,1,\cdots,n$；$j=0,1,\cdots,m$）反映出来的。

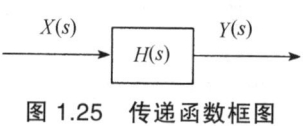

图 1.25 传递函数框图

④ 对于多环节串、并联组成的传感器系统，如各环节的阻抗匹配适当，可忽略相互之间的影响，则传感器的等效传递函数可按代数方式求解而得。

由 n 个环节串联而成的传感器系统，如图 1.26 所示，其等效传递函数为

$$H(s)=\prod_{i=1}^{n}H_i(s)=H_1(s)*H_2(s)*\cdots*H_n(s) \qquad (1.39)$$

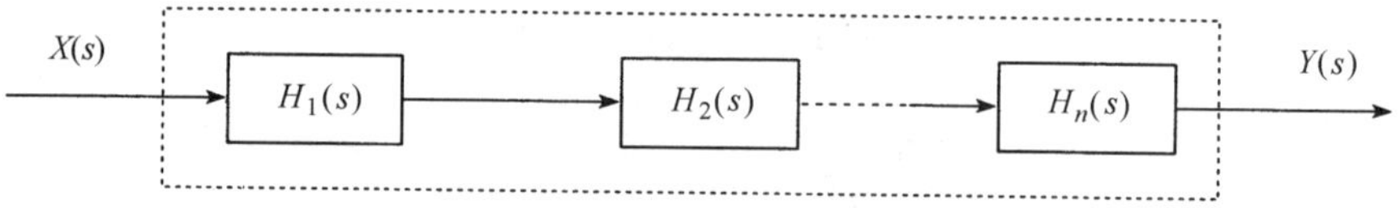

图 1.26 多环节串联的传感器系统

由 n 个环节并联而成的传感器系统，如图 1.27 所示，其等效传递函数为

$$H(s)=\sum_{i=1}^{n}H_i(s)=H_1(s)+H_2(s)+\cdots+H_n(s) \qquad (1.40)$$

式中，$H_i(s)$ 为各环节的传递函数。

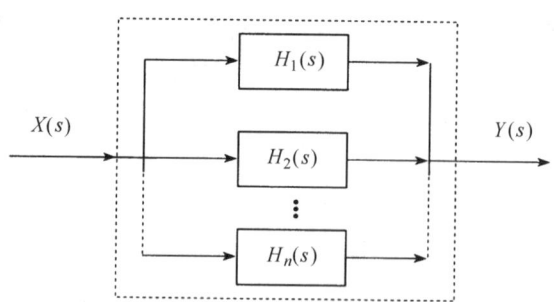

图 1.27 多环节并联的传感器系统

由此可见，对于多环节的传感器测量系统，用传递函数来描述其输入-输出关系，很容易看清各环节对系统的贡献，便于对测量系统进行改进。

⑤ 采用传递函数的另一个好处是，当传感器比较复杂或传感器的基本参数未知时，可通过实验求出传递函数。

2. 传感器的动态特性指标

前面介绍了传感器的动态数学模型,它可以用微分方程和传递函数来描述。尽管大多数传感器的动态特性可近似用一阶或二阶系统来描述,但这仅仅是近似的描述而已,实际的传感器往往比简化的数学模型要复杂。因此,传感器的动态响应特性一般并不是直接给出其微分方程或传递函数,而是通过实验给出传感器的动态特性指标,通过这些动态特性指标来反映传感器的动态响应特性。

研究传感器的动态特性主要是为了分析测量时产生动态误差的原因。传感器的动态误差包括两部分:一是输出量达到稳定状态后与理想输出量之间的差别;二是当输入量跃变时,输出量由一个稳态到另一个稳态之间的过渡状态中的误差。研究传感器的动态响应特性,实际上就是分析传感器的这两种动态误差。

要分析动态误差,首先要给出输入量。在实际测试中,输入量总是千变万化的,往往事先并不知道,那么,在这种输入量未知的情况下,如何分析传感器的动态误差,并给出传感器的动态特性指标?在工程上,解决的办法是,选定几种最典型、最简单的输入函数,称为标准信号,将其代入传感器的典型环节中来研究传感器的响应特性。常用的输入标准信号有阶跃函数、正弦函数、指数函数及冲击函数(δ函数)等。其中,阶跃函数和正弦函数在物理上较易实现,也便于求解,因此,研究传感器动态特性时最常用的输入信号函数就是阶跃信号函数和正弦信号函数。

采用阶跃信号作为输入信号研究传感器动态特性的方法,称为阶跃响应法,也叫时域的瞬态响应法;而采用正弦信号作为输入信号研究传感器的动态特性的方法,称为频率响应法。应用这两种方法可从时域和频域两方面来分析传感器的动态误差,给出其动态特性指标。

1) 阶跃响应

给静止的传感器输入一个单位阶跃函数信号:

$$x(t) = \begin{cases} 0, & t \leqslant 0 \\ 1, & t > 0 \end{cases} \tag{1.41}$$

时,传感器的输出特性称为阶跃响应特性。

对于一阶传感器系统,其阶跃响应曲线近似为图 1.28 所示。

图 1.28 中,y_c 为一阶传感器系统在阶跃信号作用下,最后达到的稳态值。这里定义传感器输出值上升到稳态值 y_c 的 63.2% 所需的时间为时间常数 τ。对于一阶传感器系统,常用时间常数 τ 作为其响应特性指标。

对于二阶传感器系统,其阶跃响应曲线近似为图 1.29 所示。

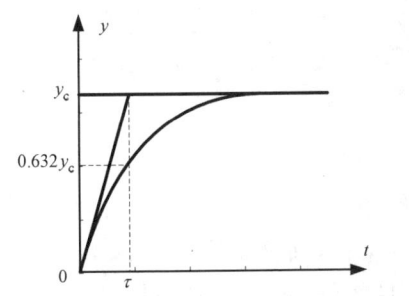

图 1.28 一阶传感器系统的阶跃响应曲线

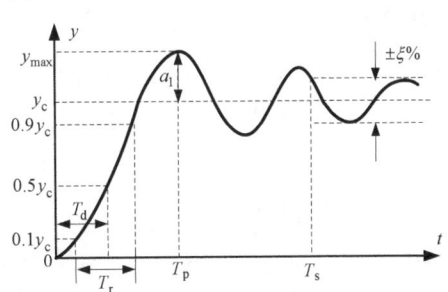

图 1.29 二阶传感器系统的阶跃响应曲线

衡量二阶传感器系统阶跃响应特性的主要指标有：
- 上升时间 T_r——阶跃响应曲线由稳态值的 10% 上升到 90% 所需的时间。
- 响应时间 T_s——响应曲线衰减到与稳态值之差不超过 ±ξ%（如 2% 或 5%）所需要的时间，也称为过渡过程时间。
- 超调量 a_1——响应曲线第一次超过稳态值时的峰高，$a_1 = y_{max} - y_c$。超调量能说明传感器的相对稳定性。
- 峰值时间 T_p——响应曲线到达第一个峰值所需的时间。
- 延滞时间 T_d——响应曲线达到稳态值的 50% 所需的时间。
- 衰减率 ψ——相邻两个波峰高度下降的百分比，即

$$\psi = \frac{a_n - a_{n+2}}{a_n} \times 100\% \qquad (1.42)$$

- 稳态误差 e_{ss}——无限长时间后，稳态输出值与理想输出值的偏差 δ_{ss} 的相对值，即

$$e_{ss} = \frac{\delta_{ss}}{y_c} \times 100\% \qquad (1.43)$$

上述就是一阶和二阶传感器时域响应的主要指标，对于一个传感器，并非每一个指标都要给出，往往只要给出几个被认为是重要的性能指标就可以了。

了解传感器的动态特性指标，是为了在测量时避免严重的动态误差，下面举例说明。

【例 1.8】 热电偶测量容器中液体温度过程中的动态误差分析。

热电偶在测量前置于环境温度之中，设环境温度为 T_0，被测液体的温度设为 T，且 $T>T_0$。测量时，把置于环境温度中的热电偶放于盛放液体的容器中，这时，热电偶的测量参数（输入量）发生突变，从 T_0 上升到 T，而热电偶的输出并不能立即从 T_0 上升到 T，而是有一个逐渐变化上升的过程。如图 1.30 所示，热电偶的温度从 T_0 上升到 T，经历了时间 $t_0 \to t$ 的过渡过程，如果不注意到这一过程，测温结果必定会产生很大的误差。图 1.30 中，测试曲线与阶跃波形的差值，就是动态误差。

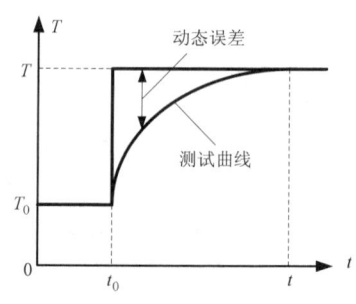

图 1.30 热电偶测温过程

总的来说，动态误差一方面是因为激励信号的变化而产生的，另一方面是由于传感器测量电路、机械惯性、延时等原因而产生的。

2）频率响应

设输入信号为

$$x = X \sin(\omega t) \qquad (1.44)$$

输出为

$$y = Y \sin(\omega t + \varphi) \qquad (1.45)$$

频率响应特性是指：输入频率（ω）不同、幅值（X）相等的正弦信号 $x(\omega)$，输出信号 $y(\omega)$ 的幅值 Y 和相位 φ 与输入频率 ω 之间的关系，即幅频特性与相频特性。

将 x、y 代入动态模型微分方程式（1.27），经拉普拉斯变换，则可得到其传递函数 $H(j\omega)$ 为

$$H(j\omega) = \frac{Y(j\omega)}{X(j\omega)} = \frac{b_m(j\omega)^m + b_{m-1}(j\omega)^{m-1} + \cdots + b_1(j\omega) + b_0}{a_n(j\omega)^n + a_{n-1}(j\omega)^{n-1} + \cdots + a_1(j\omega) + a_0} \tag{1.46}$$

式中，$H(j\omega)$ 称为传感器的频率响应函数。它的物理意义是：当正弦信号作用于传感器时，在稳定状态下的输出量与输入量之复数比。

频率响应函数 $H(j\omega)$ 是一个复函数，它可以用指数形式表示，即

$$H(j\omega) = \frac{Y(j\omega)}{X(j\omega)} = \frac{Ye^{j(\omega t+\varphi)}}{Xe^{j\omega t}} = \frac{Y}{X}e^{j\varphi} = A(\omega)e^{j\varphi} \tag{1.47}$$

式中，$A(\omega) = |H(j\omega)| = \frac{Y}{X}$，称为传感器的动态灵敏度，或称为增益，表示传感器的输出与输入的幅值比随频率 ω 而变化的关系，所以 $A(\omega)$ 又称为传感器的幅频特性。

频率响应函数 $H(j\omega)$ 的相位角 $\varphi(\omega)$ 表示相位角 φ 随 ω 而变，表示为

$$\varphi(\omega) = \arctan\left\{\frac{\text{Im}\left[\frac{Y(j\omega)}{X(j\omega)}\right]}{\text{Re}\left[\frac{Y(j\omega)}{X(j\omega)}\right]}\right\} \tag{1.48}$$

$\varphi(\omega)$ 称为传感器的相频特性。对于传感器而言，由于其输出滞后于输入，所以相位角 φ 通常是负值。

由于相频特性与幅频特性之间有一定的内在关系，所以，研究传感器的频域特性时，主要用幅频特性。典型的对数幅频特性曲线如图 1.31 所示。

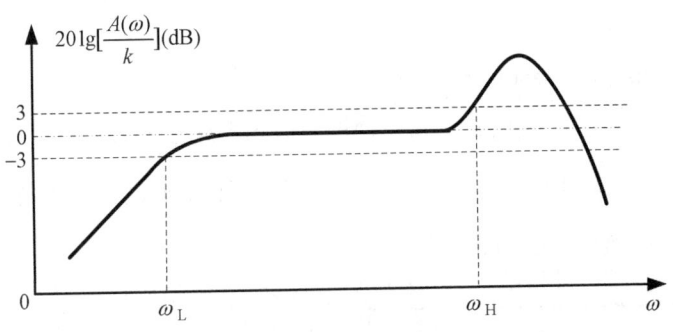

图 1.31 典型的对数幅频特性曲线

图 1.31 中，0 dB 的水平线是理想的幅频特性，实际上是零阶系统的幅频特性。零阶传感器系统的频率响应函数 $H(j\omega) = \frac{b_0}{a_0} = k$，则其幅频特性 $A(\omega) = |H(j\omega)| = k$，纵坐标 $20\lg\left[\frac{A(\omega)}{k}\right] = 0$（dB），因此，0 dB 的水平线是理想的零阶系统的幅频特性。在工程上，常将 ±3 dB 所对应的频率范围作为频率响应范围，又称通频带，它等于上截止频率 ω_H 与下截止频率 ω_L 的差值。通频带（$\omega_H - \omega_L$）是衡量传感器动态响应特性的重要指标之一。

3. 一阶系统的动态响应分析

一阶传感器系统的微分方程为

$$a_1 \frac{dy}{dt} + a_0 y = b_0 x \tag{1.49}$$

令时间常数 $\tau = \dfrac{a_1}{a_0}$，静态灵敏度 $K = \dfrac{b_0}{a_0}$，则式（1.49）可写为

$$\tau \frac{dy}{dt} + y = Kx \tag{1.50}$$

1）频率响应特性分析

对式（1.50）进行拉普拉斯变换得

$$(\tau s + 1) Y(s) = K X(s) \tag{1.51}$$

则传递函数为

$$H(s) = \frac{Y(s)}{X(s)} = \frac{K}{\tau s + 1} \tag{1.52}$$

频率响应函数为

$$H(j\omega) = \frac{Y(j\omega)}{X(j\omega)} = \frac{K}{j\omega\tau + 1} \tag{1.53}$$

幅频特性为

$$A(\omega) = \frac{K}{\sqrt{(\omega\tau)^2 + 1}} \tag{1.54}$$

相频特性为

$$\varphi(\omega) = \arctan(-\omega\tau) \tag{1.55}$$

当 $\omega\tau \ll 1$ 时，$A(\omega) \approx K$，说明传感器的输出与输入为线性关系，与 ω 无关；而 $\varphi(\omega) \approx -\omega\tau$，即 $\dfrac{\varphi(\omega)}{\omega} = -\tau$，输出量相对于输入量的滞后与 ω 无关。所以，时间常数 τ 越小，频率特性越好。图 1.32 所示是一阶传感器系统的频率特性曲线。

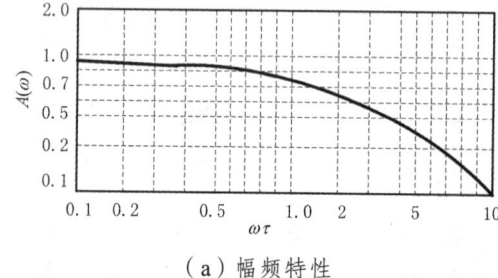
（a）幅频特性

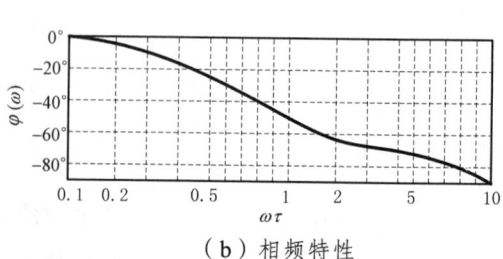
（b）相频特性

图 1.32 一阶传感器系统的频率特性

2) 阶跃响应特性分析

输入阶跃函数为

$$x(t) = \begin{cases} 0, & t \leq 0 \\ A, & t > 0 \end{cases} \tag{1.56}$$

则式（1.49）的解为

$$y = KA(1 - e^{-t/\tau}) \tag{1.57}$$

可见，稳态响应输出 $y = KA$ 是输入的 K 倍，暂态响应是一个指数函数。当 $t = \tau$ 时

$$y(\tau) = KA(1 - e^{-1}) = 0.632KA$$

暂态响应值达到稳态值的 63.2%，即定义的时间常数 τ。τ 越小，响应曲线越接近于阶跃曲线。

至于二阶以及二阶以上的传感器的动态响应，这里不再进一步分析。

【例 1.9】 如图 1.33 所示的温度传感器简化模型，T_0 为被测温度，T 为传感器敏感部分的温度。试给出输入量（T_0）与输出量（T）间的微分方程，并推导其幅频特性、相频特性及阶跃响应特性。已知传感器敏感部分的质量为 m，比热容为 c，表面积为 S，传热系数为 h。

解 传感器敏感部分的热容量为 mc，其温度增量 dT 正比于吸收（释放）的热量 dQ，而与热容量成反比，即

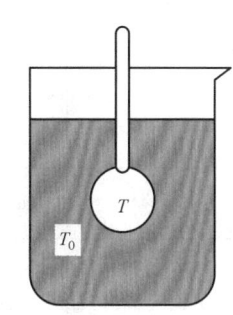

图 1.33 温度传感器的简化模型

$$dT = \frac{dQ}{mc} \tag{1.58}$$

而吸收的热量 dQ 又与物体的表面积、传热系数、温差（$T_0 - T$）及时间增量 dt 成正比，即

$$dQ = hS(T_0 - T)dt \tag{1.59}$$

所以

$$\frac{mc}{hS} \cdot \frac{dT}{dt} + T = T_0 \tag{1.60}$$

这就是温度传感器输入量（T_0）与输出量（T）间的一阶微分方程。其中，$a_0 = 1$，$a_1 = \frac{mc}{hS}$，$b_0 = 1$，则时间常数 $\tau = \frac{a_1}{a_0} = \frac{mc}{hS}$，静态灵敏度 $K = \frac{b_0}{a_0} = 1$。

传感器的频率响应特性为

$$H(j\omega) = \frac{T(j\omega)}{T_0(j\omega)} = \frac{K}{j\omega\tau + 1} = \frac{1}{\frac{j\omega mc}{hS} + 1} \tag{1.61}$$

幅频特性为

$$A(\omega) = \frac{K}{\sqrt{(\omega\tau)^2 + 1}} = \frac{1}{\sqrt{\left(\frac{\omega mc}{hS}\right)^2 + 1}} \tag{1.62}$$

相频特性为

$$\varphi(\omega) = \arctan(-\omega\tau) = \arctan\left(-\frac{\omega mc}{hS}\right) \quad (1.63)$$

阶跃响应特性为

$$T = KA(1-e^{-t/\tau})$$

所以
$$T = A[1-e^{(-hS/mc)t}] \quad (1.64)$$

表 1.2 给出了传感器的性能指标。

表 1.2 传感器的性能指标

基本参数指标	量程指标	量程范围、过载能力
	灵敏度指标	灵敏度、满量程输出、分辨力、输入输出阻抗
	精度方面指标	精度（误差）、重复性、线性、滞后、灵敏度误差、阈值、稳定性、漂移
	动态性能指标	固有频率、阻尼系数、频响范围、频率特性、时间常数、上升时间、响应时间、过冲量、衰减率、稳态误差、临界速度、临界频率
环境参数指标	温度指标	工作温度范围、温度误差、温度漂移、灵敏度温度系数、热滞后
	抗冲振指标	各向冲振容许频率、振幅值、加速度、冲振引起的误差
	其他环境参数	抗潮湿、抗介质腐蚀、抗电磁干扰能力
可靠性指标		工作寿命、平均无故障时间、保险期、疲劳性能、绝缘电阻、耐压、反抗飞弧性能
其他指标	使用方面	供电方式（直流、交流、频率、波形等）、电压幅度与稳定度、功耗、各项分布参数
	结构方面	外形尺寸、质量、外壳、材质结构特点
	安装连接方面	安装方式、馈线、电缆

1.4　改善传感器性能的技术途径

1. 结构、材料与参数的合理选择

传感器的性能指标涵盖面很广，要使一个传感器的各个指标都优良，不仅设计制造很困难，而且在实用上也没有必要。因此，我们应根据实际的需要与可能，对传感器的结构、材料与参数做出合理的选择。

选择的原则是：根据实际需要，确保主要指标，放宽次要指标，以求得高的性能价格比。具体地说，对从事传感器研究和生产的部门来说，应形成满足不同使用要求的系列产品，供用户选择；而对用户而言，则应按实际需要，恰如其分地选用能满足使用要求的产品，即使对主要的参数也不必盲目追求高指标。

例如，选用称重传感器，应根据称重要求选择测量范围、线性度、滞后、重复性等指标，并根据使用条件考虑种类、结构形式等。

对于各类具体传感器的选择原则与方法将在以后各章中介绍。

2. 差动技术

差动技术是基于改善传感器非线性的目的考虑的。由 1.2 节知道，传感器的静态特性可用一个代数多项式表示为

$$y = a_0 + a_1 x + a_2 x^2 + a_3 x^3 + \cdots + a_n x^n \tag{1.65}$$

从图 1.16（a）所示特性曲线可看出，其线性通常很差。但我们注意到，如果式（1.65）只存在奇次项，即

$$y = a_1 x + a_3 x^3 + a_5 x^5 + \cdots \tag{1.66}$$

则其特性曲线对称于坐标原点，并且在原点附近很宽的范围内存在近似线性段，如图 1.34 所示。

差动技术正是利用奇次项多项式的这一特点，设法使传感器的输出特性中不含偶次非线性项，达到减小非线性的目的。

设一传感器的输出为

$$y_1 = a_0 + a_1 x + a_2 x^2 + a_3 x^3 + a_4 x^4 + \cdots \tag{1.67}$$

用另一相同传感器，使其输入量符号相反，则其输出为

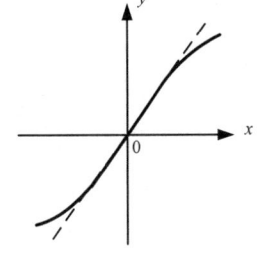

图 1.34 只含奇次项的多项式特性曲线

$$y_2 = a_0 - a_1 x + a_2 x^2 - a_3 x^3 + a_4 x^4 + \cdots \tag{1.68}$$

使二者输出相减，得

$$\Delta y = y_1 - y_2 = 2(a_1 x + a_3 x^3 + \cdots) \tag{1.69}$$

这样，总输出中消除了零位输出和偶次非线性项，得到一个只含奇次项的多项式，其特性曲线对称于原点有相当宽的近似线性范围，于是，输出非线性得到了较好的抑制，而且输出灵敏度提高了一倍。

由此可见，采用差动技术的三个技术环节是：① 用两只完全相同的传感器；② 接受大小相等、符号相反的输入量；③ 二者输出相减，取其差值。

目前，差动技术广泛用于消除或减小由于结构原因引起的共模误差。下面以超声波流速计为例，说明如何利用差动技术消除温度变化的影响。

【例 1.10】 超声波流速计。

超声波是一种机械波，其频率 $f > 20$ kHz，如图 1.35 所示。超声波传感器是一种实现声-电转换的装置。这里的"声"是指超声波，它具有机械波能量，因此，超声波传感器具有机械能与电能转换的功能，又称为超声波换能器。超声波传感器具有可逆性，它既可以发射

超声波，将电能转换成机械波的能量，也可以接收超声波，并转换成相应的电信号，即将机械波的能量转换成电能，它们分别称为超声波发生器和超声波接收器。最常用的超声波传感器是压电式结构，它的核心部分是压电晶体，利用压电效应实现声电转换。

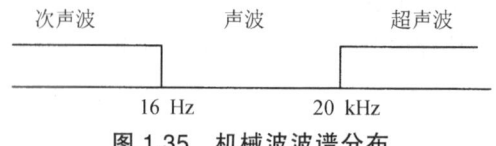

图 1.35　机械波波谱分布

超声波作为一种机械波，它在介质中的传播速度并不是一个常数，它不仅和介质的性质有关，同时还是温度的函数。在超声波流速计这个例子中，我们就是要利用差动技术消除温度变化对超声波传播速度的影响。

超声波流速计是利用超声波进行管道流速检测，如图 1.36 所示。其中，D 为流体管道直径，超声波与流体流动方向的夹角为 α，v 为流体流速。设超声波在流体中的传播速度为 c，它与环境温度有关。超声波发生器 T_1 发射的超声波，经管壁和流体后，由超声波接收器 R_1 接收，从发射到接收所需的时间 t_1 为

$$t_1 = \frac{D}{\sin\alpha(c+v\cdot\cos\alpha)} \tag{1.70}$$

式中，$v\cdot\cos\alpha$ 是流体速度在超声波传播方向上的分量。

扫描下图可浏览 AR 资源——超声波流速计。

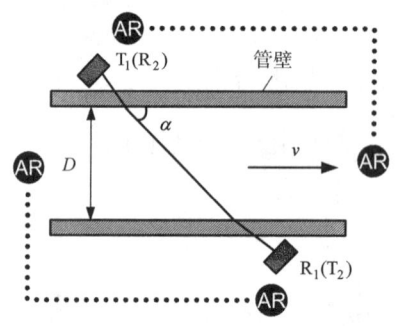

图 1.36　超声波流速计测量示意图

假设由脉冲发生器控制的移位寄存器在时间 t_1 内移动了 n 位，则可知脉冲发生器的频率 f_1 为

$$f_1 = \frac{n}{t_1} = \frac{n\cdot\sin\alpha(c+v\cdot\cos\alpha)}{D} \tag{1.71}$$

在式（1.71）中，已知 f_1、n、α、D，若超声波速度 c 一定，则可求出流体的流速 v。但是，声速 c 是温度的函数，并非一个常数，为消除环境温度对声速的影响，采用差动技术。

用超声波发生器 T_2 与超声波接收器 R_2 组成一对与 T_1，R_1 完全相同的超声波传感器，并利用切换开关，使 T_2 发射，R_2 接收。这时，被测流体的流速在超声波传播方向上为负值，即

$$f_2 = \frac{n\cdot\sin\alpha(c-v\cdot\cos\alpha)}{D} \tag{1.72}$$

用计数器得出

$$\Delta f = f_1 - f_2 = \frac{2n \cdot v \cdot \sin\alpha \cdot \cos\alpha}{D} = \frac{n \cdot v \cdot \sin 2\alpha}{D} \quad (1.73)$$

这样，消除了声速 c 变化的影响，并求出了流速 v，即

$$v = \frac{D \cdot \Delta f}{n \cdot \sin 2\alpha} \quad (1.74)$$

差动技术在电阻应变式、电感式和电容式等传感器中应用广泛。

【例 1.11】 变面积式差动电容器。

变面积式差动电容器由一个定极板和两个动极板组成，如图 1.37 所示。其中，两个动极板 1、2 固定在一起，分别与定极板构成两个完全相同的变面积式电容传感器。极板间距为 d，动极板的有效面积为 $l \cdot b$。

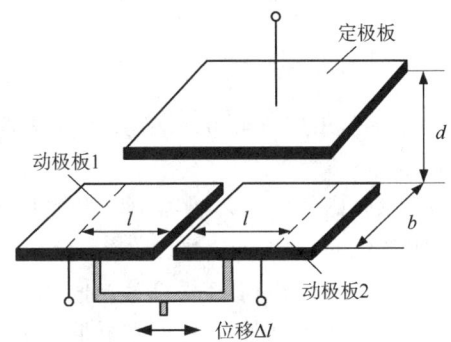

图 1.37 变面积式差动电容器

当动极板 1、2 随着被测物一起发生位移 Δl 时，极板 1 的有效面积增大，而极板 2 的有效面积相应减小，则动极板 1 的电容 C_1 和动极板 2 的电容 C_2 分别为

$$C_1 = \frac{\varepsilon_0 \varepsilon_r b(l + \Delta l)}{d} \quad (1.75)$$

$$C_2 = \frac{\varepsilon_0 \varepsilon_r b(l - \Delta l)}{d} \quad (1.76)$$

输出：

$$\Delta C = C_1 - C_2 = \frac{2\varepsilon_0 \varepsilon_r b \Delta l}{d} \quad (1.77)$$

灵敏度：

$$S = \frac{\Delta C}{b \cdot \Delta l} = \frac{2\varepsilon_0 \varepsilon_r}{d} \quad (1.78)$$

可见，输出灵敏度增大了一倍，而且消除了零位输出项 l。

3. 平均技术

采用平均技术的目的是减小测量时的随机误差，常用的方法有两种，即误差平均效应和数据平均处理。

1) 误差平均效应

误差平均效应的原理如图 1.38 所示,利用 n 个相同的传感器单元同时感受被测量,因而其输出将是这 n 个单元输出的总和。假设每一个单元可能带来的误差是 δ_0,对 n 个单元来说,可看作随机误差,根据误差理论,总的误差将减小为

$$\delta = \pm \frac{\delta_0}{\sqrt{n}} \tag{1.79}$$

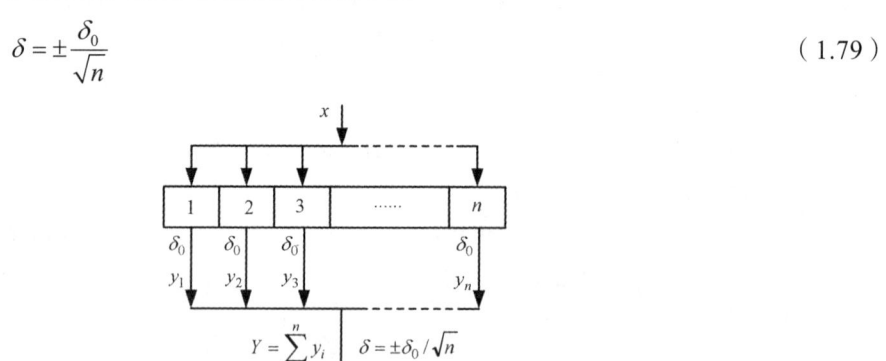

图 1.38 误差平均效应原理图

假设同时感受被测量的传感器单元数 $n = 10$,误差 δ 减小为 δ_0 的 31.6%;若 $n = 500$,误差 δ 减小为 δ_0 的 4.5%。

误差平均效应在光栅、磁栅、容栅等栅状传感器中取得了明显的效果,提高了测量精度。

【例 1.12】 容栅传感器中的误差平均效应。

容栅传感器由定极板和动极板组成,每个极板都是由间距相等的梳状电极并联而成,因此,容栅传感器可看成是由 n 个完全相同的电容传感器并联而成,如图 1.39 所示。

扫描下图可浏览 AR 资源——容栅传感器。

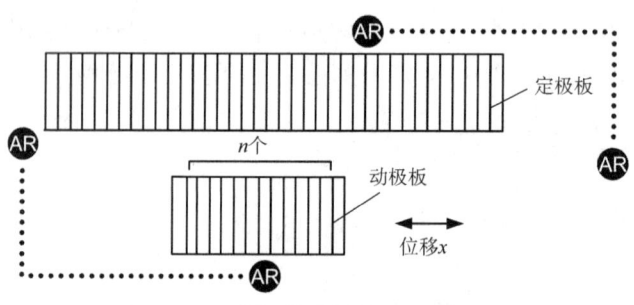

图 1.39 容栅传感器的作用原理图

假设动极板发生位移 x,则将有 n 个电容传感器同时感受到被测量 x 的变化,其输出将是 n 个并联的电容传感器的输出的总和。这样,测量误差将大大减小,测量精度显著提高。

2) 数据平均处理

数据平均处理的方法是:将相同条件下的测量重复 n 次,或进行 n 次采样,然后将数据进行平均处理,这样,随机误差也将减小 $\sqrt{n}$ 倍。

因此,凡被测对象允许进行多次重复测量时,都可以采用数据平均处理技术减小随机误差,提高测量精度。

上述平均技术，在传感器设计和使用中都可采纳。测量时，将整个测量系统看成对象，采用多点测量和多次采样平均的方法，可减小随机误差，提高测量精度。

4. 稳定性处理

传感器是一种长期测量和反复使用的元件，因此传感器的稳定性特别重要。造成传感器性能不稳定的主要原因是，随着时间和环境条件的变化，构成传感器的各种材料和元器件性能发生了变化。因此，为提高传感器性能的稳定性，应对材料、元器件和传感器整体进行必要的稳定性处理。稳定性处理的方法针对不同的材料采用不同的措施，如对结构材料进行时效处理、冰冷处理，对永磁材料进行时间老化、温度老化、机械老化及交流稳磁处理，对使用的电气元件进行老化和筛选。

5. 屏蔽、隔离和干扰抑制

传感器可看成一个复杂的输入系统，如图 1.40 所示。除了主输入端输入的被测量信号 $x(t)$ 外，许多外界影响因素 $x_1(t),x_2(t),\cdots,x_n(t)$ 通过辅助输入端也作用在传感器上，这样，就使传感器输出端信号 $y(t)$ 的测量误差增大。

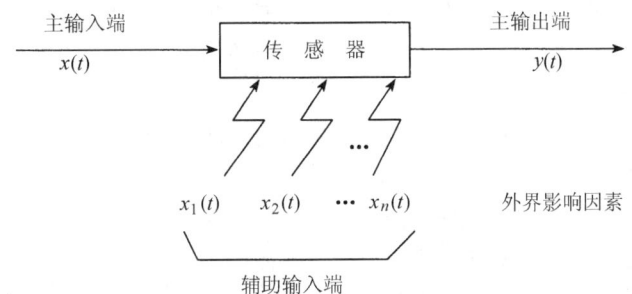

图 1.40　外界因素对传感器的作用

为了减小误差，就要削弱或消除外界影响因素对传感器的作用，方法可归纳为两种：从传感器的角度，要减小传感器对影响因素的灵敏度；从外界影响因素的角度，要降低它对传感器的实际作用功率。我们所采取的各种抗干扰措施都是基于这两种思路。

抗干扰措施主要有屏蔽、隔离及电路措施。

1) 屏　蔽

屏蔽包括电场屏蔽、电磁屏蔽和磁屏蔽。

电场屏蔽是为了防止电场间的相互影响，将导电性能良好的屏蔽层（导电板、网）与大地相连接，隔离两部分电力线，达到防止干扰的目的。例如，低噪声同轴电缆，在使用时需将其屏蔽金属网接地，以实现电场屏蔽的作用。

电磁屏蔽是为防止高频外磁场的干扰，将导电性能良好的材料作为屏蔽层，利用楞次定律，即高频干扰电磁场在屏蔽金属层内产生涡流，涡流磁场将抵消原高频干扰磁场的影响，如图 1.41 所示。

电磁屏蔽层妥善接地后，将具有电场屏蔽和电磁屏蔽两种功能。

磁屏蔽是采用高导磁材料作屏蔽层，将干扰磁力线限制在很小的屏蔽体内部，以避免干扰磁力线对其他部分的影响。磁屏蔽层妥善接地后，亦具有电屏蔽的功能。

在现场测试中，根据噪声源的不同采用不同的屏蔽措施，其中，对传感器输出信号线的屏蔽和保护方法是尽量采用专用的同轴电缆。

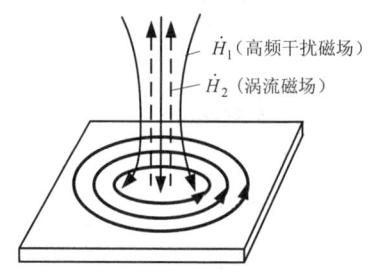

图 1.41　电磁屏蔽的原理图

2）隔　离

由于传感器是感受非电量的器件，所以，应该考虑与被测量有关的一些影响因素，如温度、湿度、机械振动、气压、声压、辐射、气流等。为此，应采取相应的隔离措施，以减小这些外界因素的影响。这些措施包括隔热、隔振、密封等。

3）电路措施

为抑制噪声干扰而采取的电路措施很多，如选用合适的滤波器剔除噪声，另外，还有加去耦滤波器和"单点"接地等措施。

当用同一电源驱动两个以上有独立功能的电路时，必须对各电路配上去耦滤波器，用以分离电路仪器，这是防噪声不可缺少的技术。去耦滤波器一般采用 RC 电路，如图 1.42 所示。

因为传感器测试系统的信号一般不超过 100 kHz，所以采用"单点"接地法可消除公共阻抗耦合的干扰。"单点"接地是指，将测量系统的各种地线连接在一起，并且只在一点接地。测量装置的地线主要有：

① 信号地线，即测试系统的信号零电位线；
② 信号源地线，即传感器的零信号电位基准线；
③ 交流供电电源地线；
④ 机架、机壳屏蔽层保护接地线。

在使用中，应将这四种地线分别引出，连接在一起，在一点接地。

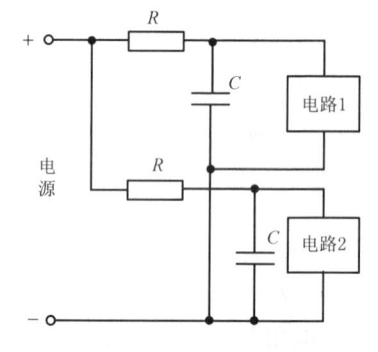

图 1.42　去耦滤波器

为保证测试系统不受共模干扰，应将传感器"浮地"。因为传感器金属外壳一般多与信号接地端相连，也与传输线的外屏蔽金属层相连，若不对传感器采取绝缘措施，将成为引入噪声的主要来源。

6. 零示法、微差法与闭环技术

零示法、微差法与闭环技术用于消除或削弱系统误差。

1）**零示法**

被测量对指示仪表的作用与已知的标准量对仪表的作用相互平衡，即指示仪表的指示为零,这时被测量就等于已知的标准量。零示法最简单的例子是机械天平,被称物的质量等于标准砝码的质量。零示法可消除仪表不准而造成的误差。

2) 微差法

零示法要求被测量与标准量完全相等,因而要求标准量连续可变,这往往不易做到。在零示法的基础上发展出的微差法,是利用标准量与被测量的差别减小到一定程度后,由于相互抵消的作用,使指示仪表误差的影响大大削弱。

设被测量为 x,与它相近的标准量为 B,被测量 x 与标准量 B 之间的微差为 A,A 的数值可由指示仪表读出,则

$$x = B + A \tag{1.80}$$

由于 $A \ll B$,有

$$\frac{\Delta x}{x} = \frac{\Delta B}{x} + \frac{\Delta A}{x} = \frac{\Delta B}{B+A} + \frac{\Delta A}{A} \cdot \frac{A}{x} \approx \frac{\Delta B}{B} + \frac{\Delta A}{A} \cdot \frac{A}{x} \tag{1.81}$$

式中,$\frac{\Delta B}{B}$ 是标准量的相对误差,$\frac{\Delta A}{A}$ 是指示仪表的相对误差,$\frac{A}{x}$ 是一个相对微量。

于是,测量误差由标准量的相对误差加上指示仪表的相对误差与相对微量之积。由于 $\frac{A}{x} \ll 1$,因此,指示仪表的误差大大削弱了,同时,$\frac{\Delta B}{B}$ 一般很小,因此,测量的相对误差大大减小。

微差法相对于零示法,不需要标准量连续可调,同时,可以在指示仪表上直接读出被测量的数值。

3) 闭环技术

微课:闭环技术

由前面介绍知道,传感器是由敏感元件、转换元件与测量电路等环节构成的一个开环测量系统,即各环节之间相互串联,如图 1.43 所示。其特点是:

① 系统总的灵敏度为各环节灵敏度之积,即 $K = \prod_{i=1}^{n} K_i$;

② 系统总的相对误差为各环节相对误差之和,即 $\delta = \sum_{i=1}^{n} \delta_i$。

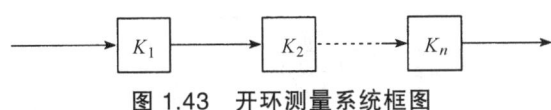

图 1.43 开环测量系统框图

可见,系统每个环节的相对误差对系统总相对误差的影响是等权的,要保证系统的总精度,必须降低每一环节的误差,若串联环节越多,分配给每一环节的允许误差就越小,要求也越严。

将反馈技术与传感器相结合,构成闭环的反馈-测量系统,可提高传感器测量系统的性能。如图 1.44 所示,闭环系统与开环系统相比较,增加了"反馈环节",其中的比较与平衡方式有力和力矩平衡、电压(流)平衡、热平衡等。在力平衡形式中,反向传感器是力发生器。

在这样的闭环系统中，传感器和放大电路是前向环节，反向传感器是反馈环节，因此可简化为图 1.45 所示。

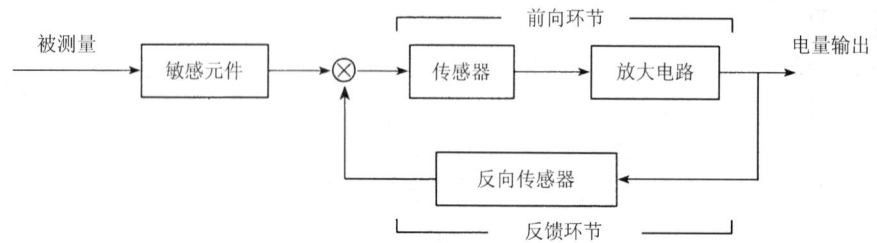

图 1.44　反馈-测量系统原理框图

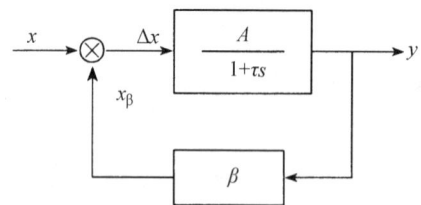

图 1.45　闭环系统原理框图

假设前向环节的传递函数为

$$A(s) = \frac{A}{1+\tau s} \tag{1.82}$$

式中　A——静态传递函数；
　　　τ——时间常数。

则闭环系统的传递函数为

$$H(s) = \frac{A(s)}{1+\beta A(s)} \tag{1.83}$$

式中，β 为反馈环节的反馈系数。则

$$H(s) = \frac{\dfrac{A}{1+\tau s}}{1+\beta \dfrac{A}{1+\tau s}} = \frac{\dfrac{A}{1+A\beta}}{1+\dfrac{\tau s}{1+A\beta}} = \frac{A'}{1+\tau' s} \tag{1.84}$$

式中，$A' = \dfrac{A}{1+A\beta}$，是闭环静态传递函数；$\tau' = \dfrac{\tau}{1+A\beta}$，是闭环时间常数。

由此可见，闭环系统具有以下特点：

① 精度高、稳定性好。当前向环节为高增益，满足 $A\beta \gg 1$ 时，则闭环静态传递函数 $A' \approx \dfrac{1}{\beta}$，与前向环节无关。因此，前向环节增益的波动对闭环传感器测量系统的精度和稳定性影响很小，闭环系统性能主要取决于反向传感器的精度和稳定性。

② 动态特性好。闭环系统的时间常数τ'比开环系统的时间常数τ减小了（$1+A\beta$）倍，即$\tau' \ll \tau$，因此，闭环传感器的动态特性将大大改善。

7. 补偿与校正

当传感器或测试系统的系统误差变化规律过于复杂时，可找出误差的方向和数值，采用修正的方法（包括修正曲线或公式）加以补偿和校正。

【例 1.13】 某传感器存在温度误差，可在不同温度下进行多次测量，找出温度对测量值影响的规律，然后在实际测量时进行补偿。

温度	传感器的输入	传感器的输出
T_0	x_0	y_0
T_1	x_0	y_1
T_2	x_0	y_2
⋮	⋮	⋮
T_n	x_0	y_n

由此找出温度对测量值影响的规律是$y_0 = y_i f(T_i)$。

补偿与校正的方法：一是利用电子线路，即硬件的方法来解决；二是用单片机通过软件实现。后者正越来越多地被采用。

8. 集成化与智能化

1）传感器的集成化

随着集成电路技术的发展，集成化传感器应运而生。集成传感器包括两层含义：

① 将传感器和信号处理电路制作在同一芯片上，即将传感器和信号处理电路进行集成，因此，这样的集成传感器既具有传感器的功能，也能实现信号处理器的作用。集成传感器中所集成的信号处理电路包括信号放大和阻抗变换电路、电源电压调整电路、温度补偿电路等。

② 将多个相同或不同的敏感元件集成在同一芯片上，可同时进行多参数测量。

由于集成传感器采用了集成电路技术，它具有成本低、体积小、性能改善、可靠性提高、接口灵活性增加等特点，是传感器的发展方向之一。目前，已有多种类型的光、磁、温度、力和化学集成传感器出现。

2）传感器的智能化及智能化传感器

传感器的智能化及智能化传感器都是指将传感器与微处理机相结合，但严格地说，它们是两个不同的概念，即在将传感器与微处理机相结合的途径方面不同。

传感器的智能化途径是将传感器的输出信号经处理和转换后，由接口送入微处理机进行运算处理，这里，传感器与微处理机为两个独立部分，只是采用微处理机来强化和提高传统传感器的功能。

智能化传感器则是借助于半导体技术，将传感器、信号处理电路、输入输出接口、微处理器等制作在同一块芯片上，成为大规模集成电路智能传感器。这类传感器具有功能多、一体化、精度高、适宜于大批量生产、体积小和使用方便等优点，是传感器发展的必然趋势，它的实现将取决于半导体集成化工艺水平的提高与发展。

3）集成式微型智能传感器

集成式微型智能传感器是指利用集成电路制作技术和微机械加工技术（MEMS）将用途广泛的传感器元件与功能强大的电子线路集成在同一芯片上，使之具有信号提取、信息处理、双向通信、量程切换、逻辑判断、步骤决策、自检验、自诊断、自校准、自补偿以及自适应和自计算等功能。

集成式微型智能传感器的优点包括：

① 具有逻辑判断、统计处理功能。可对检测数据进行分析、统计和修正，可进行线性、温度、噪声及缓慢漂移等的误差补偿，提高测量准确度。

② 具有自诊断、自校准功能。在接通电源时进行开机自检，在工作中进行运行自检，判断哪一组件有故障，提高工作可靠性。

③ 具有自适应、自调整功能。可根据被测量的大小及变化情况自动选择检测量程和测量方式，提高检测适应性。

④ 具有组态功能。可实现多传感器、多参数的复合测量，扩大了检测与使用范围。

⑤ 具有记忆、存储功能。可进行检测数据的随时存取，加快了信息的处理速度。

⑥ 具有数据通信功能。有数据通信接口，可与计算机直接联机，相互交换信息，提高了信息处理的质量。

目前制作集成微型智能传感器的最好材料是硅，硅材料具有以下优点：

① 硅材料的许多物理效应可用来制造基于多种敏感机理的固态传感器，如利用硅的热阻效应、压阻效应、光电效应、光磁效应和光电池效应测量光、磁、力学量和化学量等各种信号。

② 单晶硅具有优良的各向异性，可利用微机械加工技术制造出具有精密三维结构的微型传感器，为传感器的微型化提供条件。

③ 单晶硅传感器的制造工艺与集成电路制造工艺有很好的兼容性,可在同一芯片上制造出传感器和电子电路。

用于制作集成式微型智能传感器的硅微机械加工技术主要包括集成电路（IC）加工技术、光刻技术、光刻电铸技术（LIGA）、腐蚀成型技术和键合技术等。集成式微型智能传感器的研究热点涉及敏感元件机理、集成封装技术以及数据融合理论等。

1.5 传感器的标定与校准

1. 标定与校准的概念

新研制或生产的传感器需要对其技术性能进行全面的检定，以确定其基本的静、动态特性，包括灵敏度、重复性、非线性、迟滞、精度及固有频率等。

例如，一个压电式压力传感器，在受力后将输出电荷信号，即压力信号经传感器转换为电荷信号。但是，多大压力能使传感器产生多少电荷呢？换句话说，我们测出了一定大小的电荷信号，但它所表示的加在传感器上的压力是多大呢？

这个问题只靠传感器本身是无法确定的，必须依靠专用的标准设备来确定传感器的输入-输出转换关系，这个过程就称为标定。简单地说，利用标准器具对传感器进行标度的过程称为标定。具体到压电式压力传感器来说，我们用专用的标定设备，如活塞式压力计，产生一个大小已知的标准力，作用在传感器上，传感器将输出一个相应的电荷信号，这时，再用精度已知的标准检测设备测量这个电荷信号，得到电荷信号的大小，由此得到一组输入-输出关系，这样的一系列过程就是对压电式压力传感器的标定过程，如图1.46所示。

图1.46　压电式压力传感器输入-输出关系

校准在某种程度上说也是一种标定，它是指传感器在经过一段时间储存或使用后，需要对其进行复测，以检测传感器的基本性能是否发生变化，判断它是否可以继续使用。因此，校准是指传感器在使用中或存储后进行的性能复测。在校准过程中，传感器的某些指标发生了变化，应对其进行修正。

标定与校准在本质上是相同的，校准实际上就是再次的标定，因此，下面都以标定为例作介绍。

2. 标定的基本方法

标定的基本方法是，利用标准设备产生已知的非电量（如标准力、位移、压力等），并作为输入量输入到待标定的传感器，然后将得到的传感器的输出量与输入的标准量作比较，从而得到一系列的标定数据或曲线。例如，上述压电式压力传感器，利用标准设备产生已知大小的标准压力，输入传感器后，得到相应的输出信号，这样就可以得到其标定曲线，根据标定曲线确定拟合直线，可作为测量的依据，如图1.47所示。

有时，输入的标准量是由标准传感器检测而得到的，这时的标定实质上是待标定传感器与标准传感器之间的比较，如图1.48所示。输入量发生器产生的输入信号同时作用在标准传感器和待标定传感器上，根据标准传感器的输出信号可确定输入信号的大小，再测出待标定传感器的输出信号，就可得到其标定曲线。

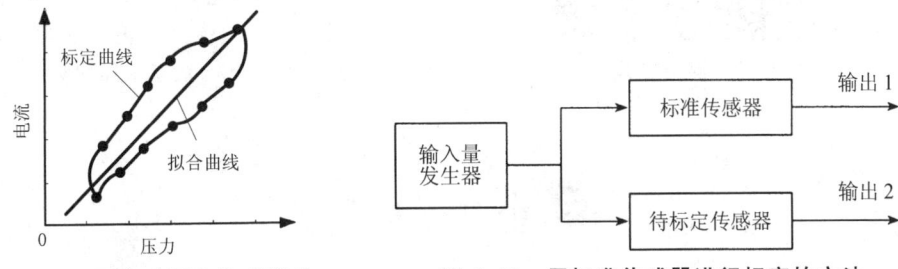

图1.47　压电式压力传感器的标定曲线与拟合直线

图1.48　用标准传感器进行标定的方法

3. 标定系统的组成

传感器的标定系统一般由以下几个部分组成：
① 被测非电量的标准发生器。
② 被测非电量的标准测试系统。
例如：活塞式压力计 —产生→ 标准压力 ←测量— 标准压力传感器；
测力机 —产生→ 标准力 ←测量— 标准力传感器；
恒温源 —产生→ 标准温度 ←测量— 标准温度计。
③ 待标定传感器所配接的信号检测设备，如信号调节器和显示器、记录器等。因为所配接的检测仪器也作为标准测试设备使用，因此，其精度应是已知的。

为保证标定的精度和可靠性，在标定过程中应注意这样几个问题：
① 为保证量值的准确一致，标定应按计量部门规定的规程和管理办法进行，只能用上一级精度的标准装置来标定下一级精度的传感器。
② 工程测试中所用的传感器，应在与其使用条件相似的环境下进行标定，以获得较可靠的标定精度。
③ 为提高标定精度，可将传感器与其配用的电缆、滤波器、放大器等测试系统一起标定。
④ 有些传感器标定时，应按传感器规定的安装条件进行安装。

4. 传感器的静态标定及设备

传感器的静态标定主要用于检验、测试传感器的静态特性指标，如静态灵敏度、非线性、滞后、重复性等。对不同功能的传感器需要不同的标定设备，即使同一种传感器，由于精度等级要求不同，标定设备也不同。例如，力标定设备有测力砝码（图1.49）、拉（压）式测力计等，压力标定设备有活塞式压力计（图1.50）、水银压力计、麦氏真空计等，位移标定设备有深度尺（图1.51）、千分尺、块规等，温度标定设备有铂电阻温度计、热电偶、基准光电高温比色仪等。

图1.49 测力砝码

图1.50 活塞式压力计

图1.51 深度尺

5. 传感器的动态标定及设备

传感器的动态标定主要用于检验、测试传感器的动态特性，如动态灵敏度、频率响应和固有频率等。对传感器进行动态标定，需要对它输入一个标准激励信号，常用的是周期函数中的正弦波以及瞬变函数中的阶跃波。

传感器动态标定设备主要是指动态激振设备，低频下常使用激振器，如电磁振动台（图1.52）、低频回转台、机械振动台（图1.53）、液压振动台等，一般采用振动台产生简谐振动来作为传感器的输入量。对某些高频传感器的动态标定，采用正弦激励法标定时，很难产生高频激励信号，一般采用瞬变函数激励信号，这时就要用激波管来产生激波。

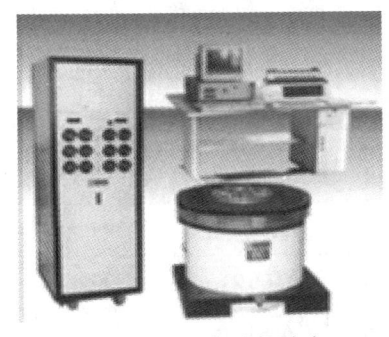

图 1.52 电磁振动台

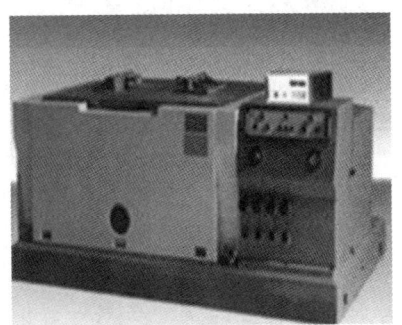

图 1.53 机械振动台

习题及思考题

1. 传感器的定义中包含了哪四层含义？为什么传感器又称为非电量电测技术？
2. 举例说明结构型传感器和物性型传感器的区别。
3. 为什么物性型传感器是传感器的重要发展方向之一？
4. 为什么自源型和带激励源型传感器属于能量转换型（有源型）传感器？
5. 为消除环境干扰，目前广泛采用的线路补偿法的构成形式有哪些？
6. 简述对传感器进行分类时，划分基本物理量和派生物理量的好处。
7. 选定拟合直线的过程就是传感器的线性化过程，你认为哪（几）种确定拟合直线的方法最优？
8. 简述最小二乘法求取拟合直线的基本思路。
9. 传感器的重复性误差与滞后、线性度相比，最大的不同点是什么？
10. 传感器的分辨力和阈值都是与被测量相关的指标，其区别是什么？
11. 利用滞后、线性度、重复性三个指标计算传感器的静态误差（精度），更合理的方法是哪种？
12. 传感器的软件线性化方法主要有哪几种？
13. 用传递函数作为传感器的动态模型来描述传感器的动态响应特性有哪些特点？
14. 简述描述二阶传感器系统阶跃响应特性的主要指标及其定义。
15. 为什么典型的对数幅频特性曲线中的 0 dB 水平线是零阶系统的幅频特性？
16. 评价一个传感器的优劣，为什么必须从静态和动态两方面来衡量？

17. 加速度传感器的物理模型有什么特点？它是几阶环节的传感器？
18. 增加了反馈环节的闭环传感器系统在输出性能上有什么优势？
19. 传感器是一个复杂的输入系统，一些外界影响因素会通过辅助输入端作用在传感器上，从传感器结构的角度如何减小外界影响因素的作用？
20. 简述差动技术的原理及技术环节。
21. 栅状传感器获得较高的检测精度是利用了什么技术？
22. 微差法是如何减少系统误差的？
23. 分析高频传感器常用的动态标定设备激波管的工作原理，并分析它是如何产生瞬变激波的。
24. 说明传感器标定与校准的概念以及标定的基本方法和系统组成。
25. 一压力传感器标定数据如表1.3所列，试求：线性度、滞后、重复性和总精度评价。

表1.3 标定数据

x_i/Pa			0	1.0×10^5	2.0×10^5	3.0×10^5	4.0×10^5	5.0×10^5
y_i/V	1	正行程	0.002 0	0.201 5	0.400 5	0.600 0	0.799 5	1.000 0
		反行程	0.003 0	0.202 0	0.402 0	0.601 0	0.800 5	
	2	正行程	0.002 5	0.202 0	0.401 0	0.600 0	0.799 5	0.999 5
		反行程	0.003 5	0.203 0	0.402 0	0.601 5	0.800 5	
	3	正行程	0.003 5	0.202 0	0.419 0	0.600 0	0.799 5	0.999 0
		反行程	0.004 0	0.203 0	0.402 0	0.601 0	0.800 5	

第 2 章

电阻式传感器

电阻式传感器是将非电量（如力、位移、形变、速度、加速度和扭矩等）转换为电阻变化的传感器。电阻式传感器的核心转换元件是电阻元件，它将非电量的变化转换成相应的电阻值的变化，通过电测技术对电阻值进行测量，以达到对上述非电量测量的目的。

根据不同的电阻材料，电阻式传感器受非电量的作用转换成电阻参数变化的机理各不相同，因此，根据其不同的电阻材料和转换机理，电阻式传感器可分为五大类。

（1）电位器式传感器

利用变阻器的原理，输出阻值随输出端位置的变化而变化。

（2）应变式电阻传感器

利用金属和半导体材料的应变-电阻效应，输出阻值随材料的形变而改变。

（3）压阻式传感器

利用石英等晶体的压电效应实现压电转换，其输出阻值随加在材料上的压力变化而变化。

（4）光电阻式传感器

利用半导体材料的光电效应，将光能转换为电能，其输出阻值与外加光的强弱及性质有关。

（5）热电阻式传感器

利用金属及半导体材料的电阻-温度特性，将热能转换为电能，其输出阻值随材料温度的变化而变化。

本章重点介绍电位器式传感器和应变式电阻传感器，其他电阻式传感器将在以后的章节中陆续介绍。电位器式传感器主要用于非电量变化较大的测量场合；应变式电阻传感器用于测量非电量变化量相对较小的情况，其灵敏度较高。

2.1 电位器式传感器

电位器式传感器分为线绕式和非线绕式两大类。线绕电位器是最基本的电位器式传感器；非线绕式电阻传感器则是在线绕电位器的基础上，在电阻元件的形式和工作方式上有所发展，包括薄膜电位器、导电塑料电位器和光电电位器等。

1. 线绕电位器式传感器

线绕电位器式传感器的核心，即转换元件，是精密电位器，如图2.1所示。它可实现机械位移信号与电信号的模拟转换，是一种重要的机电转换元件。

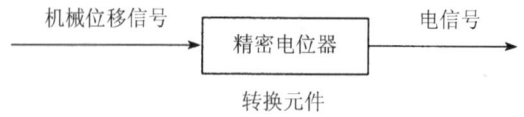

图2.1 电位器式电阻传感器的转换关系

精密电位器在电路中的符号如图2.2所示，它由电阻元件和电刷两部分组成，电刷就是输出的抽头端。

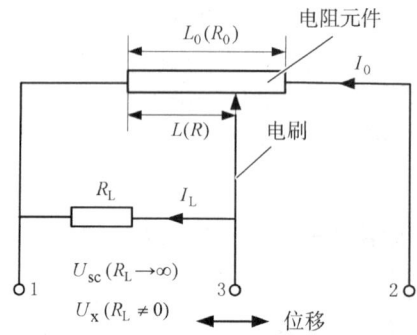

图2.2 精密电位器的电路符号图

工作时，在电阻元件的两端，即1、2端加上固定的直流工作电压，从1、3端就有电压输出，并且，这个输出电压的大小与电刷所处的位置相关，当电刷臂随着被测量产生位移时，输出电压也发生相应的变化，这是精密电位器的基本工作原理。

1）线绕电位器的结构和原理

如图2.3所示，线绕电位器主要由骨架、绕组、电刷、导电环及转轴等部分组成。

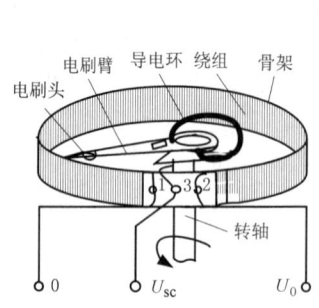

图2.3 线绕电位器式传感器的结构

线绕电位器的骨架一般由胶木等绝缘材料或表面覆有绝缘层的金属骨架构成。根据需要，骨架可做成不同的形状，如环带状、弧状、长方体或螺旋状等。绕组即电阻元件，由漆包电阻丝整齐地绕制在骨架上构成，其两个引出端1、2是电压输入端。电刷由电刷头和电刷臂组成，电刷头一般焊接在电刷臂上，电刷被绝缘地固定在电位器的转轴上。绕组与电刷头接触的工作端面用打磨和抛光的方法去掉漆层，以保证与电刷头之间有良好的接触。电刷经导电环引出至输出端 3。电位器的转轴随外界被测量一起转动。

当电位器转轴转动时，电刷臂随之移动，电刷头在绕组上滑动接触，在工作电压 U_0 作用下，电位器输出电压 U_{sc} 与转轴转动量成对应关系，从而实现机电信号的转换。

2）线绕电位器的输出特性

在图 2.2 中，设输入工作电压为 U_0，输出电压为 U_{sc}，电位器的总电阻为 R_0，总行程为 L_0，电刷的行程为 L，相应的电阻 R 称为输出端电阻。在空载下，当电刷的行程为 L 时，输出端电压为

$$U_{sc} = \frac{U_0}{R_0} \cdot R \tag{2.1}$$

假设电位器的绕线截面面积均匀，即电阻 R 线性变化，则

$$U_{sc} = \frac{U_0}{L_0} \cdot L \tag{2.2}$$

电位器的电阻灵敏度为

$$K_R = \frac{R}{L} = \frac{R_0}{L_0} \tag{2.3}$$

电位器的电压灵敏度为

$$K_V = \frac{U_{sc}}{L} = \frac{U_0}{L_0} \tag{2.4}$$

K_R 和 K_V 为线绕电位器的电阻灵敏度和电压灵敏度，它们分别表示单位位移所引起的输出电阻和输出电压的变化量。由式（2.3）和式（2.4）看出，K_R 和 K_V 均为常数，这样的电位器称为线性电位器，即改变测量电阻值 R 所引起输出电压 U_{sc} 的变化为线性变化。

若电位器的负载电阻 $R_L \neq 0$，由于负载电阻 R_L 与线绕电位器的输出端电阻 R 的并联作用，改变了空载时的分压关系，这时，带有负载的输出电压 U_x 将小于空载时的输出电压 U_{sc}。

设流经线绕电位器的电流为 I_0，流经负载电阻 R_L 的电流为 I_L，则

$$U_0 = U_x + I_0(R_0 - R) \tag{2.5}$$

$$I_0 = I_L + (I_0 - I_L) = \frac{U_x}{R_L} + \frac{U_x}{R} = \frac{R_L + R}{R_L \cdot R} \cdot U_x \tag{2.6}$$

将式（2.6）的 I_0 代入式（2.5）得

$$U_0 = U_x + \frac{R_L + R}{R_L \cdot R}(R_0 - R)U_x \tag{2.7}$$

则推导出带负载时的输出电压 U_x 为

$$U_x = \frac{R_L \cdot R}{R_L R_0 + R R_0 - R^2} \cdot U_0 \qquad (2.8)$$

将式（2.8）与空载时的输出电压式（2.1）比较，带有负载时的输出电压 U_x 小于空载时的输出电压 U_{sc}。

这里，令 $K = \dfrac{R}{R_0}$ 为分压系数，$a = \dfrac{R_0}{R_L}$ 为负载系数，则有

$$U_{sc} = K U_0 \qquad (2.9)$$

$$U_x = \frac{K U_0}{1 + aK(1-K)} \qquad (2.10)$$

由此可见，对于线绕电位器，在空载下，输出电压 U_{sc} 正比于分压系数，正比于输出端电阻 R，即 $U_{sc} \propto K$，$U_{sc} \propto R$。也就是说，输出电压与机械位移量 L 是线性关系。但是，在负载下，输出电压 U_x 与输出端电阻 R（或 L）呈非线性关系，并且 U_x 小于 U_{sc}。

由式（2.10）可给出线绕电位器的负载特性曲线，如图 2.4 所示。当电位器的电刷处于零位（$K=0$）和最大位置（$K=1$）时，$U_x = U_{sc}$；如果电位器的分压系数 K 一定，即电刷处于某一位置不变，则负载系数 a 越小，即负载电阻 R_L 越大，这时 U_x 越接近 U_{sc}，负载误差越小，电位器的负载特性曲线越接近于线性；当负载系数 a 一定时，电位器的输出随分压系数 K 变化。

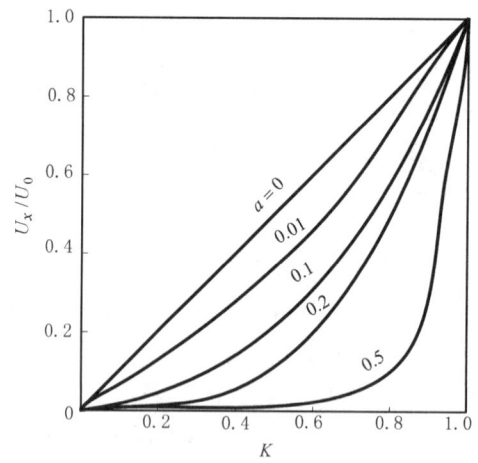

图 2.4 线绕电位器的负载特性曲线

令 $\Delta U = U_{sc} - U_x$ 为负载误差，则相对负载误差为 $\delta = \dfrac{\Delta U}{U_0} \times 100\%$。对于式（2.10），当 a 一定时，对 K 求一阶导数并令其为零，则得到 $K \approx \dfrac{2}{3}$ 时，负载误差最大。因此，在实际电位器电路中，最大负载误差产生在电位器的 2/3 阻值附近，此时，最大负载误差 $\delta_{max} \approx 0.15a$。

3）减小电位器负载误差的方法

在实际电路中，电位器的输出端总是带有一定的负载，而最大负载误差产生在电位器工作范围的 2/3 附近，这对电位器工作是很不利的，为此，需要采取一些措施减小电位器的负载误

差，以提高机电转换的精度。减小电位器负载误差的方法有多种，这里介绍负载系数减小法。

由电位器的负载输出特性可知，在分压系数 K 一定时，随着负载系数 a 的减小，输出电压 U_x 将增大，并接近于空载输出电压 U_{sc}。因此，在条件许可的情况下，应尽量使负载系数 a 减小，即尽量采用较大的负载电阻 R_L。

【例 2.1】 设电位器的总电阻 $R_0 = 1\ \text{k}\Omega$，要求负载误差 $\delta_{\max} \leqslant 0.1\%$，试用负载系数减小法确定负载电阻 R_L。

解 由 $\delta_{\max} \approx 0.15a$，$a = \dfrac{R_0}{R_L}$，得

$$R_L = \dfrac{R_0}{a} = \dfrac{0.15 R_0}{\delta_{\max}} \geqslant \dfrac{0.15 \times 1\ \text{k}\Omega}{0.1\%} \geqslant 150\ \text{k}\Omega$$

即，要满足负载误差 $\delta_{\max} \leqslant 0.1\%$，则负载电阻 R_L 应大于 150 kΩ。

4）线绕电位器的阶梯特性、误差和分辨率

由线绕电位器的结构可知，当电刷在变阻器的线圈上移动时，电位器的阻值随电刷从一圈移动到另一圈是不连续变化的，故输出电压 U_x 也不连续变化，而是阶跃地变化。电刷每移动一匝线圈，输出电压产生一次跳跃，移动 n 匝，则输出电压产生 n 次电压阶跃，其阶跃值为

$$\Delta U = \dfrac{U_0}{n} \tag{2.11}$$

式中　U_0——最大输出电压；

　　　n——线圈总匝数。

当电刷从（$m-1$）匝处移至 m 匝处时，电刷瞬间使相邻匝线短接，使电位器总匝数减少了一匝，为（$n-1$）匝。这样，在每一个电压阶跃ΔU中产生一次小阶跃，这个小阶跃电压ΔU_n为

$$\Delta U_n = \dfrac{U_0}{n-1}m - \dfrac{U_0}{n}m = U_0 m\left(\dfrac{1}{n-1} - \dfrac{1}{n}\right) \tag{2.12}$$

因此，线绕电位器的实际输出特性曲线如图 2.5 所示。

工程上，总是将实际输出特性理想化为阶梯状特性曲线，这样给使用带来方便。如图 2.6 所示，通过每个阶梯的直线为理论特性线，阶梯特性曲线围绕该直线上下波动，从而产生一个偏差，就称为阶梯误差。

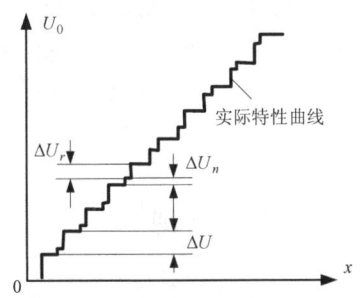

图 2.5　线绕电位器的实际输出特性曲线

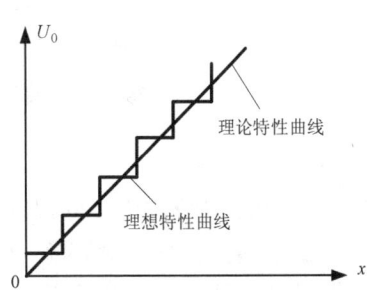

图 2.6　线绕电位器的阶梯特性

电位器的阶梯误差 e_i 通常用理想阶梯特性曲线相对理论特性曲线的最大偏差值与最大输出电压值之比的百分数表示，即

$$e_i = \frac{\pm \frac{1}{2} \cdot \frac{U_0}{n}}{U_0} \times 100\% = \pm \frac{1}{2n} \times 100\% \quad (2.13)$$

线绕电位器的电压分辨率是指在电刷行程内，电位器输出的阶梯电压的最大值与最大输出电压之比的百分数。对具有理想阶梯特性的线绕电位器，其理想的电压分辨率为

$$R_V = \frac{U_0/n}{U_0} \times 100\% = \frac{1}{n} \times 100\% \quad (2.14)$$

从电位器的电刷行程来看，又有行程分辨率，其表达式为

$$R_L = \frac{L/n}{L} \times 100\% = \frac{1}{n} \times 100\% \quad (2.15)$$

2. 非线绕电位器式传感器

线绕电位器具有精度高、性能稳定、易于实现线性变化等优点，但是也有一些缺点，如分辨率低、耐磨性差、寿命较短等。因此，人们研制了一些性能优良的非线绕式电位器。

1）薄膜电位器

薄膜电位器的结构与精密线绕电位器大致相仿，由基体、电阻膜带、电刷、转轴和导电环等组成。基体通常用胶木片、陶瓷片和玻璃等绝缘材料制作，并制成环状。电阻膜带起着线绕电位器中绕组的作用，是电位器的电阻元件，它是在基体上喷涂或蒸镀具有一定形状的电阻膜带而形成的。根据在基体上喷涂材料的不同，薄膜电位器可分为合成膜电位器和金属膜电位器两类。薄膜电位器的电刷通常采用多指电刷，以减小接触电阻，提高工作的稳定性。

合成膜电位器是在绝缘基体表面喷涂一层由石墨、炭黑等材料配制的电阻液，经烘干聚合后制成电阻膜。这种电位器的优点是分辨率高、耐磨性较好、工艺简单、成本较低、线性度好，但也有接触电阻大、噪声大和抗潮性差等缺点。

金属膜电位器是在玻璃或胶木基体上，用高温蒸镀或电镀方法，涂覆一层金属膜而制成。用于制作金属膜的合金为锗铑、铂铜等。这种金属膜电位器的温度系数小，具有在高温下（150 °C 以上）可靠工作等优点，但仍存在耐磨性差、功率小、阻值较低（1 ~ 2 kΩ）等缺点。

2）导电塑料电位器

这种电位器由塑料粉及导电材料粉（合金、石墨、炭黑等）压制而成，又称为实心电位器。其优点是耐磨性较好、寿命较长、电刷允许的接触压力较大（几十至几百克），适用于振动、冲击等恶劣条件下工作，并且阻值范围大，能承受较大的功率；其缺点是温度影响较大、接触电阻大、精度不高。

3) 光电电位器

上述几种电位器均是接触式电位器，它们的共同缺点是耐磨性较差、寿命较短。光电电位器是一种无接触式电位器，用光束代替常用的电刷，克服了接触式电位器的缺点。

光电电位器由薄膜电阻带、光电导层和导电极等主要部分组成，其结构如图 2.7 所示。在氧化铝基体上沉积一层硫化镉（CdS）或硒化镉（CdSe）的光电导层，这种半导体光电导材料，在无光照情况下，暗电阻很大，相当于绝缘体；而当受一定强度的光照射时，它的明电阻很小，相当于良导体，其暗电阻与明电阻之比可达 $10^5 \sim 10^8$。光电电位器正是利用半导体光电导材料的这种性质。在光电导层上分别沉积薄膜电阻带和金属导电极，薄膜电阻带是电位器的电阻元件，相当于精密线绕电位器的绕组，或者相当于薄膜电位器中的电阻膜带，它有两个电极引出端 1、2，在其上加工作电压 U_0；而金属导电极相当于普通电位器的导电环，作为电位器的输出端（电极 3）而输出信号电压 U_{sc}。薄膜电阻带和金属导电极之间形成一间隙，这样，当无光束照射在间隙的光电导材料上时，薄膜电阻带与金属导电极之间是绝缘的，没有电压输出，$U_{sc} = 0$。当有一束经过聚焦的窄光束照射在光电导层的间隙上时，该处的明电阻就变得很小，相当于把薄膜电阻带和金属导电极接通，类似于电刷头与电阻元件相接触的情况，这时，金属导电极输出与光束位置对应的薄膜电阻带电压，负载电阻 R_L 上便有电压输出。如果光束位置移动，就相当于电刷位置移动，输出电压 U_{sc} 也相应变化。

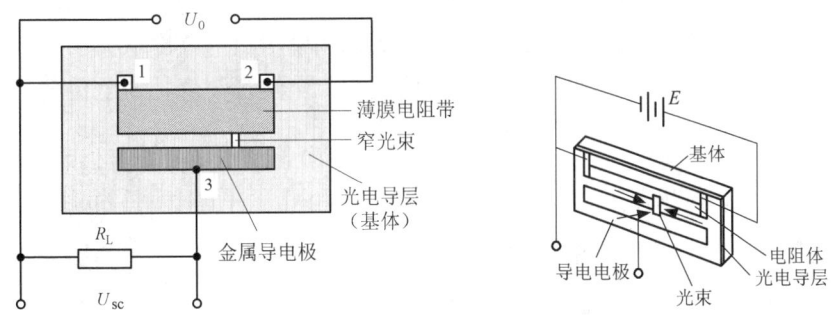

图 2.7 光电电位器原理图

光电电位器的优点很多，由于它完全无摩擦，不存在磨损问题，故其精度、寿命、分辨率和可靠性都很高，且阻值范围宽（500 Ω ~ 15 MΩ），这些是一般电位器所不及的。但光电电位器的工作温度范围比较窄（<150 ℃），输出电流小，输出阻抗较高。另外，光电电位器需要照明光源和光学系统，其结构较复杂，体积和重量较大，但随着集成光路器件的发展，可以将有源和无源的光学器件（分路器、调制器、耦合器、偏振器、干涉仪、光源、光检测器等）集成在一个光路芯片上，制成集成光路芯片，使光学系统的体积和重量大大减小，这就是集成光电子技术，这样光电电位器结构复杂的缺点就得以克服。

3. 电位器式传感器的应用

1) 航空飞行高度传感器

航空飞行高度传感器能将飞机或飞行器的高度参数，通过传感器变成电信号输出，并指示出高度值。其结构原理如图 2.8 所示，包括真空膜盒、杠杆机构、齿弧、齿轮及精密电位器等。图中，P_H 表示高度 H 处的气压，U_0 是加在精密电位器两端的工作电压，U_{sc} 为输出信号电压。

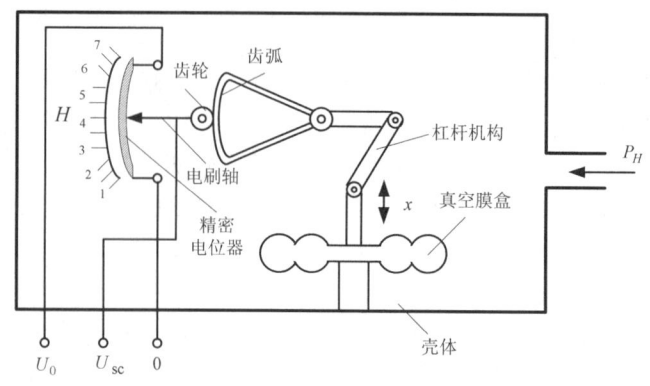

图 2.8 航空飞行高度传感器的结构原理图

真空膜盒的内部抽成真空,作为气压的敏感元件,当高度 H 变化,外界气压 P_H 改变时,真空膜盒便膨胀或收缩,产生位移变化量 x。由杠杆机构、齿弧及齿轮组成的机械传动部分,可将真空膜盒的位移变化量放大,使电位器的电刷产生相应的转动。精密电位器作为机电转换元件,把传动机构的位移变化量转换成电信号输出,进行飞行高度信号的自动传送。传感器壳体的内腔与外界大气相通,因此,真空膜盒的外表压力等于飞行高度为 H 处的气压 P_H。当高度增加时,气压 P_H 相应减小,真空膜盒膨胀,通过机械传动机构,使电位器的电刷轴和刻度指针发生转动,指针指示出飞行高度,电位器也相应输出与高度成比例的信号电压。这样,飞行高度这个非电量,通过敏感元件真空膜盒和机电转换装置精密电位器,转换成便于自动测量、控制和传送的电信号。

2)电位器式位移传感器

电位器式位移传感器将输入的机械位移转换为相应的电压输出,其外形和内部结构如图 2.9 和图 2.10 所示。

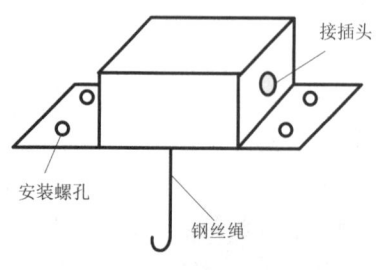

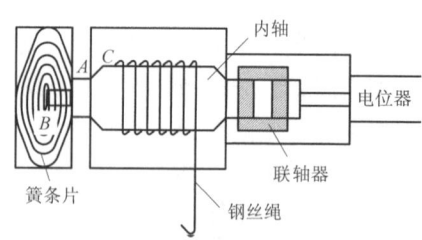

图 2.9 电位器式位移传感器的外形　　图 2.10 电位器式位移传感器的内部结构
　　　　　　　　　　　　　　　　　　　　　　　　（A、B、C 为固定点）

图 2.10 中，多股细钢丝绕成的钢丝绳绕在传感器内轴上，钢丝绳一端为位移量的拉伸线头，另一端则通过 C 点固定在内轴上。内轴通过联轴器与电位器和簧条片相连，当外力拉伸钢丝绳产生位移时，内轴转动，簧条片被拉紧，电位器的转轴经联轴器产生相应的转动，这样，电位器阻值发生相应变化，当在电位器两固定端加上工作电压后，其滑动端就有对应于位移的电压信号输出。当外力撤除后，钢丝绳在簧条片回复力的作用下恢复到初始位置。

传感器的输出信号电压为

$$U = \frac{\alpha}{\alpha_{max}} U_{max} = \frac{x}{x_{max}} U_{max} \tag{2.16}$$

式中 α——角位移电位器的旋转角度；
α_{max}——角位移电位器的最大旋转角度；
x——传感器钢丝绳的拉伸长度；
x_{max}——传感器钢丝绳的最大拉伸长度；
U_{max}——传感器的最大输出电压范围，若工作电压为 –5 ~ +5 V，则 U_{max} = 10 V。

电位器式传感器在铁路上的应用也很广泛，例如，电位器式位移传感器可用于测量电气化铁路接触导线的位移抬升量，详见实验一。

2.2　电阻应变计的原理及特性

电阻应变计是利用导电材料的应变电阻效应研制成的，它能将试件上的应变变化转换为电阻变化。导电材料主要有金属和半导体材料，相应地，电阻应变计也分为金属电阻应变计和半导体电阻应变计。

1. 电阻应变计的结构及原理

1）电阻应变计的结构

电阻应变计的结构如图 2.11 所示，它主要由敏感栅、基底、引线、盖层和黏结剂等五部分组成。

在金属丝式应变计的典型结构中，敏感栅是最重要的组成部分，它通常由直径为 0.01 ~ 0.05 mm 的金属丝绕成栅状。金属应变计之所以要制成栅状的敏感元件，是为了在较小的尺寸范围内得到较大的应变输出。图中 l 表示栅长，b 表示栅宽。为保持敏感栅的形状、尺寸和位置，用黏结剂将其固结在纸质或胶质的基底上。由于基底还起着将试件应变准确传递给敏感栅的作用，因此，基底必须很薄，一般为 0.02 ~ 0.04 mm。盖层对敏感栅起保护的作用，通常也采用纸质或胶质材料。引线将敏感栅的输出引至测量电路，一般采用低阻镀锡铜线，

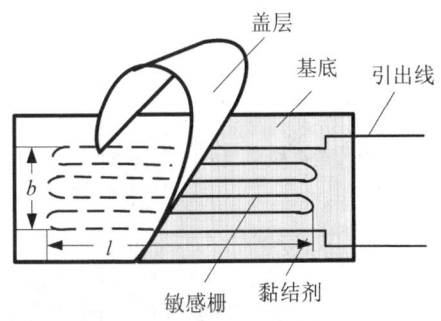

图 2.11　电阻应变计的结构

并用钎焊与敏感栅端连接。黏结剂在制造应变计时，起着把盖层和敏感栅固结于基底的作用，在使用应变计时，它将应变计基底粘贴在被测试件表面，因此，黏结剂也起着传递应变的作用。

在测试时，应变计牢固地粘贴在被测试件的表面，随着试件受力变形，应变计的敏感栅也获得同样的变形，根据应变电阻效应，敏感栅的电阻值将随之发生变化，并与试件应变成正比，由此就可反映出外界作用力的大小。因此，电阻应变效应就是电阻应变计工作的物理基础。

2）导电材料的应变电阻效应

如图 2.12 所示，设有一段长为 l，截面半径为 r 的导电材料，其电阻值为

$$R = \rho \cdot \frac{l}{A(r)} \tag{2.17}$$

$$A(r) = \pi r^2 \tag{2.18}$$

式中　ρ——导电材料的电阻率；

　　　$A(r)$——导电材料的截面面积。

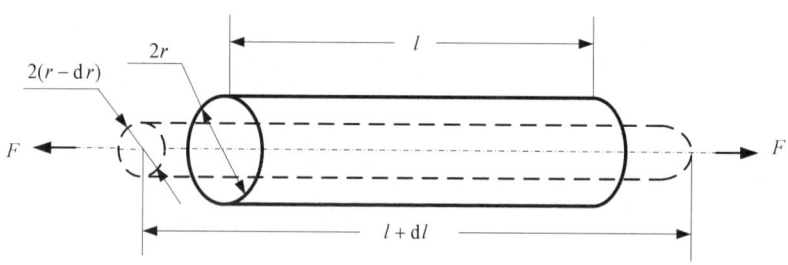

图 2.12　导电材料受拉伸后的参数变化

当导电材料受到轴向力 F 而被拉伸时，其轴向上被拉长（$l \rightarrow l+\Delta l$），在径向上被压缩（$r \rightarrow r-\Delta r$），同时，电阻率 ρ 也将发生变化。显然，导电材料的电阻也随之发生变化，其电阻相对变化可表示为

$$\frac{dR}{R} = \frac{d\rho}{\rho} + \frac{dl}{l} - \frac{dA}{A} \tag{2.19}$$

式中，电阻的相对变化 $\frac{dR}{R}$ 由电阻率的相对变化 $\frac{d\rho}{\rho}$、长度的相对变化 $\frac{dl}{l}$ 和截面面积的相对变化 $\frac{dA}{A}$ 三部分组成。

其中，$\frac{dl}{l} = \varepsilon$，是材料的轴向线应变，常用单位是 $\mu\varepsilon$，$1\ \mu\varepsilon = 1 \times 10^{-6}$ mm/mm，常称为"微应变"。$\frac{dA}{A} = 2\frac{dr}{r} = -2u\varepsilon$，$\frac{dr}{r}$ 为材料的径向线应变，等于材料的轴向线应变 ε 与泊松比 u 的乘积，这样，电阻的相对变化可表示为

$$\frac{dR}{R} = \frac{d\rho}{\rho} + (1+2u)\varepsilon \tag{2.20}$$

导电材料主要指金属和半导体材料，这里，电阻率的相对变化 $\frac{d\rho}{\rho}$ 对于金属和半导体材料的情况不同，需分开讨论。

（1）金属材料的应变电阻效应

对于金属材料，其电阻率 ρ 的相对变化与体积 V 的相对变化有关，即

$$\frac{d\rho}{\rho} = C \cdot \frac{dV}{V} \tag{2.21}$$

其中，C 是由一定的材料和加工方式决定的常数。由于

$$\frac{dV}{V} = \frac{dl}{l} + \frac{dA}{A} = (1-2u)\varepsilon \tag{2.22}$$

因此，金属材料的电阻相对变化为

$$\frac{dR}{R} = [(1+2u) + C(1-2u)]\varepsilon = K_m \cdot \varepsilon \tag{2.23}$$

式中，K_m 为金属丝材的应变灵敏系数，表示金属丝材在受到单位轴向线应变作用时，其电阻的相对变化。

因此，金属材料的应变电阻效应可表述为：金属材料的电阻相对变化与线应变成正比。

（2）半导体材料的应变电阻效应

半导体材料具有压阻效应，其电阻率的相对变化可表示为

$$\frac{d\rho}{\rho} = k\sigma = kE\varepsilon \tag{2.24}$$

式中　σ——作用于半导体材料的轴向应力；

k——半导体材料在受力方向的压阻系数；

E——半导体材料的弹性模量。

这样，对于半导体材料，其电阻的相对变化为

$$\frac{dR}{R} = [(1+2u) + kE]\varepsilon = K_s \cdot \varepsilon \tag{2.25}$$

式中，$K_s = (1+2u) + kE$，为半导体材料的应变灵敏系数。

因此，半导体材料的应变电阻效应可表述为：半导体材料的电阻相对变化与线应变成正比。

（3）导电丝材的应变电阻效应

综合式（2.23）和式（2.25），导电丝材的应变电阻效应可写成

$$\frac{\Delta R}{R} = K_0 \varepsilon \tag{2.26}$$

式中，K_0 为导电丝材的应变灵敏系数。

对于金属材料，$K_0 = K_m = (1+2u) + C(1-2u)$。其中，第一部分 $(1+2u)$ 由受力后金属丝几何尺寸变化所致，一般金属 $u \approx 0.3$，因此 $(1+2u) \approx 1.6$；第二部分为电阻率随应变而变化的部分，以康铜为例，$C \approx 1$，$C(1-2u) \approx 0.4$，此时，$K_0 = K_m \approx 2.0$。因此，金属丝材的应变电阻效应以结构尺寸变化为主，K_m 一般为 $1.8 \sim 4.8$。

对于半导体材料，$K_0 = K_s = (1+2u) + kE$。其中，第一部分与金属材料相同，为结构尺寸变化所致；后一部分是半导体材料的压阻效应引起的，而且一般 $kE \gg (1+2u)$，因此，$K_0 = K_s \approx kE$。半导体材料的应变电阻效应主要基于压阻效应，通常 $K_s = (50 \sim 80) K_m$，半导体材料的应变电阻效应的灵敏度高于金属材料。

2. 电阻应变计的特性

微课：应变计的横向效应

由于一般应变计多为一次性使用，其工作特性指标是从批量生产中按比例抽样实测而得。

1）静态特性

表征应变计静态特性的主要指标有灵敏系数（灵敏度指标）、机械滞后（滞后指标）、蠕变（稳定性指标）和应变极限（测量范围）等。

（1）灵敏系数（K）

具有初始电阻值 R 的应变计粘贴于试件表面，试件受力所引起的表面应变将传递给敏感栅，使其产生电阻相对变化 $\dfrac{\Delta R}{R}$，在一定范围内有

$$\frac{\Delta R}{R} = K\varepsilon_x \tag{2.27}$$

式中，ε_x 为应变计的轴向应变，表示在轴向单向应力作用下电阻的相对变化；K 为应变计的灵敏系数。

K 与 K_0（金属 K_m、半导体 K_s）是两个不同的概念，K 是应变计的灵敏系数，K_0 是导电丝材的灵敏系数，具体地说，K 表示的是制成栅状的敏感栅的灵敏系数，而 K_0 表示的是敏感栅整长应变丝的灵敏系数。整长应变丝只感受 x 方向应变，而栅状的应变计除了 x 方向的敏感栅感受 x 方向的应变外，栅端圆弧部分还将感受 y 方向的应变，由于圆弧部分的这种横向效应，在输出上将抵消 x 方向的有效应变，使输出减小，灵敏度降低，因此，$K < K_0$。

（2）横向效应及横向效应系数（H）

应变计敏感栅由轴向（x 方向）纵栅 l_0 和圆弧横栅 r 两部分组成，如图 2.13 所示，在单向应力 σ 作用下，其表面处于平面应变状态中，即应变计纵栅主要对纵向拉伸应变 ε_x 敏感，而圆弧横栅主要对横向收缩应变 ε_y 敏感，引起总的电阻相对变化为

$$\frac{\Delta R}{R} = K_x\varepsilon_x + K_y\varepsilon_y = K_x(1+aH)\varepsilon_x \tag{2.28}$$

式中，K_x 为纵向灵敏系数，表示 $\varepsilon_y = 0$ 时，单位轴向应变 ε_x 引起的电阻相对变化；K_y 为横向灵敏系数，表示 $\varepsilon_x = 0$ 时，单位横向应变 ε_y 引起的电阻的相对变化；$a = \dfrac{\varepsilon_y}{\varepsilon_x}$ 为双向应变比；$H = \dfrac{K_y}{K_x}$ 为双向灵敏系数比。

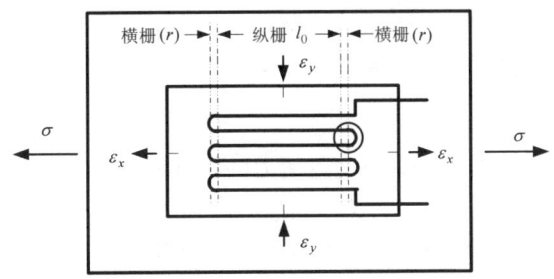

图 2.13 应变计敏感栅的组成及横向效应

在标定条件下，$a = \dfrac{\varepsilon_y}{\varepsilon_x} = -u_0$，则

$$\dfrac{\Delta R}{R} = K_x(1-u_0 H)\varepsilon_x = K\varepsilon_x \tag{2.29}$$

由此可见，在单向应力、双向应变情况下，横向应变总是起着抵消纵向应变的作用。这种应变计既对纵向应变敏感，又同时受横向应变影响而出现灵敏系数及相对电阻减小的现象，就称为横向效应，用横向效应系数 H 表示为

$$H = \dfrac{K_y}{K_x} \times 100\% \tag{2.30}$$

减小横向效应系数 H，可消减横向效应产生的误差。从结构上看，纵栅 l_0 越长，横栅 r 越短，横向效应越小，因此可以采用直角式横栅应变计以减小横向效应。另外，箔式应变计的横向部分特别粗，可大大减小横向效应。

（3）机械滞后（Z_j）

机械滞后是指粘贴在试件上的应变计，在恒温下增、减试件应变的过程中，对应同一机械应变所指示应变量输出的差值，如图 2.14 所示。

产生应变计机械滞后的原因是由于敏感栅基底和黏结剂的材料性能，使用中的过载、过热等使应变计产生残余形变，导致应变计输出不重合。一般要求应变计的机械滞后 Z_j 小于 10 $\mu\varepsilon$。实际中，可通过多次重复预加、卸载，来减小机械滞后产生的误差。

（4）蠕变（θ）和零漂（P_0）

如图 2.15 所示，粘贴在试件上的应变计，在恒温恒载条件下，指示应变量随时间单向变化的特性称为蠕变；当试件初始空载时，应变计指示值随时间变化的现象称为零漂。

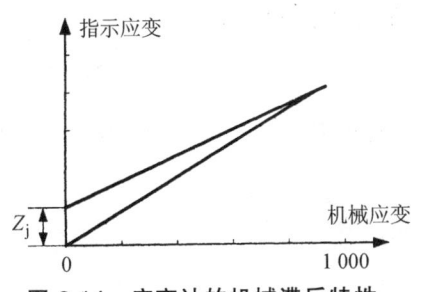

图 2.14 应变计的机械滞后特性　　　图 2.15 应变计的蠕变和零漂特性

蠕变和零漂反映了应变计长时间工作的稳定性,通常要求蠕变 θ 小于 15 $\mu\varepsilon$。适当减薄胶层和基底,并使之充分固化,有利于蠕变性能的改善。

(5)应变极限($\varepsilon_{\lim}$)

应变极限是衡量应变计测量范围和过载能力的指标。应变计的线性特性,只有在一定的应变范围内才能保持,当输入应变超过某一限值时,应变计的输出将出现非线性。在恒温下,非线性误差达到 10% 的应变值,称为应变极限 $\varepsilon_{\lim}$,通常要求 $\varepsilon_{\lim} \geq 8\,000\,\mu\varepsilon$。

(6)绝缘电阻

应变计的绝缘电阻是指应变计的引出线与粘贴应变计的试件之间的绝缘电阻,它是检查应变计的粘贴质量、黏合剂是否完全干燥和固化的重要指标。测量绝缘电阻只能用直流电压不超过 100 V 的兆欧表,否则易引起敏感栅烧毁。测量方法如图 2.16 所示。

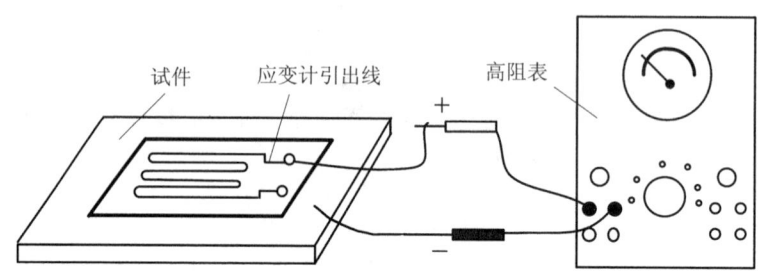

图 2.16 应变计绝缘电阻的测量方法

绝缘电阻越高越好,过低说明胶层尚未固化好或已吸潮。对于一般测量,绝缘电阻在 100~500 MΩ;对于作用时间不长的动态测量,绝缘电阻为几十兆欧即可。

2) 动态特性

机械应变波是以同于声波的形式和速度在材料中传播,当它依次通过一定厚度的基底、胶层和栅长 l 而为应变计所响应时,就会有时间的滞后,这种响应滞后对于动态高频应变测量,会产生误差。

(1)对正弦应变波的响应

应变计对正弦应变波的响应是其栅长范围内所感受应变量的平均值,因此,响应波的幅值将低于真实应变波,从而产生误差。

一频率为 f,幅值为 ε_0 的正弦波,以速度 v 沿应变计纵向(x 方向)传播,在某时刻 t 的分布如图 2.17 所示。应变计中点 x_t 的瞬时应变为 $\varepsilon_t = \varepsilon_0 \sin \frac{2\pi}{\lambda} x_t$,栅长 l 范围内的平均应变为

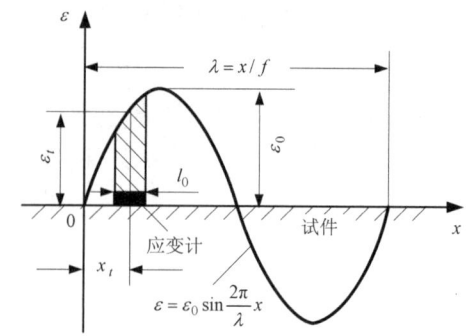

图 2.17 应变计对正弦应变波的响应

$$\varepsilon_p = \frac{1}{l} \int_{x_t - \frac{l}{2}}^{x_t + \frac{l}{2}} \varepsilon_0 \sin\left(\frac{2\pi}{\lambda} x\right) \cdot dx = \left(\frac{\sin \frac{\pi l}{\lambda}}{\frac{\pi l}{\lambda}}\right) \cdot \varepsilon_t \quad (2.31)$$

由此产生的相对误差为

$$e = \left|\frac{\varepsilon_p - \varepsilon_t}{\varepsilon_t}\right| = \frac{\varepsilon_p}{\varepsilon_t} - 1 = \frac{\lambda}{\pi l}\sin\frac{\pi l}{\lambda} - 1 \tag{2.32}$$

因 $\frac{\pi l}{\lambda} \ll 1$，将 $\frac{\sin(\pi l/\lambda)}{\pi l/\lambda}$ 展开成级数形式，并略去高阶小量，得

$$|e| = \frac{1}{6}\left(\frac{\pi l}{\lambda}\right)^2 = \frac{1}{6}\left(\frac{\pi l f}{v}\right)^2 \tag{2.33}$$

由此可见，应变计对正弦应变波的响应误差随栅长和应变频率 f 的增加而增大，由式（2.33），可根据给定精度 $[e]$，来确定合理的栅长 l 或工作频限 $f_{\max}$，即

$$l_{\max} < \frac{\lambda}{\pi}\sqrt{6[e]}, \quad f_{\max} < \frac{v}{\pi l}\sqrt{6[e]} \tag{2.34}$$

（2）对阶跃应变波的响应

图 2.18 中，曲线 a 是试件产生的阶跃机械应变波，曲线 b 是应变波通过敏感栅栅长而滞后一段时间 $t_h = \frac{l}{v}$ 的理论响应特性，曲线 c 是应变计对应变波的实际响应特性，其上升时间 $t_r = 0.8\frac{l}{v}$。

（3）疲劳寿命（N）

粘贴在试件上的应变计，在恒幅交变应力的作用下，连续工作直至疲劳损坏时的循环次数，称为疲劳寿命。一般要求疲劳寿命 $N = 10^5 \sim 10^7$ 次。疲劳寿命是实际衡量应变计动态特性的重要指标。

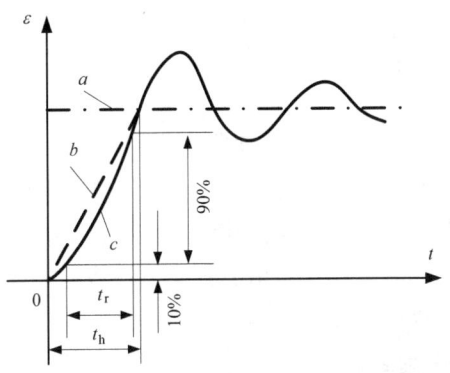

图 2.18 应变计对阶跃应变波的响应

3）应变计的温度特性及补偿

粘贴在试件上的应变计，当环境温度发生变化时，其阻值也将随之发生变化，在有些情况下，这个数值甚至要大于应变引起的信号变化。这种由于温度变化引起的应变输出称为热输出。使应变计产生热输出的原因有两方面：

① 当温度变化时，应变计敏感栅材料的电阻值将随温度的变化而变化，其电阻变化率为

$$\left(\frac{\Delta R}{R}\right)_\alpha = \alpha \Delta T \tag{2.35}$$

式中，α 是敏感栅材料的电阻温度系数；ΔT 是环境温度的变化量。

② 当温度变化时，应变计和被测试件材料均产生线膨胀，如果应变计敏感栅材料和试件材料的线膨胀系数不同，它们受温度影响的伸缩量也将不同，但应变计已贴牢在试件上，不能自由伸缩，只能跟试件一起变形，从而使应变计敏感栅产生附加应变，并引起电阻变化，其电阻变化率为

$$\left(\frac{\Delta R}{R}\right)_\beta = K(\beta_g - \beta_s) \cdot \Delta T \tag{2.36}$$

式中，β_s 和 β_g 分别为敏感栅与试件材料的线膨胀系数；K 为应变片的灵敏系数。

因此，应变片由温度变化引起的总电阻变化率为

$$\left(\frac{\Delta R}{R}\right)_T = \left(\frac{\Delta R}{R}\right)_\alpha + \left(\frac{\Delta R}{R}\right)_\beta = [\alpha + K(\beta_g - \beta_s)]\Delta T \tag{2.37}$$

相应的热输出为

$$\varepsilon_T = \frac{\left(\frac{\Delta R}{R}\right)_T}{K} = \left[\frac{\alpha}{K} + (\beta_g - \beta_s)\right]\Delta T \tag{2.38}$$

【例 2.2】 贴在钢质试件上的康铜电阻丝式应变计，其灵敏系数 $K = 2.0$，$\alpha = 20 \times 10^{-6}/°C$，$\beta_s = 15 \times 10^{-6}/°C$，$\beta_g = 11 \times 10^{-6}/°C$，当温度变化 $\Delta T = 10\ °C$ 时，应变计的热输出为

$$\varepsilon_T = \left[\frac{20 \times 10^{-6}}{2} + (11 - 15) \times 10^{-6}\right] \times 10$$
$$= 60 \times 10^{-6} = 60\ \mu\varepsilon$$

设钢质试件的弹性模量 $E = 2 \times 10^6\ kg/cm^2$，上述热输出相当于试件在应力 $\sigma = E\varepsilon_T = 120\ kg/cm^2$ 时的应变值。这说明由于温度变化而引起的热输出是比较大的，必须采取温度补偿措施以减小或消除温度变化的影响。

应变计热输出的补偿方法有自补偿和桥路补偿两类。应变计温度自补偿包括单丝自补偿和双丝自补偿两种。

（1）单丝自补偿应变计

根据式（2.38），欲使热输出 $\varepsilon_T = 0$，则要满足条件

$$\alpha = -K(\beta_g - \beta_s) \tag{2.39}$$

只要敏感栅材料和被测试件材料配合恰当，就能满足式（2.39），从而达到温度自补偿的目的。

（2）双丝自补偿应变计

这种应变计的敏感栅由电阻温度系数为一正一负的两种合金丝串接而成，如图 2.19 所示。

应变计电阻 R 由 R_a 和 R_b 两部分组成，即 $R = R_a + R_b$，当工作温度变化时，若 R_a 栅产生正的热输出 ε_{aT} 与 R_b 栅产生负的热输出 ε_{bT} 大小相等或相近，就可达到自补偿的目的，即

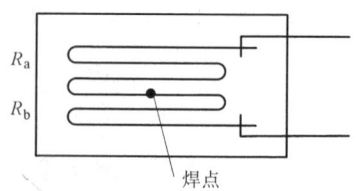

图 2.19 双丝自补偿应变计

$$\frac{-\varepsilon_{bT}}{\varepsilon_{aT}} = -\left(\frac{\Delta R_{bT}/R_b}{\Delta R_{aT}/R_a}\right) \approx \frac{R_a}{R_b} \tag{2.40}$$

满足上式参数,可在同种试件上通过试验确定。

（3）桥路补偿法

桥路补偿法是利用电桥电路的特点来进行温度补偿,采用两个参数相同的应变计 R_1 和 R_2,R_1 贴在试件上,接入电桥作工作臂;R_2 贴在与试件同材料、同环境温度,但不参与机械应变的补偿块上,接入电桥相邻臂作补偿臂;R_3 和 R_4 为平衡电阻,如图2.20所示。

这种方法也叫补偿块法。补偿臂与工作臂产生相同的热输出,由于它们接在电桥的相邻臂上,通过求差接桥,起到了补偿作用。工作时,只有工作片感受应变,因此,电桥的输出只与被测试件的应变有关,而与环境温度无关。

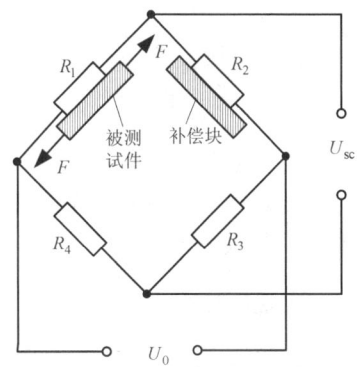

图 2.20　补偿块半桥热补偿法

3. 电阻应变计的分类

从结构和材料性质上来分,电阻应变计可分为金属丝式应变计、金属箔式应变计和半导体应变计。

金属箔式应变计的工作原理与金属丝式应变计的完全相同,只是它的敏感栅由很薄的金属箔片制成,采用了光刻、腐蚀等工序,其基底为胶基,如图2.21所示。

箔式应变计的横向部分特别粗,可大大减少横向效应;另外,箔式应变计与黏合层的接触面大,能更好地随同试件变形;箔式应变计表面面积大,散热条件好,允许通过较大的电流,因此可采用较高的电压供给测量电桥,以增加输出电流的强度。目前,箔式应变计使用范围日益扩大,已逐渐取代金属丝式应变计。

半导体应变计有体型和扩散型两种。体型半导体应变计是直接用单晶硅经光刻、腐蚀等工艺制成敏感栅,再黏结在基底上,结构如图2.22所示。

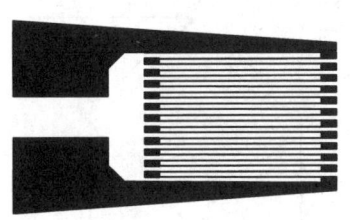

图 2.21　箔式应变片

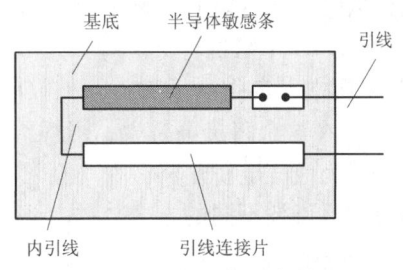

图 2.22　半导体应变片

目前应用越来越多的是扩散型半导体应变计,它是在感压硅膜上采用集成工艺扩散技术形成力敏电阻,将膜片和力敏电阻做成一体,不需粘贴,精度高,容易实现小型化,抗振和耐冲击能力强,是目前应用最普遍的一种类型。

半导体应变计的灵敏系数为金属丝式应变计灵敏系数的 50~80 倍,这样高的灵敏系数解决了处理微弱信号的困难,从而大大简化了线路。

2.3 测量电路及电阻应变仪

从电阻应变计的工作原理可知,应变计可以把机械量的变化转换为电阻的变化,但这种电阻的变化是很小的,用一般测量电阻的仪表很难直接检测出来。例如,对于常规的金属应变计来说,灵敏系数 K 值在 1.8~4.8,机械应变一般在 10~6 000 με,这样,电阻的相对变化 $\frac{\Delta R}{R} = K\varepsilon$ 就比较小。

【例 2.3】 设某被测件在额定载荷作用下产生的应变为 1 000 με,粘贴的应变计的阻值 $R = 120\ \Omega$,灵敏系数 $K = 2$,则其电阻的相对变化为

$$\frac{\Delta R}{R} = K\varepsilon = 2 \times 1\ 000 \times 10^{-6} = 0.002$$

电阻变化率仅为 0.2%。

这样小的电阻变化,必须用专门的电路来精确测量,把微弱的电阻变化通过测量电路转换为电压的变化,电桥电路正是进行这种变换的一种最常用的方法。由这种电桥测量电路构成的能作进一步放大、显示的专用仪器,就是电阻应变仪。

机械应变 —电阻应变计→ $\frac{\Delta R}{R}$ 变化 ↓电桥电路
电阻应变仪 ←放大、显示— $\Delta U(\Delta I)$ 变化

1. 应变电桥

电桥电路,即惠斯通(Wheastone)电桥,其结构如图 2.23 所示。四个阻抗臂 Z_1、Z_2、Z_3、Z_4 以顺时针为序;A、C 是电源端,工作电压为 U;B、D 为输出端,输出电压为 U_0。在这个阻抗电桥中,当桥臂接入的是应变计时,就称其为应变电桥。

应变电桥可按不同的方式分类。

(1)按工作臂分

- 单臂应变电桥:电桥的一个臂接入应变计。
- 双臂应变电桥:电桥的两个臂接入应变计。
- 全臂应变电桥:电桥的四个臂都接入应变计。

(2)按电源分

按电源的不同,应变电桥可分为直流电桥和交流电桥两类。其中,直流电桥的供桥电源

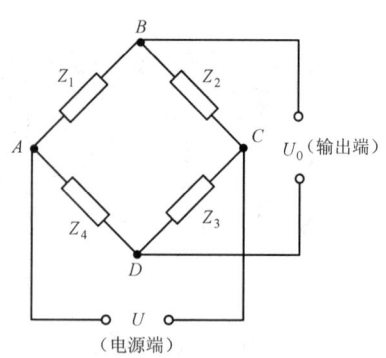

图 2.23 电桥电路的结构

是直流电压,其桥臂只能接入阻性元件,主要用于应变电桥的输出不需中间放大而可直接显示的情况。例如,半导体应变计的输出灵敏度高,可采用直流应变电桥作为测量电路,直接输出结果。而交流电桥的供桥电源是交流电压,其桥臂可以是阻性(R)、感性(L)或容性(C)元件,主要用于输出需放大的场合。例如,金属应变计的输出灵敏度较低,应采用这种交流应变电桥作为测量电路,以进一步放大输出。

(3)按工作方式分

按工作方式的不同,应变电桥可分为平衡桥式电路和不平衡桥式电路。平衡桥式电路又称为零位测量法,它带有调整桥臂平衡的伺服反馈机构,当仪表指示测量值时,电桥处于平衡状态。零位测量法常用于高精度、长时间的静态应变测量。不平衡桥式电路又称为偏差测量法,其输出的是与桥臂应变量成一定函数关系的不平衡电量,再作进一步放大、显示。当仪表指示测量值时,电桥处于不平衡状态。偏差测量法的响应快,常用于动态应变测量。

(4)按桥臂关系分

按桥臂关系的不同,应变电桥可分为半等臂电桥和全等臂电桥。半等臂电桥又分为对电源端对称电桥(即 $Z_1 = Z_4$,$Z_2 = Z_3$)及对输出端对称电桥(即 $Z_1 = Z_2$,$Z_3 = Z_4$)。全等臂电桥满足 $Z_1 = Z_2 = Z_3 = Z_4$。在实际测量中经常用到的是全等臂电桥和半等臂对输出端对称电桥。

(5)按负载要求分

按负载要求的不同,应变电桥可分为电压输出桥和功率输出桥。电压输出桥输出电压,负载 $R_L \to \infty$,即相当于输出端开路,输出电流 $I_0 = 0$;而功率输出桥输出一定的电流,负载 R_L 较小,有输出电压 U_0。

这节中,将按直流电桥和交流电桥的分类方法介绍应变电桥的输出特性,又由于直流电桥的分析结果可推广到交流电桥,这里以直流电桥作为重点进行介绍。

2. 直流电桥及输出特性

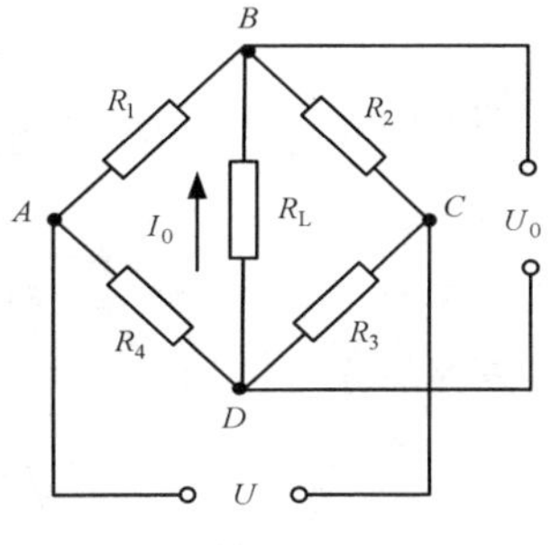

如图 2.24 所示,直流电桥的四个桥臂为纯阻性元件 R_1、R_2、R_3、R_4,直流电压 U 为供桥电源电压,R_L 为负载电阻,电桥输出电压为 U_0,输出电流为 I_0。此时,电桥的初始平衡条件为

$$R_1 R_3 = R_2 R_4$$

图 2.24 直流电桥的结构

或
$$\frac{R_1}{R_2} = \frac{R_4}{R_3} \tag{2.41}$$

此时,电桥的输出电压 $U_0 = 0$,输出电流 $I_0 = 0$。

直流电桥的输出通常很小,不能用来直接推动指示仪表,其电桥输出端接电阻应变仪中放大器的输入端,而一般放大器的输入阻抗比电桥内阻要高得多,故可认为电桥输出端为开路状态,电桥的负载电阻 R_L 为无穷大,基本无电流通过,$I_0 \to 0$,只有电压输出,这样的直流电桥称为电压输出桥。

1) 电压输出桥的输出特性

对电压输出桥,其 $R_L \to \infty$,$I_0 = 0$,因此:

从 ABC 半个电桥看

$$U_{BC} = \frac{U}{R_1 + R_2} \cdot R_2 \tag{2.42}$$

从 ADC 半个电桥看

$$U_{DC} = \frac{U}{R_3 + R_4} \cdot R_3 \tag{2.43}$$

则输出电压 U_0 为

$$U_0 = U_{BC} + U_{CD} = U_{BC} - U_{DC} = \frac{R_1 R_3 - R_2 R_4}{(R_1 + R_2)(R_3 + R_4)} \cdot U \tag{2.44}$$

由此看出,当 $R_1 R_3 = R_2 R_4$ 时,输出电压 $U_0 = 0$,电桥处于平衡状态,因此,$R_1 R_3 = R_2 R_4$,即为电桥平衡条件。在实际测量中,电桥已预调平衡,满足初始平衡条件,故桥路输出电压只与测量时应变计的应变量有关。

设电桥在测量前已调平衡,当应变桥的四个桥臂均工作,且产生的电阻变化分别为 ΔR_1、ΔR_2、ΔR_3 和 ΔR_4 时,输出电压与电阻变化的关系根据式(2.44)为

$$\Delta U = \frac{(R_1 + \Delta R_1)(R_3 + \Delta R_3) - (R_2 + \Delta R_2)(R_4 + \Delta R_4)}{(R_1 + \Delta R_1 + R_2 + \Delta R_2)(R_3 + \Delta R_3 + R_4 + \Delta R_4)} \cdot U \tag{2.45}$$

对上式化简,令桥臂比 $\frac{R_2}{R_1} = \frac{R_3}{R_4} = n$,并有 $\Delta R_i \ll R_i$,在化简中略去二阶微量,则有

$$\Delta U \approx (1 - \varphi) \Delta U_0 \tag{2.46}$$

电桥输出电压近似由线性和非线性两部分组成,其中,线性部分 ΔU_0 为

$$\Delta U_0 = \frac{nU}{(1+n)^2} \left(\frac{\Delta R_1}{R_1} - \frac{\Delta R_2}{R_2} + \frac{\Delta R_3}{R_3} - \frac{\Delta R_4}{R_4} \right) \tag{2.47}$$

非线性部分为

$$\Delta U_\varphi = \varphi \cdot \Delta U_0 \tag{2.48}$$

式中,φ 为非线性系数,即

$$\varphi = \left[1 + \frac{1}{\frac{n}{1+n}\left(\frac{\Delta R_2}{R_2} + \frac{\Delta R_3}{R_3}\right) + \frac{1}{1+n}\left(\frac{\Delta R_1}{R_1} + \frac{\Delta R_4}{R_4}\right)} \right]^{-1} \tag{2.49}$$

则非线性误差为

$$e_\varphi = \left| \frac{\Delta U - \Delta U_0}{\Delta U} \right| = \left| \frac{\varphi \cdot \Delta U_0}{(1-\varphi)\Delta U_0} \right| = \left| \frac{\varphi}{1-\varphi} \right|$$

$$= \frac{n}{1+n}\left(\frac{\Delta R_2}{R_2} + \frac{\Delta R_3}{R_3}\right) + \frac{1}{1+n}\left(\frac{\Delta R_1}{R_1} + \frac{\Delta R_4}{R_4}\right) \tag{2.50}$$

在实际应用中,通常采用的是全等臂电桥($R_1 = R_2 = R_3 = R_4$)和半等臂对输出端对称电桥($R_1 = R_2$,$R_3 = R_4$),此时的桥臂比$n = \dfrac{R_2}{R_1} = \dfrac{R_3}{R_4} = 1$。因此,由式(2.47)得到输出电压的线性部分为

$$\Delta U_0 = \frac{U}{4}\left(\frac{\Delta R_1}{R_1} - \frac{\Delta R_2}{R_2} + \frac{\Delta R_3}{R_3} - \frac{\Delta R_4}{R_4}\right) \tag{2.51}$$

又设$\dfrac{\Delta R_i}{R_i} = K\varepsilon_i$,则

$$\Delta U_0 = \frac{U}{4}K(\varepsilon_1 - \varepsilon_2 + \varepsilon_3 - \varepsilon_4) \tag{2.52}$$

同理,由式(2.50)得到非线性误差为

$$e_\varphi = \frac{1}{2}\left(\frac{\Delta R_1}{R_1} + \frac{\Delta R_2}{R_2} + \frac{\Delta R_3}{R_3} + \frac{\Delta R_4}{R_4}\right) = \frac{K}{2}(\varepsilon_1 + \varepsilon_2 + \varepsilon_3 + \varepsilon_4) \tag{2.53}$$

(1)电桥的灵敏度

电桥的灵敏度S_V定义为单位电阻变化率对应的输出电压的大小,即

$$S_V = \frac{\Delta U_0}{\Delta R/R} \tag{2.54}$$

式(2.54)表明,电桥灵敏度S_V大时,单位应变输出的电压更大,这样可降低测量误差,因此,应尽量提高电桥的输出灵敏度S_V。

电源电压的波动会带来误差,影响电桥的灵敏度,因此,电桥电路需要具有一定的稳压电源。同时电源电压提高,灵敏度S_V也提高,但会受到应变片最大工作电流的限制。对全等臂电桥,其最大桥压$U_{\max}$为

$$U_{\max} = 2RI_{\max} \tag{2.55}$$

式中,$I_{\max}$为应变计的最大工作电流,R为电桥的单臂电阻,即应变计电阻。为了提高桥压,可选用大阻值的应变计。

影响电桥输出灵敏度S_V的因素,除电源电压外,还有电阻应变片在桥臂上的位置与排列,这就是电桥的加减特性。

(2)电桥的非线性

根据式(2.53),电桥的非线性误差e_φ将随($\Delta R_i/R_i$)的增大而增大,即电阻应变片的灵敏系数K越大,非线性误差e_φ越大。

对于一般的金属应变片,其灵敏系数K较小,在1.8~4.8范围。此时,电桥的输出非线性误差很小,即使应变ε很大时,测量范围达20 000 με,其非线性误差e_φ也不大于1%,在一般工程测量的允许误差范围内,可忽略不计。

而对于半导体应变计,其灵敏系数K很大,一般是金属应变计灵敏系数的50~80倍,因此,其非线性误差e_φ将随灵敏系数K的增大而增大。当应变ε较大时,电桥的非线性不能

忽略。因此，在实际使用过程中，必须采取补偿措施修正电桥的非线性误差。通常采用的方法，就是增加电桥工作臂数目，利用电桥的加减特性，采用双臂或四臂的差动工作方式，在一定条件下可使电桥输出的非线性大为改善。

（3）电桥的加减特性

对全等臂电桥（$R_1 = R_2 = R_3 = R_4$）和半等臂对输出端对称电桥（$R_1 = R_2$，$R_3 = R_4$），讨论电桥单臂、双臂和四臂工作时的加减特性。

① 当只有一个桥臂 R_1 工作时，R_2、R_3、R_4 均为固定臂电阻，即 $\varepsilon_2 = \varepsilon_3 = \varepsilon_4 = 0$，此时

输出电压：
$$\Delta U_0 = \frac{U}{4} \cdot \frac{\Delta R_1}{R_1} = \frac{U}{4} K \varepsilon_1 \tag{2.56}$$

非线性误差：
$$e_\varphi = \frac{1}{2} \cdot \frac{\Delta R_1}{R_1} = \frac{1}{2} K \varepsilon_1 \tag{2.57}$$

电压输出灵敏度：
$$S_V = \frac{\Delta U_0}{\Delta R_1 / R_1} = \frac{U}{4} \tag{2.58}$$

② 当有两个相邻臂工作时，设 R_1 和 R_2 为工作臂，R_3 和 R_4 为固定臂电阻，即 $\varepsilon_3 = \varepsilon_4 = 0$，若 $\varepsilon_1 = \varepsilon$，$\varepsilon_2 = -\varepsilon$，则

输出电压：
$$\Delta U_0 = \frac{U}{4} K(\varepsilon_1 - \varepsilon_2) = \frac{U}{2} K \varepsilon \tag{2.59}$$

非线性误差：
$$e_\varphi = \frac{1}{2} K(\varepsilon_1 + \varepsilon_2) = 0 \tag{2.60}$$

电压输出灵敏度：
$$S_V = \frac{\Delta U_0}{K \varepsilon} = \frac{U}{2} \tag{2.61}$$

可见，对全等臂和半等臂对输出端对称电桥，取相邻臂差动工作方式时，消除了非线性误差，且将电压输出灵敏度提高了一倍。

③ 当有两相对桥臂工作时，设 R_1 和 R_3 为工作臂，R_2 和 R_4 为固定臂电阻，$\varepsilon_2 = \varepsilon_4 = 0$，若 $\varepsilon_1 = \varepsilon_3 = \varepsilon$ 时，则

$$\Delta U_0 = \frac{U}{4} K(\varepsilon_1 + \varepsilon_3) = \frac{U}{2} K \varepsilon \tag{2.62}$$

$$e_\varphi = \frac{1}{2} K(\varepsilon_1 + \varepsilon_3) = K \varepsilon \tag{2.63}$$

$$S_V = \frac{\Delta U_0}{K \varepsilon} = \frac{U}{2} \tag{2.64}$$

④ 当全臂工作时，R_1、R_2、R_3 和 R_4 均为工作臂，若 $\varepsilon_1 = \varepsilon_3 = \varepsilon$，$\varepsilon_2 = \varepsilon_4 = -\varepsilon$，则

$$\Delta U_0 = \frac{U}{4} K(\varepsilon_1 - \varepsilon_2 + \varepsilon_3 - \varepsilon_4) = U K \varepsilon \tag{2.65}$$

$$e_\varphi = \frac{K}{2}(\varepsilon_1 + \varepsilon_2 + \varepsilon_3 + \varepsilon_4) = 0 \tag{2.66}$$

$$S_V = \frac{\Delta U_0}{K\varepsilon} = U \tag{2.67}$$

此时,电桥的输出灵敏度是单臂工作时的四倍,比双臂工作时提高一倍,且消除了非线性误差。

"相邻臂相减,相对臂相加",这就是电桥的加减特性。利用这个特性,通过不同的组合方式,可以达到提高测量灵敏度、消除非线性误差及温度补偿的目的。

2) 功率输出桥的输出特性

对大应变或半导体应变计来说,电桥输出的功率足够大,不需要后接放大器,可直接接上小阻抗的指示仪表,这时的电桥有输出电流,即为功率输出桥。

对于功率输出桥,满足电桥输出功率 P_0($P_0 = I_0^2 R$)最大的条件为

$$R_L = R_r \tag{2.68}$$

式中 R_L——负载电阻;
R_r——电桥内阻。

电桥内阻 R_r 是指将电源端短路时电桥的输出电阻,即 $R_r = (R_1 \| R_2) + (R_3 \| R_4)$,即

$$R_r = \frac{R_1 R_2}{R_1 + R_2} + \frac{R_3 R_4}{R_3 + R_4} \tag{2.69}$$

当负载电阻 $R_L = R_r$ 时,电桥的输出功率最大,这时的输出电流 I_0 和输出电压 U_0 可分别计算得出。

应用有源端口网络定理,功率输出电桥可简化为图 2.25 所示。这里,U_m 为输出端开路电压,即

$$U_m = \frac{R_1 R_3 - R_2 R_4}{(R_1 + R_2)(R_3 + R_4)} U \tag{2.70}$$

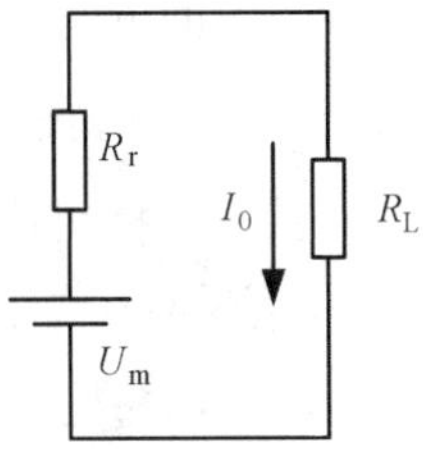

式中,U 为电源电压。

输出电流:

$$I_0 = \frac{U_m}{R_L + R_r} = \frac{U_m}{2R_r}$$
$$= \frac{U}{2} \cdot \frac{R_1 R_3 - R_2 R_4}{R_1 R_2 (R_3 + R_4) + R_3 R_4 (R_1 + R_2)} \tag{2.71}$$

图 2.25 功率输出桥的简化图

输出电压:

$$U_0 = I_0 R_L = \frac{U_m}{2} = \frac{U}{2} \cdot \frac{R_1 R_3 - R_2 R_4}{(R_1 + R_2)(R_3 + R_4)} \tag{2.72}$$

用与分析电压输出桥一样的方法,设各臂应变计电阻变化分别为 ΔR_1、ΔR_2、ΔR_3 和 ΔR_4,代入输出电流 I_0 和输出电压 U_0 的表达式中,则:

① 对全等臂电桥（$R_1 = R_2 = R_3 = R_4 = R$），有

$$\Delta I_0 = \frac{U}{8R}\left(\frac{\Delta R_1}{R_1} - \frac{\Delta R_2}{R_2} + \frac{\Delta R_3}{R_3} - \frac{\Delta R_4}{R_4}\right) \quad (2.73)$$

$$\Delta U_0 = \frac{U}{8}\left(\frac{\Delta R_1}{R_1} - \frac{\Delta R_2}{R_2} + \frac{\Delta R_3}{R_3} - \frac{\Delta R_4}{R_4}\right) \quad (2.74)$$

② 对半等臂对输出端对称电桥，即 $R_1 = R_2 = R_a$，$R_3 = R_4 = R_b$，有

$$\Delta I_0 = \frac{U}{4(R_a + R_b)}\left(\frac{\Delta R_1}{R_1} - \frac{\Delta R_2}{R_2} + \frac{\Delta R_3}{R_3} - \frac{\Delta R_4}{R_4}\right) \quad (2.75)$$

$$\Delta U_0 = \frac{U}{8}\left(\frac{\Delta R_1}{R_1} - \frac{\Delta R_2}{R_2} + \frac{\Delta R_3}{R_3} - \frac{\Delta R_4}{R_4}\right) \quad (2.76)$$

所以，其输出电压 ΔU_0 与全等臂电桥输出电压相同。

综上所述，可得出以下结论：

① 电压桥输出电压为功率输出桥的两倍。
② 功率输出桥的输出特性规律与电压输出桥的相同，非线性误差也一样。
③ 当 $\frac{\Delta R_i}{R_i} \ll 1$ 时，$\Delta U_0(\Delta I_0)$ 与 $\frac{\Delta R_i}{R_i}(\varepsilon_i)$ 的代数和成正比，并且相对臂取正，相邻臂取负。

3）电桥特性的应用

测量电桥可以根据电桥的特性组成多种形式，选用恰当，不但能提高电桥灵敏度和达到温度补偿的效果，而且能从复杂的受力中测量出某一外力的作用情况。组成测量电桥的方法有两种：一是半桥接法，用两个电阻应变计作电桥的相邻臂，另两臂为应变仪中精密无感电阻所组成的电桥；二是全桥接法，电桥四个臂均由电阻应变计构成。

（1）用电桥的加减特性对电阻应变计进行温度补偿

利用电桥"相邻臂相减"的特性，当温度变化时，工作片 R_1 中的 ΔR_T 与补偿片 R_2 中的 ΔR_T 抵消，环境温度所引起的电阻变化对电桥输出无影响，因此，达到了温度补偿的目的。

【例2.4】 分析采用桥路补偿块法进行温度补偿的原理。

如图2.26所示，将应变计 R_1 贴在被测试件的测点上，应变计 R_2 贴在与被测试件材质相同、温度相同但不参与机械应变的补偿块上，并接入电桥的相邻臂；R_3 和 R_4 为平衡电阻。

当被测试件受力并有温度变化时，应变计 R_1 的电阻变化率为

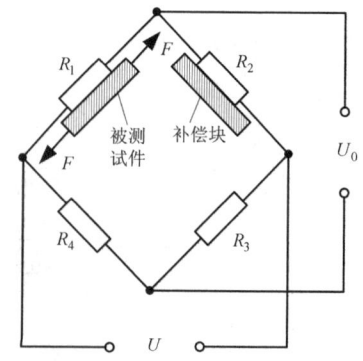

图2.26 桥路补偿块法原理图

$$\frac{\Delta R_1}{R_1} = \left(\frac{\Delta R_1}{R_1}\right)_\varepsilon + \left(\frac{\Delta R_1}{R_1}\right)_T \quad (2.77)$$

式中，$\left(\dfrac{\Delta R_1}{R_1}\right)_\varepsilon$ 为由应变引起的电阻相对变化；$\left(\dfrac{\Delta R_1}{R_1}\right)_T$ 为由温度变化引起的应变计电阻变化。

而应变计 R_2 只有因温度变化引起的电阻变化，即

$$\frac{\Delta R_2}{R_2}=\left(\frac{\Delta R_2}{R_2}\right)_T \tag{2.78}$$

由于 R_1 和 R_2 是两个完全相同的应变计，且处于相同的环境温度下，所以

$$\left(\frac{\Delta R_1}{R_1}\right)_T=\left(\frac{\Delta R_2}{R_2}\right)_T \tag{2.79}$$

则电桥的输出电压为

$$\Delta U_0=\frac{U}{4}\left(\frac{\Delta R_1}{R_1}-\frac{\Delta R_2}{R_2}\right)=\frac{U}{4}\left(\frac{\Delta R_1}{R_1}\right)_\varepsilon \tag{2.80}$$

由此可见，桥路补偿块法正是利用了电桥"相邻臂相减"的特性，消除了温度变化造成的影响，减少了测量误差。

（2）利用加减特性提高测量灵敏度

【例 2.5】 如图 2.27 所示的杆在力 F 作用下变形，此时可在杆的上下表面沿纵向各粘贴应变计，并作为电桥的 R_1 和 R_3 两个桥臂（相对桥臂）接入电路，成对角工作状态，R_2 和 R_4 为平衡电阻。

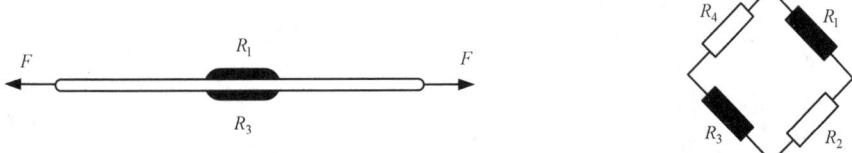

图 2.27 应变片的粘贴及桥臂构成图

电桥的输出电压：

$$\Delta U_0=\frac{U}{4}K(\varepsilon_1+\varepsilon_3) \tag{2.81}$$

因

$$\varepsilon_1=\varepsilon_3=\varepsilon \tag{2.82}$$

所以

$$\Delta U_0=\frac{U}{2}K\varepsilon \tag{2.83}$$

可见，输出电压比单臂工作桥的输出电压增加了一倍。如果误将电桥的 R_1 和 R_2 两相邻臂接入应变桥臂电路，则输出电压 $\Delta U_0=0$，无电压输出。

（3）根据被测试件已知的受力特点和电桥特性进行适当的布片与接桥，以准确测量出各种载荷

如在例 2.5 中的接片方法，可消除弯曲形变的影响，准确测出杆所受的拉伸应变。因为，

对于 R_1 和 R_3 应变片的布片方式,当有弯曲形变时,R_1 和 R_3 一个感受的是拉伸应变(ε'),另一个感受的则是大小相等的压缩应变($-\varepsilon'$),通过相对接桥后相互抵消。

【例 2.6】 如图 2.28 所示的纯弯试件,测其弯矩值。

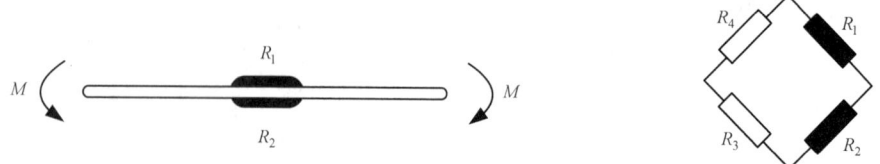

图 2.28 应变片的粘贴及桥臂构成图

将应变片 R_1 和 R_2 作为电桥的相邻臂接入电路,R_3 和 R_4 为平衡电阻。这里,应变片 R_1 受拉伸应变 ε,而 R_2 受压缩应变 $-\varepsilon$,因此,输出电压:

$$\Delta U_0 = \frac{U}{4} K(\varepsilon_1 - \varepsilon_2) = \frac{U}{2} K\varepsilon \tag{2.84}$$

并且,沿杆的方向拉(压)力产生的应变影响可消除。

【例 2.7】 如图 2.29 所示的纯弯试件,如何利用全等臂电桥提高测量灵敏度并实现温度补偿?画出布片图和电桥连接图。

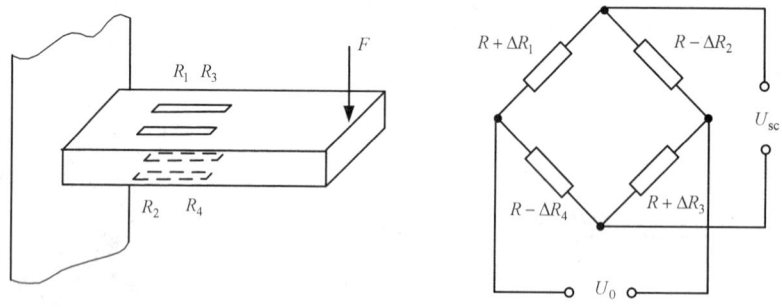

图 2.29 纯弯试件的布片图及电桥连接图

四片相同的应变计,R_1 和 R_3 贴在一面,R_2 和 R_4 贴在对称的另一面,组成全等臂电桥,其中,$R_1 = R_2 = R_3 = R_4 = R$。当试件受力并有温度变化时,各桥臂的电阻变化率为

$$\frac{\Delta R_1}{R_1} = \frac{\Delta R_3}{R_3} = \left(\frac{\Delta R}{R}\right)_\varepsilon + \left(\frac{\Delta R}{R}\right)_T \tag{2.85}$$

$$\frac{\Delta R_2}{R_2} = \frac{\Delta R_4}{R_4} = -\left(\frac{\Delta R}{R}\right)_\varepsilon + \left(\frac{\Delta R}{R}\right)_T \tag{2.86}$$

则电桥的输出电压为

$$\Delta U_0 = \frac{U}{4}\left(\frac{\Delta R_1}{R_1} - \frac{\Delta R_2}{R_2} + \frac{\Delta R_3}{R_3} - \frac{\Delta R_4}{R_4}\right) = \frac{U}{4} \cdot 4\left(\frac{\Delta R}{R}\right)_\varepsilon = UK\varepsilon \tag{2.87}$$

这样,不仅实现了温度补偿,而且使电桥的输出为单片测量时的 4 倍,大大提高了测量灵敏度。

【例 2.8】 推导直流电压桥在只有一个应变桥臂时的输出电压,并比较对输出端对称电桥、对电源端对称电桥和全等臂电桥的灵敏度。

对直流电压桥,设电源电压为 U,四个桥臂分别为 R_1、R_2、R_3 和 R_4,则输出电压为

$$U_0 = \frac{R_1 R_3 - R_2 R_4}{(R_1 + R_2)(R_3 + R_4)} \cdot U \tag{2.88}$$

设电桥仅有一个臂 R_1 为应变计参与应变,其余桥臂均为固定电阻,此时,当 R_1 感受应变而产生电阻增量 ΔR_1 时,由于 $\Delta R_1 \ll R_1$,则电桥由于 ΔR_1 产生不平衡而引起的输出电压为

$$\Delta U_0 = \frac{(R_1 + \Delta R_1) R_3 - R_2 R_4}{(R_1 + R_2 + \Delta R_1)(R_3 + R_4)} \cdot U \tag{2.89}$$

根据初始平衡条件,$R_1 R_3 = R_2 R_4$,则

$$\Delta U_0 = \frac{\Delta R_1 \cdot R_3}{(R_1 + R_2 + \Delta R_1)(R_3 + R_4)} \cdot U$$

$$\approx \frac{\Delta R_1 \cdot R_3}{(R_1 + R_2)(R_3 + R_4)} \cdot U \tag{2.90}$$

① 对输出端对称电桥,有 $R_1 = R_2 = R$,$R_3 = R_4 = R'$,则

$$\Delta U_0 = \frac{\Delta R_1 \cdot R'}{4RR'} \cdot U = \frac{U}{4} \cdot \frac{\Delta R_1}{R} = \frac{U}{4} K \varepsilon_1 \tag{2.91}$$

② 对电源端对称电桥,有 $R_1 = R_4 = R$,$R_2 = R_3 = R'$,则

$$\Delta U_0 = \frac{R' \cdot \Delta R_1}{(R + R')^2} \cdot U = \frac{RR'}{(R + R')^2} \cdot \frac{\Delta R_1}{R} \cdot U$$

$$= \frac{RR'}{(R + R')^2} K \varepsilon_1 U < \frac{U}{4} K \varepsilon_1 \tag{2.92}$$

③ 对全等臂电桥,有 $R_1 = R_2 = R_3 = R_4 = R$,则

$$\Delta U_0 = \frac{\Delta R_1 \cdot R}{4R^2} \cdot U = \frac{U}{4} \cdot \frac{\Delta R_1}{R} = \frac{U}{4} K \varepsilon_1 \tag{2.93}$$

由此可见,全等臂电桥和对输出端对称电桥的输出电压比对电源端对称电桥的输出电压大,即其灵敏度更高,因此,在实际应用中,多采用前两种电桥。

3. 交流电桥及其平衡

1)交流电桥平衡条件

由前述内容知道,应变电桥输出电压很小,一般都要加放大器。交流电桥的结构与工作原理和直流电桥基本相同,不同的是交流电桥的输入、输出为交流信号。由于交流电桥的供桥电源为交流电源,引线分布电容(忽略引线电感)使得桥臂的四只应变计均呈现复阻抗特性,即相当于四只应变计各并联了一只电容。

一般情况下,与直流电桥类似,交流电桥的输出电压(电流)与桥臂阻抗相对变化 $\Delta Z_i / Z_i$ 成正比,桥路平衡条件为

$$Z_1 \cdot Z_3 = Z_2 \cdot Z_4$$

或 $$\frac{Z_1}{Z_2}=\frac{Z_4}{Z_3}\tag{2.94}$$

式中，桥臂阻抗 Z_1、Z_2、Z_3 和 Z_4 为电阻、电感、电容组合的复阻抗，且

$$Z_i = R_i + jX_i = z_i e^{j\varphi_i} \quad (i=1,2,3,4)\tag{2.95}$$

式中，R_i、X_i 为各桥臂的电阻和电抗；z_i、φ_i 为各桥臂复阻抗的幅值和幅角。

由此，可得到交流电桥平衡条件的另一形式为

$$\begin{cases} z_1 \cdot z_3 = z_2 \cdot z_4 \\ \varphi_1 + \varphi_3 = \varphi_2 + \varphi_4 \end{cases}\tag{2.96}$$

或 $$\begin{cases} R_1 R_3 - X_1 X_3 = R_2 R_4 - X_2 X_4 \\ R_1 X_3 + R_3 X_1 = R_2 X_4 + R_4 X_2 \end{cases}\tag{2.97}$$

2) 交流电桥的调平方法

利用交流电桥测量应变时，由于引线产生的分布电容的容抗、供桥电源 U 的频率及被测应变计的性能差异，将严重影响着交流电桥的初始平衡条件和输出特性，因此，为保证电桥在测量之前满足初始输出为零的平衡条件，必须在电桥未受载、无应变的初始条件下，进行电桥的调平，也称为预调平衡。

桥臂阻抗包括电阻和电容等参数，因此交流电桥的平衡应包含着电阻和电容两个平衡条件，交流电桥的调平方法也就有电阻调整和电容调整两种。

（1）电阻调平法

① 串联电阻法。图 2.30 所示为串联电阻调平法示意图，R_5 为多圈电位器，调节 R_5 即可改变桥臂 AD 和 CD 的阻值比。

② 并联电阻法。图 2.31 所示为并联电阻调平法示意图，通过调节电阻 R_5 可改变桥臂 AD 和 CD 的阻值比，使电桥满足平衡条件。电阻 R_6 决定可调范围，R_6 越小，可调范围越大，但测量误差也越大。因此，在保证测量精度的前提下，将 R_6 取得小些。电阻应变仪多采用这种并联电阻法进行电阻调平，多圈电位器 R_5 对应于应变仪面板上的"电阻平衡"旋钮。

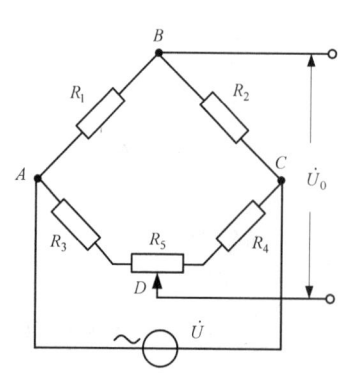

图 2.30 串联电阻调平法

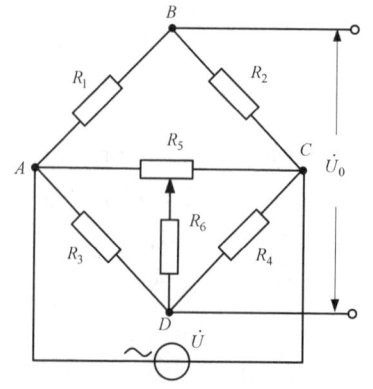

图 2.31 并联电阻调平法

（2）电容调平法

① 差动电容法。图 2.32 所示是差动电容调平法示意图，C_3 和 C_4 为同轴差动电容，调节 C_3 和 C_4 时，两电容变化大小相等，极性相反，以此调整电容平衡，使桥路平衡。

② 阻容调平法。图 2.33 所示是阻容调平法示意图，通过接入 T 形 RC 阻容电路，起到电容预调平的作用。对于电阻应变仪，同时具有电阻、电容调平装置进行阻抗调平，在调平过程中，两者应不断交替调整，才能取得理想的平衡结果。

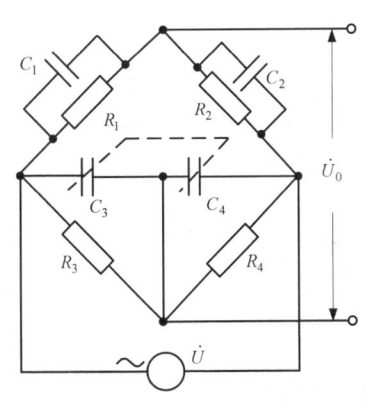

图 2.32　差动电容调平法

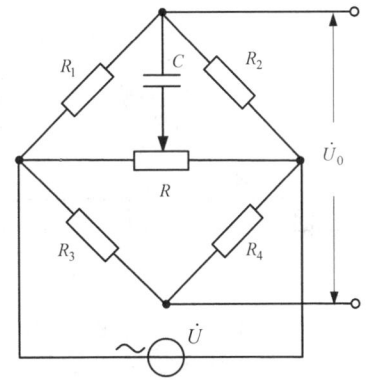

图 2.33　阻容调平法

4. 电阻应变仪

1）分　类

电阻应变仪是一种可以直接测量试件应变的仪器，它以电桥为基础，将电桥输出的微小变化，经过电压放大供电流计指示。电阻应变仪根据测量应变的频率（工作频率）不同，可划分为以下几种：

（1）静态电阻应变仪

测量变化十分缓慢或变化一次后相对稳定的静态应变，可测量频率为 0～15 Hz 的应变。

（2）静动态电阻应变仪

可用于静态或频率在 200 Hz 以内的单点动态应变测量。

（3）动态电阻应变仪

可用于测量 5 kHz 以下的周期性或非周期性动态应变。一台应变仪通常包含几个测量通道，可同时测量几路动态应变信号，如 Y6DL 型是六通道的电阻应变仪。

（4）超动态电阻应变仪

测量工作频率达几十千赫兹的动态应变，主要用于爆炸、高速冲击等瞬态条件下的应变测量，同时，也可测静、动态应变。

（5）遥测应变仪

用于解决无法用有线方式传输信号时的应变测量，如测量旋转件、运动件等的应变。它利用无线电传输信号的原理，将应变信号转换成经过调制的电磁波，经由天线发射出去，再由接收端的接收天线将电磁波接收下来,经过放大、解调得到与原被测信号规律相同的电信号,以实现无接触传输信息的要求。

2) 结构及工作原理

电阻应变仪虽然种类很多,但其原理基本相同。对于载波放大式应变仪,其电桥通常用几千赫兹的正弦交流供电。电阻应变仪主要由电桥、放大器、相敏检波器、振荡器、指示或记录器、电源等部分组成,其结构如图 2.34 所示。

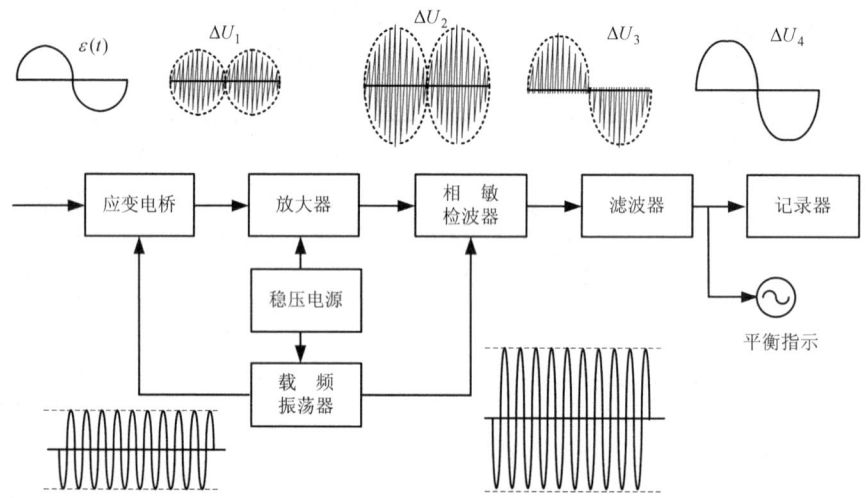

图 2.34 动态电阻应变仪的结构

应变计接入应变电桥的工作臂,振荡器的正弦载波信号作为应变电桥的电源。应变电桥对应变计的应变信号 $\varepsilon(t)$ 进行调制,输出调制信号 ΔU_1,经放大和相敏检波后得到一个相应于应变波形的解调信号 ΔU_3。对于静态测量,ΔU_3 即可直接由指示器显示;对于动态测量,ΔU_3 由低通滤波器去除残余载波后,送入终端仪器进行显示和记录。

(1) 电 桥

应变仪都采用惠斯通电桥,通常采用较高频率的正弦波(称为载波)作为供桥电源,一般在 400~2 000 Hz,以便用一窄频带的交流放大器对已调幅波进行放大。应变计接入应变电桥的工作臂,应变电桥将应变计电阻的变化转换为电流或电压信号。$\varepsilon(t)$ 为被测应变信号。

(2) 放大器

由应变电桥输出的调幅信号非常微弱,一般在几十微伏至几毫伏之间,必须用放大器将电桥送来的调幅电压信号进行放大,以便得到足够的功率去推动指示仪表或记录器。对于静态应变仪,放大的信号频率就是载波频率。对于动态应变仪,放大器所放大的信号频率为 $\omega + \omega_0$ 及 $\omega - \omega_0$,其中 ω 为载波频率,ω_0 为被测信号的频率。因此,放大器的带宽等于 $\omega \pm \omega_0$,在此频带以外的信号应有较大的衰减,以保证放大器的抗干扰能力。

(3) 振荡器

振荡器的作用在于产生一个频率和振幅稳定、波形良好的正弦交流电压。作为载波信号,一方面为应变电桥提供电源,另一方面作为相敏检波器的参考电压。应变电桥用应变计的应

变信号 $\varepsilon(t)$ 对正弦载波信号进行调制,输出调幅信号 ΔU_1。振荡器的频率(即载波频率)一般要求不低于被测信号频率的 6~10 倍。一般的动态电阻应变仪是多通道合用一个振荡器,因此要求振荡器有足够的功率输出。

(4)相敏检波器

经放大以后的波形仍为调幅波,必须用检波器将它还原成被检测应变信号的波形。而一般检波器只有单向的电压或电流输出,不能区别拉、压应变信号。因此,应变仪中采用了能克服上述缺点的相敏检波器,它有两个功能:一个是检波器的作用,将被信号电压调制的调幅波还原为信号原形,也称解调;另一个是能辨别被测信号相位,具有双向信号输出能力,能反映出应变信号的拉伸或压缩性质,即有相敏功能,可将信号电压的极性反映出来,如图 2.35 所示。

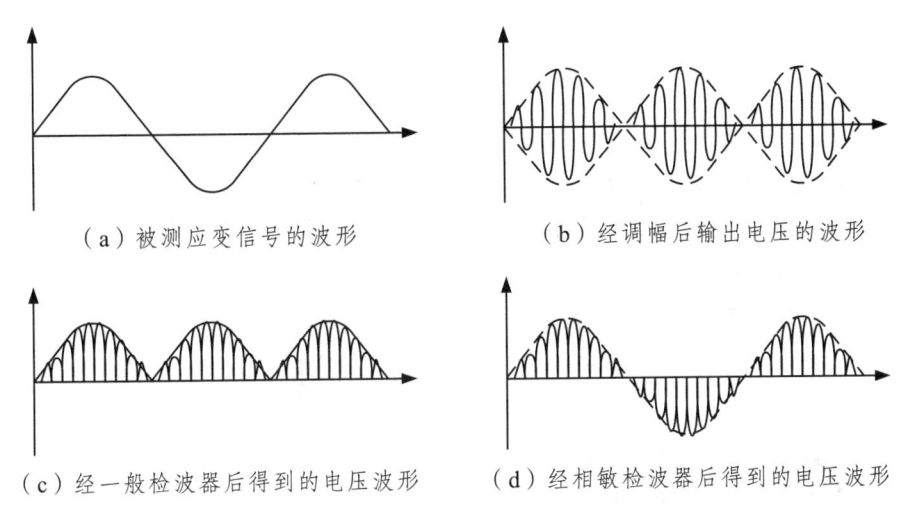

图 2.35 相敏检波器的功能

(5)滤波器

由相敏检波器输出的被检测应变波形中仍残留有载波信号,必须滤去才能得到被测应变信号的正确波形。一般用电感、电容组成 T 型和 Π 型低通滤波器,滤去载波频率 ω,而一般被测应变信号频率 ω_0 比 ω 小得多,所以滤波器的截止频率只要做到 $(0.3~0.4)\omega$,即可满足频率特性的要求,较好地滤掉载波成分,让应变信号通过。

(6)指示仪表或记录器

静态应变仪中的指示器是直流微安或毫安表。动态应变仪需测量具有一定频率的交流信号,因此把信号输入记录器中进行显示和记录。

(7)电 源

为应变仪中放大器、振荡器等单元电路提供能量,要求输出电压稳定,纹波小。

3)环形相敏检波器

在电阻应变仪中广泛采用全波相敏检波器,又称环形相敏检波器,其典型电路如图 2.36 所示,用二极管作为检波元件。

扫描下图可浏览 AR 资源——环形相敏检波器工作原理。

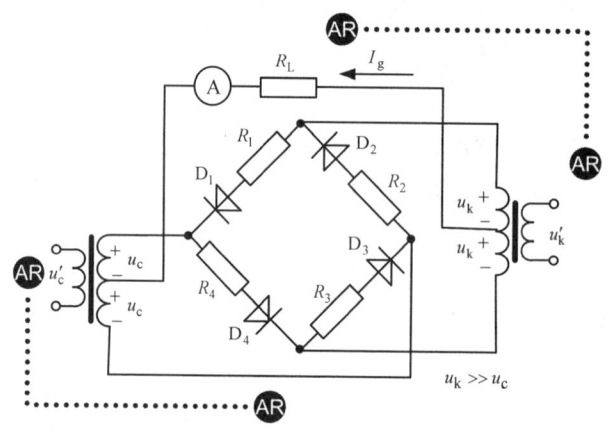

图 2.36　环形相敏检波器电路

D_1、D_2、D_3、D_4 为晶体二极管整流元件，在电路中起开关作用，由参考电压 u_k 控制。R_1、R_2、R_3、R_4 为平衡电阻，使各臂的正向电阻对称。u_c 为从放大器输出的调幅信号电压，u_k 为从振荡器输出的参考电压，两者的频率相同，由调幅电路原理决定的相位关系为：

① 拉伸应变时，u_c 与 u_k 同相；

② 压缩应变时，u_c 与 u_k 反相，相位差 180°。

在设计此电路时，使 $u_k \gg u_c$，即由 u_k 决定二极管的导通与截止。

（1）当 u_c 与 u_k 同相时

若 u_c 与 u_k 为正半周，u_k 使 D_1、D_4 导通，D_2、D_3 截止，此时，由信号电压 u_c 产生的电流流经 D_1、D_4 及负载电阻 R_L 时的电流方向如图 2.37（a）所示。

若 u_c 与 u_k 为负半周，u_k 使 D_2、D_3 导通，D_1、D_4 截止，此时信号电压 u_c 产生的电流流经 R_L 时的电流方向如图 2.37（b）所示。

由此可见，当 u_c 与 u_k 同相时，即应变信号是拉伸应变时，无论在正半周还是负半周，检流计指针的偏转方向相同，被测信号为拉伸应变。

（2）当 u_c 与 u_k 反相时

若 u_c 为负半周，u_k 为正半周时，u_k 使 D_1、D_4 导通，D_2、D_3 截止，流经 R_L 的电流方向如图 2.37（c）所示。

若 u_c 为正半周，u_k 为负半周时，u_k 使 D_2、D_3 导通，D_1、D_4 截止，流经 R_L 的电流方向如图 2.37（d）所示。

由此可见，当 u_c 与 u_k 反相时，流经 R_L 的电流方向都是自左向右；当应变信号是压缩应变时，u_c 与 u_k 才反相，因此被测信号为压缩应变。

这样，环形相敏检波器既起到了检波作用，又区分了应变信号的拉伸和压缩特性。

目前，很多应变仪的相敏检波单元采用三极管代替二极管作为检波元件，这是因为：① 三极管的热稳定性比二极管好，零漂小；② 在正向应用时，三极管的饱和压降小，$U_{ceo} \approx 0.1\ V$，而二极管的正向压降为 $0.6 \sim 0.7\ V$，效率低；③ 三极管所需的参考电压低，功率小，只需在三极管基极加几毫安的电流，就可使三极管导通。图 2.38 所示是采用三极管作为整流元件的相敏检波器。

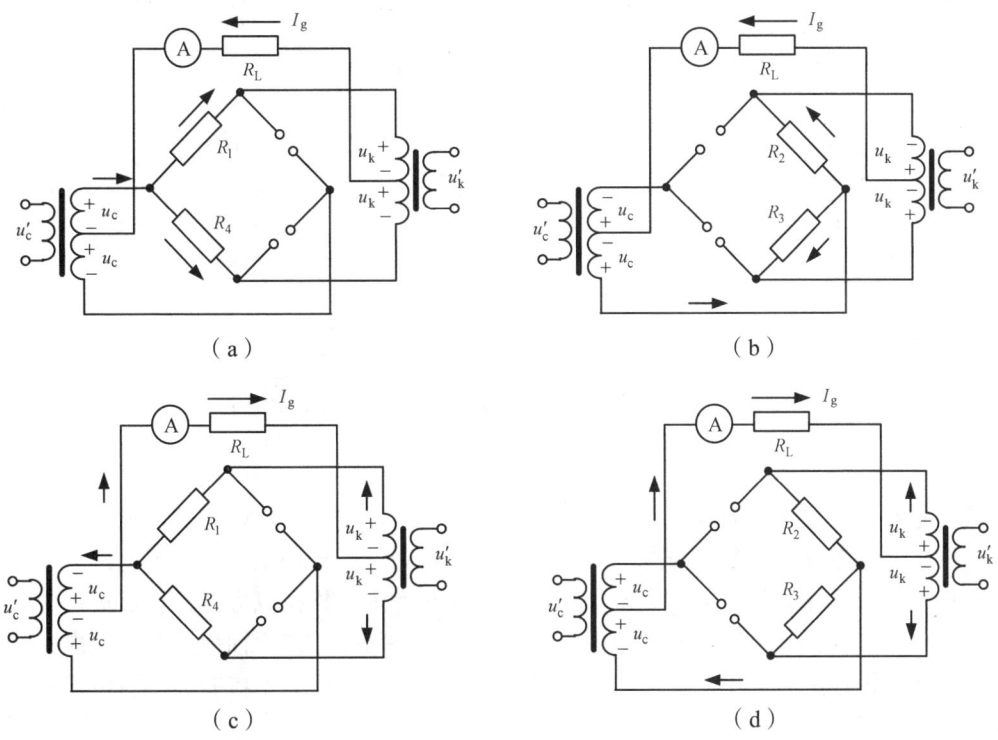

图 2.37 环形相敏检波器电路分析

图 2.38 中，u_k 为参考电压，由振荡器输出，作用在三极管 T_1 和 T_2 的基极与发射极之间，控制 T_1 与 T_2 的导通与截止。信号电压经变压器 B_1 分相后作用在 T_1 与 T_2 的集电极，负载 R_L 接在 T_1 与 T_2 的公共发射极与变压器 B_1 中心抽头之间。

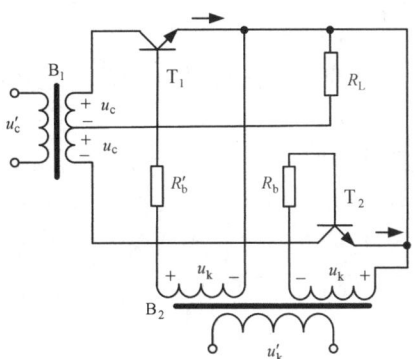

图 2.38 三极管的相敏检波器电路

（1）当 u_c 与 u_k 同相时

若 u_c 与 u_k 均为正半周，在参考电压 u_k 作用下，三极管 T_1 导通，T_2 截止；在 u_c 作用下，信号电流经 T_1 流过负载 R_L，方向自上而下。

若 u_c 与 u_k 均为负半周，则 T_1 截止，T_2 导通，信号电流经 T_2 流过 R_L 时的方向仍是自上而下。

因此，只要 u_c 与 u_k 同相时，流过负载电阻 R_L 的电流总是自上而下，这时的应变信号为拉伸应变。

（2）当 u_c 与 u_k 反相时

若 u_c 为正半周，u_k 为负半周，则 T_1 截止，T_2 导通，经 R_L 的电流方向由下至上。

若 u_c 为负半周，u_k 为正半周，则 T_1 导通，T_2 截止，经 R_L 的电流方向由下至上。

因此，当 u_c 与 u_k 反相时，流过负载电阻 R_L 的电流方向总是由下至上，这时的应变信号为压缩应变。

2.4 电阻应变式传感器的应用

采用电阻应变式传感器测量试件应变时，只要直接将应变计粘贴在试件上，即可用测量仪表（如电阻应变仪）测量出应变情况。然而，在测量力、加速度、位移等物理量时，就需要辅助构件，如弹性元件、补偿元件等，首先将这些物理量转换成应变，然后再用应变计进行测量。因此，应变式传感器的基本构成通常可分为两部分，即弹性敏感元件及应变计。弹性元件在被测物理量的作用下产生一个与之成正比的应变，然后用应变计作为传感元件将应变转换为电阻变化。

1. 应变式传感器的特点

应变式传感器与其他类型传感器相比，具有以下特点：

① 应用和测量范围广。应变式传感器可制成各种机械量传感器，应力传感器可测出 $10^{-2} \sim 10^7$ N 的力，应变式压力传感器可测出 $10^{-1} \sim 10^8$ Pa 的压力，应变式加速度传感器可测到 10^3 m/s² 级。

② 精度和灵敏度高。半导体应变计的灵敏度达几十毫伏/伏，高精度传感器的误差为 $0.1\% \sim 0.01\%$。

③ 频率响应特性好。响应时间为 $10^{-7} \sim 10^{-11}$ s，可测几十到上千赫兹的动态过程。

④ 对复杂环境的适应性强，能在恶劣环境、大加速度和振动条件下工作，只要进行适当的构造设计及选用合适的材料，也能在高温（或低温）、强腐蚀及核辐射条件下可靠工作。

⑤ 应变计品种多样，已商品化，价格便宜。

应变式传感器也有其不足之处：

① 在大应变状态下具有较大的非线性，半导体应变计的非线性更明显。

② 应变计的输出信号较微弱，故它的抗干扰能力较差，测试连线时需采取屏蔽措施。

③ 电阻应变计实际测出的只是一个测量点或应变计栅长范围内的平均应变，不能显示应力场中应力梯度的变化。

了解了应变计的特点，在进行应变测量时，可充分利用它的优点，同时避开它的缺点。

2. 应变计的使用

1) 应变计的型号代号

在使用应变计时,首先要确切了解应变计型号代码的含义。现举例说明。

某应变计的型号为 BX120-3CA100(11),其中:

- B——应变计类型,如箔式(B)、丝绕式(S)、短接式(D)、半导体式(i)、特殊用途(T)等。
- X——基底材料种类,如纸(Z)、环氧类(H)、聚酯类(J)、缩醛类(X)、酚醛类(F)等。
- 120——标称电阻值(Ω),如60、120、200、350、500 Ω等。
- 3——应变计栅长(mm),如1、3、5、8、12、20、50、150 mm等。
- CA——敏感栅结构形状。
- 100——极限工作温度(°C)。
- 11——可进行温度自补偿的材料的线膨胀系数,单位为 $\times 10^{-6}$/°C,如9、11、16、23、27$\times 10^{-6}$/°C。

又如型号为 Bfl20-6.35AA(11),表示箔式应变计,基底材料为酚醛类,标称电阻值为 120 Ω,栅长为 6.35 mm,敏感栅的结构形状为 AA 型,可进行温度自补偿,其材料的线膨胀系数为 11。

2) 应变计的选用方法

在选用应变计时,应从应变计的类型、材料、阻值、尺寸等方面进行考虑。

(1)选择类型

按使用的目的和要求选用应变计的类别和结构型式。例如,用作常温测力传感器敏感元件的应变计,常选用箔式或半导体应变计。图 2.39 所示是常用电阻应变计的类型,其中:

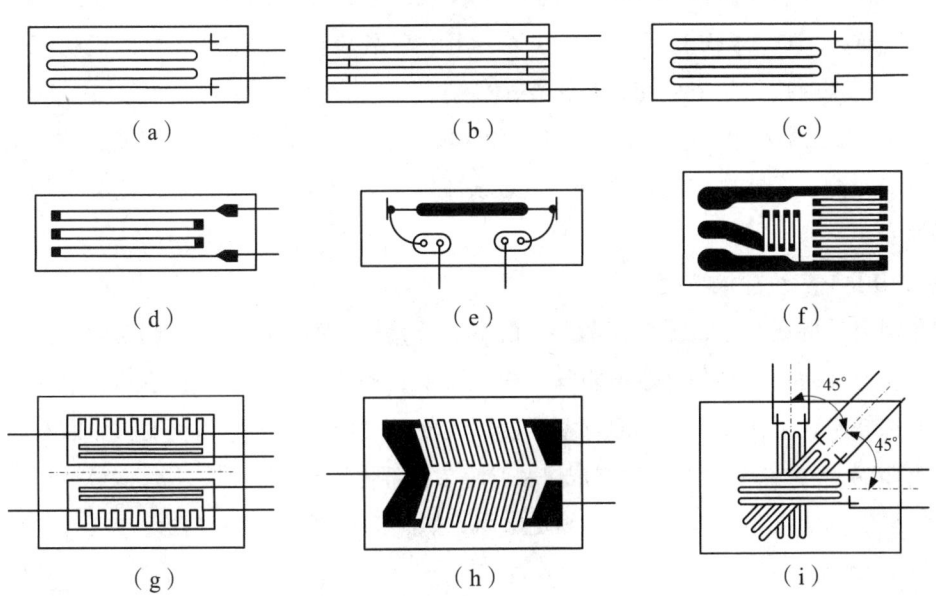

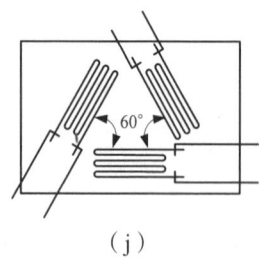 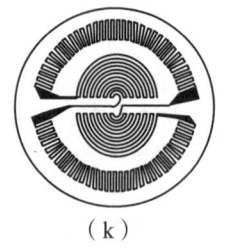 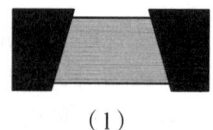

图 2.39 常用电阻应变计的类型

- 单轴应变计[图（a）~（d）]　一栅或多栅同方向共基应变计，适用于试件表面主应力方向已知的情况。
- 多轴应变计（应变花）[图（f）~（k）]　一基底上具有几个方向敏感栅的应变计，适用于平面应变场中，检测表面某点的主应力大小和方向。
- 丝绕式应变计[图（a）~（c）]　用合金丝材绕制而成，可适应不同温度，寿命较长，但横向效应大，散热性差。
- 短接式应变计[图（d）]　敏感栅轴向部分用高电阻率丝材、横向部分用低电阻率丝材组合而成。横向部分电阻的相对变化较小，其横向效应小，可做成双丝温度自补偿，适用于高、中温测量环境。
- 直角式应变计　其敏感栅的纵向电阻丝从基底端头已开始，改进了圆弧横栅不能很好传递应变的情况。
- 箔式应变计[图（f）、（h）、（k）、（l）]　敏感栅用 3~10 μm 厚的铜镍合金箔光刻而成，其尺寸小，品种多，静、动态特性及散热性好。
- 半导体应变计[图（e）]　由单晶半导体经切型、切条、光刻腐蚀成形、粘贴而成，其灵敏系数比金属丝材大 50~80 倍，动态特性好，但重复性及时间、温度稳定性差。
- 高温应变计　工作温度大于 350 ℃，用耐高温基底、黏结剂经高温固化而成。常用金属基底，使用时用点焊将应变计焊接在试件上。
- 特殊用途应变计　大应变应变计，用于测量 $\varepsilon = (2\sim 5)\times 10^5$ με 的应变；防水应变计，用于水下应变测量；防磁应变计，用于强磁场环境中测应变；裂缝扩展应变计，用于测量裂缝扩展速度。

【例 2.9】　裂纹探测应变计。

在断裂力学的研究中，需要探测裂纹的出现及其扩展的情况，会用到裂纹探测应变计。裂纹探测应变计由一系列的并联电阻丝组成，如图 2.40 所示，将它粘贴在合适的部位，当裂纹出现并扩展时，依次使部分电阻丝断开，因此使整片应变计的电阻值变大。裂纹探测应变计通常由 20~30 根并联的电阻丝组成。为了使在全部电阻丝断开时，不致造成测出的电阻为无穷大，测量时在应变计上并联一个固定电阻，如图 2.41 所示。裂纹探测应变计的典型特性曲线如图 2.42 所示。

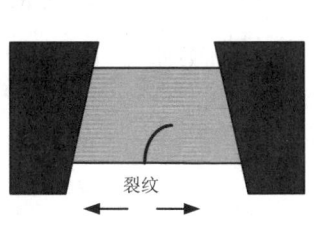

图 2.40 裂纹探测应变计

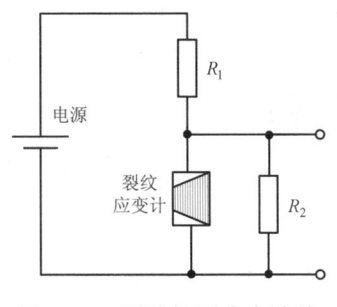

图 2.41 裂纹探测应变计的测量电路

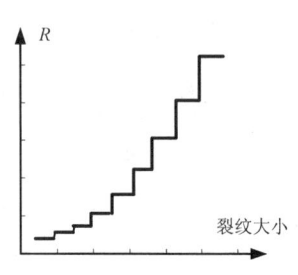

图 2.42 裂纹探测应变计的典型特性曲线

【例 2.10】 膜片式应变压力传感器。

如图 2.43 所示,传感器的弹性敏感元件为周边固定的圆形金属膜片,当膜片一面受压力 P 作用时,产生弯曲变形,出现径向应变 ε_r 和切向应变 ε_t。在膜片的中心,ε_r 和 ε_t 均达到正的最大值,而在膜片的边缘径向应变 ε_r 达到负的最大值,而切向应变 $\varepsilon_t = 0$。

扫描下图可浏览 AR 资源——膜片式应变压力计。

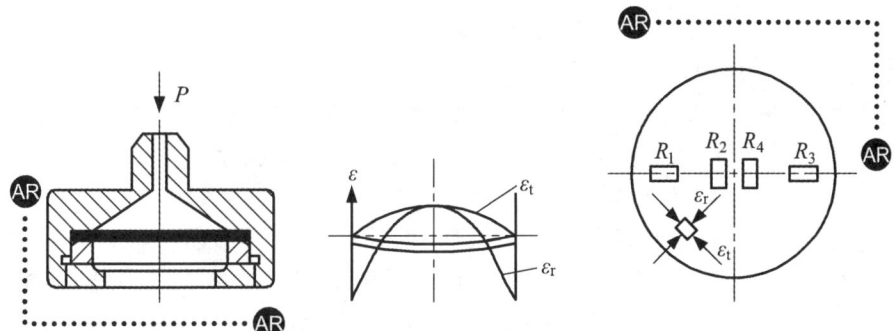

图 2.43 膜片式应变压力传感器

因此,为充分利用膜片的应变状态,四只应变计分别贴在正应变最大区和负应变最大区,并接成四臂全桥电路,这样,既增大了传感器的灵敏度,又起到了温度补偿的作用。

此处采用图 2.39(k)所示圆形箔式应变计,能最大限度地利用膜片的应变效果,得到较大的输出信号。

(2)材料考虑

包括敏感栅和基底材料两方面,根据使用温度、时间、最大应变量及精度要求等选用合适的材料。

(3)阻值选择

根据测量线路或仪器选定应变计的标称阻值。如配用电阻应变仪,常选用 120 Ω 阻值,因为电阻应变仪的平衡电阻为 120 Ω。为提高灵敏度,常采用较高的供桥电压和较小的工作电流,并选用大阻值的应变计,如 350 Ω、500 Ω 或 1 000 Ω 等。

(4)尺寸选择

根据试件表面粗糙度、应力分布状态和粘贴面积的大小等选择应变计的尺寸。由于应变计测出的应变值实际上是粘贴区域内应变的平均值,所以当试件的应变梯度较大时,应选用栅长小的应变计,使测量值接近测点的真实值。在测量瞬态及高频动态应变时,为保证良好的频响特性,应尽量选择栅长小的应变计。但栅长小的应变计,其横向效应大 $\left(H=\dfrac{\varepsilon_y}{\varepsilon_x}\right)$,精度难保证,因此,在选用应变片尺寸时应全面考虑。

(5)其他考虑

指特殊用途、恶劣环境、高精度要求等情况。

3)应变计的使用

应变计的使用性能,不仅取决于应变计本身的质量,还取决于应变计的正确使用。对于常用的粘贴式应变计,粘贴质量是关键。应变计通常都是用黏结剂粘贴在被测试件上的,黏结剂所形成的胶层要正确无误地将弹性体的变形传递到应变计的敏感栅上去,黏结剂性能的优劣,直接影响应变计的工作特性,所以,传感器性能的好坏除取决于应变计的质量外,还取决于黏结剂的质量及应变计粘贴方法是否正确等。

(1)黏结剂的选择

黏结剂的主要功能是要在切向准确地传递试件的应变,因此它应具备:

① 与试件表面很高的黏结强度。

② 温度和力学性能参数要尽量与试件相匹配,弹性模量大,蠕变和滞后小。

③ 抗腐蚀,涂刷性好,固化工艺简单、变形小,可长期储存。

④ 电绝缘性能、耐老化与耐温、耐湿性能良好。

一般情况下,粘贴与制作应变计的黏结剂是可以通用的,但粘贴应变计时受到现场条件的限制,通常在室温工作的应变计多采用常温、指压固化条件的黏结剂,如快干胶类的502,适合于胶膜及玻纤布基底材料,粘贴时指压,常温下几分钟固化。

(2)应变片的粘贴过程

① 准备。在试件粘贴部位的表面,用砂布在与轴向为45°的方向交叉打磨,清洗打磨面,划线以确定贴片坐标线,均匀涂一薄层黏结剂作底。

② 涂胶。在应变计基底上均匀涂一薄层黏结剂。

③ 贴片。将涂好胶的应变计与试件对准贴上,用手指顺轴向滚压,去除气泡和多余胶液,按固化条件固化处理。

④ 复查。引线和试件间的绝缘电阻应大于 200 MΩ。

⑤ 接线。根据工作条件选择好导线,将应变计引线和导线焊接,并加以固定。

⑥ 防护。在安装好的应变计和引线上涂以凡士林油等防护剂,以保证应变计工作性能稳定可靠。

4)应用举例

【例2.11】 筒形结构的称重传感器。

筒形结构称重传感器的弹性元件设计成图2.44(a)所示的筒形结构,4片应变计采用差动布片和全桥连线,如图2.44(b)所示。这种布片和接桥的最大优点是可排除载荷偏心或侧向力引起的干扰。

微课:筒形称重传感器

扫描下图可浏览 AR 资源——筒形结构的称重传感器。

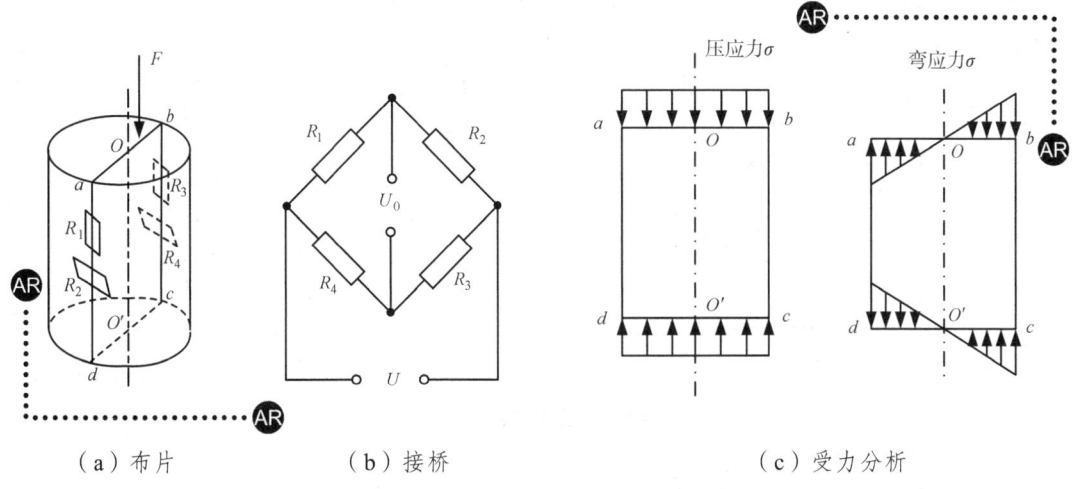

（a）布片　　　　　　　　（b）接桥　　　　　　　　（c）受力分析

图 2.44　筒形结构称重传感器接桥

假设筒形结构的弹性元件受偏心力 F 的作用，这时产生的应力可分为压应力和弯应力，受力分析如图 2.44（c）所示。各应变计感受的应变 ε_i 为相应的压应变 ε_{Fi} 与弯应变 ε_{Mi} 的代数和，即

$$\varepsilon_i = \varepsilon_{Fi} + \varepsilon_{Mi} \tag{2.98}$$

则传感器的输出为

$$\begin{aligned}\Delta U_0 &= \frac{U}{4} K(\varepsilon_1 - \varepsilon_2 + \varepsilon_3 - \varepsilon_4) \\ &= \frac{U}{4} K[(\varepsilon_{F1} - \varepsilon_{M1}) + u(\varepsilon_{F2} - \varepsilon_{M2}) + (\varepsilon_{F3} + \varepsilon_{M3}) + u(\varepsilon_{F4} + \varepsilon_{M4})]\end{aligned} \tag{2.99}$$

因

$$\varepsilon_{F1} = \varepsilon_{F2} = \varepsilon_{F3} = \varepsilon_{F4} = \varepsilon_F \tag{2.100}$$

$$\varepsilon_{M1} = \varepsilon_{M2} = \varepsilon_{M3} = \varepsilon_{M4} = \varepsilon_M \tag{2.101}$$

所以

$$\Delta U_0 = \frac{U}{4} K[2(1+u)\varepsilon_F] \tag{2.102}$$

可见，偏心力的干扰被排除了。

【例 2.12】　应变式加速度传感器。

测力和压力时，是将其直接作用在弹性元件后转化为应变量的变化，而加速度是运动参数，必须首先经过一个由质量块和弹簧构成的惯性系统，将加速度转换为力，再作用在弹性元件上转换为应变。应变式加速度传感器的基本工作原理是牛顿第二定律，即物体运动的加速度与作用在它上面的力成正比，与物体的质量成反比。

应变式加速度传感器由质量块、贴有应变计的弹性元件悬臂梁和基座组成。实际使用中，传感器的基座与被测物体固定在一起，当被测物体以一定的加速度 a 运动时，质量块受到一个与加速度方向相反的惯性力作用，使悬臂梁变形，应变计感受到形变，其阻值发生相应变化。图 2.45（a）所示为单悬臂梁结构，图 2.45（b）所示为双悬臂梁结构，可提高检测灵敏度。

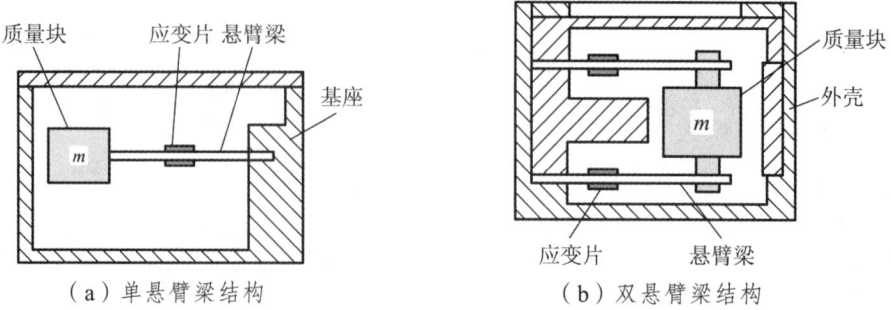

图 2.45 应变式加速度传感器

【例 2.13】 应变式扭矩传感器。

扭矩是一种力矩，是改变物体转动状态的原因，其大小可表示为

$$M = l \cdot F$$

式中，l 是转轴与力作用点的距离，即力臂；F 为作用力。

测扭矩，就是要测出在扭矩作用下，轴的扭转弹性形变。轴在转矩 M 的作用下，其表面受力情况与位置有关。如图 2.46 所示，在与轴线成 45°的各点受力最大，AA'方向承受压缩力，BB'方向承受拉伸力。若沿此方向粘贴应变计 1 和 2，转矩 M 将使应变计 1 的阻值减小，使应变计 2 的阻值增大，由此可测出转矩 M。

扫描下图可浏览 AR 资源——应变式扭矩传感器。

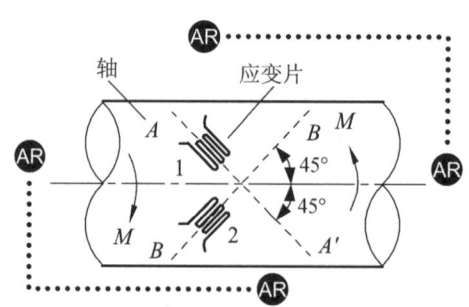

图 2.46 应变式扭矩传感器

图 2.47 所示是各种扭矩轴弹性元件。

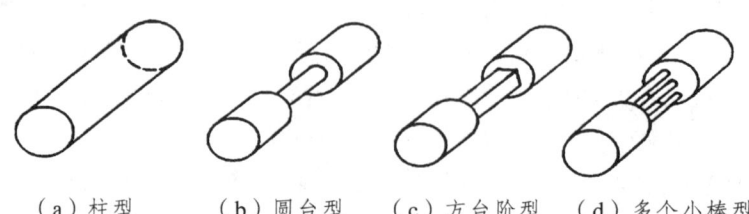

（a）柱型　（b）圆台型　（c）方台阶型　（d）多个小棒型

图 2.47 应变式扭矩传感器的各种扭矩轴弹性元件

应变式扭矩传感器的工作原理图如图 2.48 所示。一段传动轴（敏感轴）连在驱动源和负载之间，安装适当的传感器，测出相距一定长度处两个横断面的相对扭转角度，由此计算扭矩的大小。应变片粘贴在轴上一起转动，而测量仪表是固定不动的，通常在轴上安装与轴绝缘的导电滑环，用电刷和滑环接触输出信号，测出应变片的阻值变化。

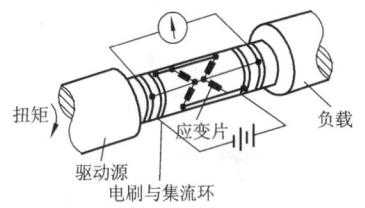

图 2.48 应变式扭矩传感器的工作原理示意图

2.5 气敏电阻传感器的原理及应用

在现代社会的工业、农业、科研、生活、医疗等许多领域中，人们往往会接触到各种各样的气体，需要测量环境中某些气体的成分及浓度，如煤矿瓦斯浓度的检测与报警，化工生产中气体成分的检测与控制，环境污染情况的监测，煤气泄漏、火灾报警、燃烧情况的检测与控制等。

气敏电阻传感器（简称"气敏电阻"）可以把气体中的特定成分检测出来，并将它转换成电信号，以便确定待测气体是否存在及其浓度的高低，从而进行控制和报警。

气敏电阻常使用于各种气体环境中，检测现场往往温度、湿度的变化很大，又存在大量的粉尘和油雾等，工作条件较恶劣，而且气体对传感元件的材料会产生化学反应物而附着在元件表面，使其性能变差。因此，对气敏电阻有下列要求：对被测气体具有较高的灵敏度，对被测气体以外的共存气体或物质不敏感，同时要求气敏电阻的性能稳定、重复性好、动态特性好、对检测信号响应迅速、使用寿命长、制造成本低、使用与维护方便等。

气敏电阻主要检测对象及其应用场合如表 2.1 所示。

表 2.1 气敏电阻主要检测对象及其应用场合

分 类	检测对象	应用场合
易燃易爆气体	液化石油气、焦炉煤气、发生炉煤气、天然气	家庭
	甲烷	煤矿
	氢气	冶金、实验室
有毒气体	一氧化碳（不完全燃烧的煤气）	石油工业、制药厂
	卤素、卤化物和氨气等	冶炼厂、化肥厂
	硫化氢、含硫的有机化合物	石油工业、制药厂
环境气体	氧气（缺氧）	地下工程、家庭
	水蒸气（调节湿度、防止结露）	电子设备、汽车和室温等
	大气污染（SO_x、NO_x、Cl_2 等）	工业区
工业气体	燃烧过程气体控制、调节燃空比	内燃机、锅炉
	一氧化碳（防止不完全燃烧）	内燃机、冶炼厂
	水蒸气（食品加工）	电子灶
其他	烟雾、司机呼出的酒精	火灾预报、事故预报

气敏电阻可以把某种气体的成分、浓度等参数转换成电阻变化量,再转换为电流、电压信号,根据构成材料不同,一般将气敏电阻分为半导体气敏电阻和金属材料气敏电阻两类。

① 半导体气敏电阻:

加热的金属氧化物(如 N 型的 SnO_2、ZnO、TiO、Fe_2O_3,P 型的 CoO、PbO、Cr_2O_3、MoO_2 等)接触到气体时阻值会发生变化,这种类型的气敏电阻灵敏度高,结构简单,主要用于测量石油蒸气、甲烷、乙烷、煤气、天然气、氢气等还原性气体。

② 金属材料气敏电阻:

可燃性气体燃烧时,使得作为放入其中的气敏元件的铂丝温度升高,阻值增大。这种类型气敏电阻灵敏度低,主要用于检测燃烧气体,也称为接触燃烧气敏电阻。

1. 气敏电阻的结构、原理及特点

1)气敏电阻的结构

对于半导体气敏电阻,为了提高对某些气体成分的选择性和灵敏度,合成金属氧化物时,还掺入催化剂,如钯(Pd)、铂(Pt)等。常见气敏电阻外形如图 2.49 所示。

图 2.49 气敏电阻实物图

气敏电阻在工作时必须加热,加热的主要目的是加速吸收气体的吸附和脱出过程,烧去气敏元件的油垢和污物,起到清洗作用。同时,可以通过控制温度来对被检测的气体进行选择。加热的温度范围一般控制在 200 ~ 400 ℃。

按照加热方式,气敏电阻可分为直热式和旁热式两种。

(1)直热式气敏电阻

直热式气敏电阻的结构与符号如图 2.50 所示。直热式气敏电阻工艺简单,成本低,功耗小,可在高压回路中使用。但其热容量小,易受环境影响,加热回路与测量回路也容易相互影响。

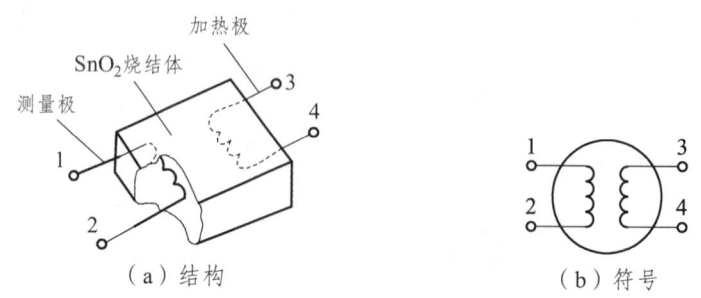

图 2.50 直热式气敏电阻的结构与符号

（2）旁热式气敏电阻

旁热式气敏电阻的结构与符号如图2.51所示。其测量极与加热丝分离，避免了测量回路与加热回路的相互影响。旁热式气敏电阻的气敏元件容量大，降低了环境对气敏元件加热温度的影响，稳定性和可靠性均比直热式好。

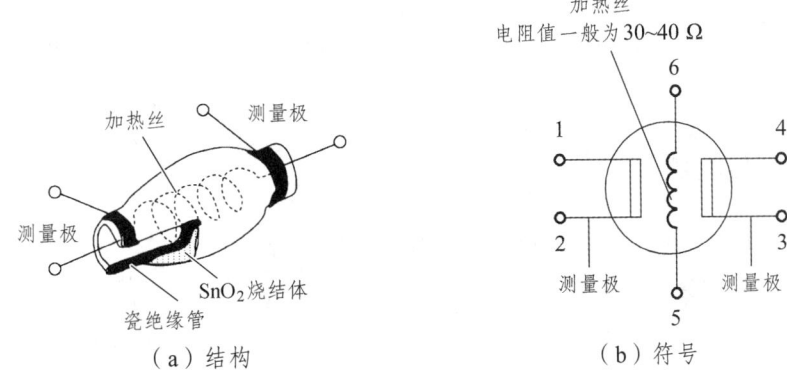

（a）结构　　　　　　　（b）符号

图 2.51 旁热式气敏电阻的结构与符号

2）气敏电阻的工作原理

气体种类繁多，性质各不相同，能实现气-电转换的传感器种类很多，目前实际使用最多的是各种半导体气敏电阻。

金属氧化物在常温下是绝缘的，制成半导体后显示气敏特性。当气敏元件接触被测气体时，其表面吸附气体，致使电阻率发生明显变化。这种吸附作用分为物理吸附和化学吸附。常温下主要表现为物理吸附，是气体与气敏材料表面上分子的吸附，它们之间不存在电子交换，不形成化学键。若温度升高，气敏电阻和被测气体之间的化学吸附增加，并在某温度时达到最大值。化学吸附是气体与气敏材料表面建立了离子吸附，它们之间存在电子交换，形成化学键力。若气敏电阻的温度继续升高，由于解吸作用，物理与化学吸附同时减小。例如，用氧化锡（SnO_2）制成的气敏电阻，常温下吸附某种气体后其电阻率变化不大，表面此时为物理吸附。若保持该气体浓度不变，气敏元件的电阻率会随元件本身温度的升高而降低，尤其在 100～300 ℃ 时电阻率变化较大，表明在此范围内化学吸附作用大。

氧化锡（SnO_2）及氧化锌（ZnO）材料气敏元件的输出电压与温度之间的关系曲线如图2.52所示。

该类气敏元件通常工作在高温状态（200～450 ℃），目的是加速被测气体的吸附及脱出过程，同时可烧去气敏元件的油污或污垢物，起到清洗的作用。

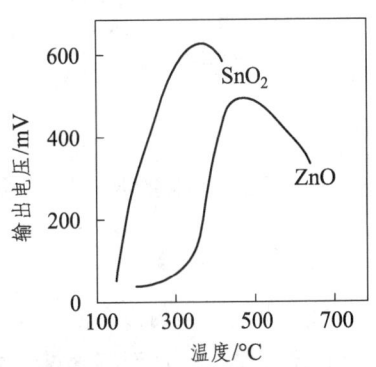

图 2.52 气敏电阻输出电压与温度的关系

3）气敏电阻的特点

以 SnO_2 半导体气敏元件为例，主要具有以下特点：

① 气敏元件阻值随气体浓度变化关系为指数变化

关系。因此，非常适用于微量低浓度气体的检测。

② SnO_2 材料的物理、化学性质较为稳定，与其他类型气敏元件（如接触燃烧式气敏元件）相比，SnO_2 气敏元件寿命长、稳定性好、耐腐蚀性强。

③ SnO_2 气敏元件对气体检测是可逆的，而且吸附、脱附时间短，可连续长时间工作。

④ 元件结构简单，成本低，可靠性较高，机械性能良好。

⑤ 不需要复杂的处理设备，待检测气体浓度通过气敏元件直接转变为电信号，信号处理电路简单。

2. 气敏电阻的测量电路

气敏电阻基本测量电路如图 2.53 所示，包括加热回路和测试回路。在图 2.53（a）中，0～10 V 直流稳压电源供给元器件加热电压 U_H，0～20 V 直流稳压电源与气敏元件及负载电阻组成测试回路，供给测试回路电压 U_C，负载电阻 R_L 兼作取样电阻。从测量回路上可得：

$$R_S = \frac{U_C}{U_L} R_L - R_L \tag{2.103}$$

由此可见，通过测量 R_L 上的电压即可测得气敏元件电阻 R_S。

图 2.53（a）、（b）和（c）所示的测试原理相同，可根据实际情况选用直流法或交流法测试。

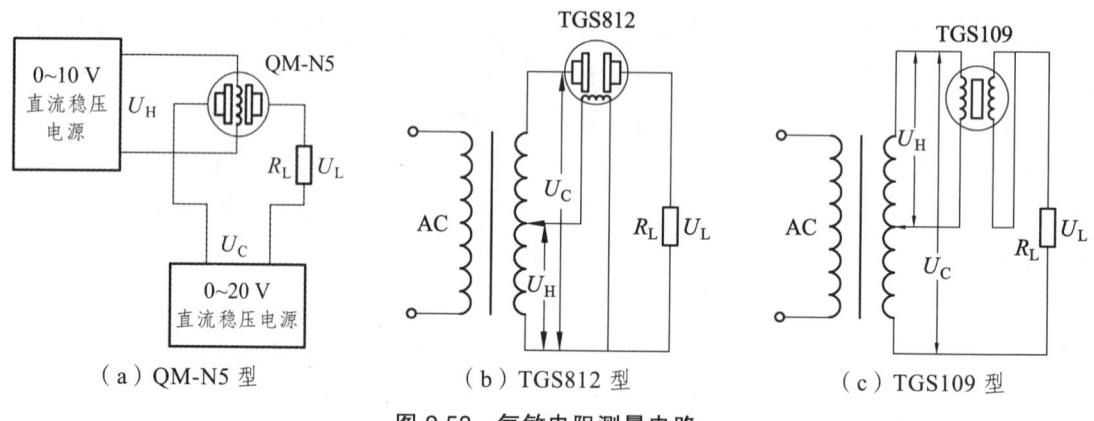

（a）QM-N5 型　　（b）TGS812 型　　（c）TGS109 型

图 2.53　气敏电阻测量电路

3. 气敏电阻的应用

1）煤气报警器

家庭煤气泄漏的检测是一种新型的电子安全报警装置，它将气体探测、自动控制和电话通信技术相结合，从而实现煤气泄漏的检测、报警及控制功能。装置总体构成包括煤气泄漏检测、电话自动拨号报警、控制输出、电源、人机接口和主控制芯片 6 个部分，其结构框图如图 2.54 所示。

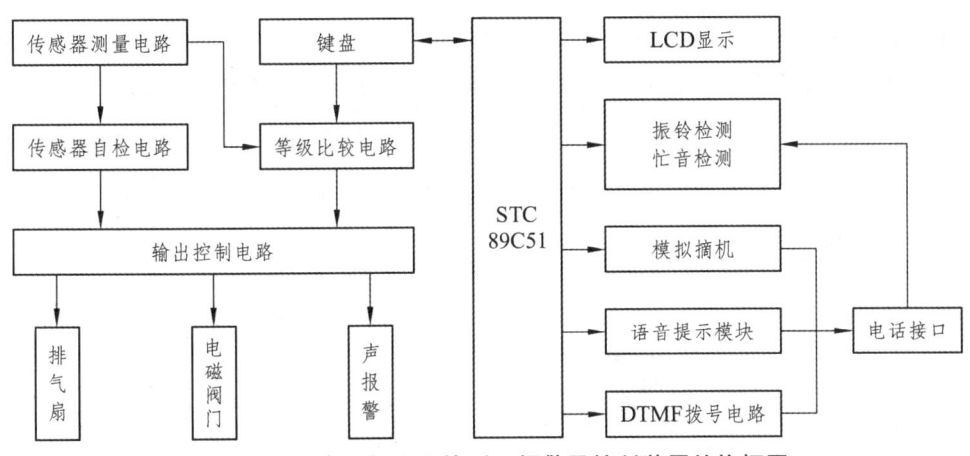

图 2.54 家庭煤气泄漏检测、报警及控制装置结构框图

2) 简易酒精测试仪

图 2.55 所示为简易酒精测试仪电路。该电路中采用 TGS812 型酒精传感器,它对酒精有较高的灵敏度(对一氧化碳也敏感)。其加热及工作电压均为 5 V,加热电流约为 125 mA。传感器的负载电阻为 R_1 及 R_2,其输出接 LED 显示驱动器 LM3914。当无酒精蒸气时,其输出电压很低,随着酒精蒸气的浓度增加,输出电压也上升,则 LM3914 的 LED(共 10 个)点亮的数目也增加。

测试仪工作时,对着传感器呼气,根据 LED 点亮的数目即可知是否饮酒以及饮酒量大小。调试时让在 24 h 内未饮酒的人呼气,调节 R_2 使得 LED 中仅 1 个发光。若更换其他型号传感器,参数需相应调节改变。

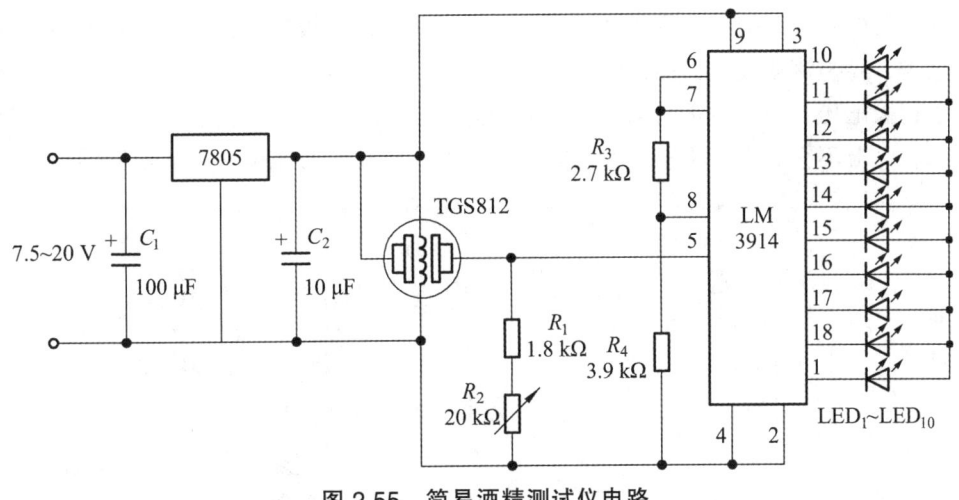

图 2.55 简易酒精测试仪电路

3) 瓦斯报警器

图 2.56 所示为一种矿灯瓦斯报警器电路,其瓦斯探头由 QM-N₅ 型气敏电阻、限流电阻 R_1 及矿灯蓄电池等组成。为避免气敏电阻在预热期间输出信号产生误报警,气敏电阻在使用前必须先完成预热。矿灯瓦斯报警器可以直接安放在矿工的工作帽内,以矿灯蓄电池作为电

源。R_P 输出信号通过二极管 VT_1 加载到 VT_2 基极上，VT_2 导通，VT_3、VT_4 开始工作。VT_3、VT_4 为互补式自激多谐振荡器，它们的工作使继电器交替吸合与释放，信号灯闪光报警。

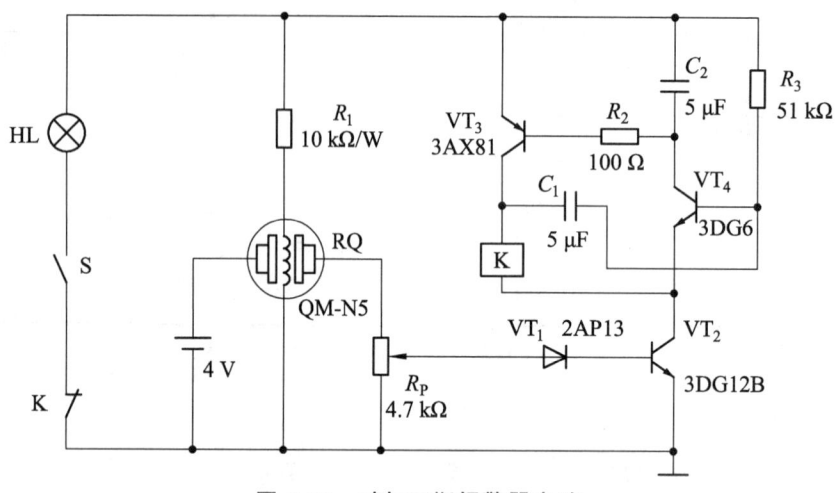

图 2.56 矿灯瓦斯报警器电路

4）一氧化碳报警器

图 2.57 所示为一氧化碳报警器电路，图中 RQ 为 MQ-31 型气敏元件。在洁净空气中，B-B 点无信号输出，VT_5 的基极通过 R_{P2} 接地，振荡器不工作，喇叭不发声。一旦气敏元件接触到一氧化碳时，B-B 端就有信号输出，当一氧化碳浓度较大，通过气敏元件转换成的电信号电位大于 $VT_5 \sim VT_7$ 这三只三极管的发射结导通电压之和时，振荡器便开始工作，喇叭发出报警声，直至一氧化碳浓度降至安全值时才停止报警。

该报警器电路采用交、直流两种电源，采用一只整流二极管 VT_8 实现电源的自动切换。交流供电时，经整流滤波后，加在电路的电压约 11 V，高于电池组电压 10.5 V，VT_8 的负极电压高于正极电压，处于截止状态。当市电断电时，VT_8 立即导通，由于 $VT_1 \sim VT_4$ 呈反偏截止状态，电流不会流入变压器二次线圈，这样便达到交、直流电源自动切换的目的。

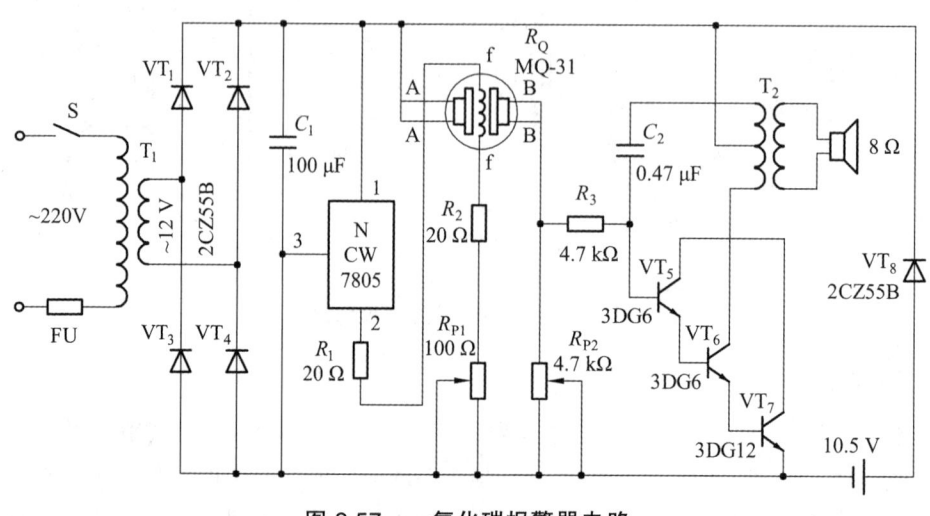

图 2.57 一氧化碳报警器电路

2.6 湿敏电阻传感器的原理及应用

随着现代工业技术的发展，纤维、造纸、电子、建筑、食品、医疗等领域提出了高质量、高可靠性测量和控制湿度的要求，湿度的检测与控制在现代科研、生产、生活中的地位越来越重要。例如，储粮仓库中的湿度超过了一定程度后，谷物会发芽或霉变；纺织厂相对湿度应保持在 60%~70%；在农业生产中温室育苗、食用菌培养、水果保鲜等都需要对湿度进行检测与控制。

湿敏传感器能够感受外界湿度的变化，并转换成材料本身物理性质的变化，从而转化为可采集的电压或者电流信号，常用于精密仪器、半导体集成电路、元器件制造等场所，在气象预报、医疗卫生、食品加工等行业都有广泛的应用。

湿敏传感器有红外线湿度计、微波湿度计、超声湿度计、石英晶体振动式湿度计、湿敏电容湿度计、湿敏电阻湿度计等种类。由于湿敏电阻对湿度测量和控制具有灵敏度高、体积小、寿命长、不需维护、可以进行遥测和集中控制等优点，在目前的湿敏传感器中应用尤为广泛。

湿敏电阻是一种阻值随相对湿度的变化而变化的敏感元件。常用的有金属氧化物陶瓷湿敏电阻、金属氧化物湿敏电阻、高分子材料湿敏电阻等。它主要由感湿层（湿敏层）、电极和具有一定机械强度的绝缘基片组成，如图 2.58 所示。感湿层在吸收了环境中的水分后引起两电极间电阻值的变化，将相对湿度变换成电阻值的变化。

检测时湿敏传感器必须直接暴露于所测环境中，因此对湿敏传感器的要求是稳定性好、寿命长、耐污染、受温度影响小，比较有代表性的是半导体陶瓷型湿敏传感器、氯化锂湿敏传感器等。

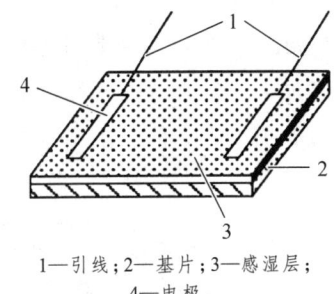

1—引线；2—基片；3—感湿层；
4—电极。

图 2.58 湿敏电阻结构示意图

1. 陶瓷湿敏电阻的结构及特性

利用半导体陶瓷传感器材料制成的陶瓷湿敏传感器，测量范围宽，可实现全湿范围内的湿度测量。常温湿敏传感器的工作温度在 150 ℃ 以下，而高温湿敏传感器的工作温度可达到 800 ℃，并具有响应时间短、精度高、抗污染能力强、工艺简单、成本低廉等特点。

半导体陶瓷湿敏传感器是用两种以上的金属氧化物半导体材料混合烧结而成的多孔陶瓷。陶瓷湿敏电阻传感器的核心部分是用铬酸镁-氧化钛（$MgCr_2O_4$-TiO_2）等金属氧化物以高温烧结工艺制成的多孔陶瓷半导体薄片。它的气孔率在 25% 以上，具有 1 μm 以下的细孔分布。与生活中常用的结构致密的陶瓷相比，其接触空气的表面显著增大，水蒸气容易进入孔隙中，使其电阻率变小。随着相对湿度的增加，其电阻率急剧下降。当相对湿度从 1% 上升到 95% 时，其电阻率变化可达 4 个数量级，因此在测量电路中需采用对数压缩技术进行处理。图 2.59 所示为陶瓷湿敏电阻传感器的外形及测量电路框图。

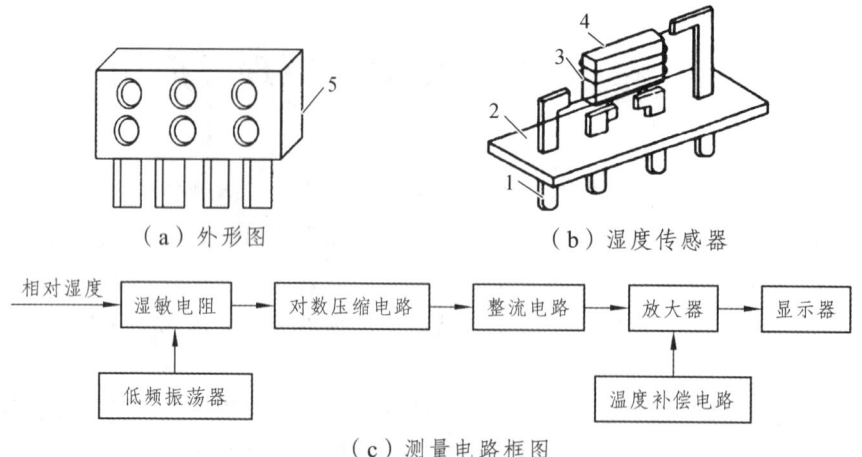

(a) 外形图　　　　　　(b) 湿度传感器

(c) 测量电路框图

1—引脚；2—底座；3—加热丝；4—多孔陶瓷；5—塑料外壳。

图 2.59　湿敏电阻传感器的结构及外形

多孔陶瓷湿敏传感器置于空气中易被灰尘、油烟污染，从而使感湿面积下降。如果将湿敏陶瓷加热到 400 ℃ 以上，可使污物挥发或者烧掉，使陶瓷恢复到初期状态，因此需要定期给加热丝通电。陶瓷湿敏传感器吸湿快（10 s 左右），但脱湿要慢很多，从而产生滞后现象。当吸附的水分子不能全部脱出时，将带来重复性误差及测量误差。

典型的陶瓷湿敏电阻是烧结型陶瓷湿敏元件 $MgCr_2O_4\text{-}TiO_2$ 系，此外还有 $TiO_2\text{-}V_2O_5$ 系、$ZnO_2\text{-}LiO\text{-}V_2O_5$ 系、$ZnCr_2O_4$ 系、$ZrO_2\text{-}MgO$ 系、Fe_3O_4 等。

$MgCr_2O_4\text{-}TiO_2$ 系陶瓷湿敏传感器的结构和电阻-湿度特性如图 2.60 所示，随着相对湿度的增加，电阻值急剧下降。在单对数的坐标中，电阻-湿度特性近似呈线性关系，当相对湿度由 0 变为 100% 时，阻值变化了约 3 个数量级。

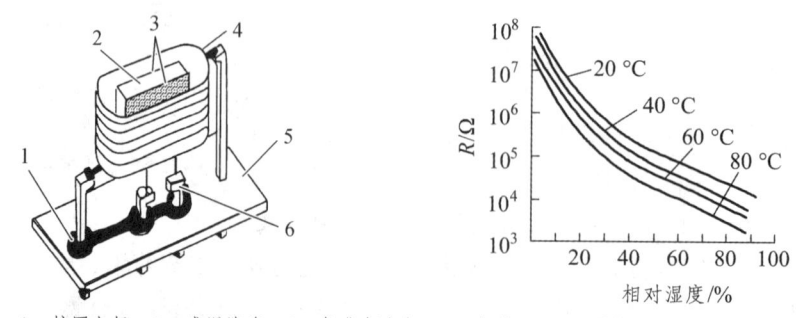

1—护圈电极；2—感湿陶瓷；3—氧化钌电极；4—加热器；5—基板；6—电极引线。

(a) $MgCr_2O_4\text{-}TiO_2$ 系传感器结构　　　(b) $MgCr_2O_4\text{-}TiO_2$ 系传感器电阻湿度特性

图 2.60　$MgCr_2O_4\text{-}TiO_2$ 系湿敏传感器结构与电阻湿度特性

半导体陶瓷氧化锌系湿敏元件的结构如图 2.61 所示。该传感器是将多孔材料的电极烧结到多孔陶瓷圆片的两表面上，并焊上铂引线，然后将敏感元件装入有网眼过滤的方形塑料盒中，并用树脂固定而成。

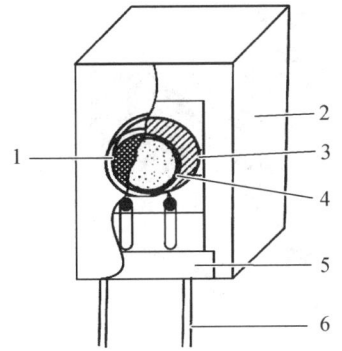

1—过滤网；2—塑料外壳；3—陶瓷烧结元件；4—多孔电极；5—固定材料；6—引线。

图 2.61 ZnO-Cr$_2$O$_3$ 陶瓷湿敏传感器的结构

2. 高分子湿敏电阻

高分子湿敏电阻传感器是目前发展迅速、应用较广的一类新型湿敏电阻传感器。吸湿材料用可吸湿电离的高分子材料制作，如高氯酸锂聚氯乙烯、有亲水性基的有机硅氧烷、四乙基硅烷的共聚膜等。高分子湿敏电阻传感器具有响应时间快、线性好、成本低等优点。

图 2.62（a）所示为聚苯乙烯磺酸锂高分子薄膜电阻式湿敏传感器的结构。当环境湿度变化时，在整个湿度范围内，传感器均有感湿特性，其阻值与相对湿度的关系在单对数坐标纸上近似为一直线，如图 2.62（b）所示。

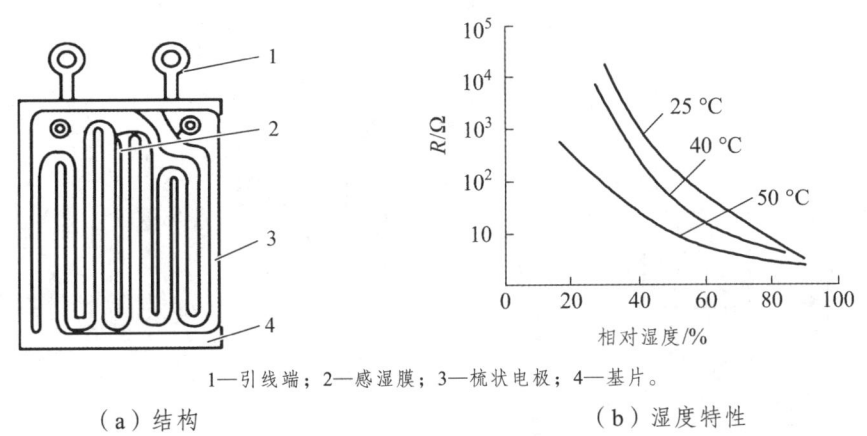

1—引线端；2—感湿膜；3—梳状电极；4—基片。

（a）结构　　　　　　　　　（b）湿度特性

图 2.62 聚苯乙烯磺酸锂高分子薄膜电阻式湿敏传感器的结构与湿度特性

3. 金属氧化物膜型湿敏传感器

CrO$_3$、Fe$_2$O$_3$、Fe$_3$O$_4$、Al$_2$O$_3$、Mn$_2$O$_3$、ZnO、TiO$_2$ 等金属氧化物的细粉被吸湿后导电性增加，电阻下降，吸附或释放水分子的速度比多孔陶瓷快许多倍，其结构如图 2.63 所示。

在陶瓷基片上先制作钯金梳状电极，然后采用丝网印刷等工艺，将调制好的金属氧化物糊状物印刷在陶瓷基片上，采用烧结或烘干的方法使之固化成膜。这种膜在空气中能吸附或释放水分子，从而改变其自身的电阻值。通过测量两电极间的电阻值即可检测空气的相对湿度。

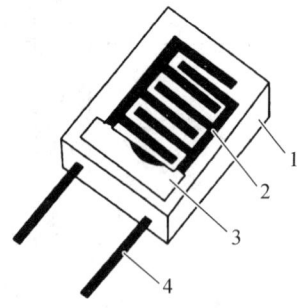

1—基片；2—电极；3—金属氧化物膜；4—引脚。

图 2.63 金属氧化物膜型湿敏传感器的结构

4. 湿敏电阻的应用

【例 2.14】 阻容值测量。

测量湿敏传感器阻值 R_p 和容值 C_p 的三种电路如图 2.64 所示。图 2.64（a）所示为低频交流供电，其中 R_0 值远大于 R_p，限制电流为 μA 级且恒定，输出电压与 R_p 成正比。为了提高灵敏度且限制温升，可采用图 2.64（b）所示的低频脉冲供电，电路中采用与 R_p 温度系数相等的热敏电阻 R_t 为采样电阻以实现温度补偿。图 2.64（c）所示为电容值测量电路，当电源信号频率很高时，R_p 的影响可忽略，$C_p = \dfrac{C_F U_0}{U_i}$。

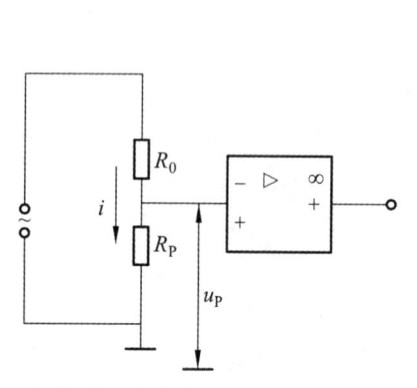

（a）采用低频交流电源法测量 R_p

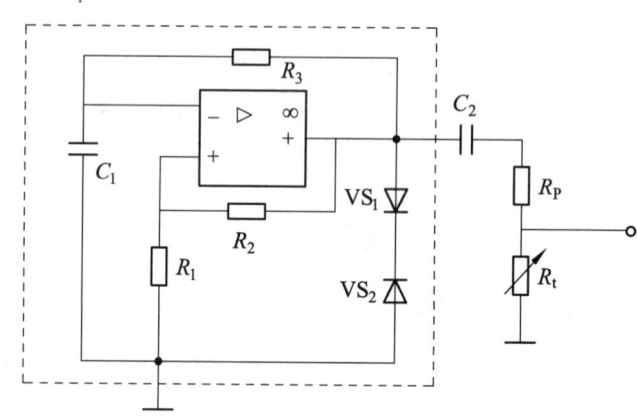

（b）采用低频脉冲电源法测量 R_p

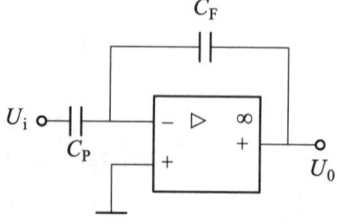

（c）采用高频电源测量 C_p

图 2.64 三种常用的阻容值测量电路

【例 2.15】 加热去污。

陶瓷元件使用前先进行加热去污。利用陶瓷元件的温度特性进行检测和控制,当温度达到 450 ℃,即中断加热。由于未加热前元件吸附有水分,突然加热会出现相当于 450 ℃ 时的阻值,而实际温度并未达到 450 ℃,因此应在通电后延迟 2～3 s 再检测电阻值。加热结束,应将套磁元件冷却至常温后再开始湿度检测。

【例 2.16】 交流电源湿度检测。

交流电源湿度检测电路如图 2.65 所示,运算放大器 A_3 接成电压跟随器,其输出经二极管整流、电容滤波,与基准电压比较以检测湿度。比较器 A_1 用于湿度检测控制,比较器 A_2 用于温度检测控制。在使用过程中,用计时电路控制每隔一定时间进行一次加热去污。通电加热时中止湿度测量,通过加热控制电路检测比较器 A_2 的输出,确认已达设定温度 450 ℃,则停止加热去污。

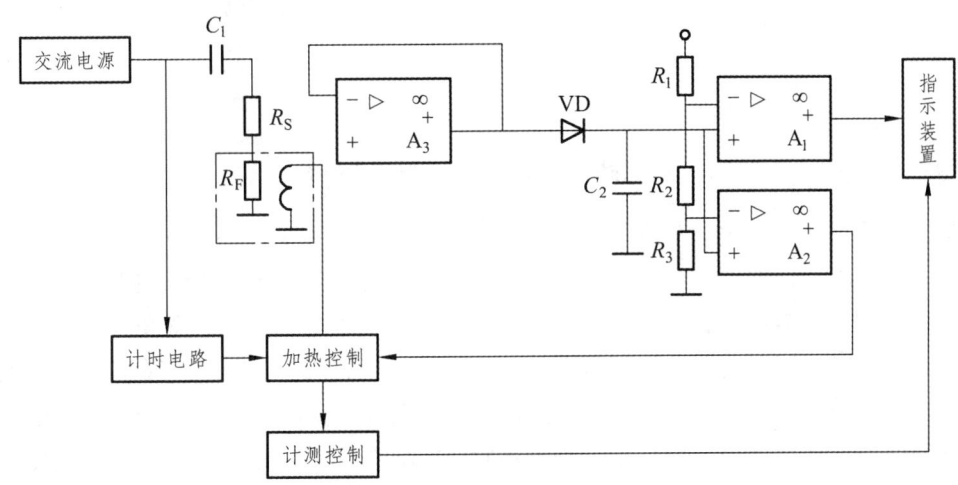

图 2.65 交流电源湿度检测电路

【例 2.17】 房间湿度控制。

房间湿度控制电路如图 2.66 所示。传感器的相对湿度值为 0～100%,所对应的输出信号为 1～100 mV。将传感器输出信号分成三路,分别接在 A_1 的反相输入端、A_2 的同相输入端和显示器的正输入端。A_1 和 A_2 为开环应用,作为电压比较器,只需将 R_{P1} 和 R_{P2} 调整到适当的位置,便构成上、下限控制电路。当相对湿度下降时,传感器输出电压值也随着下降;当降到设定下限值时,A_1 的 1 脚电位将升高,使 VT_1 导通,同时 LED_1 发绿光,表示空气太干燥,KA_1 吸合,接通超声波加湿机。当相对湿度上升时,传感器输出电压值也随着上升,上升到一定数值时,KA_1 释放。

相对湿度值继续上升,如超过设定的上限值,A_2 的 7 脚将升高,使 VD_2 导通,同时 LED_2 发红光,表示空气太潮湿,KA_2 吸合,接通排气扇,排除空气中的潮气。相对湿度降到一定数值时,KA_2 释放,排气扇停止工作。这样,室内的相对湿度就可以控制在一定范围内。

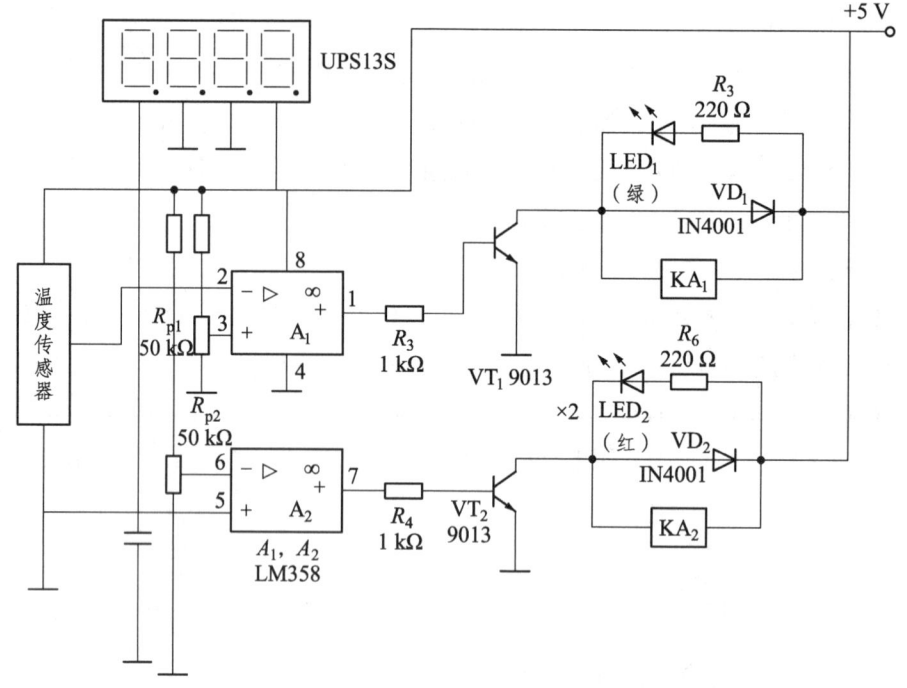

图 2.66 房间湿度控制电路原理图

【例 2.18】 汽车后窗玻璃自动去湿。

如图 2.67 所示，R_L 为嵌入玻璃的加热电阻，R_H 为设置在后窗玻璃上的湿敏电阻。三极管 VT_1 和 VT_2 构成施密特触发电路，由 R_1、R_2 和湿敏电阻 R_H 组成的偏置电路接在 VT_1 的基极。常温常湿条件下，由于 R_H 的阻值较大，VT_1 处于导通状态，VT_2 处于截止状态，继电器 KA 不工作，加热电阻无电流流过。当室内外温差较大且湿度过大时，湿度传感器 R_H 的阻值减小，使 VT_1 处于截止状态，VT_2 翻转为导通状态，继电器 KA 吸合，其常开触点 KA_1 闭合，加热电阻开始加热，后窗玻璃上的潮气被驱散。

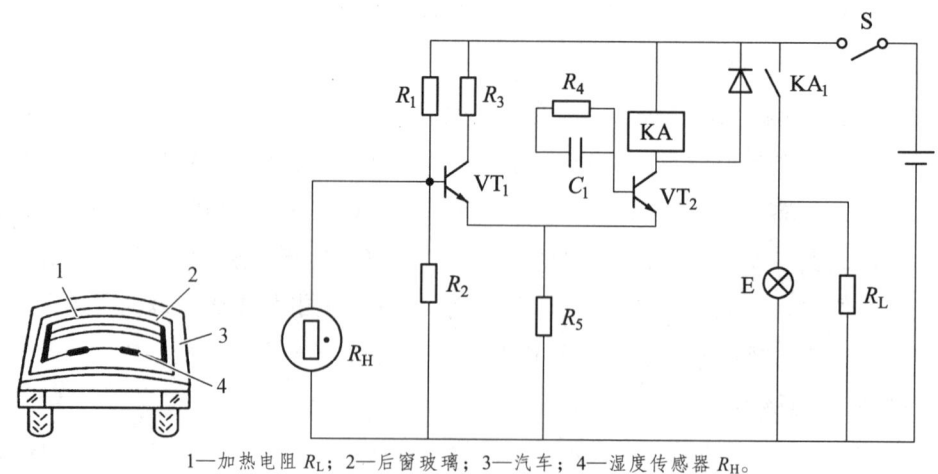

1—加热电阻 R_L；2—后窗玻璃；3—汽车；4—湿度传感器 R_H。

（a）安装示意图　　　　　　　　（b）测量电路图

图 2.67　汽车后窗玻璃自动去湿电路

【例 2.19】 浴室镜面水汽清除器。

如图 2.68（a）所示，浴室镜面水汽清除器主要由电热丝、湿敏传感器、控制电路等组成，其中电热丝和湿敏传感器安装在玻璃镜的背面，并与控制电路相连。

图 2.68（b）所示为浴室镜面水汽清除器的控制电路。图中 B 为 HDP-07 型湿敏传感器，用来检测浴室内空气的水汽。VT_1 和 VT_2 组成的施密特电路根据湿敏传感器感知水汽后的阻值变化，实现两种稳定状态的输出。当玻璃镜面周围的空气湿度变低时，湿敏传感器输出阻值变小，约为 2 kΩ，此时 VT_1 的基极电位约为 0.5 V，VT_2 的集电极为低电位，VT_3 和 VT_4 截止，双向晶闸管不导通。如果玻璃镜面周围的湿度增加，使湿敏传感器的阻值增大到 50 kΩ 时，VT_1 导通，VT_2 截止，其集电极电位变为高电位，VT_3 和 VT_4 均导通，触发晶闸管 VS 导通，加热电阻丝 R_L 通电，对玻璃镜面加热。随着玻璃镜面温度逐步升高，镜面水汽被蒸发，从而使镜面回复清晰，加热丝加热的同时指示灯 VD_2 点亮。

调节 R_1 的阻值，可使加热电阻丝在设定的某一相对湿度下开始加热。控制电路 C_3 降压，经整流、滤波和 VD_4 稳压后供给电源，控制电路及电加热器的安装如图 2.68 所示。

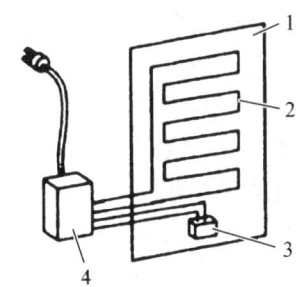

1—镜子；2—电热丝；3—湿敏传感器；4—控制电路。

（a）结构图

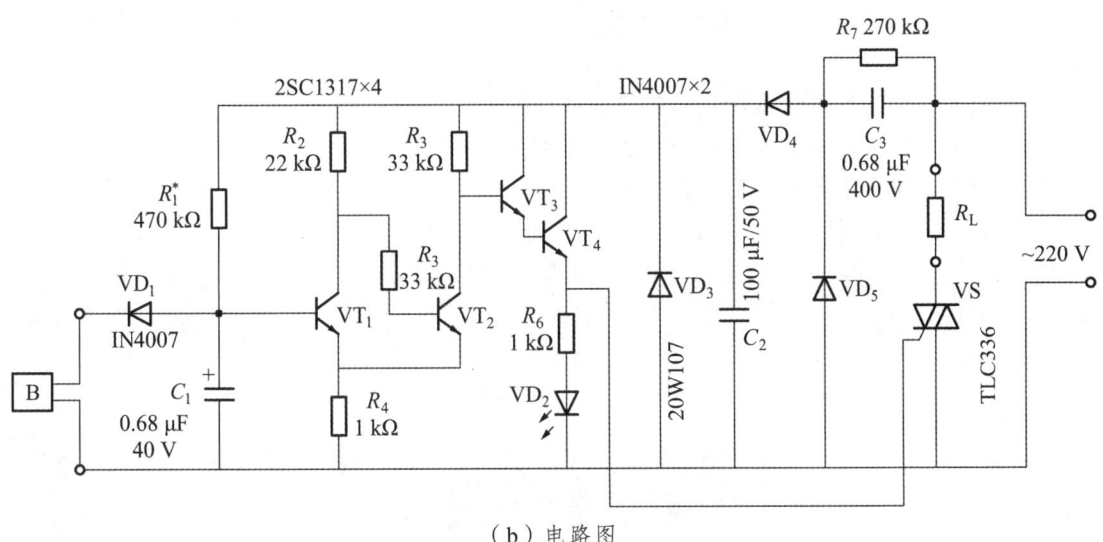

（b）电路图

图 2.68 浴室镜面水汽清除器电路

习题及思考题

1. 电阻式传感器有哪些主要类型？
2. 电位器式传感器在实际使用中总是带有一定的负载，并由此会带来负载误差。可采取怎样的措施减小电位器式传感器的负载误差，以提高测量精度？
3. 说明可提高线绕电位器式传感器分辨率的方法。
4. 简述光电电位器实现非接触检测、提高传感器工作寿命的基本原理。
5. 半导体材料和金属材料的应变-电阻效应各有什么特点？
6. 简述横向效应产生的原因以及横向效应系数的定义及测量方法。
7. 为减小横向效应，在电阻应变计的结构和类型选择上可以做哪些考虑？
8. 应变计对正弦响应波的响应误差是如何产生的？在给定测量精度的情况下，电阻应变计的栅长与应变波频率之间有怎样的关系？
9. 说明电阻应变计产生热输出的原因及热补偿的方法。
10. 相对于金属丝式应变计，金属箔式应变计有哪些性能优点？
11. 半导体材料应变电阻效应的灵敏系数是金属材料的 50~80 倍，在选择应变计材料时一定选择半导体材料吗？
12. 为什么箔式应变计有利于提高应变电桥的灵敏度？
13. 利用应变电桥的加减特性，在使用中可以给测量带来哪些性能的改善？
14. 在讨论应变电桥电路时，主要针对的是全等臂电桥以及半等臂对输出端对称电桥，对于半等臂对电源端对称电桥有什么不足之处？
15. 电阻应变仪的载波放大式电路中，载波的具体作用是什么？
16. 在电阻应变仪的组成中，为什么说应变电桥实质上是一个调幅电路？
17. 采用电阻应变计进行测量时，什么时候需要特别考虑非线性补偿的问题？
18. 在需要测量应力梯度的变化时，可采用什么结构的应变计？
19. 进行高频动态应变测量时，考虑应变计的横向效应，应对栅长做怎样合理的选择？
20. 膜片式应变压力传感器的敏感栅具有怎样的结构特点，以适应切向应变和径向应变的测量？
21. 筒形结构的称重传感器是如何排除载荷偏心所引起的干扰的？
22. 简述气敏传感器的主要检测对象和类型。
23. 说明湿敏电阻传感器的主要类型。
24. 将应变计分别粘贴在拉伸试件的轴向和横向上，如图 2.69 所示，加载后用灵敏度 $K = 2.00$ 的应变仪分别测得轴向应变读数 $\varepsilon_1 = 989$ μm/m，横向应变读数 $\varepsilon_2 = -263$ μm/m，已知应变计在泊松比 $\mu_0 = 0.290$ 的标定梁上测得的灵敏系数 $K_0 = 2.18$，应变计的横向效应系数 $H = 1.5\%$，试求：

（1）该拉伸试件材料的泊松比 μ；

（2）不计应变计的横向效应，将引起多大的误差？

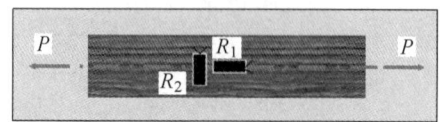

图 2.69 习题 24

25. 粘贴在拉伸试件上的 4 只应变计（见图 2.70），有（a）、（b）、（c）、（d）4 种可能的接桥方法（R 为固定电阻）。试求：（b）、（c）、（d）3 种接法的电桥输出电压对于接法（a）输出电压的比值。

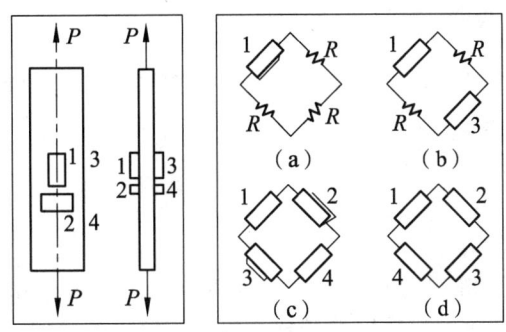

图 2.70 习题 25

第 3 章

电容式传感器

电子技术中的三大类无源元件是电阻、电容和电感。第 2 章介绍的电阻应变计是将非电量转化为电阻的变化，再利用应变电桥电路转化为电流或电压的变化。本章介绍的电容式传感器则是利用电容器的原理，将非电量转化为电容量的变化，进而实现由非电量到电量的转换。

电容式传感器发展得较早，在 1920—1925 年间，就有人利用电容式传感器成功地测量了大气压力变化、机械位移及温度变化等。但是实验室的结果应用到工业上，实现商品化、产品化，有很多具体的困难，因此，电容式传感器在随后的几十年内发展缓慢。到了二十世纪七八十年代，随着对电容式传感器检测原理及结构的深入研究，也随着对新材料、新工艺和新电路的开发，电容式传感器的一些缺点逐渐得到克服，应用也越来越广泛。特别是随着集成电路技术和计算机技术的发展，将电容式传感器与微型的二次仪表封装在一起，组成集成电容传感器，使分布电容等寄生因素的影响大为减小，电容式传感器的传统缺点得到克服，成为一种很有发展前途的传感器，在非电量测量和自动检测中得到广泛的应用。

3.1 电容式传感器的工作原理和结构

1. 基本工作原理

电容式传感器常用的是平板电容器和圆筒形电容器。

1）平板电容器

平板电容器由两个金属平行板组成，通常以空气为介质，如图 3.1 所示。

在忽略边缘效应时，平行板电容器的电容为

$$C = \frac{\varepsilon_0 \varepsilon_r A}{\delta} \quad (3.1)$$

式中　C——电容量（F）；
　　　ε_0——真空介电常数，$\varepsilon_0 = 8.85 \times 10^{-12}$ F/m；
　　　ε_r——极板间介质的相对介电常数；
　　　A——极板的有效面积（m²）；
　　　δ——两平行极板间的距离（m）。

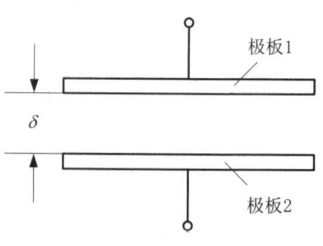

图 3.1　平板电容器

2）圆筒形电容器

圆筒形电容器由内外两个金属圆筒组成，如图 3.2 所示。设动极筒的外半径为 r，定极筒的内半径为 R，动极筒伸进定极筒的长度为 l，则圆筒形电容器的电容为

$$C = \frac{2\pi\varepsilon_0\varepsilon_r l}{\ln R/r} \qquad (3.2)$$

当被测非电量使得式（3.1）中的 A、δ 或 ε_r 发生变化时，电容量 C 也随之变化，如果保持其中两个参数不变而仅仅改变另一个参数，就可把被测参数的变化转换为电容量的变化，因此，电容量变化的大小与被测参数的大小成比例。这样，电容式传感器可依此划分为三种类型，即变间隙型（δ 变化）、变面积型（A 变化）和变介质型（ε_r 变化）。在实际使用中，电容式传感器常以改变平行板间距 δ 来进行测量，因为这样获得的测量灵敏度更高。

这里重点介绍变间隙型（变极距型）电容传感器。

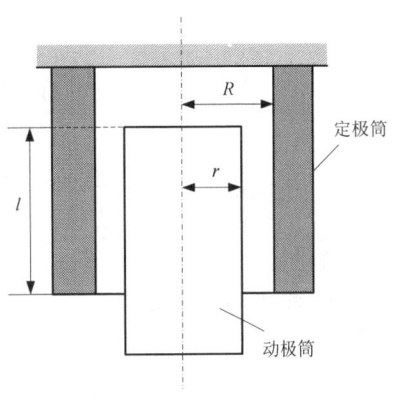

图 3.2　圆筒形电容器

2. 变间隙型电容传感器

1）基本特性

变间隙型电容传感器是将被测参数转化为极板间距 δ 的变化，从而使电容量发生变化。由式（3.1）可知，电容量 C 与极板间距 δ 不是线性关系，而是如图 3.3 所示的双曲线关系。

由图 3.3 可定性地看到，当间隙变化范围 $\Delta\delta$ 限制在远小于极板间距 δ 的区间内，即当 $\Delta\delta \ll \delta$ 时，可把 ΔC 与 $\Delta\delta$ 的关系近似地看成是线性关系。

下面对电容量与极板间距的关系作定量分析。

假设电容器的初始极距为 δ_0，则初始电容量 C_0 为

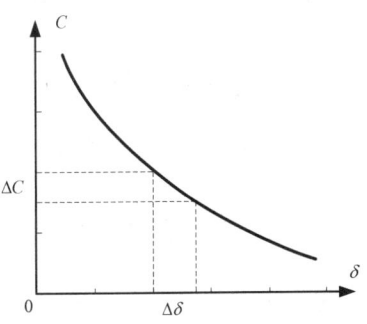

图 3.3　电容量与极板间距的关系

$$C_0 = \frac{\varepsilon_0\varepsilon_r A}{\delta_0} \qquad (3.3)$$

当动极板上移使极板间距减小 $\Delta\delta$ 时，电容量增大为 $C_0 + \Delta C$，即

$$C = C_0 + \Delta C = \frac{\varepsilon_0\varepsilon_r A}{\delta_0 - \Delta\delta} = \frac{\varepsilon_0\varepsilon_r A}{\delta_0(1-\Delta\delta/\delta_0)} = \frac{\varepsilon_0\varepsilon_r A(1+\Delta\delta/\delta_0)}{\delta_0(1-\Delta\delta^2/\delta_0^2)} \qquad (3.4)$$

当 $\Delta\delta \ll \delta_0$ 时，$1 - \Delta\delta^2/\delta_0^2 \approx 1$，则式（3.4）简化为

$$C = \frac{\varepsilon_0\varepsilon_r A(1+\Delta\delta/\delta_0)}{\delta_0} = C_0 + C_0 \cdot \frac{\Delta\delta}{\delta_0} \qquad (3.5)$$

这时，C 与 $\Delta\delta$ 呈近似线性关系，所以改变极板距离的变间隙型电容传感器，往往是设计成 $\Delta\delta$ 在很小的范围内变化。

由式（3.4）得电容相对变化量

$$\frac{\Delta C}{C_0} = \frac{\Delta\delta}{\delta_0}\left(1 - \frac{\Delta\delta}{\delta_0}\right)^{-1} \tag{3.6}$$

当 $\Delta\delta/\delta_0 \ll 1$ 时，将 $\left(1 - \frac{\Delta\delta}{\delta_0}\right)^{-1}$ 按级数展开得

$$\frac{\Delta C}{C_0} = \frac{\Delta\delta}{\delta_0}\left[1 + \frac{\Delta\delta}{\delta_0} + \left(\frac{\Delta\delta}{\delta_0}\right)^2 + \left(\frac{\Delta\delta}{\delta_0}\right)^3 + \cdots\right] \tag{3.7}$$

讨论：

① 略去高次项，得

$$\frac{\Delta C}{C_0} = \frac{\Delta\delta}{\delta_0} \tag{3.8}$$

则灵敏度

$$S = \frac{\Delta C}{\Delta\delta} = \frac{C_0}{\delta_0} = \frac{\varepsilon_0\varepsilon_r A}{\delta_0^2} \propto \frac{1}{\delta_0^2} \tag{3.9}$$

由此可见，灵敏度 S 与初始极距 δ_0 的平方成反比，因此，在设计时可通过减小 δ_0 的办法提高灵敏度。一般电容式传感器的起始电容为 20~30 pF，极板间距离为 25~200 μm，最大位移（$\Delta\delta_{\max}$）应小于极板间距的 1/10。

② 考虑线性项和二次项，则

$$\frac{\Delta C}{C_0} = \frac{\Delta\delta}{\delta_0}\left(1 + \frac{\Delta\delta}{\delta_0}\right) \tag{3.10}$$

式（3.8）的特性如图 3.4 中的曲线 1，而式（3.10）的特性如图 3.4 中的曲线 2。

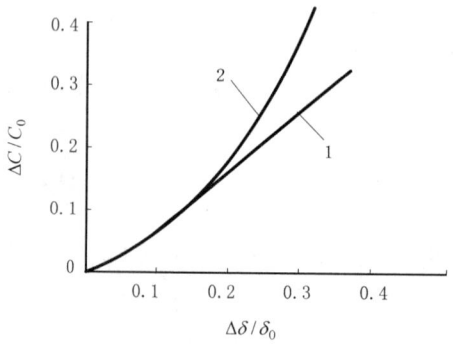

图 3.4 变间隙型电容传感器的非线性特性

当以曲线 2 作为传感器的特性曲线使用时，其相对曲线 1 的非线性误差为

$$e_f = \frac{|(\Delta\delta/\delta_0)^2|}{|\Delta\delta/\delta_0|} \times 100\% = |\Delta\delta/\delta_0| \times 100\% \tag{3.11}$$

因此，|Δδ/δ₀|越小，则 e_f 越小，即只有在Δδ/δ₀很小时（小测量范围），才有近似的线性输出。

由以上分析看到，要提高传感器的灵敏度，就需减小极板初始极距δ_0，但δ_0的减小，一方面会导致非线性误差e_f增大，另一方面，δ_0过小还容易引起电容器击穿。改善电容器击穿条件的方法是在极板间放置云母片，构成有介电层的变间隙型电容传感器。

2）有介电层的变间隙型电容传感器

在电容器的两极板之间增加一层云母片等高介电常数的材料作介电层，以改善电容器的工作条件，提高传感器的灵敏度。

如图 3.5 所示，设两种介质的相对介电常数分别为ε_{r1}和ε_{r2}，通常$\varepsilon_{r1} = 1$，为空气介质，相应的两种介质的厚度为δ_1和δ_2，此时电容 C 变为

$$C = \frac{\varepsilon_0 A}{\delta_1/\varepsilon_{r1} + \delta_2/\varepsilon_{r2}} \quad (3.12)$$

由于$\varepsilon_{r1} = 1$，则

$$C = \frac{\varepsilon_0 A}{\delta_2/\varepsilon_{r2} + \delta_1} \quad (3.13)$$

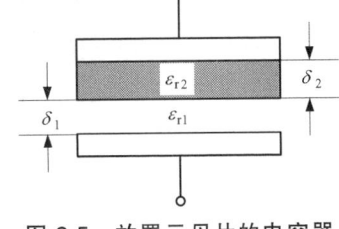

图 3.5 放置云母片的电容器

对于云母片，$\varepsilon_{r2} = 7$，即其相对介电常数为空气的 7 倍，击穿电压不小于10^3 kV，而空气的击穿电压为 3 kV，即使厚度为 0.01 mm 的云母片，它的击穿电压也不小于 10 kV。因此，有了云母片，极板之间的起始距离δ_0可以大大减小。同时，式（3.13）中的分母项$\delta_2/\varepsilon_{r2}$是恒定值，它能使传感器输出特性的线性度得到改善，只要云母片的厚度选取得当，就能获得较好的线性关系。

3）差动式变间隙型电容传感器

在实际应用中，为了提高传感器的灵敏度和克服某些外界因素（如电源电压、环境温度等）对测量的影响，常将传感器做成差动的形式，其原理如图 3.6 所示。

扫描下图可浏览 AR 资源——差动式变间隙型电容传感器。

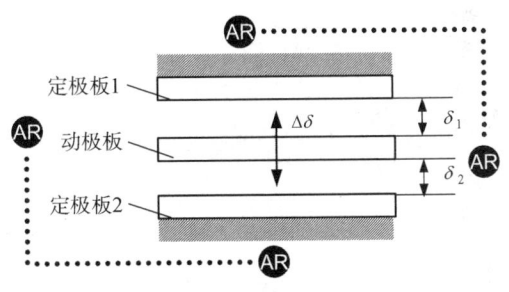

图 3.6 差动式电容传感器原理图

动极板位于两个定极板 1、2 之间，与定极板 1、2 之间的间隙分别为δ_1和δ_2。当动极板上下移动时，与两个定极板形成的电容一个增大，而另一个减小，这样可消除外界因素造成的测量误差。

设初始位置时，$\delta_1 = \delta_2 = \delta_0$，两边的初始电容相等，都为 $C_0 = \dfrac{\varepsilon A}{\delta_0}$，假设动极板向上有位移 $\Delta\delta$，则两边的极距为

$$\begin{cases} \delta_1 = \delta_0 - \Delta\delta \\ \delta_2 = \delta_0 + \Delta\delta \end{cases} \tag{3.14}$$

两组电容一增一减，有

$$\begin{cases} C_1 = C_0 + \Delta C \\ C_2 = C_0 - \Delta C \end{cases} \tag{3.15}$$

即

$$C_1 = C_0 + \Delta C = \frac{\varepsilon A}{\delta_0 - \Delta\delta} = C_0 \left(1 - \frac{\Delta\delta}{\delta_0}\right)^{-1} \tag{3.16}$$

$$C_2 = C_0 - \Delta C = \frac{\varepsilon A}{\delta_0 + \Delta\delta} = C_0 \left(1 + \frac{\Delta\delta}{\delta_0}\right)^{-1} \tag{3.17}$$

在 $\Delta\delta/\delta_0 \ll 1$ 时，将式（3.16）和式（3.17）按级数展开得

$$C_1 = C_0 \left[1 + \frac{\Delta\delta}{\delta_0} + \left(\frac{\Delta\delta}{\delta_0}\right)^2 + \left(\frac{\Delta\delta}{\delta_0}\right)^3 + \cdots\right] \tag{3.18}$$

$$C_2 = C_0 \left[1 - \frac{\Delta\delta}{\delta_0} + \left(\frac{\Delta\delta}{\delta_0}\right)^2 - \left(\frac{\Delta\delta}{\delta_0}\right)^3 + \cdots\right] \tag{3.19}$$

则电容量的变化为

$$\Delta C' = C_1 - C_2 = C_0 \left[2\left(\frac{\Delta\delta}{\delta_0}\right) + 2\left(\frac{\Delta\delta}{\delta_0}\right)^3 + \cdots\right] \tag{3.20}$$

略去高次项，则

$$\frac{\Delta C'}{C_0} = 2\left(\frac{\Delta\delta}{\delta_0}\right) \tag{3.21}$$

灵敏度

$$S = \frac{\Delta C'}{\delta} = 2\left(\frac{C_0}{\delta_0}\right) \tag{3.22}$$

相对非线性误差为

$$e_f = \frac{|2(\Delta\delta/\delta_0)^3|}{|2(\Delta\delta/\delta_0)|} \times 100\% = \left(\frac{\Delta\delta}{\delta_0}\right)^2 \times 100\% \tag{3.23}$$

所以，差动式电容传感器比单一式结构的电容传感器灵敏度提高了一倍，同时，非线性误差 e_f 大为减小。

3. 变面积型电容传感器

变面积型电容传感器是将被测参数转化为极板面积的变化，从而使电容量发生变化。根据结构的不同，变面积型电容传感器可分为三种类型，即板状线位移变面积型、角位移变面积型和筒状线位移变面积型；另外还包括中间极移动式和差动变面积型电容传感器。

1) 板状线位移变面积型

如图 3.7 所示，设动极板相对定极板沿长度 l_0 方向平移了 Δl，则电容变为

$$C = C_0 - \Delta C = \frac{\varepsilon_0 \varepsilon_r b_0 (l_0 - \Delta l)}{\delta_0} \quad (3.24)$$

式中，初始电容 $C_0 = \frac{\varepsilon_0 \varepsilon_r b_0 l_0}{\delta_0}$，则电容的相对变化为

$$\frac{\Delta C}{C_0} = \frac{\Delta l}{l_0} \quad (3.25)$$

灵敏度：

$$S = \frac{\Delta C}{\Delta l} = \frac{C_0}{l_0} = \frac{\varepsilon_0 \varepsilon_r b_0}{\delta_0} \quad (3.26)$$

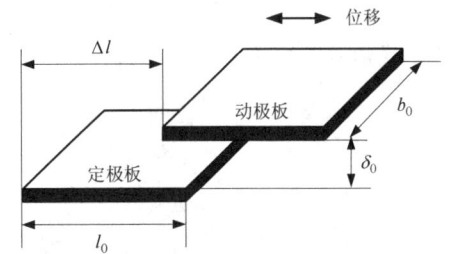

图 3.7 板状线位移变面积型电容传感器

所以，传感器的输出呈线性，其测量量程不受线性范围的限制，适合于测量较大的直线位移，而且，增大 b_0 和减小 δ_0 可提高灵敏度。

2) 角位移变面积型

如图 3.8 所示，当动极板有一角位移 θ 时，动极板与定极板之间的覆盖面积改变，从而改变了两极板间的电容量。

当 $\theta = 0$ 时，初始电容：

$$C_0 = \frac{\varepsilon_0 \varepsilon_r A}{\delta}$$

当 $\theta \neq 0$ 时

$$C = C_0 - \Delta C = \frac{\varepsilon_0 \varepsilon_r A \left(1 - \frac{\theta}{\pi}\right)}{\delta}$$

$$= C_0 \left(1 - \frac{\theta}{\pi}\right) \quad (3.27)$$

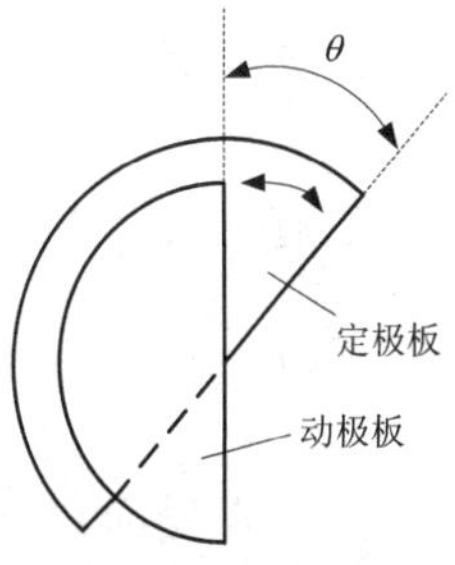

图 3.8 角位移变面积型电容传感器

则电容的相对变化为

$$\frac{\Delta C}{C_0} = \frac{\theta}{\pi} \quad (3.28)$$

所以，角位移变面积型电容传感器，其电容量的变化 ΔC 与角位移 θ 呈线性关系。

3）筒状线位移变面积型

如图 3.9 所示，在初始位置（即 $\Delta l = 0$）时，动极板和定极板相互覆盖，此时的电容量为

$$C_0 = \frac{2\pi\varepsilon_0\varepsilon_r l_0}{\ln(R/r)} \tag{3.29}$$

当动极板发生位移 Δl 后，其电容量为

$$C = C_0 - \Delta C = \frac{2\pi\varepsilon_0\varepsilon_r(l_0 - \Delta l)}{\ln(R/r)}$$

$$= C_0\left(1 - \frac{\Delta l}{l_0}\right) \tag{3.30}$$

电容的相对变化为

$$\frac{\Delta C}{C_0} = \frac{\Delta l}{l_0} \tag{3.31}$$

灵敏度：

$$S = \frac{\Delta C}{\Delta l} = \frac{C_0}{l_0} = \frac{2\pi\varepsilon_0\varepsilon_r}{\ln(R/r)} \tag{3.32}$$

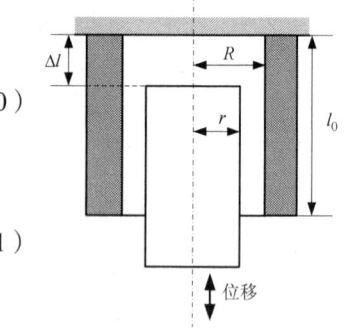

图 3.9 筒状线位移变面积型电容传感器

4）中间极移动式变面积型电容传感器

对于变面积型电容传感器，在改变两极板覆盖面积的过程中，必须保证初始极距 δ_0 精确不变，否则将导致测量误差。由极距变化导致的电容量变化为

$$C = C_0 \pm \Delta C = \frac{\varepsilon_0\varepsilon_r A}{\delta_0 \pm \Delta\delta} = C_0 \frac{1}{1 \pm \Delta\delta/\delta_0} \tag{3.33}$$

为了减小由于极距 δ_0 的变化而带来的误差影响，可采用中间极移动式变面积型电容传感器。

如图 3.10 所示，中间极移动式变面积型电容传感器的定极板由两块极板 1、2 组成，它们的位置固定，电气上短路相通。动极板位于两定极板之间，则输出电容相当于两个电容 C_1 和 C_2 的并联。设初始时，活动极板位于中心位置，$\delta_1 = \delta_2 = \delta_0$，动极板相对于定极板移动后的极板有效长度为 l，则

$$C = C_1 + C_2 = \frac{2\varepsilon_0\varepsilon_r b_0 l}{\delta_0} \tag{3.34}$$

假设在变面积移动过程中，发生微小的极距变化 $\Delta\delta$，则 $\delta_1 = \delta_0 - \Delta\delta$，$\delta_2 = \delta_0 + \Delta\delta$，此时的电容为

$$C' = C_1' + C_2' = \varepsilon_0\varepsilon_r b_0 l\left(\frac{1}{\delta_0 - \Delta\delta} + \frac{1}{\delta_0 + \Delta\delta}\right)$$

$$= \frac{\varepsilon_0\varepsilon_r b_0 l \cdot 2\delta_0}{\delta_0^2 - \Delta\delta^2} = C \cdot \frac{1}{1 - \left(\dfrac{\Delta\delta}{\delta_0}\right)^2} \tag{3.35}$$

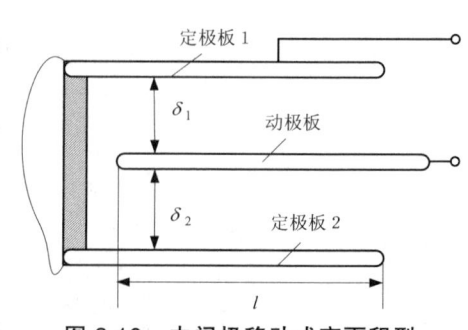

图 3.10 中间极移动式变面积型电容传感器

所以,与式(3.33)比较可知,由极距变化$\Delta\delta$带来的测量误差减小了。

5)差动结构的变面积型电容传感器

变面积型电容传感器与变极距型相比,其灵敏度较低,因此,在实际应用中,也采用差动式结构,以提高灵敏度。

图 3.11 所示是测量角位移用的典型差动结构变面积型电容传感器,其中图(a)是扇形平板结构,图(b)是柱面形结构。极板 A 和 B 为同一平(柱)面内形状和尺寸均相同且互相绝缘的定极板,动极板 C 平行于极板 A 和 B,并在自身平(柱)面内绕 O 点摆动,从而改变极板间覆盖的有效面积,传感器电容随之改变。动极板 C 的初始位置必须保证与极板 A 和 B 的初始电容值相同,即

扫描下图可浏览 AR 资源——扇形平板结构差动变面积型电容传感器。

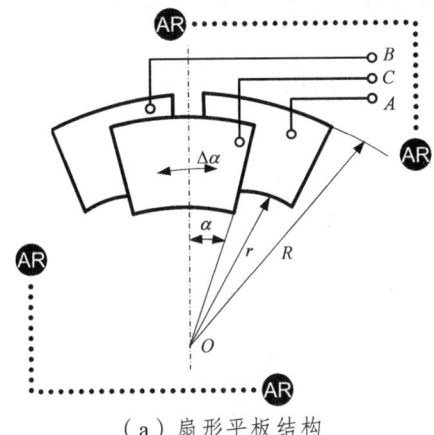

(a)扇形平板结构

扫描下图可浏览 AR 资源——柱面形结构差动变面积型电容传感器。

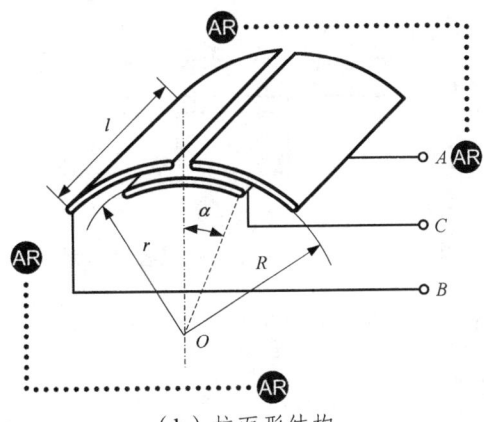

(b)柱面形结构

图 3.11 差动结构变面积型电容传感器

图(a) $$C_{AC0}=C_{BC0}=\frac{\varepsilon_0\varepsilon_r(R^2-r^2)}{2\delta_0}\cdot\alpha \qquad (3.36)$$

图(b) $$C_{AC0}=C_{BC0}=\frac{\varepsilon_0\varepsilon_r lr}{R-r}\cdot\alpha \qquad (3.37)$$

式中　δ_0——极板间垂直距离；

　　　α——初始位置时一组极板相互覆盖有效面积所包含的角度。

当动极板 C 随角位移 $\Delta\alpha$ 而摆动时，两组电容值一增一减，差动输出

图（a）　　　$C = C_{AC} - C_{BC} = \dfrac{\varepsilon_0\varepsilon_r(R^2 - r^2)}{\delta_0} \cdot \Delta\alpha$　　　　（3.38）

图（b）　　　$C = C_{AC} - C_{BC} = \dfrac{2\varepsilon_0\varepsilon_r lr}{R - r} \cdot \Delta\alpha$　　　　（3.39）

4. 变介质型电容传感器

当电容极板之间的介电常数发生变化时，电容量也随之变化，根据这个原理可构成变介质型电容传感器。

图 3.12 所示是一种改变工作介质的电容式传感器，其电容量为

$$C = C_A + C_B = \frac{bl_1}{\dfrac{\delta_1}{\varepsilon_1} + \dfrac{\delta_2}{\varepsilon_2}} + \frac{b(l_0 - l_1)}{\dfrac{\delta_1 + \delta_2}{\varepsilon_1}} \quad (3.40)$$

式中，b 为极板宽度。

扫描下图可浏览 AR 资源——变介质型电容传感器。

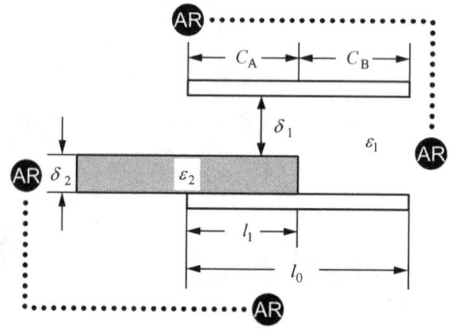

图 3.12　改变工作介质的电容式传感器

设传感器在无介质 ε_2 时的电容量为 C_0，即

$$C_0 = \frac{\varepsilon_1 b l_0}{\delta_1 + \delta_2} \quad (3.41)$$

则式（3.40）可写成

$$C = C_0 + C_0 \cdot \frac{l_1}{l_0} \cdot \frac{1 - \dfrac{\varepsilon_1}{\varepsilon_2}}{\dfrac{\delta_1}{\delta_2} + \dfrac{\varepsilon_1}{\varepsilon_2}} \quad (3.42)$$

可见，电容量 C 与介质 ε_2 的移动量 l_1 呈线性关系。

变介质型电容传感器的结构形式较多，举两个典型例子说明。

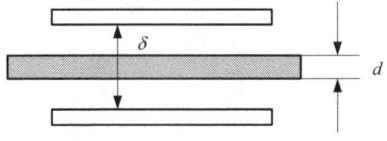

图 3.13　变介质型电容传感器

【例 3.1】 如图 3.13 所示，当电介质在两固定极板之间运动时，电容量与介质厚度的关系为

$$C = \frac{\varepsilon_0 A}{(\delta - d) + d/\varepsilon_r} \tag{3.43}$$

式中　δ——极板间距离；

　　　d——介电层厚度；

　　　ε_r——介电层相对介电常数。

当介电层厚度 d 保持不变时，电容量 C 与 ε_r 有关，因而可测介质的介电常数，如测量纺织品的含水量等。若介电层的相对介电常数 ε_r 保持不变，则电容量 C 与介电层厚度 d 有关，从而可进行介电层的厚度测量。

【例 3.2】 电容式液位传感器。

电容式液位传感器的结构如图 3.14 所示，它也是一种变介质型电容传感器。在被测介质中放入两个同心圆筒形极板，大圆筒内径为 R，小圆筒外径为 r，当被测液体的液面在两同心圆筒之间变化时，引起极板间不同介电常数的介质的高度发生变化，因而导致电容变化。传感器的电容量为

$$C = C_1 + C_2 = \frac{2\pi(l_0 - l_1)\varepsilon_0}{\ln(R/r)} + \frac{2\pi l_1 \varepsilon_0 \varepsilon_1}{\ln(R/r)}$$
$$= \frac{2\pi l_0 \varepsilon_0}{\ln(R/r)} + \frac{2\pi l_1 \varepsilon_0}{\ln(R/r)} \cdot (\varepsilon_1 - 1) \tag{3.44}$$

令　　$m = \dfrac{2\pi l_0 \varepsilon_0}{\ln(R/r)}, \quad n = \dfrac{2\pi \varepsilon_0}{\ln(R/r)} \cdot (\varepsilon_1 - 1)$

则　　$C = m + n l_1$

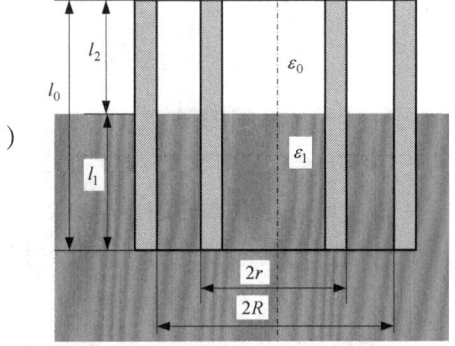

图 3.14　电容式液位传感器

可见，电容量与液面高度 l_1 呈线性关系。

3.2　电容式传感器的测量电路

电容式传感器将被测非电量变换为电容变化后，由于电容的变化不便于直接输出和记录，因此，必须采用测量电路将电容的变化转换为电压、电流或频率信号。用于电容式传感器的测量电路很多，归纳起来可分为三大类，即调频电路、调幅电路及脉冲宽度调制电路。

1. 调频电路

调频测量电路是将传感器电容 C_x 与电感元件、放大器构成一个振荡器谐振电路。当电容传感器工作时，被测量导致电容量发生变化，振荡器的振荡频率就发生变化，将频率的变化

通过鉴频电路变换为振幅的变化,经放大后,就可用仪表指示或仪器记录下来。

调频接收系统可分为直放式调频和外差式调频两种类型。外差式调频线路比较复杂,但性能优于直放式调频电路,其主要优点是选择性高、特性稳定、抗干扰能力强。图 3.15 所示是调频电路方框图。

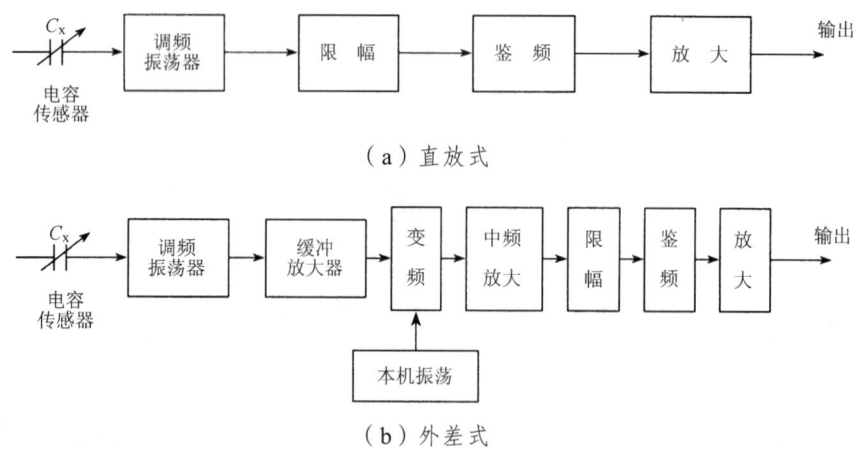

图 3.15 调频电路方框图

调频振荡器的振荡频率为

$$f = \frac{1}{2\pi\sqrt{LC}} \tag{3.45}$$

式中 L——振荡回路的电感;

C——总电容,$C = C_1 + C_x \pm \Delta C + C_2$;

C_1——振荡回路的固有电容;

C_2——传感器的引线分布电容;

$C_x \pm \Delta C$——传感器的电容。

当被测信号为零时,$\Delta C = 0$,则 $C = C_1 + C_x + C_2$,所以振荡器有一个固有频率 f_0,常选在 1 MHz 以上,且

$$f_0 = \frac{1}{2\pi\sqrt{(C_1 + C_x + C_2)L}} \tag{3.46}$$

当被测信号不为零时,即 $\Delta C \neq 0$,振荡频率有相应变化,此时频率为

$$f = \frac{1}{2\pi\sqrt{(C_1 + C_x + C_2 \pm \Delta C)L}} = f_0 \pm \Delta f \tag{3.47}$$

此变化过程的波形如图 3.16 所示,图(a)是被测信号为零时,电容 $C = C_1 + C_x + C_2$,输出信号频率为 f_0;图(b)是被测信号,它使电容变为 $C = C_1 + C_x \pm \Delta C + C_2$;图(c)是受被测信号调制的振荡频率(经限幅后的等幅调频信号);图 3.16(d)是经鉴频器后的输出信号,将频率变化转换为电压信号,再用放大器放大。

用调频系统作为电容式传感器的测量电路的特点：
① 抗干扰能力强；
② 特性稳定；
③ 能取得高电平的直流信号（伏特数量级）；
④ 因为是频率输出，易于同数字仪器和计算机接口。

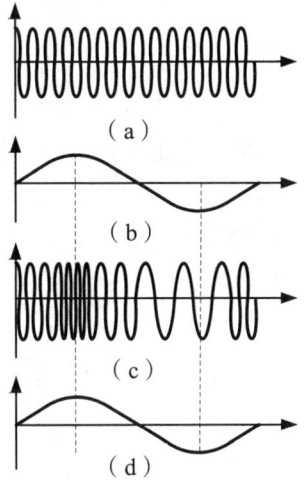

图 3.16 调频电路的波形图

2. 调幅电路

调幅电路将电容的变化转换为输出电压幅值的变化，它包括交流电桥电路和运算放大器式电路。

1）交流电桥电路

交流电桥电路的供桥电源为交流信号，根据桥路结构的不同可分为：普通电桥、紧耦合电感电桥、变压器电桥、双 T 二极管交流电桥。

（1）普通交流电桥

普通交流电桥由传感器电容、固定电容及配接阻抗组成，如图 3.17 所示。由 C_x、C_0、Z 和 Z' 组成一个交流电桥的测量系统，其中，C_x 为电容传感器的电容，C_0 为固定电容，Z 和 Z' 为等效的匹配阻抗。

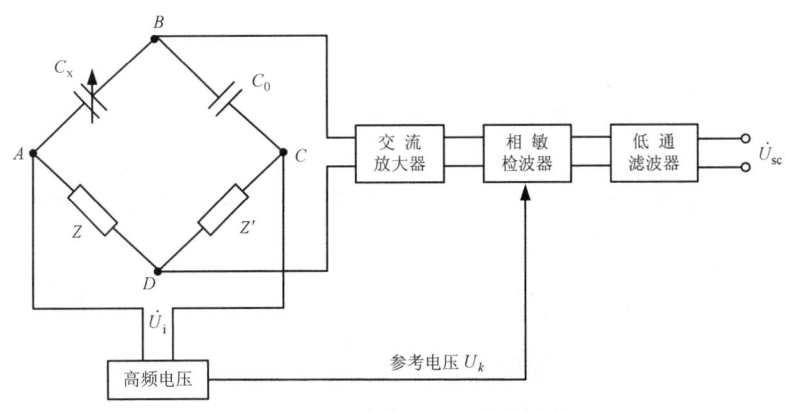

图 3.17 普通交流电桥电路结构

在普通交流电桥电路中，由振荡器产生一个等幅高频交流电压 $\dot{U}_i$，加在交流电桥的 AC 端，为交流电桥提供电源电压。BD 端为交流电桥的电压输出端。交流电桥的输出电压是一个调幅的载波信号，其频率为电源载波频率，而幅度受被测信号的调制。此信号经交流放大器放大和相敏检波后，得到一个与被测信号变化规律相同的电信号，最后经低通滤波器去除残余载波，得到输出电压 $\dot{U}_{sc}$。

在测量前，先要进行初始调零，使交流电桥处于平衡状态，输出电压 $\dot{U}_{sc}$ 为零。测量时传感器电容 C_x 发生变化，电桥失去平衡而输出电压，得到的输出交流电压 $\dot{U}_{sc}$ 的幅值随电容 C_x 而变化。因此，这种交流电桥实质上是一种调幅电路，它要求供桥电源的幅度和频率都很稳定,并要求电桥放大器的输入阻抗很高,同时,测量系统的动态响应受电桥供桥电源频率的限制,一般要求交流电源的频率为被测信号最高频率的 5~10 倍。

（2）紧耦合电感电桥

紧耦合电感电桥由传感器电容和两个互为紧耦合的电感臂构成,如图 3.18 所示。此电桥常用于差动式电容传感器,以差动形式工作的两个电容 C_{x1} 和 C_{x2} 作为电桥的工作臂,而紧耦合的两个电感 L 作为固定臂。初始时传感器电容 $C_{x1} = C_{x2} = C$, $\dot{U}_i$ 为供桥电源电压, $\dot{U}_{sc}$ 为桥路输出电压。这种电桥的特点是有两个互为紧耦合的电感臂,构成电桥的固定臂。为求出两个固定臂的阻抗 Z_{12} 和 Z_{13},需先对紧耦合电感部分进行讨论,其等效电路如图 3.19 所示。

图 3.19 中,阻抗 Z_s 的等效电感为 L_s,而 Z_p 的等效电感为 L_p,根据紧耦合电感有

$$\begin{cases} L_s = L - M \\ L_p = M \end{cases} \quad (3.48)$$

则

$$Z_s = j\omega(L-M) = j\omega L\left(1 - \frac{M}{L}\right) = j\omega L(1-k) \quad (3.49)$$

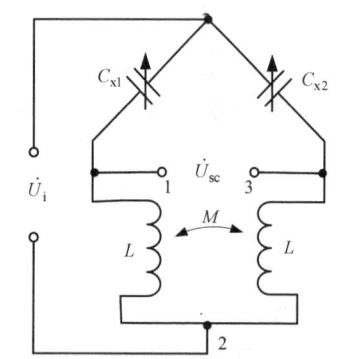

图 3.18 紧耦合电感电桥的组成

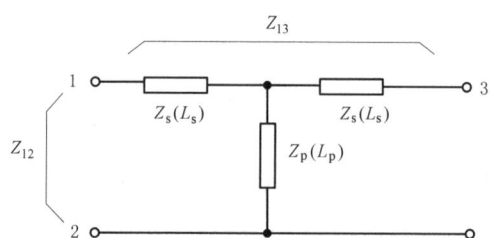

图 3.19 紧耦合电感电路的等效图

其中,$k = M/L$ 为耦合系数,且

$$Z_p = j\omega M \quad (3.50)$$

所以

$$Z_{12} = Z_s + Z_p = j\omega L \quad (3.51)$$

$$Z_{13} = 2Z_s = 2j\omega L(1-k) \quad (3.52)$$

在负载阻抗 $Z_L \to \infty$ 时,对于差动式电容传感器,其电容量变化 ΔC 时的输出电压为

$$\dot{U}_{sc} = \frac{\Delta C}{C} \cdot \dot{U}_i \cdot \frac{4\omega^2 LC}{2\omega^2 LC - 1} \quad (3.53)$$

式中,ω 为电源电压角频率。

电桥灵敏度为

$$S = \frac{\dot{U}_{sc}/\dot{U}_i}{\Delta C/C} = \frac{4\omega^2 LC}{2\omega^2 LC - 1} \quad (3.54)$$

这里,以 $\omega^2 LC$ 为变量,电桥灵敏度曲线如图 3.20 所示。由图中可见,电路的谐振点在

$\omega^2LC = 1/2$ 处，在谐振点左侧（$\omega^2LC \ll 1$ 时），灵敏度 S 与 ω^2LC 成正比，而在谐振点右侧（$\omega^2LC \gg 1$ 时），灵敏度 S 趋于 2，呈水平特性。因此，为了得到高稳定性，应使 ω^2LC 增大：当 $\omega^2LC > 2$ 时，灵敏度 S 将不随电源频率 ω、电感 L 及传感器电容 C 的改变而改变。

如图 3.21 所示，考虑电缆电容 C' 旁路的影响，因

$$\frac{1}{j\omega L'} = \frac{1}{j\omega L} + j\omega C' \tag{3.55}$$

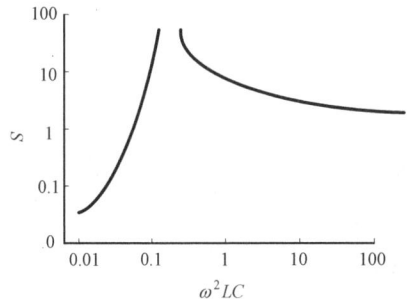
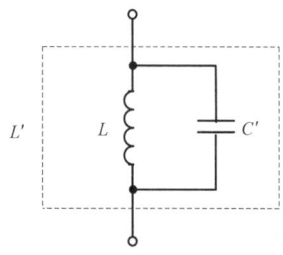

图 3.20 紧耦合电感电桥的灵敏度曲线　　图 3.21 考虑电缆电容 C' 时的等效电感

此时的等效电感 L' 应为

$$L' = \frac{L}{1 - \omega^2 LC'} \tag{3.56}$$

可见，等效电感 L' 比 L 增大了。在实际应用中，可用一个大的固定电容与电感桥臂相并联，以增大等效电感，使 $\omega^2 L'C' \gg 1$，以提高稳定性。

但是等效电感 L' 增大后，灵敏度 S 将减小，所以，这种在电感桥臂上并联固定电容的方法，实际上是牺牲灵敏度换取高的稳定性。

（3）变压器电桥电路

变压器电桥电路如图 3.22 所示，C_1 和 C_2 为传感器的两个差动电容，构成电桥的工作臂，变压器次级耦合电感为电桥的固定臂，负载阻抗为 Z_L，输出电压为 $\dot{U}_{sc}$。

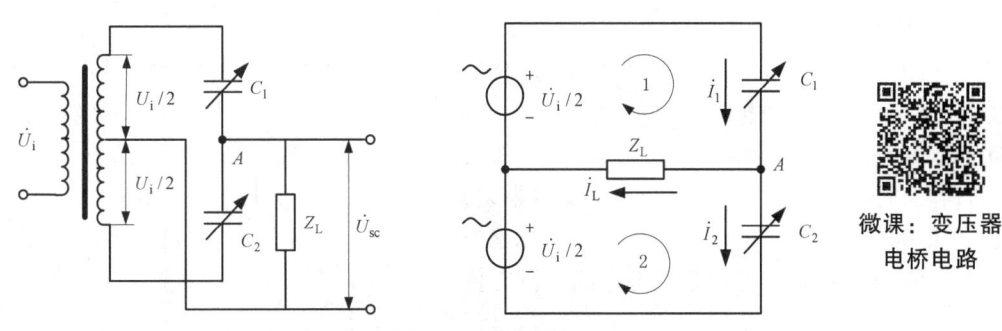

图 3.22 变压器电桥电路及简化形式

根据基尔霍夫定律列方程组：

回路1 $\quad \dfrac{1}{j\omega C_1}\dot{I}_1 + Z_L \cdot \dot{I}_L = \dot{U}_i/2$

回路2 $\quad \dfrac{1}{j\omega C_2}\dot{I}_2 - Z_L \cdot \dot{I}_L = \dot{U}_i/2 \Biggr\}$ （3.57）

结点A $\quad \dot{I}_1 - \dot{I}_2 - \dot{I}_L = 0$

解方程得

$$\dot{I}_L = \dfrac{\dot{U}_i}{2}(C_1 - C_2) \cdot \dfrac{j\omega}{1 + j\omega(C_1 + C_2)Z_L} \quad (3.58)$$

则输出电压

$$\dot{U}_{sc} = \dot{I}_L \cdot Z_L = \dfrac{\dot{U}_i}{2}(C_1 - C_1)\dfrac{j\omega Z_L}{1 + j\omega(C_1 + C_2)Z_L} \quad (3.59)$$

当负载阻抗 $Z_L \to \infty$ 时

$$\dot{U}_{sc} = \dfrac{\dot{U}_i}{2} \cdot \dfrac{C_1 - C_2}{C_1 + C_2} \quad (3.60)$$

对于差动变极距型电容传感器，有

$$\begin{cases} C_1 = \dfrac{\varepsilon_0 A}{\delta_0 + \Delta\delta} \\ C_2 = \dfrac{\varepsilon_0 A}{\delta_0 - \Delta\delta} \end{cases} \quad (3.61)$$

则采用变压器电桥电路，在 $Z_L \to \infty$ 时

$$\dot{U}_{sc} = \dfrac{U_i}{2} \cdot \dfrac{\Delta\delta}{\delta_0} \quad (3.62)$$

所以，将差动式电容传感器接入变压器电桥，在负载阻抗极大时，即使是变间隙型电容传感器，输出电压也与输入位移呈理想的线性关系。

（4）双 T 二极管交流电桥

如图 3.23 所示，C_1 和 C_2 是两个差动工作的电容，也可以一个是传感器电容，另一个为固定平衡电容。D_1 和 D_2 是两个特性相同的理想二极管，即二极管正向导通时电阻为零，而反向截止时电阻为无穷大。R_1 和 R_2 为两个固定电阻。这样，由一对二极管、一对电容和一对电阻就构成了双 T 形的交流电桥。图 3.23 中，R_L 为负载电阻，其上输出电压为 $\dot{U}_{sc}$；$\dot{U}_i$ 为高频电源电压，频率一般为兆赫兹级，提供幅值为 U 的如图 3.24（a）所示的对称方波。

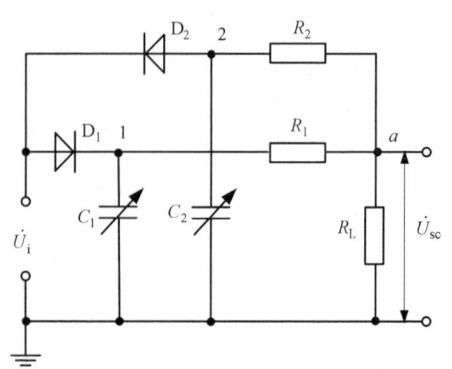

图 3.23 双 T 二极管交流电桥

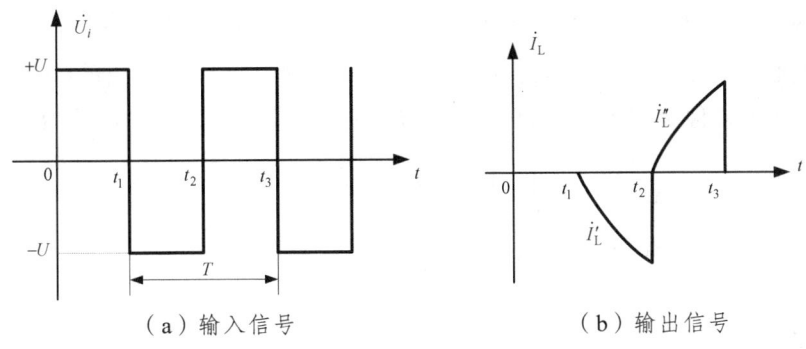

（a）输入信号　　　　　　　　　　（b）输出信号

图 3.24　双 T 二极管电桥的输入和输出信号

为便于分析，将图 3.23 所示双 T 电路画成图 3.25（a）的形式。在 $t=0$ 时，$\dot{U}_i$ 为正半周，二极管 D_1 导通，D_2 截止，C_1 被迅速充电至 $+U$，并一直保持到 t_1 时刻，而 D_2 在 $0\sim t_1$ 时间内一直不导通。

当 $t=t_1$ 时，$\dot{U}_i$ 转为负半周，则 D_2 导通，C_2 被迅速充电至 $-U$，而 D_1 突然截止。在 t_1 时刻，由于 C_1 还来不及放电，节点 1 的电位仍为 $+U$，而节点 2 的电位此时为 $-U$，当两个固定电阻 $R_1=R_2=R$ 时，节点 a 电位为零，负载电阻 R_L 两端电位差为零，无电流流过，$i'_L=0$，如图 3.25（b）所示。

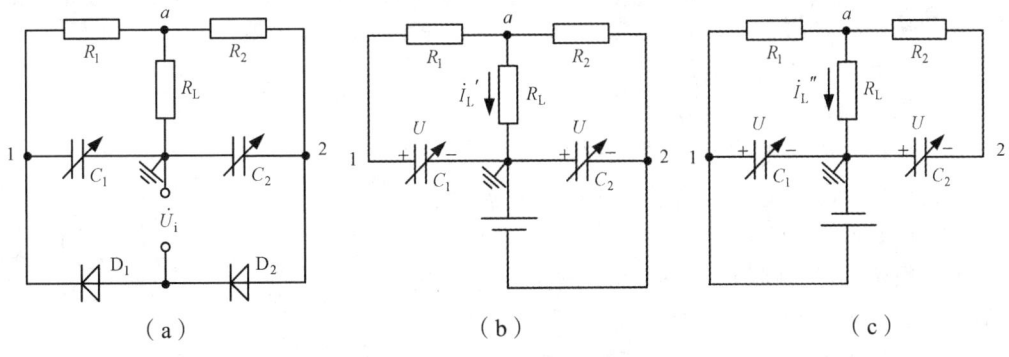

图 3.25　双 T 二极管电桥分析电路

t_1 时刻后，由于电容 C_1 经 R_1 和 R_L 放电，节点 1 的电位从 $+U$ 按指数规律下降，而节点 2 的电位在 $t_1\sim t_2$ 期间保持不变，仍为 $-U$，则节点 a 的电位由零变负，这样，R_L 上有电流流过，方向由下至上，i'_L 为负值。由于节点 1 和节点 a 的电位均按指数规律变化，i'_L 也按指数规律变化，如图 3.24（b）所示。

当 $t=t_2$ 时，$\dot{U}_i$ 转为正半周，D_1 导通，C_1 被迅速充电至 $+U$，而 D_2 截止，但 C_2 还来不及放电，于是在 t_2 时刻，节点 1 的电位为 $+U$，节点 2 的电位为 $-U$，节点 a 的电位为零，此时 i'_L 突变为 0，如图 3.25（c）所示。

t_2 时刻后，C_2 经 R_2 和 R_L 放电，节点 2 的电位从 $-U$ 按指数规律上升，而节点 1 始终为 $+U$，则节点 a 的电位由零按指数规律上升，流过 R_L 的电流 i''_L 为正，也按指数规律增大，如图 3.24（b）所示。

当 $C_1=C_2$，$R_1=R_2$ 时，由于电容放电的时间常数相同，i'_L 和 i''_L 波形相同，方向相反，则

通过 R_L 的电流平均值为零。而当传感器工作时，$C_1 \neq C_2$，则流过 R_L 的电流平均值不为零。C_1 与 C_2 的差值越大，波形的差别也越大，电流平均值也越大，即输出电压平均值也越大，所以，输出电压平均值反映了电容的变化，也间接反映了被测量的变化。输出电压为

$$\bar{U}_{sc} = \bar{I}_L \cdot R_L = \left[\frac{1}{T} \int_0^T |i'_L(t) - i''_L(t)| \, dt \right] \cdot R_L$$

$$\approx \frac{R(R+2R_L)}{(R+R_L)^2} \cdot R_L \cdot U \cdot f \cdot (C_1 - C_2) \quad (3.63)$$

式中，f 为电源频率。

若令 $\dfrac{R(R+2R_L)}{(R+R_L)^2} \cdot R_L = K$（常数），则

$$\bar{U}_{sc} = KUf(C_1 - C_2) \quad (3.64)$$

从式（3.64）看出，当电源确定后，U 和 f 一定，则输出电压 $\bar{U}_{sc}$ 只是电容 C_1、C_2 的函数。

2）运算放大器式电路

如图 3.26 所示，C_x 为传感器电容，它跨接在高增益运算放大器的输入端和输出端之间，C_0 为固定电容，$\dot{U}_i$ 为信号源电压，$\dot{U}_{sc}$ 为输出电压，放大器的开环放大倍数为 K。

微课：运算放大器式电路

由于运算放大器的放大倍数 K 非常大，而且输入阻抗 Z_i 很高，可作为电容传感器比较理想的测量电路。假设这里的运算放大器是一个高增益的理想放大器，则输入电压 U_a 近似为零。例如，放大器有 ±10 V 的线性输出，放大倍数为 10^5，则相应的输入为 ±10^{-4} V，因此可近似认为 $\dot{U}_a \approx 0$，称为"虚地"。由于放大器的输入阻抗很高，则放大器的输入电流也近似为零，即 $\dot{i} \approx 0$。

根据基尔霍夫定律有

$$\begin{cases} \dot{U}_i = \dfrac{1}{j\omega C_0} \dot{i}_0 + \dot{U}_a \\ \dot{U}_{sc} = \dfrac{1}{j\omega C_x} \dot{i}_x + \dot{U}_a \\ \dot{i}_0 + \dot{i}_x = \dot{i} \end{cases} \quad (3.65)$$

图 3.26 运算放大器式电路

由于 $\dot{U}_a \approx 0$，$\dot{i} \approx 0$，则可得

$$\dot{U}_{sc} = -\frac{C_0}{C_x} \cdot \dot{U}_i \quad (3.66)$$

可见，当放大器是一个高增益理想放大器时，电路的输出电压 $\dot{U}_{sc}$ 与传感器电容 C_x 成反比，对变间隙型电容传感器，有

$$C_x = \frac{\varepsilon_0 \varepsilon_r A}{\delta} \tag{3.67}$$

则
$$\dot{U}_{sc} = -\frac{C_0}{\varepsilon_0 \varepsilon_r A} \cdot \dot{U}_i \cdot \delta \tag{3.68}$$

可见，输出 $\dot{U}_{sc}$ 与动极板的机械位移 δ 呈线性关系，这就从原理上解决了单个变间隙型电容传感器输出的非线性问题。式（3.68）是在 $K \to \infty$，$Z_i \to \infty$ 的前提下得到的，而实际运算放大器的 K 和 Z_i 总是个有限值，所以这种测量电路仍存在一定的非线性误差。但当 K、Z_i 足够大时，这种误差是相当小的，在要求的误差范围之内。

3. 脉冲宽度调制电路

脉冲宽度调制电路如图 3.27 所示，IC_1 与 IC_2 为电压比较器，FF 为双稳态触发器，IC_3 为低通滤波器，C_1 和 C_2 为差动电容，U_r 为参考直流电压，输出电压为 U_0。双稳态触发器的输入端为 R 和 S，输出端为 A（Q）和 B（$\bar{Q}$）。

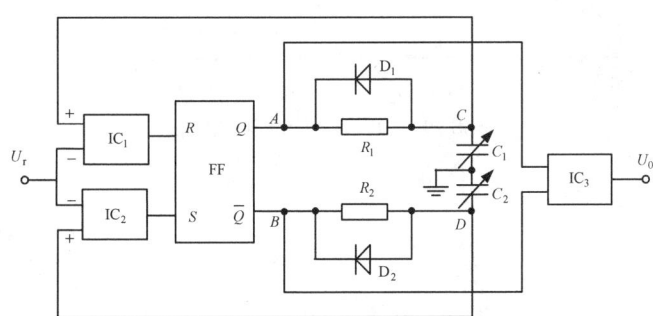

图 3.27 脉冲宽度调制电路

当双稳态触发器 FF 的 Q 端输出为高电平时，即 $Q = 1$，$\bar{Q} = 0$，A 点的高电位通过 R_1 对 C_1 充电，同时，B 端为低电平，C_2 通过二极管 D_2 放电，D 点被钳制在低电位。C_1 充电后使 C 点的电位升高，当高于参考电压 U_r 时，比较器 IC_1 产生正跳变信号，激励触发器翻转，使输出 $Q = 0$，$\bar{Q} = 1$，于是 B 点为高电位，对 C_2 充电，A 点为低电位，C_1 放电。当 D 点电位上升至大于 U_r 时，比较器 IC_2 产生触发脉冲使 FF 翻转。如此交替，在 FF 的 A、B 两端输出极性相反、宽度取决于 C_1 和 C_2 的脉冲。当差动电容 $C_1 = C_2$ 时，电路各点波形如图 3.28（a）所示，A、B 输出电平的脉冲宽度相等，两点的平均电压值为零。而当 $C_1 \neq C_2$ 时，即差动式电容传感器处于工作状态，设 $C_1 > C_2$，则 C_1 和 C_2 的充放电时间常数发生变化，各点电压波形如图 3.28（b）所示，A、B 两点的平均电压值不为零。

A、B 两点间的电压 U_{AB} 经低通滤波器 IC_3 滤波后输出为 U_0，U_0 为 A、B 两点电压平均值之差，即

$$U_0 = \bar{U}_A - \bar{U}_B = \frac{T_1}{T_1 + T_2} \cdot U_1 - \frac{T_2}{T_1 + T_2} \cdot U_1 = \frac{T_1 - T_2}{T_1 + T_2} \cdot U_1 \tag{3.69}$$

式中　U_1——双稳触发器输出的高电平；

T_1、T_2——C_1、C_2 充电至 U_r 所需的时间。

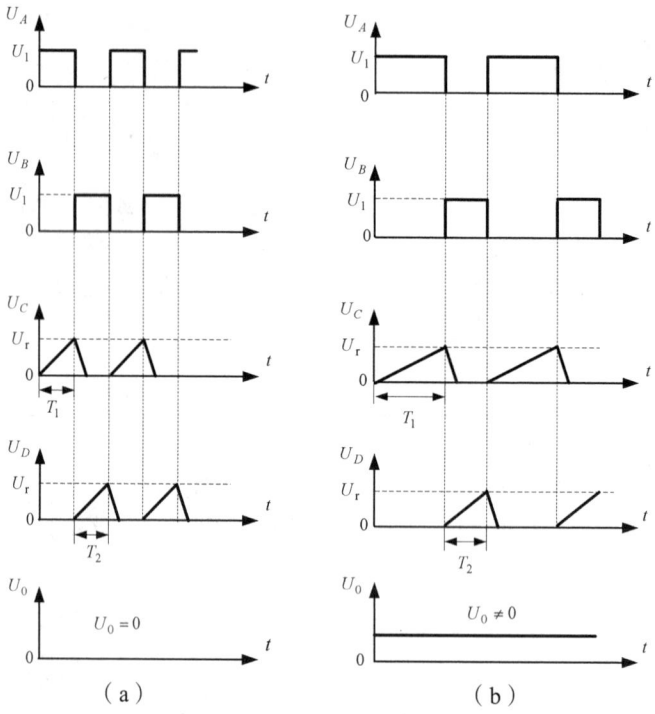

图 3.28 电路各点的电压波形

根据电路知识可知

$$T_1 = R_1 C_1 \cdot \ln \frac{U_1}{U_1 - U_r} \tag{3.70}$$

$$T_2 = R_2 C_2 \cdot \ln \frac{U_1}{U_1 - U_r} \tag{3.71}$$

将 T_1、T_2 代入式（3.69）得

$$U_0 = \frac{C_1 - C_2}{C_1 + C_2} \cdot U_1 \tag{3.72}$$

可见，直流输出电压 U_0 正比于电容 C_1 和 C_2 的差值，并有正负向。

对变间隙型差动电容传感器，有

$$U_0 = \frac{\delta_2 - \delta_1}{\delta_2 + \delta_1} \cdot U_1 \tag{3.73}$$

式中，δ_1 和 δ_2 分别为电容 C_1、C_2 极板间的距离。当差动电容 $C_1 = C_2 = C_0$，即 $\delta_1 = \delta_2 = \delta_0$ 时，$U_0 = 0$；当 $C_1 \neq C_2$（设 $C_1 > C_2$），差动式电容传感器处于工作状态时，$\delta_1 = \delta_0 - \Delta\delta$，$\delta_2 = \delta_0 + \Delta\delta$，则

$$U_0 = \frac{\Delta\delta}{\delta_0} \cdot U_1 \tag{3.74}$$

同样，对变面积型差动电容传感器，有

$$U_0 = \frac{A_1 - A_2}{A_1 + A_2} \cdot U_1 \tag{3.75}$$

式中，A_1 和 A_2 分别为电容 C_1 和 C_2 的有效极板面积。当差动电容 $C_1 \neq C_2$ 时

$$U_0 = \frac{\Delta A}{A} \cdot U_1 \tag{3.76}$$

由此可见，对于差动脉冲调宽电路，无论是变间隙型电容传感器还是变面积型差动电容传感器，其输出都与变化量呈线性关系。

3.3 电容式传感器的应用

1. 等效电路

当电容式传感器在高温、高湿及高频激励条件下工作时，则需考虑附加损耗及电感效应等的影响，这时的等效电路可用图 3.29 所示电路表示。

图中：

- C——传感器电容。
- R_p——并联损耗电阻，包括极板间的漏电损耗和介质损耗。这些损耗在低频时影响较大，随着工作频率的

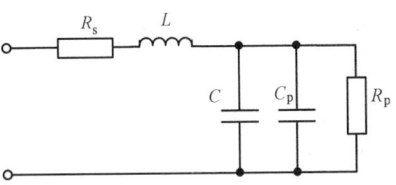

图 3.29 电容式传感器的等效电路

增高，容抗 $\left(X_c = \dfrac{1}{j\omega C}\right)$ 减小，它的影响也减弱，所以 R_p 也称为低频并联损耗电阻。

- R_s——串联损耗电阻，包括引线电阻、电容器支架和极板的电阻。R_s 通常很小，只有在极高的工作频率下和高温、高湿环境中工作时才需考虑。
- L——由电容式传感器本身的电感和外部引线电感组成。前者与传感器结构形式有关，而引线电感则与引线的长度有关，引线越短，电感越小。
- C_p——寄生电容，主要指电缆寄生电容，它与传感器电容相并联，严重影响传感器的输出特性，因此，消灭寄生电容的影响，是电容式传感器实用的关键。

由等效电路可知，传感器有一个谐振频率，通常为几十兆赫兹。当工作频率等于或接近谐振频率时，电容式传感器将不能正常工作，因此，应选择低于谐振频率的工作频率。

为计算方便，忽略 R_s、R_p，传感元件的有效电容 C_e 可用下式求得

$$\frac{1}{j\omega C_e} = j\omega L + \frac{1}{j\omega C} \tag{3.77}$$

$$C_e = \frac{C}{1 - \omega^2 LC} \tag{3.78}$$

有效电容 C_e 比 C 增大了。这时，电容的实际相对变化量为

$$\frac{\Delta C_e}{C} = 1 - \frac{\Delta C / C}{1 - \omega^2 LC} \tag{3.79}$$

这表明电容式传感器的实际相对变化量与传感器的固有电感和角频率有关。因此，在实际应用中，每当改变激励频率或更换传输电缆时，都必须对测量系统重新标定。

2. 应用中存在的问题

1) 边缘效应

对于电容式传感器，当极板厚度 h 与极板间距离 δ 可比时，两极板边缘处电力线出现分布不均匀的现象，即边缘电场的影响就不能忽略了，如图 3.30 所示。

边缘效应的存在，将使电容式传感器的灵敏度降低，非线性增加。为消除边缘效应的影响，可采用带保护环的结构，同时减小极板厚度。

为减小极板厚度，往往不用整块金属板作极板，而是将石英、陶瓷等非金属材料蒸涂一薄层金属作为极板，使极板的有效厚度减小，以减小边缘效应。

带保护环结构的电容式传感器如图 3.31 所示，保护环与定极板同心，电气上绝缘，同时始终保持等电位。保护环与定极板的间隙越小越好，这样能保证中间工作区得到均匀的场强分布，将极板间的边缘效应移到保护环与动极板的边缘，而保护环边缘的场强不均匀不会影响电容式传感器的电容值计算，从而使定极板边缘处的电力线分布均匀，克服了边缘效应。

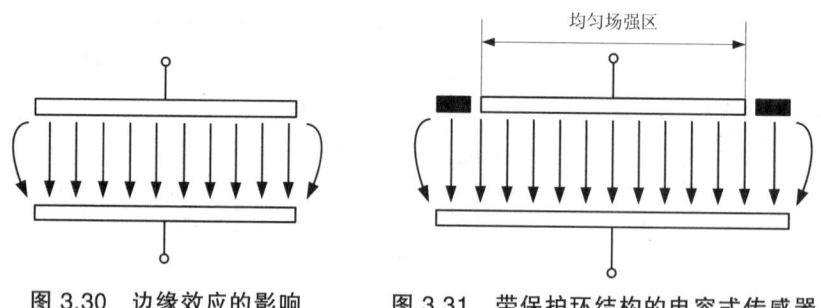

图 3.30 边缘效应的影响　　图 3.31 带保护环结构的电容式传感器

2) 寄生电容

电容式传感器由于受结构与尺寸的限制，一般电容量都很小，为几个皮法到几十皮法，属于小功率、高阻抗器件，极易受外界干扰。尤其是电缆寄生电容，比电容式传感器的电容大几倍至几十倍，且具有随机性，又与传感器电容相并联，严重影响传感器的输出特性，甚至会淹没传感器的有用信号，使传感器无法使用。因此，消灭寄生电容的影响，是电容式传感器实用化的关键。

消灭寄生电容的方法包括：

（1）驱动电缆法

如图 3.32 所示，驱动电缆法实际上是一种等电位屏蔽法。

电容式传感器与测量电路的前置级之间采用双层屏蔽电缆，并接入增益为 1 的驱动放大器。电容式传感器接在放大器的正输入端，放大器的负输入端接地，放大器的输出接在双层屏蔽电缆的内层屏蔽上。由于放大器的增益为 1，保证了内层屏蔽与芯线等电位，消除了芯线与内层屏蔽间寄生电容的影响，而内、外层屏蔽间的电容转变为驱动放大器的负载。这种方法的难处是，要在很宽的频带上严格实现放大倍数等于 1，且输出与输入的相移为零。

（2）整体屏蔽法

图 3.33 中，C_{x1} 和 C_{x2} 构成差动式电容传感器，与平衡电阻 R_3、R_4 组成测量电桥，U 为电源电压，C_3、C_4 为寄生电容，K 是不平衡电桥的指示放大器，C_1 则是差动式电容传感器公用极板与屏蔽之间的寄生电容。

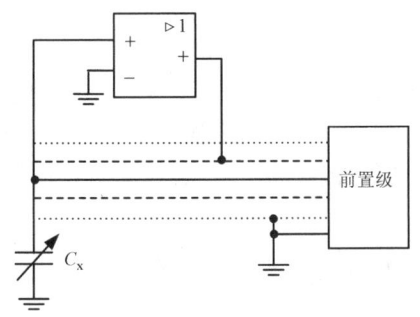

图 3.32　驱动电缆法原理图

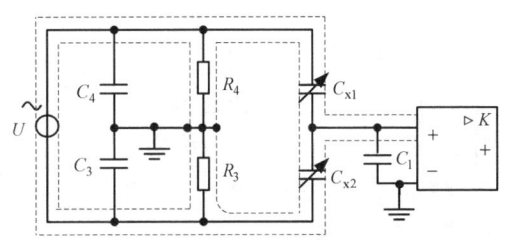

图 3.33　整体屏蔽法原理图

所谓整体屏蔽法是将整个电桥（包括电源、电缆等）统一屏蔽起来，其关键是正确选取接地点。这里选取两平衡电阻 R_3、R_4 桥臂中间作为接地点，并与整体屏蔽共地。C_1 同放大器的输入阻抗并联，可归算到放大器的输入电容中去。寄生电容 C_3、C_4 并在桥臂 R_3、R_4 上，只影响电桥的初始平衡及总体灵敏度，并不妨碍电桥的正确使用。这样，寄生电容对传感器的影响基本上被消除。整体屏蔽法是一种较好的方法，但总体结构较复杂。

（3）采用组合式与集成电路技术

组合式结构是将测量电路的前置级或全部装在紧靠传感器处，以缩短电缆，减小寄生电容的影响。采用集成电路技术，将全部测量电路组合在传感器壳体内，可使寄生电容大大减小。更进一步，采用集成工艺，将传感器与测量电路集成在同一芯片上，构成集成电容传感器，可完全消灭寄生电容的影响。

3. 应用举例

电容式传感器的应用比较广泛，主要用于测量位移、压力、速度、介质、浓度、物位等物理量的变化。

【例 3.3】　电容测厚传感器在板材轧制装置中的应用（图 3.34）。

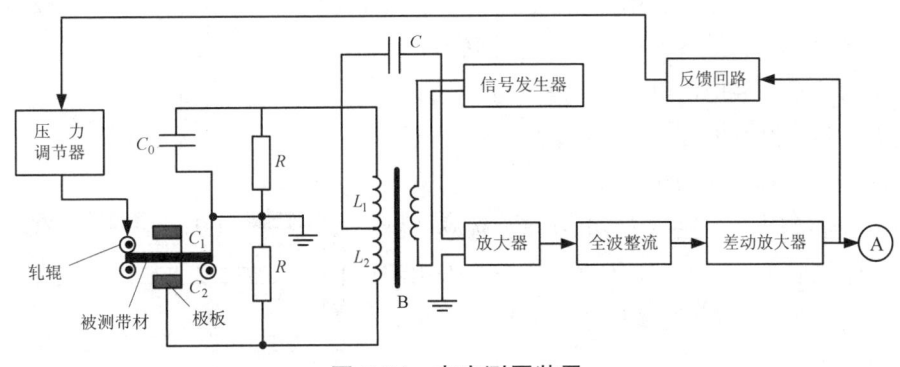

图 3.34　电容测厚装置

电容测厚仪的工作原理如图 3.34 所示。在被测带材的上下两侧各置一块面积相等、与带材距离相等的极板，这样，极板与带材就构成了两个电容器 C_1 和 C_2。将两块极板用导线连接，形成一个电极，而带材就是电容的另一个电极，其总电容为 $C_x = C_1 + C_2$。电容 C_x 与固定电容 C_0、变压器的次级线圈 L_1 和 L_2 构成电桥，信号发生器提供变压器初级信号，经耦合作为交流电桥的供桥电源。

当被轧制板材的厚度相对于要求值发生变化时，则 C_x 发生变化。若 C_x 增大，表示板材厚度变厚；反之，板材变薄。此时电桥输出信号也将发生变化，变化量经耦合电容 C 输出给放大器放大、整流，再经差动放大器放大后，一方面由指示仪表指示出板材厚度，另一方面通过反馈回路将偏差信号传送给压力调节装置，调节轧辊与板材间的距离，经过不断调节，使板材厚度控制在一定误差范围内。

这种电容测厚传感器就这样将测出的变化量与标定量进行比较，用比较后的偏差量反馈控制轧制过程，以控制板材厚度。

【例 3.4】 电容式称重传感器。

电容式称重传感器的结构形式很多，只要利用弹性敏感元件的变形，造成电容随外加重量的变化而变化，就可构成电容式称重传感器。

如图 3.35 所示，扁环形弹性元件内腔上下平面分别固定电容传感器的定极板和动极板，称重时，弹性元件受力变形，使动极板位移，导致传感器电容量变化。配接调频电路后，电容量变化就会引起振荡器的振荡频率变化，频率信号经计数、编码，传输到显示部分。

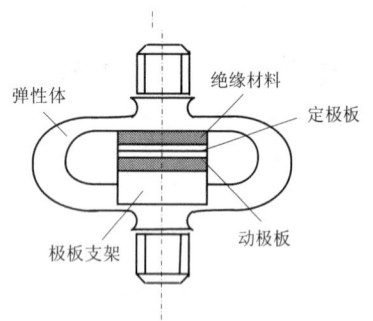

图 3.35 电容式称重传感器（一）

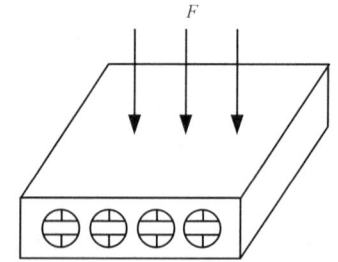

图 3.36 电容式称重传感器（二）

图 3.36 所示的电容式称重传感器，是在弹性钢体上高度相同处打一排圆孔，在孔内形成一排平行的平板电容，当钢体上端面承受重量时，圆孔变形，每个孔中的电容极板间隙变小，其电容相应增大。由于在电路上各电容是并联的，因而输出反映的结果是平均作用力的变化，同时利用误差平均效应，测量误差大大减小。

【例 3.5】 电容式压力传感器。

图 3.37 所示是单只变极距型电容压力传感器，用于测量气体或液体的压力。流体或气体压力作用于弹性膜片（动极板），使弹性膜片产生位移，位移导致电容量的变化。

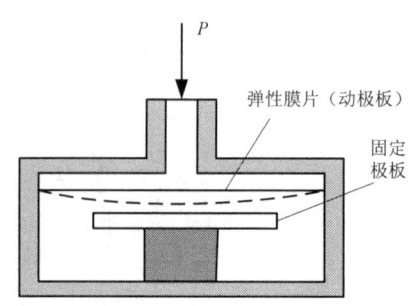

图 3.37 单只变极距型电容压力传感器

图 3.38 所示是一种差动式电容压差传感器。加有预张力的不锈钢膜片作为弹性敏感元件，同时也是电容式传感器的动极板，而凹型玻璃基片上镀有金属层的极板作为传感器的两个定极板。当被测压力通过多孔金属过滤器进入空腔时，由于弹性膜片两侧的压力差，使膜片凹向压力小的一侧，产生位移，从而使一个电容的电容量增大，另一个则相应减小。这种传感器的灵敏度和分辨率都很高，灵敏度取决于初始间隙 δ_0，δ_0 越小，灵敏度越高。同时，当过载时，膜片受到凹曲的玻璃表面的保护，而不致发生破裂。根据实验，该传感器可以测量 0~0.75 Pa 的微小压差，其动态响应主要取决于弹性膜片的固有频率。该传感器可与差动脉冲宽度调制电路构成压力测量系统。

扫描下图可浏览 AR 资源——差动式电容压差传感器。

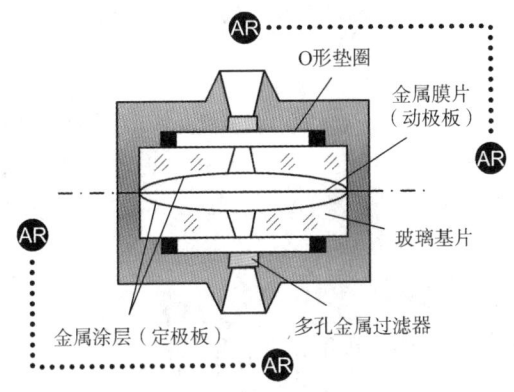

图 3.38 差动式电容压差传感器

【例 3.6】 电容式加速度传感器。

图 3.39 所示电容式加速度传感器是差动式结构，它有两个固定电极，定极板 1 和定极板 2。两极板间有一个用弹簧支撑的质量块 m，质量块的两端面经抛光后作为动极板。当传感器测量垂直方向的振动时，由于质量块的惯性作用，使其相对固定电极产生位移，C_1 和 C_2 中一个增大、一个减小。

扫描下图可浏览 AR 资源——电容式加速度传感器。

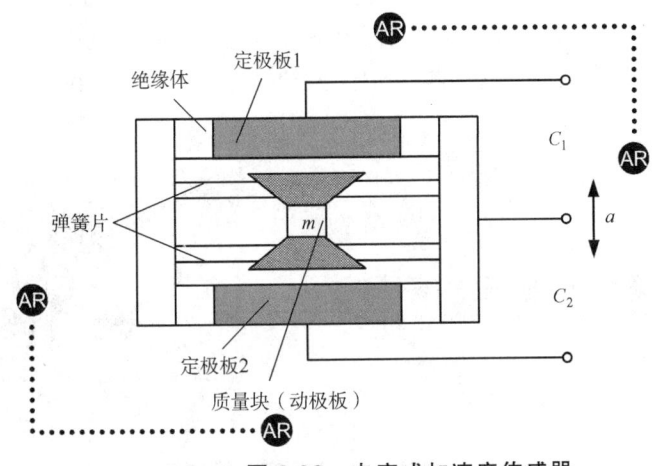

图 3.39 电容式加速度传感器

图 3.40 是利用微机械加工技术制作的集成式电容加速度传感器,其中的第二层多晶硅构成的悬臂是传感器的动极板质量块部分。

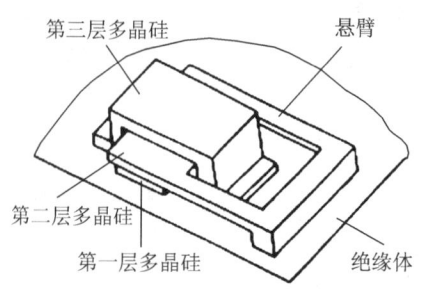

图 3.40　ADX150 集成式电容加速度传感器

【例 3.7】　容栅传感器。

容栅传感器如图 3.41 所示,它是一种用于测量位移的差动式变面积型电容传感器,其极板上制有多个梳齿形栅状电容。定极板(又称长栅)上等间隔交叉配置两组极栅,动极板和定极板以一定间隙 δ 上下配置,构成差动结构。它实际是多个差动式变面积型电容传感器的并联。

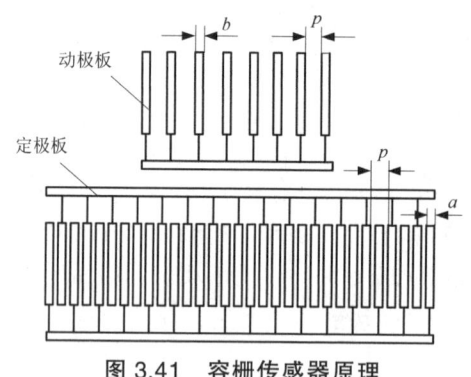

图 3.41　容栅传感器原理

动极板和定极板有相同的极距 p 和栅宽($a = b$),且 $a = b = (0.3 \sim 0.6)p$ 时,传感器有较好的线性度和灵敏度。容栅传感器利用误差平均效应,测量精度很高,目前已制成的电子数字显示卡尺,配用细分电路后,可检测 $10\ \mu m$ 的微位移,测量范围为 $0 \sim 150\ mm$。其外形如图 3.42 所示。

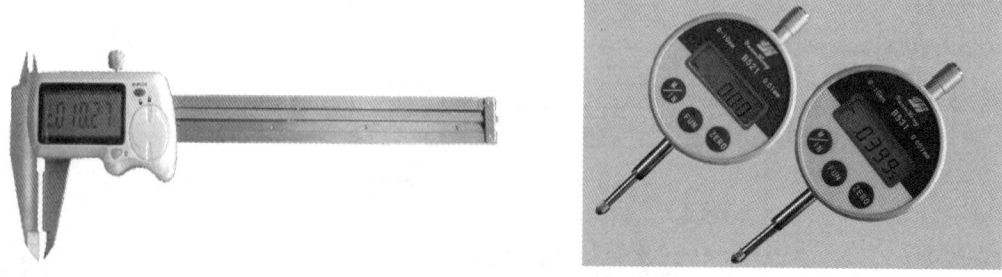

图 3.42　利用容栅传感器原理的数字显示卡尺

【例3.8】 电容式触摸屏。

利用模拟式电容技术的触摸屏是一块四层复合玻璃屏。玻璃屏的内表面和夹层各涂有一层ITO（氧化铟锡），最外层是只有0.001 5 mm厚的矽土玻璃保护层，夹层ITO涂层作为工作面，四个角上引出四个电极，内层ITO为屏蔽层，以保证良好的工作环境。

当触摸电容屏时，由于人体电场，使用者的手指和工作面形成一个耦合电容。因为工作面上接有高频信号，于是手指吸收掉一个很小的电流。这个电流分别从触摸屏四个角上的电极中流出，并且理论上流经这四个电极的电流与手指到四角的距离成比例，控制器通过对这四个电流比例的精密计算，得出触摸点的位置，如图3.43所示。

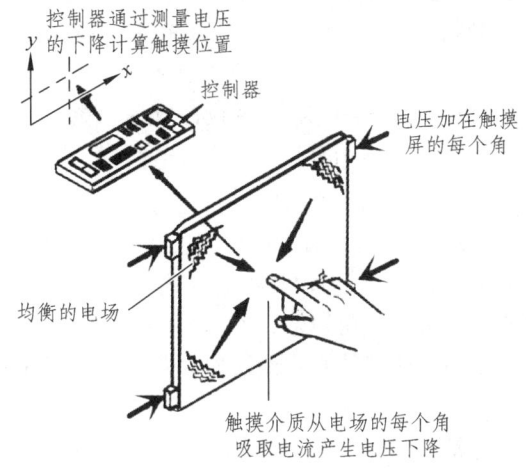

图3.43 电容触摸屏工作原理

【例3.9】 电容式指纹识别传感器。

电容式指纹识别传感器在笔记本式计算机、手机及汽车等的指纹识别及防盗中得到广泛应用，如图3.44所示。

① 电容式键盘。常规的键盘有机械式按键和电容式按键两种。电容式键盘是基于电容式开关的键盘，通过按键改变电极间的距离产生电容量的变化，以实现信息的转换。

② 指纹识别。指纹识别传感器中含有指纹传感芯片，指纹传感芯片表面由若干个电容传感器组成。当把手指放在传感器上时，手指充当电容器的另外一个电极。由于手指上存在指纹纹路，且深浅不一致，导致硅表面电容阵列的各个电容的电压不同，通过测量并记录各点的电压值就可以获得具有灰度级的指纹图像，从而达到辨别指纹的目的。

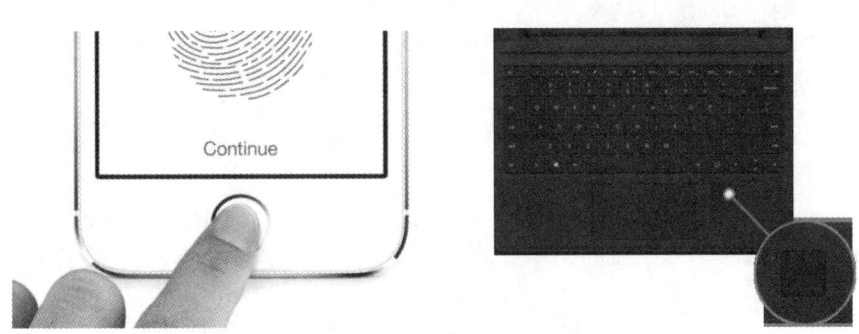

图3.44 电容式指纹识别传感器

习题及思考题

1. 如何改善变间隙型电容传感器输出的非线性？
2. 采用怎样的结构可以改善变面积型电容传感器间隙变化的影响？
3. 为什么实用的电容传感器都是集成电容传感器，它主要解决电容传感器在使用中的什么关键问题？
4. 简述变面积型电容传感器输出性能的主要特点。
5. 为使紧耦合电感电桥电路的输出灵敏度为常数，可采取哪些措施？
6. 变压器电桥电路在负载趋于无穷大时，输出有什么特点？
7. 对于变间隙型电容传感器，为了使输出电压和间隙变化呈线性关系，可采用怎样的电路措施？
8. 脉冲宽度调制电路，对于差动变间隙型电容传感器，输出电压有什么特点？
9. 为什么电容传感器在改变激励频率或更换传输电缆时，都需要对测量系统重新标定？
10. 说明改善电容式传感器边缘效应的措施。
11. 为什么电容式传感器易受干扰？简述消灭寄生电容的常用方法。
12. 说明容栅传感器具有较高测量精度的原理。
13. 差动式变间隙型电容传感器，初始电容 $C_1 = C_2 = 80$ pF，初始间隙为 4 mm，设动极板相对于定极板的位移为 0.75 mm，计算其非线性误差。若改为单极平板电容，初始值不变，非线性误差有多大？
14. 设计一个油料液位监测系统。要求：当液位高于 H_1 时，鸣响震铃且红色 LED 亮；当液位低于 H_2 时，鸣响震铃且黄色 LED 亮；当液位处于 H_1 和 H_2 之间时，绿色 LED 亮。
15. 如图 3.45 所示，差动式电容传感器采用脉冲宽度调制电路，在 $C_1<C_2$ 时，分析并画出 U_A、U_B、U_C、U_D 和 U_0 的电压波形图，并推导差动变间隙型电容传感器输出电压的表达式。

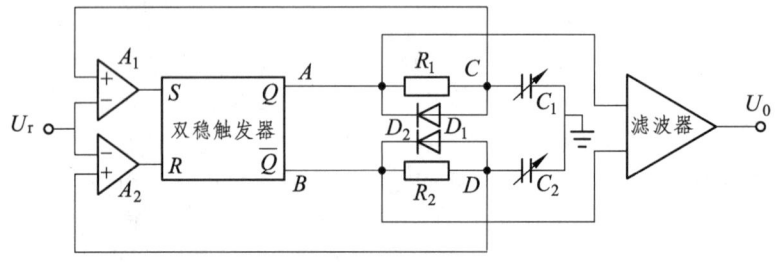

图 3.45 习题 15

第 4 章

电感式传感器

电感式传感器也称为变磁阻式传感器,它是利用电磁感应原理把被测物理量(如位移、压力、流量、振动等)转换成线圈的自感系数 L 或互感系数 M,再由测量电路转换成电压或电流的变化量输出,实现非电量到电量的转换。

4.1 自感式传感器

1. 结构和工作原理

自感式传感器的结构如图 4.1 所示,它由线圈、铁芯和衔铁三部分组成。铁芯和衔铁都是由导磁材料制成的,如硅钢片或坡莫合金。在铁芯和活动衔铁之间有气隙,气隙宽度为 δ_0。传感器的运动部分与衔铁相连,当衔铁移动时,气隙宽度 δ 发生变化,从而使磁路的磁阻变化,导致电感线圈的电感值改变,然后通过测量电路测出其变化量,由此判别被测位移量的大小。

线圈的电感值 L 由电工学公式知

$$L = \frac{W^2}{R_m} \tag{4.1}$$

式中 W——线圈匝数;

R_m——磁路的总磁阻,且

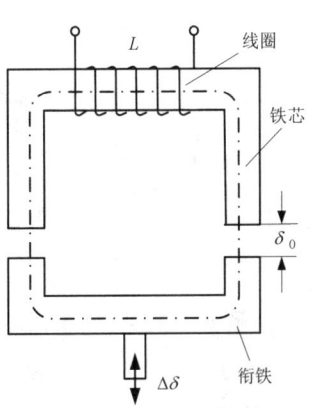

图 4.1 自感式传感器的结构

$$R_m = R_1 + R_2 + R_\delta \tag{4.2}$$

其中,R_1、R_2 为铁芯和衔铁的磁阻,R_δ 为空气气隙磁阻,且

$$R_1 = \frac{l_1}{\mu_1 A_1} \tag{4.3}$$

$$R_2 = \frac{l_2}{\mu_2 A_2} \tag{4.4}$$

$$R_\delta = \frac{2\delta_0}{\mu_0 A} \tag{4.5}$$

式中，l_1、l_2 是铁芯和衔铁的磁路长度（m）；μ_1、μ_2 是铁芯材料和衔铁材料的磁导率（H/m）；μ_0 是空气的磁导率，$\mu_0 = 4\pi \times 10^{-7}$ H/m；A_1 和 A_2 分别是铁芯和衔铁的横截面面积（m^2）；A 是气隙横截面面积（m^2）。

由于 $(R_1 + R_2) \ll R_\delta$，常常忽略 R_1 和 R_2，则线圈电感为

$$L \approx \frac{W^2}{R_\delta} = \frac{\mu_0 A W^2}{2\delta_0} \tag{4.6}$$

由式（4.6）可知，当线圈匝数 W 确定后，改变 δ_0 和 A 均可引起电感的变化。因此，自感式传感器可分为变气隙宽度 δ_0 的传感器和变气隙面积 A 的传感器，但使用最广泛的是变气隙式自感传感器。

2. 变气隙式自感传感器

当自感式传感器线圈匝数和气隙面积一定时，电感量 L 与气隙宽度 δ 成反比，变间隙式自感传感器的输出特性如图 4.2 所示。

扫描下图可浏览 AR 资源——变气隙式自感传感器。

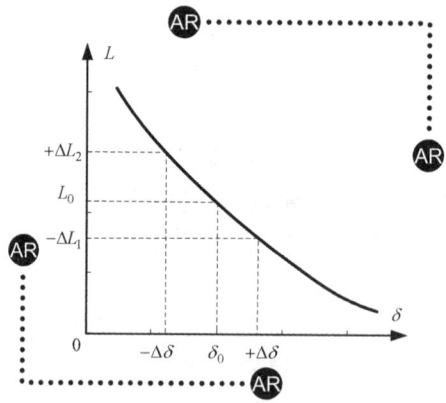

图 4.2 变气隙式自感传感器的输出特性

设传感器的初始气隙为 δ_0，初始电感量为 L_0，衔铁位移引起的气隙变化量为 $\Delta\delta$，由式（4.6）知，L 和 δ 之间是非线性关系。

初始电感量为

$$L_0 = \frac{\mu_0 A W^2}{2\delta_0} \tag{4.7}$$

① 当衔铁下移 $\Delta\delta$，即传感器气隙增大 $\Delta\delta$，气隙宽度为 $\delta = \delta_0 + \Delta\delta$，则电感量减小，其变化量为

$$\begin{aligned}\Delta L_1 &= L_1 - L_0 = \frac{\mu_0 A W^2}{2(\delta_0 + \Delta\delta)} - \frac{\mu_0 A W^2}{2\delta_0} \\ &= \frac{\mu_0 A W^2}{2\delta_0}\left[\frac{2\delta_0}{2(\delta_0 + \Delta\delta)} - 1\right] \\ &= L_0 \cdot \frac{-\Delta\delta}{\delta_0 + \Delta\delta}\end{aligned} \tag{4.8}$$

电感量的相对变化为

$$\frac{\Delta L_1}{L_0} = \frac{-\Delta\delta}{\delta_0 + \Delta\delta} = \frac{1}{1 + \frac{\Delta\delta}{\delta_0}}\left(\frac{-\Delta\delta}{\delta_0}\right) \tag{4.9}$$

当 $\frac{\Delta\delta}{\delta_0} \ll 1$ 时，可展开为级数形式，即

$$\frac{\Delta L_1}{L_0} = -\left(\frac{\Delta\delta}{\delta_0}\right) + \left(\frac{\Delta\delta}{\delta_0}\right)^2 - \left(\frac{\Delta\delta}{\delta_0}\right)^3 + \cdots \tag{4.10}$$

② 当衔铁上移 $\Delta\delta$，气隙减小 $\Delta\delta$，即 $\delta = \delta_0 - \Delta\delta$，电感量增大，则电感的变化量为

$$\Delta L_2 = L_2 - L_0 = L_0 \cdot \frac{\Delta\delta}{\delta_0 - \Delta\delta} \tag{4.11}$$

$$\frac{\Delta L_2}{L_0} = \frac{\Delta\delta}{\delta_0 - \Delta\delta} = \frac{1}{1 - \frac{\Delta\delta}{\delta_0}} \cdot \frac{\Delta\delta}{\delta_0} \tag{4.12}$$

同样展开成级数形式，得

$$\begin{aligned}\frac{\Delta L_2}{L_0} &= \frac{\Delta\delta}{\delta_0}\left[1 + \frac{\Delta\delta}{\delta_0} + \left(\frac{\Delta\delta}{\delta_0}\right)^2 + \cdots\right] \\ &= \frac{\Delta\delta}{\delta_0} + \left(\frac{\Delta\delta}{\delta_0}\right)^2 + \left(\frac{\Delta\delta}{\delta_0}\right)^3 + \cdots\end{aligned} \tag{4.13}$$

③ 忽略二次以上的高次项，则 ΔL_1、ΔL_2 与 $\Delta\delta$ 为线性关系，即

$$\Delta L_1 = -\frac{L_0}{\delta_0} \cdot \Delta\delta \tag{4.14}$$

$$\Delta L_2 = \frac{L_0}{\delta_0} \cdot \Delta\delta \tag{4.15}$$

传感器的灵敏度：

$$S = \left|\frac{\Delta L}{\Delta\delta}\right| = \left|\frac{L_0}{\delta_0}\right| \tag{4.16}$$

由此可见，高次项是造成非线性的主要原因，且当 $\Delta\delta/\delta_0$ 越小时，高次项迅速减小，非线性得到改善，这说明输出特性与测量范围之间存在矛盾。因此，自感式传感器用于测量微小位移量是比较准确的。为减小非线性误差，实际测量中广泛采用差动式自感传感器。

3. 差动式自感传感器

1）结构和工作原理

为减小非线性，利用两只完全对称的单个自感传感器合用一个活动衔铁，构成差动式自

感传感器。差动自感传感器的结构各异,图 4.3 所示是差动式 E 形自感传感器,其结构特点是,上下两个磁体的几何尺寸、材料、电气参数均完全一致,传感器的两只电感线圈接入交流电桥的相邻桥臂,另外两只桥臂由电阻组成,构成交流电桥的四个臂,供桥电源为 $\dot{U}_{AC}$,桥路输出为 $\dot{U}_0$。

扫描下图可浏览 AR 资源——差动式 E 形结构自感传感器。

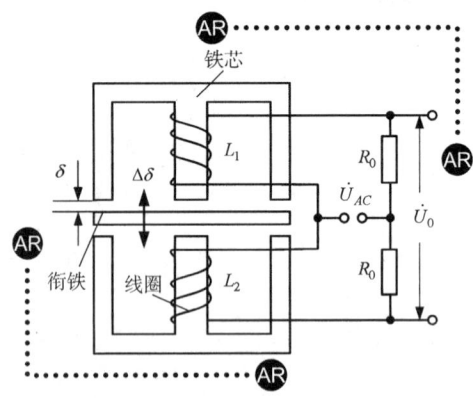

图 4.3 差动式 E 形自感传感器结构

初始状态时,衔铁位于中间位置,两边气隙宽度相等,因此两只电感线圈的电感量相等,接在电桥相邻臂上,电桥输出 $\dot{U}_0 = 0$,即电桥处于平衡状态。

当衔铁偏离中心位置,向上或向下移动时,造成两边气隙宽度不一样,使两只电感线圈的电感量一增一减,电桥不平衡。电桥输出电压的大小与衔铁移动的大小成比例,其相位则与衔铁移动的方向有关。因此,只要能测量出输出电压的大小和相位,就可以确定衔铁位移的大小和方向,衔铁带动连动机构就可以测量多种非电量,如位移、液面高度和速度等。

2) 输出特性

输出特性是指电桥输出电压与传感器衔铁位移量之间的关系。当构成差动式自感传感器,且接入电桥的相邻臂时,电桥输出电压将与 ΔL 有关(下移),即

$$\Delta L = L_2 - L_1 = 2L_0\left[\frac{\Delta\delta}{\delta_0} + \left(\frac{\Delta\delta}{\delta_0}\right)^3 + \left(\frac{\Delta\delta}{\delta_0}\right)^5 + \cdots\right] \tag{4.17}$$

式中

$$L_1 = \frac{\mu_0 A W^2}{2(\delta_0 + \Delta\delta)} \tag{4.18}$$

$$L_2 = \frac{\mu_0 A W^2}{2(\delta_0 - \Delta\delta)} \tag{4.19}$$

推导过程如下:

$$L_1 = \frac{\mu_0 A W^2}{2(\delta_0 + \Delta\delta)} = \frac{\mu_0 A W^2}{2\delta_0} \cdot \frac{2\delta_0}{2(\delta_0 + \Delta\delta)} = L_0 \cdot \frac{1}{1 + \frac{\Delta\delta}{\delta_0}}$$

$$= L_0\left[1 - \frac{\Delta\delta}{\delta_0} + \left(\frac{\Delta\delta}{\delta_0}\right)^2 - \left(\frac{\Delta\delta}{\delta_0}\right)^3 + \cdots\right]$$

同理
$$L_2 = L_0\left[1 + \frac{\Delta\delta}{\delta_0} + \left(\frac{\Delta\delta}{\delta_0}\right)^2 + \left(\frac{\Delta\delta}{\delta_0}\right)^3 + \cdots\right]$$

则
$$\Delta L = L_2 - L_1 = 2L_0\left[\frac{\Delta\delta}{\delta_0} + \left(\frac{\Delta\delta}{\delta_0}\right)^3 + \left(\frac{\Delta\delta}{\delta_0}\right)^5 + \cdots\right]$$

式中，L_0 为衔铁在中间位置时单个线圈的电感量。从式（4.17）可以看出，输出不存在偶次项，因此非线性得到了改善。

差动式自感传感器的灵敏度，在忽略高次项后得到

$$S = \frac{2L_0}{\delta_0} \tag{4.20}$$

它比单个自感式传感器提高了一倍。

3）螺管式和差动螺管式自感传感器

图 4.4 是螺管式自感传感器的结构原理图，它由螺管线圈和铁芯组成，铁芯插入线圈中并可来回移动。当铁芯发生位移时，将引起线圈电感的变化。这种传感器的优点是测量范围大，检测位移量可从数毫米到数百毫米，广泛应用于测量大量程直线位移；其缺点是灵敏度低。

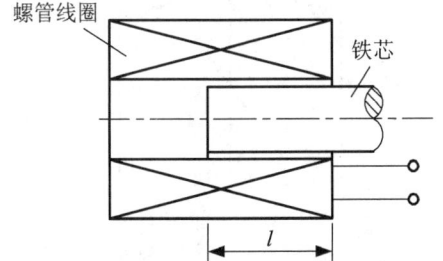
图 4.4　螺管式自感传感器结构原理图

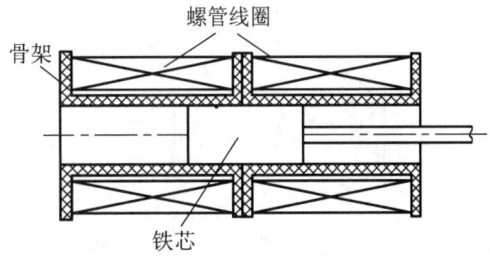
图 4.5　差动螺管式自感传感器结构原理图

差动螺管式自感传感器的结构原理如图 4.5 所示，它由两个相同的螺管线圈和铁芯组成，铁芯平时处在两螺管线圈的对称位置上，使两边螺管线圈的初始电感值相等。两个螺管线圈与电桥的两个相邻臂相连，当铁芯因被测物体位移在螺管线圈中移动时，电桥失去平衡，从而可从电桥输出电压中反映出被测物体位移量的大小和方向。差动螺管式自感传感器的动态测量范围为 1～200 mm，线性度为 0.1%～1%，分辨率小于 0.01 μm，广泛应用于机械位移及尺寸测量。

4. 测量电路

自感式传感器的测量电路有交流电桥式、交流变压器式和谐振式等几种。

1）交流电桥式测量电路

图 4.6 所示为交流电桥式测量电路，传感器的两个线圈作为电桥的两个相邻桥臂 Z_1 和 Z_2，

另两个相邻桥臂用纯电阻 $Z_3 = Z_4 = R$ 代替。

对于高 Q 值的差动式自感传感器 $\left(Q = \dfrac{\omega L}{R}\right)$，其输出电压为

$$\dot{U}_0 = \dfrac{\dot{U}_{AC}}{2} \cdot \dfrac{\Delta Z_1}{Z_1} = \dfrac{\dot{U}_{AC}}{2} \cdot \dfrac{\mathrm{j}\omega \Delta L}{R_0 + \mathrm{j}\omega L_0} \approx \dfrac{\dot{U}_{AC}}{2} \cdot \dfrac{\Delta L}{L_0} \qquad (4.21)$$

式中　L_0——衔铁在中间位置时单个线圈的电感；
　　　R_0——损耗电阻；
　　　ΔL——两线圈电感的变化量。

对于差动式自感传感器，根据式（4.17），在忽略高次项后，$\Delta L = 2L_0 \dfrac{\Delta \delta}{\delta_0}$，则式（4.21）可写成

$$\dot{U}_0 = \dot{U}_{AC} \cdot \dfrac{\Delta \delta}{\delta_0} \qquad (4.22)$$

电桥输出电压与 $\Delta\delta$ 有关，相位与移动方向有关，其输出特性如图 4.7 所示。若设衔铁向上移动 $\Delta\delta$ 为负，则 U_0 为负，而当衔铁向下移动 $\Delta\delta$ 为正，则 U_0 为正，即相位差为 180°。

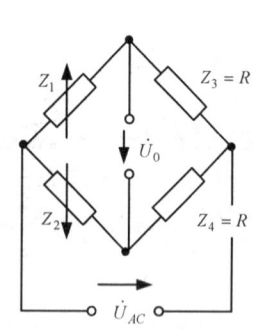

图 4.6　交流电桥测量电路

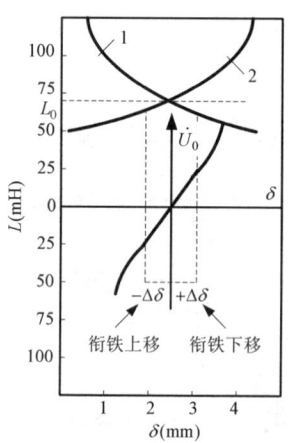

图 4.7　差动式自感传感器的输出特性

2) 变压器式交流电桥

变压器式交流电桥的结构如图 4.8 所示。相邻两工作臂 Z_1 和 Z_2 是差动式自感传感器的两个线圈的阻抗，另两个臂为交流变压器次级线圈的 1/2 阻抗，其每半电压为 $\dot{U}_{AC}/2$，输出电压取自 A、B 两点，D 点电位为零。设传感器线圈为高 Q 值，即线圈电阻远小于其感抗，则

$$\begin{aligned}\dot{U}_{AB} &= \dot{U}_A - \dot{U}_B \\ &= \dfrac{Z_2}{Z_1 + Z_2}\dot{U}_{AC} - \dfrac{\dot{U}_{AC}}{2} \\ &= \dfrac{\dot{U}_{AC}}{2} \cdot \dfrac{Z_2 - Z_1}{Z_1 + Z_2}\end{aligned} \qquad (4.23)$$

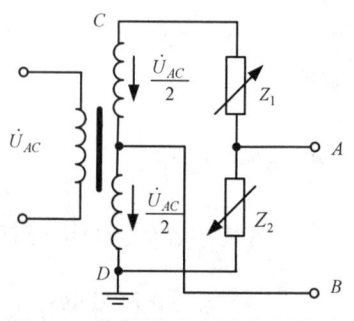

图 4.8　变压器式交流电桥电路

在初始位置，衔铁位于中间时，$Z_1 = Z_2 = Z$，此时，$\dot{U}_{AB} = 0$，电桥平衡。

当衔铁下移时，下线圈阻抗增加，即 $Z_2 = Z+\Delta Z$，而上线圈阻抗减小，即 $Z_1 = Z - \Delta Z$，由式（4.23）得

$$\dot{U}_{AB} = \frac{\dot{U}_{AC}}{2} \cdot \frac{(Z+\Delta Z)-(Z-\Delta Z)}{(Z+\Delta Z)+(Z-\Delta Z)} = \frac{\dot{U}_{AC}}{2} \cdot \frac{\Delta Z}{Z}$$

$$= \frac{\dot{U}_{AC}}{2} \cdot \frac{j\omega \Delta L}{R+j\omega L} = \frac{\dot{U}_{AC}}{2} \cdot \frac{\Delta L}{L} \quad (4.24)$$

同理，当衔铁上移时，$Z_1 = Z+\Delta Z$，$Z_2 = Z - \Delta Z$，则

$$\dot{U}_{AB} = -\frac{\dot{U}_{AC}}{2} \cdot \frac{\Delta Z}{Z} \approx -\frac{\dot{U}_{AC}}{2} \cdot \frac{\Delta L}{L} \quad (4.25)$$

综合式（4.24）和式（4.25）有

$$\dot{U}_{AB} = \pm \frac{\dot{U}_{AC}}{2} \cdot \frac{\Delta L}{L} \quad (4.26)$$

因此，衔铁上、下移动时，输出电压大小相等，极性相反，但由于 $\dot{U}_{AC}$ 是交流电压，输出指示无法判断出位移方向，必须采用相敏检波器鉴别出输出电压极性随位移方向变化而产生的变化。

3) 相敏检波电路

图 4.9 中，L_1 和 L_2 是差动式自感传感器的两个线圈的电感，作为交流电桥的相邻工作臂；C_1 和 C_2 为另两个桥臂；D_1、D_2、D_3 和 D_4 构成相敏整流器；R_1、R_2、R_3 和 R_4 为四个线绕电阻，用于减小温度误差；输出信号由电流表指示；C_3 为滤波电容；供桥电压由变压器 B 的次级提供，加在 E、F 点，输出电压自 G、H 取出。

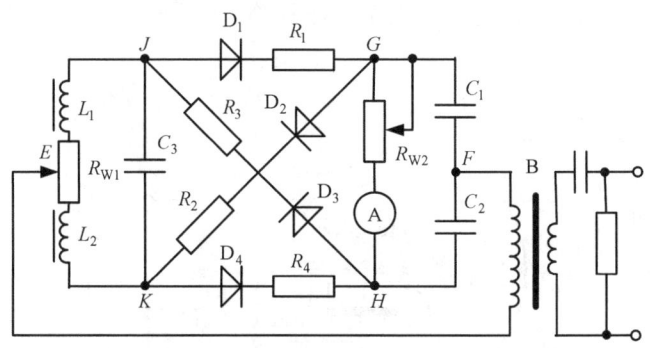

图 4.9 带相敏检波的交流电桥

当衔铁位于中间位置时，$L_1 = L_2$，电桥平衡，$U_G = U_H$，输出为零，电压表无指示。

当衔铁上移，上线圈 L_1 电感增大，下线圈 L_2 电感减小。如果输入交流电压为正半周，即 E 点电位为正，F 点电位为负，则二极管 D_1 和 D_4 导通，D_2 和 D_3 截止，这样，在 EJGF 支路中，G 点电位由于 L_1 的增大而比平衡时的电位降低，而在 EKHF 支路中，H 点电位由于 L_2 的减小而比平衡时的电位增高，所以，H 点电位高于 G 点，指针正向偏转。

如果输入交流电压为负半周,即 E 点电位为负,F 点电位为正,则二极管 D_1 和 D_4 截止,D_2 和 D_3 导通,这样,在 $EKGF$ 支路中,G 点电位由于 L_2 的减小而比平衡时减小,而在 $EJHF$ 支路中,由于 L_1 的增大,使 H 点电位比平衡时增大,仍然是 H 点电位高于 G 点,指针正向偏转。

当衔铁下移,上线圈 L_1 的电感减小,下线圈 L_2 的电感增大。同理分析可知,无论输入交流电压为正半周还是负半周,H 点电位总是低于 G 点,指针反向偏转。

这样,相敏检波电路既能反映出位移的大小,也能判断出位移的方向。

5. 应用举例

【例 4.1】 电感测微仪。

图 4.10 所示为电感测微仪的探头结构,它由螺管式差动自感传感器和一些部件组成。在测量杆的上端固定磁芯,线圈固定在磁筒中,磁筒和磁芯都采用铁氧体材料制成。当测量杆随被测物体一起移动时,将带动磁芯一起在传感器线圈中做轴向运动,从而使差动线圈传感器的两个线圈的阻抗发生大小相等、极性相反的变化。传感器线圈可接入电感测微仪的交流电桥电路,由相应的相敏检波电路就可判别出传感器磁芯的位移方向。

电感测微仪是应用最普遍的一种电动测量仪,常用来测量位移、尺寸及零部件的形位公差,可用于零件加工尺寸的分选及自动检测。

【例 4.2】 变气隙式差动压力传感器。

变气隙式差动压力传感器的结构如图 4.11 所示,它由 C 形弹簧管、衔铁、铁芯和线圈等组成。当被测压力进入 C 形弹簧管时,弹簧管产生变形,其自由端发生位移,带动与自由端连接成一体的衔铁运动,使线圈 1 和线圈 2 中的电感量发生大小相等、符号相反的变化,即电感量一个增大、一个减小,这种变化通过电桥电路转化为电压的变化。

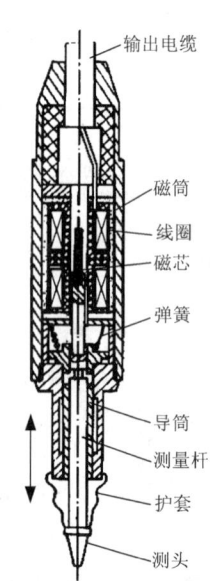

图 4.10 电感测微仪探头结构

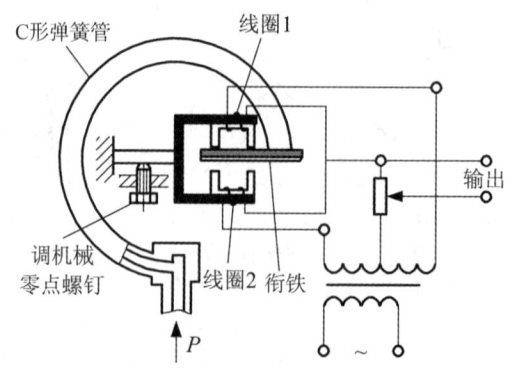

图 4.11 变气隙式差动压力传感器的结构

【例 4.3】 差动式电感测厚仪。

如图 4.12 所示,差动式电感测厚仪由电桥式相敏检波测量电路组成。L_1 和 L_2 是传感器的两个线圈,构成桥路的两相邻臂;另两个桥臂是 C_1、C_2。桥路对角线输出端 cd 由 4 只二极管 $D_1 \sim D_4$ 和 4 只附加电阻 $R_1 \sim R_4$(减小温度误差)组成相敏整流器,电流由电流表 A 指示。R_5 是调零电位器,R_6 用来调节电流表满刻度值。电桥电源(ab 端)由变压器 B 提供,B 采用磁饱和交流稳压器,R_7 和 C_3、C_4 起滤波作用。

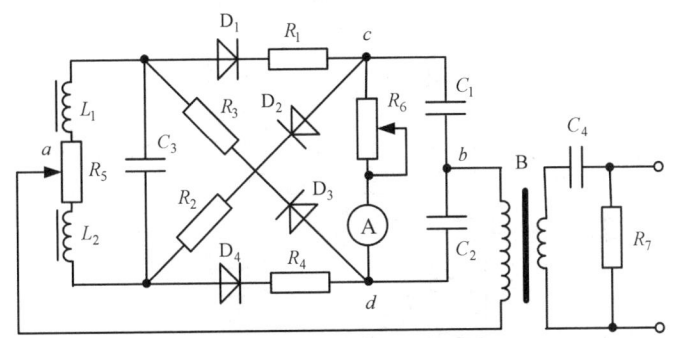

图 4.12 差动式电感测厚仪电路图

当电感传感器的衔铁处于中间位置时,$L_1 = L_2$,电桥平衡,$U_c = U_d$,电流表 A 中无电流流过。

当试件的厚度发生变化时,衔铁有位移,$L_1 \neq L_2$,此时有两种情况:

① 若 $L_1 > L_2$,无论电源电压极性是 a 点为正,b 点为负(D_1 和 D_4 导通),还是 a 点为负,b 点为正(D_2 和 D_3 导通),d 点电位总是高于 c 点电位,A 的指针向一个方向偏转。

② 若 $L_1 < L_2$,c 点电位总是高于 d 点电位,A 的指针总是向另一个方向偏转。

因此,根据电流表的指针偏转方向和刻度就可以判定衔铁的移动方向,同时确定被测件的厚度发生了多大的变化。

4.2 互感式传感器

互感式传感器是把被测量的变化转换为变压器互感的变化。变压器的初级线圈输入交流电压,次级线圈则互感出电势。由于互感式传感器的次级线圈常接成差动形式,故又称为差动变压器式传感器。

1. 结构与工作原理

图 4.13 所示是一个 π 形差动变压器,它由两个 π 形铁芯、一个活动衔铁及多个铁芯线圈组成。

线圈 1 和线圈 2 正向串接,组成初级绕组,$\dot{U}$ 为加在初级绕组的激励电压。线圈 3 和线圈 4 反向串接,组成次级绕组,其输出电压为 $\dot{U}_{sc}$。初次级线圈间的耦合程度与衔铁的位置有关。假如衔铁上移,则线圈 1、3 间的耦合加强,它们间的互感增大,而线圈 2、4 间的耦合程度减弱,它们间的互感减小。因此,差动变压器的初次级线圈间的耦合程度将随衔铁的移动而改变,即被测量位移可转换为传感器的互感变化,当用一定频率的电压激励初级绕组时,次级的输出电压$\dot{U}_{sc}$与互感的变化有关,这样,将被测位移转换为电压输出。

扫描下图可浏览 AR 资源——π形差动变压器结构原理。

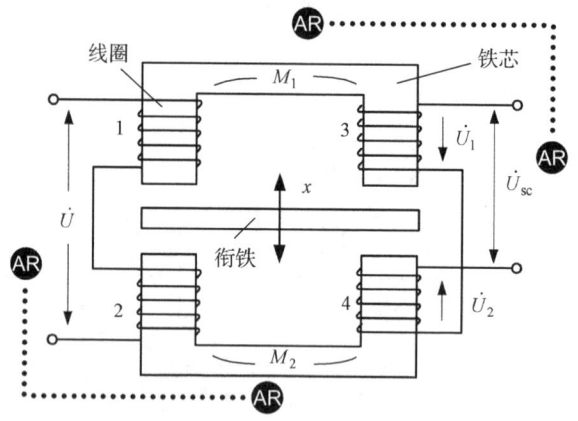

图 4.13　π形差动变压器的结构原理图

差动变压器与一般变压器不同,一般变压器为闭合磁路,初次级的互感为常数,而差动变压器由于存在铁芯气隙,是开磁路,且初次级的互感随衔铁位移而变化,另外,差动变压器的两个次级线圈按差动方式工作,输出电压$\dot{U}_{sc} = \dot{U}_1 - \dot{U}_2$。

① 当衔铁位于中间位置时,$M_1 = M_2$,$\dot{U}_1 = \dot{U}_2$,$\dot{U}_{sc} = 0$;

② 当衔铁向上移动,$M_1 > M_2$,$\dot{U}_1 > \dot{U}_2$,$\dot{U}_{sc} > 0$;

③ 当衔铁向下移动,$M_1 < M_2$,$\dot{U}_1 < \dot{U}_2$,$\dot{U}_{sc} < 0$。

所以,当衔铁偏离中心位置时,输出电压$\dot{U}_{sc}$随偏离的增大而增加,但上下偏移的相位差180°,如图 4.14 所示。实际上,衔铁位于中心位置时,输出电压$\dot{U}_{sc}$并不等于零,而是为$\dot{U}_z$,它是零点残余电压。其产生原因很多,主要是变压器的制作工艺和导磁体安装等问题引起的。$\dot{U}_z$一般在几十毫伏以下,在实际使用中,必须设法消除U_z,否则会影响测量结果。

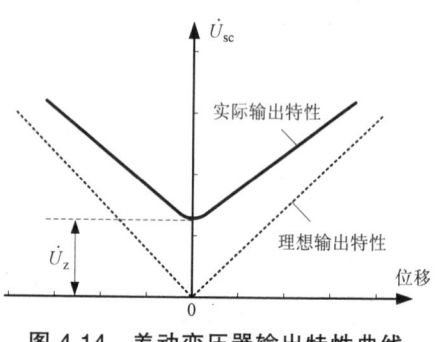

图 4.14　差动变压器输出特性曲线

2. 等效电路

在忽略线圈寄生电容、铁芯涡流损耗及磁滞损耗的情况下,一个理想的差动变压器可等效为图 4.15 所示的电路。

由于初级线圈 1、2 正向串接,可等效为一个初级线圈。R_1、L_1为初级线圈的损耗电阻及电感;$\dot{U}$和$\dot{I}$为初级线圈的激励电压和电流,角频率为ω;R_{21}和R_{22}为两个次级线圈的损耗电阻;L_{21}和L_{22}为两个次级线圈的电感;M_1和M_2为初级线圈与两个次级线圈间的互感系数;$\dot{U}_1$和$\dot{U}_2$为两次级线圈的感应电势;$\dot{U}_{sc}$为输出电压。

当次级开路时,初级线圈的交流电流为

$$\dot{I} = \frac{\dot{U}}{R_1 + j\omega L_1} \quad (4.27)$$

次级线圈感应电势为

$$\dot{U}_1 = -j\omega M_1 \dot{I} \quad (4.28)$$

$$\dot{U}_2 = -j\omega M_2 \dot{I} \quad (4.29)$$

差动变压器输出电压为

$$\dot{U}_{sc} = \dot{U}_1 - \dot{U}_2 = -j\omega(M_1 - M_2)\dot{I}$$
$$= -j\omega(M_1 - M_2)\frac{\dot{U}}{R_1 + j\omega L_1} \quad (4.30)$$

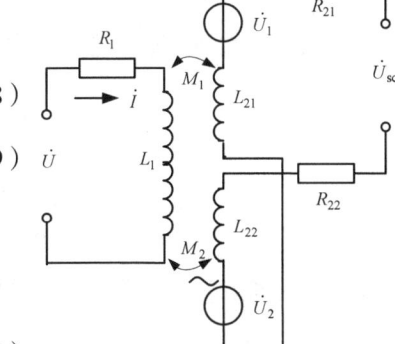

图 4.15 差动变压器等效电路

输出电压有效值为

$$U_{sc} = \frac{\omega(M_1 - M_2)U}{\sqrt{R_1^2 + (\omega L_1)^2}} \quad (4.31)$$

下面分为三种情况进行分析：

① 衔铁处于中间位置时，$M_1 = M_2 = M$，$\dot{U}_{sc} = 0$。这时单个次线线圈的感应电势为

$$\dot{U}_1 = \dot{U}_2 = -j\omega M \frac{\dot{U}}{R_1 + j\omega L_1} \quad (4.32)$$

$$E_0 = |\dot{U}_1| = |\dot{U}_2| = \frac{\omega MU}{\sqrt{R_1^2 + (\omega L_1)^2}} \quad (4.33)$$

② 当衔铁向上移动时，$M_1 = M + \Delta M$，$M_2 = M - \Delta M$，则

$$\dot{U}_{sc} = -j\omega \cdot \frac{2\Delta M \dot{U}}{R_1 + j\omega L_1} \quad (4.34)$$

有效值 $U_{sc} = |\dot{U}_{sc}| = \frac{2\omega \Delta MU}{\sqrt{R_1^2 + (\omega L_1)^2}} = 2E_0 \cdot \frac{\Delta M}{M} \quad (4.35)$

与 U_1 同极性。

③ 当衔铁向下移动时，$M_1 = M - \Delta M$，$M_2 = M + \Delta M$，则

$$\dot{U}_{sc} = j\omega \frac{2\Delta M \dot{U}}{R_1 + j\omega L_1} \quad (4.36)$$

有效值 $U_{sc} = \frac{-2\omega \Delta MU}{\sqrt{R_1^2 + (\omega L_1)^2}} = -2E_0 \cdot \frac{\Delta M}{M} \quad (4.37)$

与 U_2 同极性。

而输出阻抗及模为

$$\begin{cases} Z = R_{21} + R_{22} + j\omega L_{21} + j\omega L_{22} \\ |Z| = \sqrt{(R_{21}+R_{22})^2 + \omega^2(L_{21}+L_{22})^2} \end{cases} \quad (4.38)$$

这样，从输出端看进去，差动变压器可等效为复阻抗为 Z、电压为 $\dot{U}_{sc}$ 的一个电压源，如图 4.16 所示。

根据式（4.35），差动变压器的灵敏度为

$$K = \frac{U_{sc}}{\Delta M} = \frac{2\omega U}{\sqrt{R_1^2 + (\omega L_1)^2}} \quad (4.39)$$

当传感器的激励工作频率 ω 很低时，即 $\omega L_1 \ll R_1$，则

$$K = \frac{2\omega U}{R_1} \propto \omega \quad (4.40)$$

当频率增高，$\omega L_1 \gg R_1$ 时，则

$$K = \frac{2\omega U}{\omega L_1} = \frac{2U}{L_1} \quad (4.41)$$

与 ω 无关。

当频率继续增加，由于导线的趋肤效应和铁损等影响，灵敏度 K 下降。

综上，激励频率与灵敏度的关系如图 4.17 所示，应选取较高的激励频率，以保证灵敏度不变，并与 ω 无关。

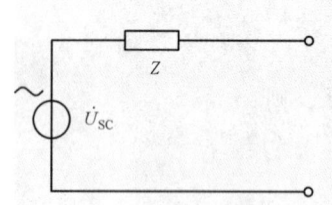

图 4.16 差动变压器等效为电压源

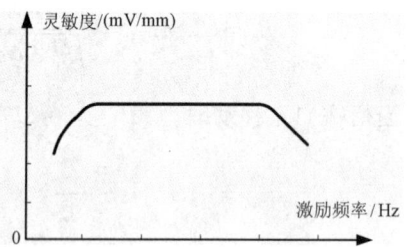

图 4.17 激励频率与灵敏度的关系

3. 测量电路

差动变压器输出的是交流电压，若用交流模拟数字电压表测量，只能反映衔铁位移的大小，不能反映移动方向；另外，其测量值中含有零点残余电压。为了达到能辨别移动方向和消除零点残余电压的目的，实际测量时常采用两种测量电路，即差动整流电路和相敏检波电路。

1）差动整流电路

这种电路把差动变压器的两个次级线圈的感生电压分别整流，然后再将整流后的电压或电流的差值作为输出。图 4.18 所示是电压输出型的全波差动整流电路。

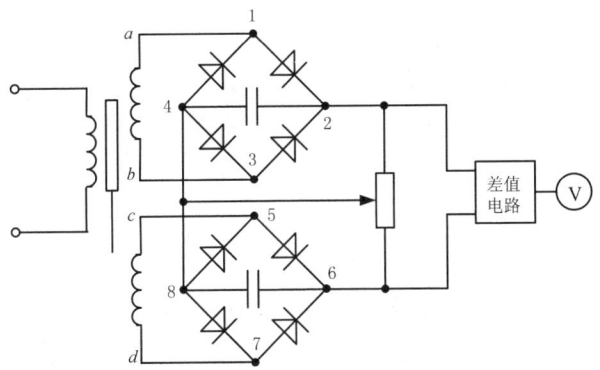

图 4.18 电压输出型的全波差动整流电路

图 4.18 中，假设某瞬时载波为正半周，即上线圈 a 端为正，b 端为负，下线圈 c 端为正，d 端为负。在上线圈中，电流自 a 点出发，路径为 a→1→2→4→3→b，流过电容的电流方向是 2→4，电容上的电压为 $\dot{U}_{24}$。在下线圈中，电流由 c 点出发，路径为 c→5→6→8→7→d，流过电容的电流方向是 6→8，电容上的电压为 $\dot{U}_{68}$，总的输出电压 $\dot{U}_{sc} = \dot{U}_{24} + \dot{U}_{86} = \dot{U}_{24} - \dot{U}_{68}$。

当载波为负半周时，上线圈 a 端为负，b 端为正，而下线圈 c 端为负，d 端为正。在上线圈中，电流由 b 点出发，路径为 b→3→2→4→1→a，流过电容的电流方向是 2→4。在下线圈中，电流由 d 点出发，路径为 d→7→6→8→5→c，流过电容的电流方向仍是由 6→8，总的输出电压 $\dot{U}_{sc} = \dot{U}_{24} - \dot{U}_{68}$。

可见，无论载波是正半周还是负半周，通过上下线圈中电容的电流方向始终不变，因而总的输出电压始终为

$$\dot{U}_{sc} = \dot{U}_{24} - \dot{U}_{68} \tag{4.42}$$

① 当衔铁在零位时，$\dot{U}_{24} = \dot{U}_{68}$，输出电压 $\dot{U}_{sc} = 0$；
② 当衔铁在零位以上时，$\dot{U}_{24} > \dot{U}_{68}$，则 $\dot{U}_{sc} > 0$；
③ 当衔铁在零位以下时，$\dot{U}_{24} < \dot{U}_{68}$，则 $\dot{U}_{sc} < 0$。

同时，由于 $\dot{U}_{24}$ 和 $\dot{U}_{68}$ 输出电压极性相反，零点残余电压自动抵消。全波差动整流电路的波形如图 4.19 所示。

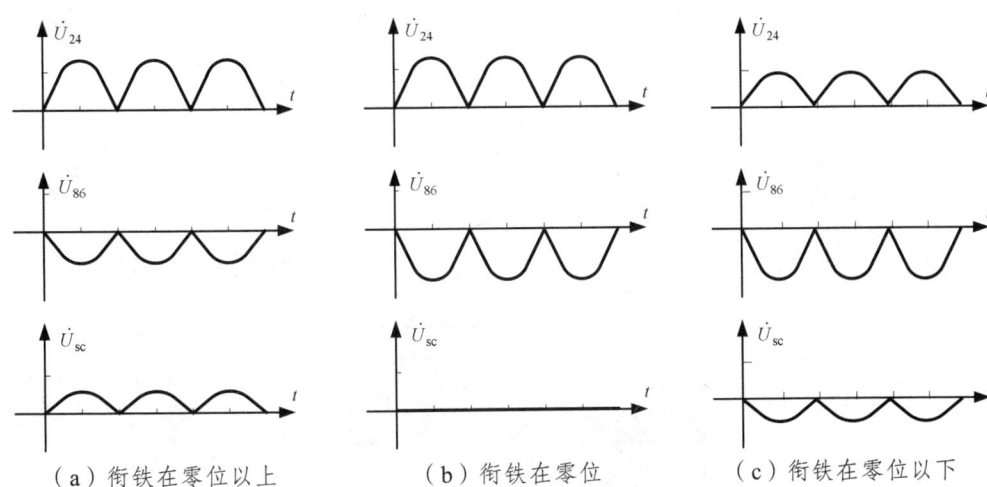

（a）衔铁在零位以上　　（b）衔铁在零位　　（c）衔铁在零位以下

图 4.19 全波差动整流电路的输出波形图

2）相敏检波电路

二极管相敏检波电路如图 4.20 所示。U_i 为差动变压器的输入电压，U_j 为与 U_i 同频的参考电压，且 $U_j > U_i$，它们作用于相敏检波电路中两个变压器 B_1 和 B_2。

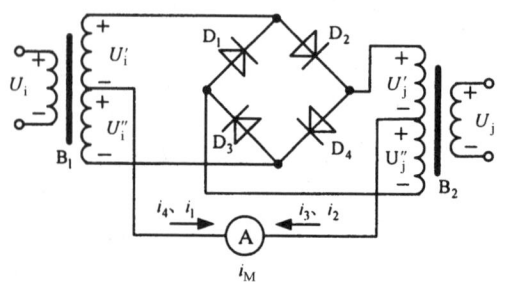

微课：二极管
相敏检波电路

图 4.20 二极管相敏检波电路

当 $U_i = 0$，由于 U_j 的作用，在正半周时，D_3 和 D_4 处于正向偏置，电流 i_3 和 i_4 以不同方向流过电表 A，由于电路对称，通过电表的电流为零，输出为零；在负半周时，D_1 和 D_2 导通，i_1 和 i_2 相反，输出电流为零。

当 $U_i \neq 0$ 时，分两种情况分析：

① 当 U_i 和 U_j 同相位时，若在正半周，由于 $U_j > U_i$，D_3 和 D_4 导通，则作用于 D_4 两端的信号是 $U_j' + U_i'$，因此 i_4 较大；而作用于 D_3 两端的电压为 $U_j - U_i$，所以 i_3 较小，则 $i_M = i_4 - i_3$ 为正。在负半周时，D_1 和 D_2 导通，此时在 U_i 和 U_j 作用下，i_1 增加而 i_2 减小，$i_M = i_1 - i_2 > 0$。U_i 和 U_j 同相时，各电流波形如图 4.21 所示。

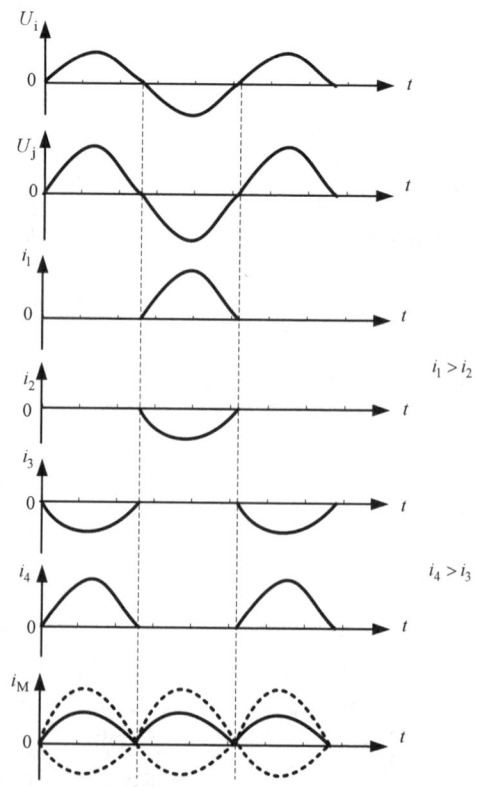

图 4.21 相敏检波电路在 U_i 和 U_j 同相时的波形

② 当 U_i 和 U_j 反相时，在 U_j 为正半周，U_i 为负半周时，D_3 和 D_4 仍导通，但 i_3 增加，i_4 减小，通过电流表 A 的电流 $i_M < 0$；在 U_j 为负半周，U_i 为正半周时，$i_M < 0$。

所以，上述相敏检波电路可根据流过电流表 A 的平均电流的大小和方向来判别差动变压器的位移大小和方向。

随着集成电路技术的发展，出现了集成电路的相敏检波器。如图 4.22 所示为 LZX1 单片全波相敏检波放大器与差动变压器的连接电路。

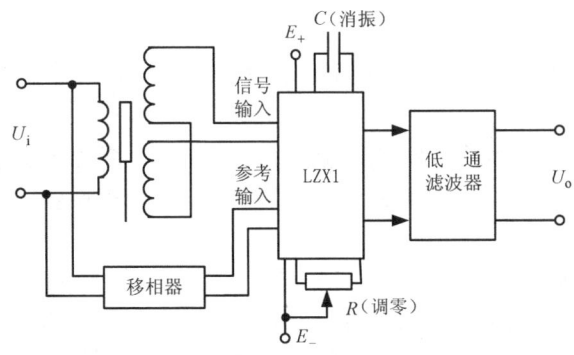

图 4.22　差动变压器与 LZX1 的连接电路

相敏检波电路要求参考电压和差动放大器次级输出电压同频率，相位相同或相反，因此需要在电路中接入移相电路。LZX1 的输出信号还需经过低通滤波器除去调制时引入的高频信号，只让与位移信号对应的直流电压信号通过。

4．应用举例

【例 4.4】　四极微动同步器。

微动同步器是变磁阻型旋转变压器，如图 4.23 所示，它由四个定子极 1、2、3、4 和两个转子极 5、6 组成。在四个定子极上有四只匝数相同的线圈串接成初级绕组，而另四只匝数相同的线圈串接成次级绕组。当初级绕组被激励时，在各极上产生的磁通设为 $\dot{\Phi}_1$、$\dot{\Phi}_2$、$\dot{\Phi}_3$、$\dot{\Phi}_4$。在两相对磁极中（1 与 3、2 与 4）磁通方向是一致的，在某一瞬时的方向如图 4.23 所示。当转子转动时，磁阻的变化将引起次级绕组中感生电动势的变化，因此，四对初、次级线圈就构成了四个变压器式传感器。

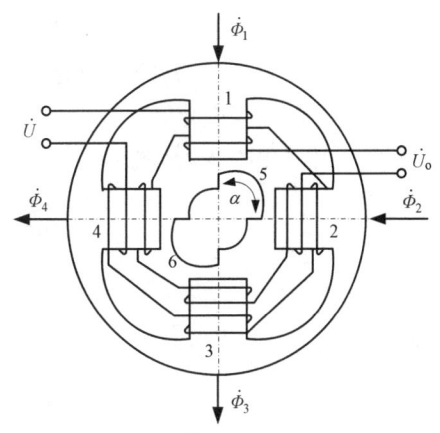

图 4.23　四极微动同步器的工作原理图

当在初始位置 $\alpha = 0°$ 时，转子的两个极分别遮住了定子极的一半，这时，四个定子极的磁路对称，通过四个定子极的磁通大小相等，即 $|\dot{\Phi}_1|=|\dot{\Phi}_2|=|\dot{\Phi}_3|=|\dot{\Phi}_4|$，四个次级线圈中的感生电势相等，由于次级线圈 1、3 和 2、4 反向串接，因此输出电压为零。

当转子顺时针转动一个 $+\alpha$ 角时，与 2、4 极相对覆盖面积增大，而与 1、3 极相对覆盖面积减小，因此 2、4 极磁阻减小，磁通增大，次级线圈 2、4 中感生电动势增大；而 1、3 极磁阻增大，磁通减小，次级线圈 1、3 中感生电动势减小。这样，总的输出不再为零，输出

电压 $\dot{U}_o$ 与 2、4 线圈中感生电动势同相,且与顺时针转角 α 成正比。

当转子逆时针转动一个 $-\alpha$ 角时,情况与上述相反,线圈 1、3 中的感生电动势比线圈 2、4 中的大,因此输出电压 $\dot{U}_o$ 与顺时针输出时的相位相反,其大小也与转角 α 成正比。

4.3 电涡流式传感器

电感线圈产生的磁力线经过金属导体时,金属导体就会产生感应电流,且呈闭合回线,类似于水涡流形状,故称之为电涡流,如图 4.24 所示。

电涡流的大小与金属导体的电阻率 ρ、相对磁导率 μ_r、金属导体的厚度 H、线圈激励信号频率 ω 以及线圈与金属导体间的距离 x 等参数有关。若固定某些参数,就能按电涡流的大小测量出另外某一参数。

由于涡流深度与传感器线圈的激励信号频率有关,故电涡流传感器可分为高频反射式和低频透射式。它们的基本工作原理相似,这里以高频反射式涡流传感器为例说明其工作原理。

1. 基本原理

在图 4.24 中,有一通以交变电流 $\dot{i}_1$ 的传感器线圈,由于 $\dot{i}_1$ 的存在,线圈周围就产生一个交变磁场 $\dot{H}_1$。若被测导体置于该磁场范围内,基于法拉第电磁感应定律,导体内将产生电涡流 $\dot{i}_2$。$\dot{i}_2$ 也将产生一个新磁场 $\dot{H}_2$,且 $\dot{H}_2$ 的方向与 $\dot{H}_1$ 相反,力图削弱 $\dot{H}_1$ 的作用,从而使线圈的等效电感量、阻抗和品质因数发生变化。

微课:电涡流传感器工作原理

扫描下图可浏览 AR 资源——高频反射式电涡流传感器。

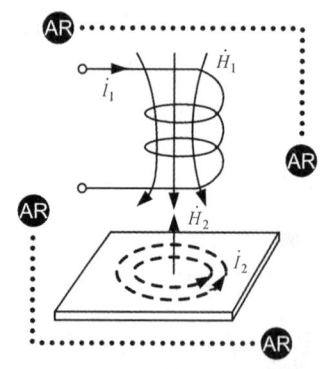

图 4.24 电涡流式传感器的基本原理图

为分析方便,建立电涡流式传感器的简化模型以得到其等效电路。将被测导体上形成的电涡流等效为一个短路环中的电流,R_2 和 L_2 为短路环的等效电阻和电感。如图 4.25 所示,设线圈的电阻为 R_1,电感为 L_1,加在线圈两端的激励电压为 $\dot{U}_1$。线圈与被测导体等效为相互耦合的两个线圈,它们之间的互感系数 $M(x)$ 是距离 x 的函数,随 x 的增大而减小。

对电涡流传感器的等效电路，根据基尔霍夫定律，列出回路 1 和回路 2 的电压平衡方程：

$$\begin{cases} R_1\dot{I}_1 + j\omega L_1\dot{I}_1 - j\omega M\dot{I}_2 = \dot{U}_1 \\ R_2\dot{I}_2 + j\omega L_2\dot{I}_2 - j\omega M\dot{I}_1 = 0 \end{cases} \quad (4.43)$$

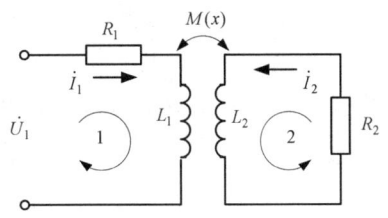

图 4.25 电涡流式传感器的等效电路

解方程可得到回路内的电流 $\dot{I}_1$ 和 $\dot{I}_2$，并可进一步求得线圈受金属导体影响后的等效阻抗为

$$Z = \frac{\dot{U}_1}{\dot{I}_1} = R_1 + R_2 \frac{\omega^2 M^2}{R_2^2 + \omega^2 L_2^2} + j\omega\left[L_1 - L_2 \frac{\omega^2 M^2}{R_2^2 + \omega^2 L_2^2}\right] \quad (4.44)$$

等效电感为

$$L = L_1 - L_2 \frac{\omega^2 M^2}{R_2^2 + \omega^2 L_2^2} \quad (4.45)$$

品质因数为

$$Q = \frac{\mathrm{Im}(Z)}{\mathrm{Re}(Z)} = \frac{Q_0\left(1 - \frac{L_2}{L_1} \cdot \frac{\omega^2 M^2}{Z_2^2}\right)}{1 + \frac{R_2}{R_1} \cdot \frac{\omega^2 M^2}{Z_2^2}} \quad (4.46)$$

式中，$Q_0 = \frac{\omega L_1}{R_1}$，为无涡流影响时的 Q 值；Z_2 为短路环阻抗，且

$$Z_2 = \sqrt{R_2^2 + \omega^2 L_2^2} \quad (4.47)$$

由上面的分析可以看出：

① 由于涡流的影响，线圈等效阻抗的实数部分增大，虚数部分减小，因此品质因数 Q 值下降。

② 影响线圈等效阻抗 Z、等效电感 L、等效品质因数 Q 变化的因素有导体的性质（L_2、R_2）、线圈的参数（L_1、R_1）、电流的频率 ω 以及线圈与导体间的互感系数 $M(x)$。线圈 Z、L、Q 的变化与 L_1、L_2 及 M 有关，因此将电涡流式传感器归为电感式传感器。

③ 线圈的 Z、L、Q 都是系统互感系数 $M(x)$ 平方的函数，当构成电涡流式传感器时，$Z = f_1(x)$、$L = f_2(x)$、$Q = f_3(x)$ 都是非线性函数。但在一定范围内，可将这些函数近似地用线性函数表示，于是就可通过测量 Z、L 或 Q 的变化线性地获得位移的变化。

总之，电涡流式传感器的工作原理可总结为：当传感器线圈与被测导体间距离远近不同时，它们间的耦合程度不同，反映出线圈的 Z、L、Q 的变化就不一样，通过测量 Z、L、Q 的变化，就可得到位移量的变化。

2. 结构类型

1) 变间隙式电涡流传感器

变间隙式电涡流传感器的结构如图 4.26 所示，它由扁平线圈固定在框架上构成。其中，线圈采用高强度多股漆包线绕成，位于传感器的端部；线圈框架采用损耗小、电绝缘性能好的聚四氟乙烯等材料制作；支座用于固定传感器；电缆和插头接后续测量电路，由于激励频率高，必须采用专用的高频电缆和插头。

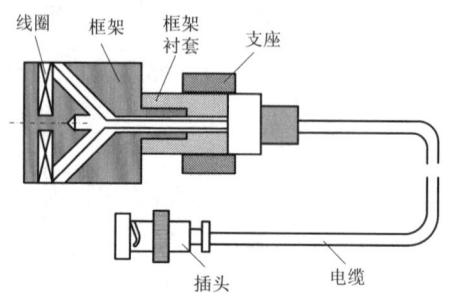

图 4.26　电涡流式传感器的结构

由于电涡流式传感器是利用线圈与被测导体间的电磁耦合进行工作的，因而被测导体作为"实际传感器"的一部分，其材料的物理性质、尺寸及形状都与传感器特性密切相关。

图 4.27 所示是被测体直径对灵敏度的影响，纵坐标 K_r 为相对灵敏度，横坐标 D/d 表示被测体直径与线圈直径的比值。由图看出，当 $\dfrac{D}{d}=\dfrac{1}{2}$ 时，灵敏度将减小一半。为充分利用电涡流效应，被测体的直径不应小于线圈直径的 1.8 倍，即 $\dfrac{D}{d}>1.8$。

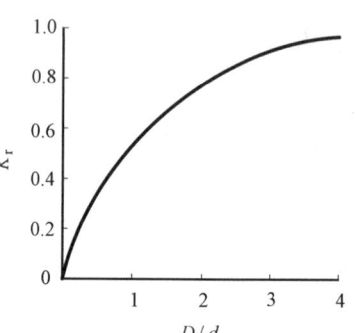

图 4.27　被测体直径对灵敏度的影响

同样，对被测体厚度也有一定的要求，一般厚度需大于 0.2 mm，当然，这与激励频率有关。

2）低频透射式电涡流传感器

低频透射式电涡流传感器，其激励频率低，贯穿深度大，适用于测量金属材料的厚度。其结构如图 4.28 所示。

图 4.28 中，传感器由发射线圈 L_1 和接收线圈 L_2 组成，它们分别位于被测金属板材的两侧。当低频激励电压 $\dot{U}_1$ 加到 L_1 的两端时，将在 L_2 的两端产生感应电压 $\dot{U}_2$。若两线圈之间无金属导体，L_1 的磁场就能直接贯穿 L_2，这时 $\dot{U}_2$ 最大。当有金属板后，将产生涡流，削弱 L_1 的磁场，造成 $\dot{U}_2$ 下降。金属板越厚，涡流损耗越大，$\dot{U}_2$ 就越小。因此，可利用 $\dot{U}_2$ 的大小来反映金属板的厚度。

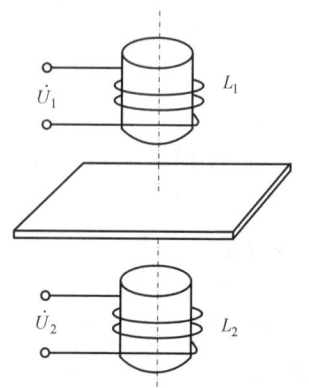

图 4.28　低频透射式电涡流传感器

3. 测量电路

根据电涡流式传感器的工作原理，被测量可以转换为线圈电感、阻抗和 Q 值的变化，相应的测量电路也有三种，即测量线圈电感的谐振电路、测量阻抗的电桥电路以及测量 Q 值的电路。由于 Q 值测量电路较少采用,电桥电路在 2.3 节中已作了详细阐述,因此这里主要介绍谐振电路。

谐振电路的基本工作原理是:将传感器线圈和电容组成 LC 谐振回路,谐振频率 $f = \dfrac{1}{2\pi\sqrt{LC}}$。谐振时回路阻抗最大,为 $Z_0 = \dfrac{L}{R'C}$,R' 为回路等效损耗电阻。当电感 L 变化时,f 和 Z_0 都随之变化,因此,通过测量回路的阻抗或谐振频率即可获得被测值。相应地,谐振回路可分为调频式和调幅式两种。

1)调频式电路

如图 4.29 所示,传感器线圈接入 LC 振荡回路,当传感器与被测导体距离 x 发生改变时,在涡流影响下,传感器的电感变化,导致振荡频率的变化,且该变化的振荡频率 f 是距离 x 的函数。该频率可由数字频率计直接测量,或者通过 F/V 变换,用数字电压表测量对应的电压。振荡器电路如图 4.30 所示,它由谐振回路(L、C)、电容三点式振荡器(C_1、C_2、C_3、T_1)以及射极跟随器(T_2)组成。为避免输出电缆分布电容的影响,通常将 L、C 一起做在探头里,这样,电缆电容就并联在大电容 C_2 和 C_3 上,对振荡频率 f 的影响大大减小。为与负载隔离,振荡器通过射极跟随器输出。

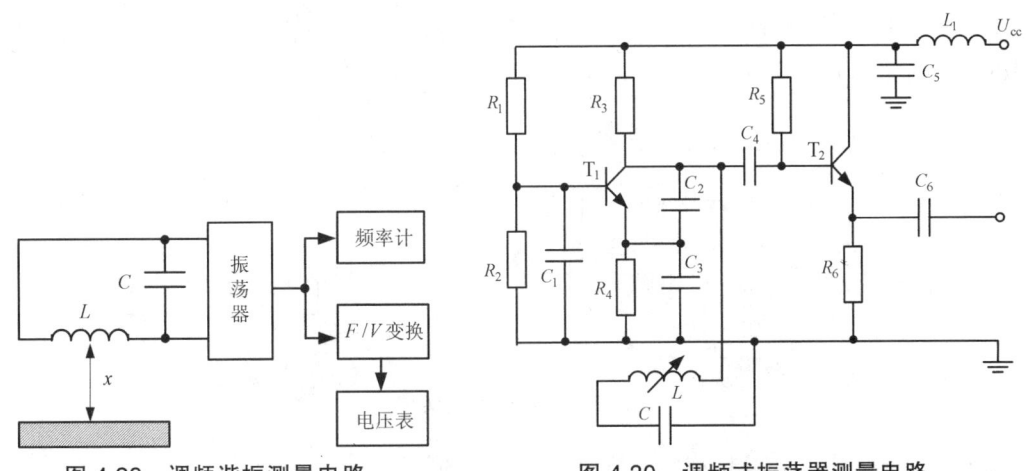

图 4.29 调频谐振测量电路   图 4.30 调频式振荡器测量电路

2)调幅式电路

如图 4.31 所示,传感器线圈 L 和电容器 C 并联组成谐振回路,石英晶体构成的振荡电路起一个恒流源的作用。给谐振回路提供一个稳定频率(f_0)的激励电流 i_0,则 LC 回路的输出电压为

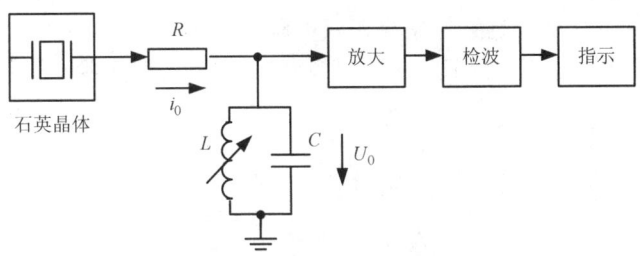

图 4.31 调幅式测量电路

$$U_0 = i_0 \cdot Z \tag{4.48}$$

式中，Z 是 LC 回路的阻抗，$Z = \dfrac{L}{R'C}$。

当金属导体远离或被去掉时，LC 并联谐振回路频率即为石英振荡频率 f_0，回路呈现的阻抗最大，谐振回路上的输出电压 U_0 也最大；当金属导体靠近传感器线圈时，线圈的等效电感 L 发生变化，导致回路失谐，从而使回路阻抗降低，输出电压 U_0 降低。L 的数值随距离 x 的变化而变化，因此输出电压 U_0 也随 x 而变化。此电压 U_0 经过放大、检波后，由指示仪表直接显示出 x 的大小。

电路采用石英晶体作振荡器，旨在获得高稳定度的频率激励信号，以保证稳定的输出。因为振荡频率若变化 1%，一般将引起输出电压发生 10% 的漂移。图 4.31 中，R 为耦合电阻，用来减小传感器对振荡器的影响，并作为恒流源的内阻。

4. 应用举例

【例 4.5】 电涡流式传感器测量位移。

测量金属件的静态或动态位移是电涡流式传感器的主要用途之一。图 4.32 是由其构成的液位监控系统。液位变化时，浮子与杠杆带动涡流板上下移动，由电涡流式传感器发出信号控制电动泵的开启而使液位保持一定。

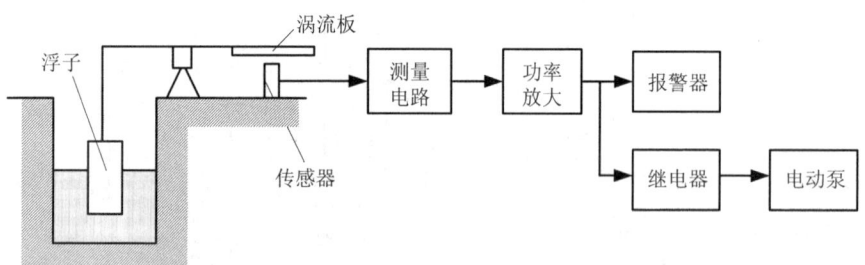

图 4.32 液位监控系统

图 4.33 则是利用电涡流式传感器测量汽轮机主轴的轴向窜动。电涡流式传感器测位移时，量程范围可以从 0～1 mm 到 0～30 mm，一般分辨率为满量程的 0.1%。

【例 4.6】 电涡流式传感器测量转速。

如图 4.34 所示，在一个旋转金属体上加一个有 N 个齿的齿轮，旁边安装电涡流式传感器。当旋转体转动时，齿轮的齿与传感器的距离变小，电感量变小，经电路处理后将周期地输出信号。该输出信号的频率 f 可用频率计测出，然后换算成转速 n，即

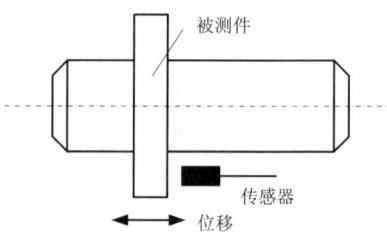

图 4.33 电涡流式传感器测量位移

$$n = \dfrac{f}{N} \times 60 \tag{4.49}$$

式中，n 为被测转速（r/min）。

扫描下图可浏览 AR 资源——电涡流传感器测量转速。

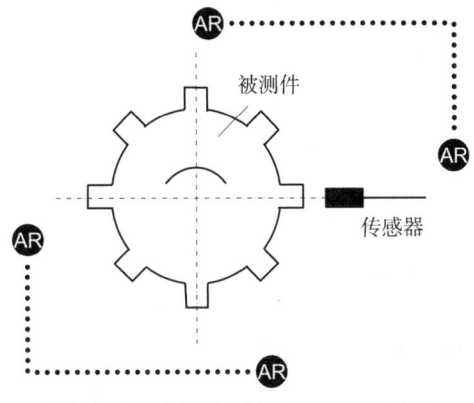

图 4.34　电涡流式传感器测量转速

【例 4.7】　电涡流式传感器测量膜厚。

利用涡流检测法，能够检测出金属表面的氧化膜的厚度，如图 4.35 所示。设当金属表面无氧化层时，传感器与其表面的距离为 x_0，对应的电感量为 L_0；当金属表面有氧化膜时，传感器与其表面的距离为 x。传感器与金属表面距离减小后，由于金属表面电涡流对传感器线圈中磁场的反作用加强，传感器的电感量减小为 $L = L_0 - \Delta L$。因此，金属表面氧化层的厚度 ($x_0 - x$) 可通过电感量的变化而测得。

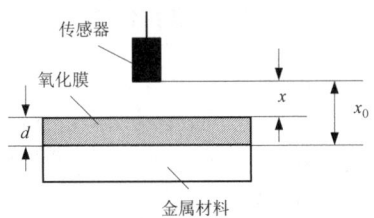

图 4.35　膜厚测量方法示意图

【例 4.8】　电涡流式传感器测量板材厚度。

前面介绍了低频透射式电涡流式传感器可以测金属材料的厚度，高频反射式电涡流式传感器也可用于厚度测量，这时金属板材厚度的变化相当于线圈与金属间距离的改变。为克服金属板移动过程中上下波动以及带材不够平整的影响，常采用图 4.36 所示的结构。在板材上下两侧对称放置两个特性相同的传感器 L_1 和 L_2，则板厚 $d = D - (x_1 + x_2)$。这里，D 是两个传感器之间的距离，x_1 和 x_2 分别是板材离两个传感器 L_1 和 L_2 间的距离。工作时，两个传感器分别测得 x_1 和 x_2。板厚不变时，即使板材波动或表面不平整，$(x_1 + x_2)$ 始终是常值，而板厚改变时，$(x_1 + x_2)$ 随之变化，由输出电压可反映出来。

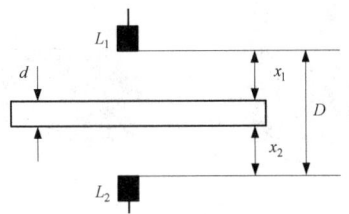

图 4.36　测金属板厚度示意图

【例 4.9】 电涡流式传感器测量温度。

在较小的温度范围内，导体的电阻率与温度的关系为

$$\rho_1 = \rho_0[1 + \alpha(T_1 - T_0)] \tag{4.50}$$

式中　ρ_1、ρ_0——温度 T_1 和 T_0 时的电阻率；

　　　α——在给定温度范围内的电阻温度系数。

若保持电涡流式传感器的机、电、磁各参数不变，使传感器的输出只随被测导体电阻率而变，就可测得温度的变化。

【例 4.10】 电涡流对金属材料的探伤。

电涡流探伤的基本原理是：保持传感器与被测体距离不变，物体表面的裂纹将引起金属的电阻率、磁导率变化，从而引起传感器参数的变化。

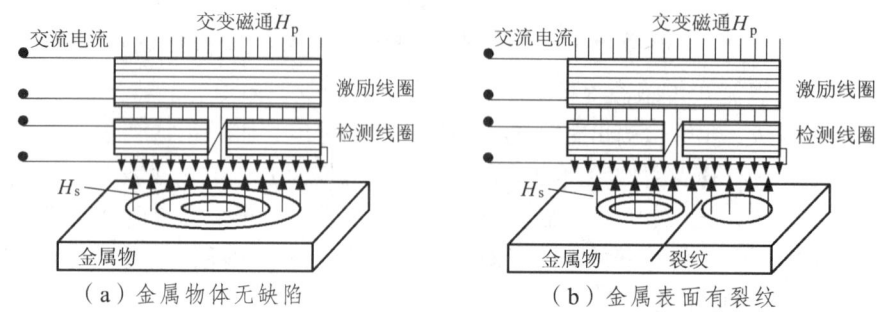

(a) 金属物体无缺陷　　　　　　(b) 金属表面有裂纹

图 4.37　电涡流对金属探伤的原理示意图

如图 4.37 所示，载有交变电流的线圈产生交变磁场 H_p，在金属物体中感应出电涡流，产生交变涡流磁场 H_s，并在检测线圈中产生感应电动势。检测线圈由两个结构参数完全相同的线圈反向连接成差动形式，同向交变磁通在差动线圈中产生的感应电势是相反的。当被测金属物体表面没有缺陷时，穿过检测线圈的两个差动线圈的磁通量相等，感应电动势相互抵消，检测线圈输出为零。当被测金属物体上存在缺陷时，穿过检测线圈两个差动线圈的磁通量不相等，检测线圈输出感应电动势不为零。

5. 电涡流阵列传感器

电涡流阵列传感器采用柔性印制电路板（FPCB）工艺，直接在基底材料上制作多个敏感线圈，布置成矩阵形式的阵列，如图 4.38 所示。它可适应各种复杂几何形状的金属表面测量，包括检测部件的位置、表面形貌、涂层厚度以及回转体零件的内外径等，也可以用来检测裂纹等表面缺陷。

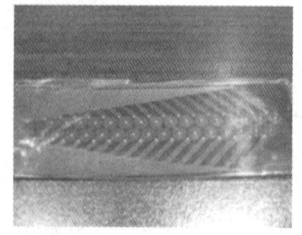

图 4.38　电涡流阵列传感器的实物图

典型的电涡流阵列传感器包含 16、32 或 64 个感应线圈，频率范围为 20 Hz～6 MHz。电涡流阵列式传感器的一次扫查相当于传统的单个涡流式传感器的多次往返扫查，如图 4.39 所示。

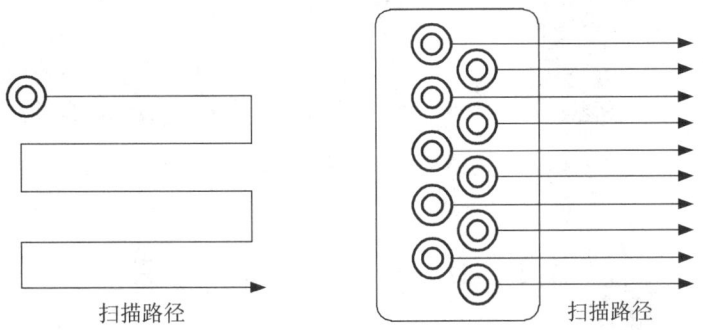

图 4.39 传统单个涡流传感器和涡流阵列传感器扫查路径对比图

电涡流阵列传感器在使用过程中，需要复用数据通道。为避免线圈之间由于电磁耦合产生的互感作用，在电涡流阵列传感器系统各个线圈依次激励过程中，要满足任意两个相邻线圈不会同时被激励，如图 4.40（a）所示，以提高线圈的灵敏度、降低噪声水平，获得改善的信噪比。在图 4.40（b）中可看出，通过复用通道的精确编程控制，线圈间的互感影响被大大减小。

扫描下图可浏览 AR 资源——电涡流阵列传感器单元线圈触发方式。

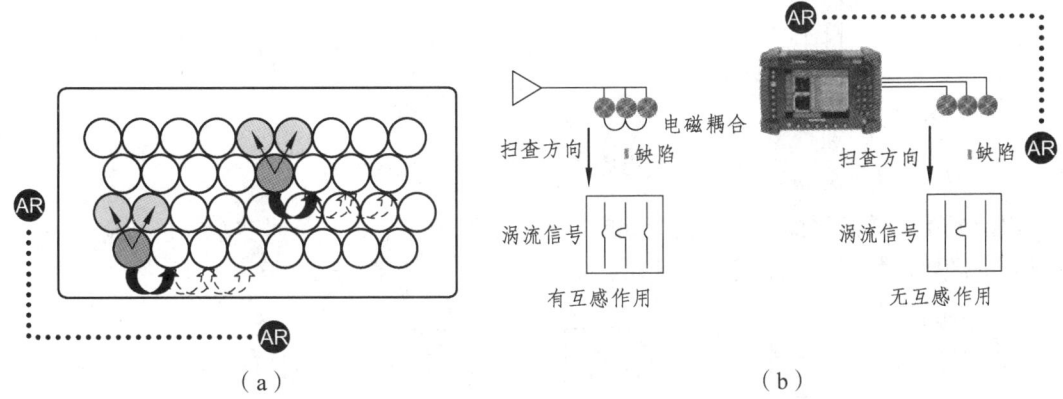

（a） （b）

图 4.40 电涡流阵列传感器减小相邻线圈互感的原理

与传统的电涡流式传感器相比较，电涡流阵列传感器的优势主要体现在：

① 不需使用机械探头扫描即可实现大面积范围的测量，检测效率高，一般为常规电涡流探头的 10～100 倍，且测量精度和分辨率与单个传感器的相同。

② 可同时检测多个方向的缺陷，可解决对某一走向缺陷或是长裂纹的"盲视"问题。

③ 传感器的结构形式灵活多样，可适应复杂表面形状的工件检测，如管、棒、条以及飞机轮毂、发动机涡轮盘、涡轮叶片等构件的表面检测，如图 4.41 所示。

④ 采用 C-扫视图显示，图像清晰直观。

图 4.41　不同结构外形的探头适应复杂工件的检测

4.4　电感式接近传感器

1. 工作原理

电感式接近传感器由高频振荡电路、检波电路、放大电路、整形电路及输出电路组成，如图 4.42 所示。检测用敏感元件为检测线圈，它是振荡电路的一个组成部分。在检测线圈的工作面上存在一个交变磁场，当金属物体接近检测线圈时，金属物体就会产生涡流而吸收振荡能量，使振荡减弱以至停振。振荡和停振这两种状态经检测电路转换成开关信号输出。

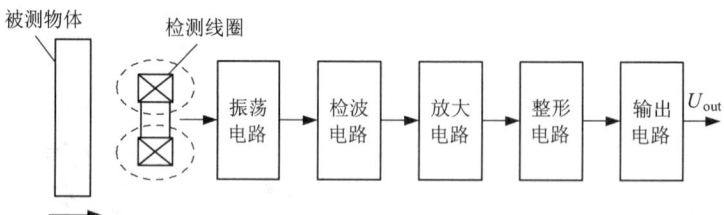

图 4.42　电感式接近传感器工作原理图

电感式接近传感器的基本结构形式有圆柱型、基座型、槽型及贯穿型，以适应于不同检测场合的需要，如图 4.43 所示。

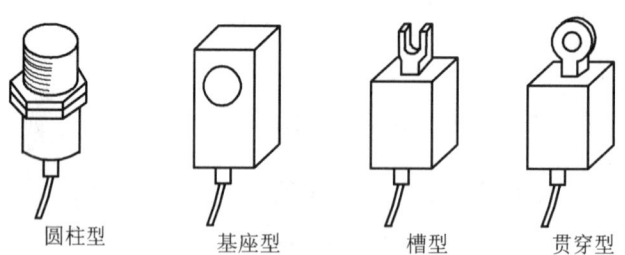

图 4.43　电感式接近传感器的结构形式

2. 主要特性

1）被测物体尺寸与检测距离的关系

当被测物体的厚度一定时，被测物体边长与检测距离的关系如图 4.44 所示。从图中可以看出，当被测物体的边长大于 30 mm 时，检测距离不再受被测物体边长的影响。另外，检测距离因被测金属材料的不同而不同。

2) 被测物体厚度与检测距离的关系

被测物体的厚度对检测距离有着较大的影响，并且不同检测体材料对检测距离的影响也不一样。随着材料厚度的增加，检测距离减小，当其厚度超过 1 mm 时，检测距离基本稳定，如图 4.45 所示。

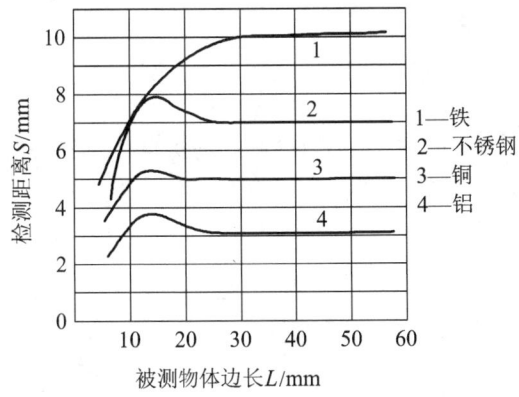

图 4.44 被测物体边长与检测距离的关系　　图 4.45 被测物体厚度与检测距离的关系

另外，金属材料表面镀层对检测距离也有不同程度的影响。

3) 传感器的基本工作方式

电感式接近传感器可以检测从传感器侧向水平接近的被测体，也可以检测从传感器正面垂直接近的被测体，如图 4.46 所示。从检测体接近传感器到传感器开关动作的距离称为"动作距离"。传感器在工作中存在着动作距离和复位距离的差值，称为"动作滞差"。

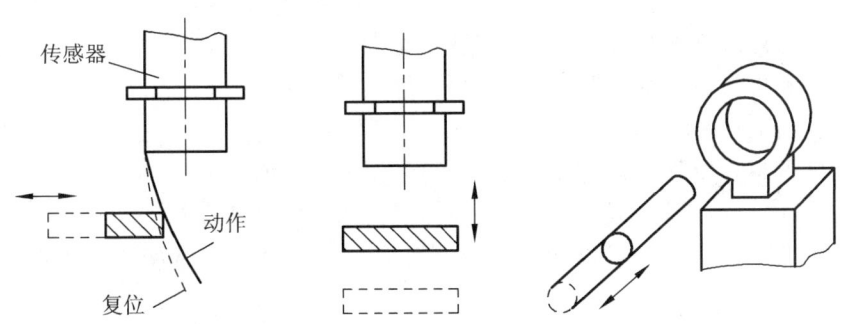

图 4.46 电感式接近传感器的工作方式

在实际使用中，被测物体还可以制作成带齿的圆盘，在齿顶面位置安装有被测物体，如图 4.47 所示。在齿盘转动时，每一个检测体接近传感器，传感器就输出一个开关脉冲信号。传感器在每秒内输出开关信号的次数，称为"动作频率"。

3. 应用实例

【例 4.11】 生产线工件的计数。

图 4.48 是生产线工件计数装置的原理示意图。接近传感器设置在工件传送带的一侧,当传送带运行时,一个个工件经过接近传感器,传感器输出脉冲开关信号,该信号可直接送到计数器进行计数。

【例 4.12】 机械手的限位。

自动生产线上使用了各种机械手,从事搬运工件的工作。为保证机械手抓取及放置工件位置的准确性,常采用接近传感器对其运动范围进行限位,如图 4.49 所示。接近传感器设置在机械手臂左右需要限位的位置,当机械手臂左右运动接近传感器并达到检出距离时,传感器输出控制信号,经执行机构使机械手停止运行。

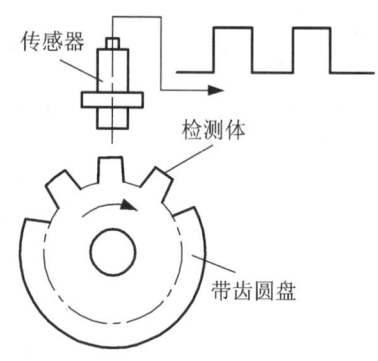

图 4.47 带齿圆盘的接近工作方式

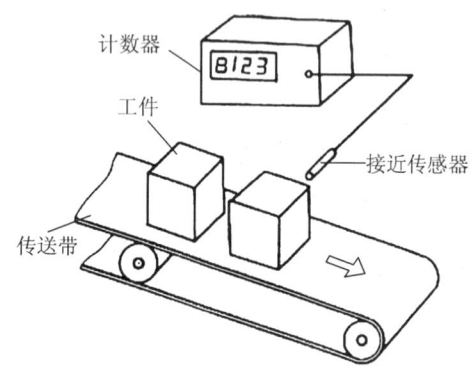

图 4.48 生产线工件计数装置示意图

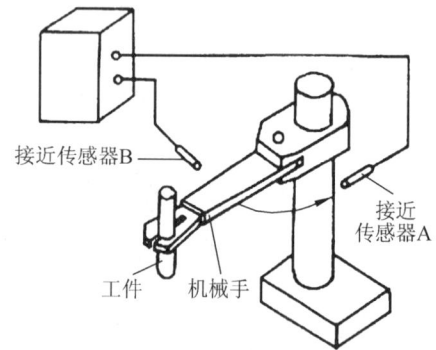

图 4.49 机械手运动限位示意图

习题及思考题

1. 为什么电感式传感器又称为变磁阻式传感器?
2. 为改善自感式传感器的非线性可采用怎样的结构形式?
3. 定量分析 π 型互感式传感器的等效电路及工作原理。
4. 为判断互感式传感器衔铁的移动方向可采用怎样的测量电路结构?
5. 为什么说被测金属导体是实际电涡流传感器的组成部分?
6. 测量时在电涡流传感器与被测金属板之间加入纸、塑料、金属板,对测量电压输出有无影响?
7. 分析高频反射式电涡流传感器测量位移的原理。
8. 分析低频透射式电涡流传感器测量金属材料厚度的原理。
9. 简述差动式电感测厚仪的原理,分析判定铁芯的移动方向。
10. 分析并画出互感式传感器相敏检波电路在 U_i 和 U_j 反相时流过电流表的各电流波形。
11. 利用电涡流法测板材厚度,已知激励电源频率为 $f = 1 \text{ MHz}$,被测材料相对磁导率

$\mu_r = 1$,电阻率 $\rho = 2.9 \times 10^{-6}\ \Omega \cdot cm$,被测板材厚度为($1 \pm 0.2$)mm。求:① 采用高频反射法测量时,涡流穿透深度为多少? ② 能否用低频透射法测量板材厚度? 需采取什么措施? 画出检测示意图。

12. 说明电涡流式传感器的静态标定方法。

13. 说明声表面波传感器中的叉指换能器的主要作用。

14. 声表面波传感器包括哪些主要类型?

15. 用电感式接近传感器设计股道占用智能判别系统,如图4.50所示。要求给出传感器的选型、安装方式和行进方向的判别方法以及股道占用的合理算法。

图 4.50　习题 15

16. 电涡流传感器静态标定实验设备如图4.51所示,分别进行的三次实验及结果如下:

实验一:被测金属板采用铝质板,测量 $U\text{-}x$ 关系曲线如表4.1所示。

实验二:被测金属板仍采用铝质板,但直径较小,测量 $U\text{-}x$ 关系曲线如表4.2所示。

实验三:被测金属板采用铁板,测量 $U\text{-}x$ 关系曲线如表4.3所示。

要求:(1)画出实验一中的 $U\text{-}x$ 关系曲线,确定传感器的线性工作范围,计算传感器的灵敏度。

(2)实验二中的输出电压增大说明直径较小的铝质板的电涡流效应大还是小?

(3)实验三中的输出电压减小说明铁板比铝质板的电涡流效应大还是小?

(4)在传感器与金属板之间加入纸、塑料等物,对测量电压输出有无影响? 加入金属板后的情况如何? 为什么?

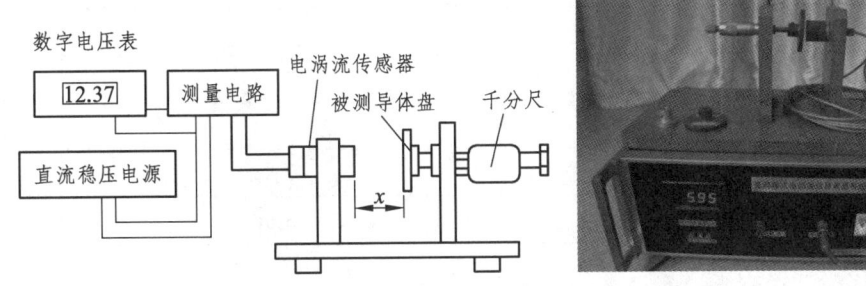

图 4.51　电涡流传感器静态标定实验设备

表 4.1 实验一测试结果

距离 x/mm	输出电压/V
0	1.78
1	2.85
2	3.97
3	5.19
4	6.28
5	7.31
6	8.24
7	9.20
8	10.21
9	11.30
10	12.39
11	13.48
12	14.50
13	15.40
14	16.15
15	16.78
16	17.08
17	17.14

表 4.2 实验二测试结果

距离 x/mm	输出电压/V
0	2.10
1	3.26
2	4.58
3	5.90

表 4.3 实验三测试结果

距离 x/mm	输出电压/V
0	1.19
1	2.08
2	2.83
3	3.66

第 5 章

压电式传感器

压电式传感器是以具有压电效应的压电器件为核心组成的传感器。当材料表面受力作用变形时，其表面会有电荷产生，从而实现非电量测量。

5.1 压电效应和压电材料

1. 压电效应

某些物质当沿其某一方向施加压力或拉力时，会产生变形，此时这种材料的两个表面将产生符号相反的电荷，如图 5.1 所示；当去掉外力后，它又重新回到不带电状态。这种现象称为压电效应。当外力改变方向，电荷极性随之而改变。这种机械能转变为电能的现象，称为"顺压电效应"或"正压电效应"。

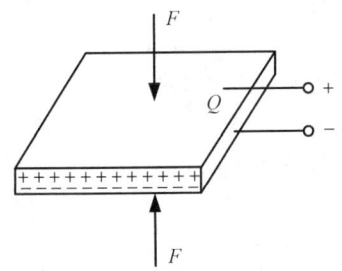
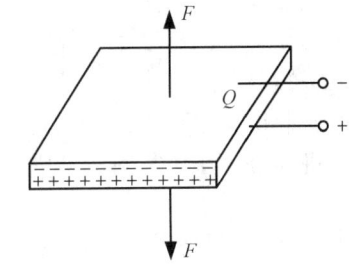

图 5.1 （正）压电效应

反之，当在某些物质的极化方向上施加电场，材料会产生机械变形，当去掉外加电场后，该变形也随之消失，这种电能转变为机械能的现象，称为"逆压电效应"或"电致伸缩效应"。压电效应的可逆性如图 5.2 所示，利用这一特性能实现机电能量的相互转换。

具有压电效应的电介质称为压电材料。在自然界中，大多数晶体都具有压电效应，然而

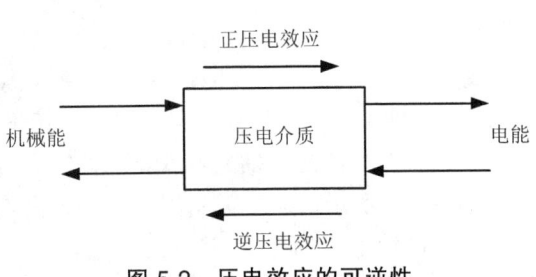

图 5.2 压电效应的可逆性

大多数晶体的压电效应都十分微弱。随着对压电材料的深入研究，发现石英晶体和人造压电陶瓷是性能优良的压电材料。

2. 压电材料简介

压电材料的主要特性参数有：
- 压电系数——衡量材料压电效应强弱的参数，直接关系到压电输出灵敏度。
- 弹性常数（刚度）——决定着压电器件的固有频率和动态特性。
- 介电常数——压电元件的固有电容与之有关，而固有电容又影响着传感器的频率下限。
- 机电耦合系数——衡量压电材料机电能量的转换效率，定义为输出与输入能量比值的平方根。
- 电阻——压电材料的绝缘电阻越大将有利于减小电荷泄漏，从而改善压电传感器的低频特性。
- 居里点——压电材料开始丧失压电性的温度。

目前主要的压电材料分为三大类，即压电晶体、压电陶瓷及新型压电材料。它们都具有较好的特性，如压电常数较大，机械性能优良（强度高，固有振荡频率稳定），时间稳定性好，温度稳定性好等，所以它们是比较理想的压电材料。

石英晶体为单晶体，俗称"水晶"。常见的人造和天然石英晶体，其化学成分是 SiO_2，压电系数 $d_{11} = 2.31 \times 10^{-12}$ C/N。在几百度的温度范围内，其压电系数稳定，能产生十分稳定的固有频率 f_0，能承受 $700 \sim 1\,000$ kg/cm^2（$1\,kg/cm^2 \approx 0.1\,MPa$）的压力，是理想的压电材料。

压电陶瓷是人造多晶系压电材料，常用的有钛酸钡、锆钛酸铅、铌酸盐系压电陶瓷。它们的压电常数比石英晶体高，如钛酸钡（$BaTiO_3$）压电系数 $d_{33} = 190 \times 10^{-11}$ C/N，但介电常数、机械性能不如石英晶体好。由于压电陶瓷的品种多、性能各异，可根据各自的特点制作各种不同的压电传感器，是一种很有发展前途的压电元件。

新型压电材料包括压电半导体和有机高分子压电材料。压电半导体材料的显著特点是：既具有压电特性，又具有半导体特性，因此既可用其压电特性研制传感器，又可用其半导体特性制作电子器件，也可以两者结合，集压电元件与电子线路于一体，研制成新型集成压电传感器。有机高分子压电材料的特点是质轻、柔软、抗拉强度高、机电耦合系数高。

3. 石英晶体的压电特性

目前，传感器中使用的均是居里点为 573 ℃、六角晶系结构的 α-石英，其外形呈六角棱柱体，如图 5.3 所示。

石英晶体各个方向的特性是不同的。在三维直角坐标系中，z 轴被称为晶体的光轴，x 轴为电轴，y 轴为机械轴。电轴（x 轴）穿过六棱柱的棱线，在垂直于此轴的面上压电效应最强；机械轴（y 轴）表示石英晶体在电场的作用下，沿该轴方向的机械变形最明显；光轴（z 轴）也叫中性轴，光线沿该轴通过石英晶体时无折射，沿 z 轴方向施加作用力不产生压电效应。

如图 5.4 所示，从石英晶体上沿 y 方向切下一块晶体片，当在电轴 x 方向施加作用力 f_x 时，在与电轴（x）垂直的平面上将产生电荷 q_x，其大小为

$$q_x = d_{11}f_x \tag{5.1}$$

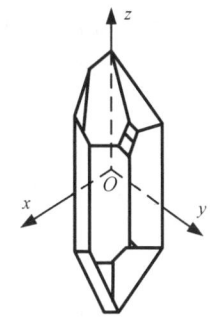
图5.3 石英晶体的结构

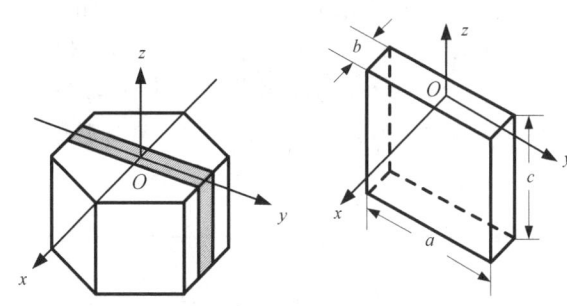
图5.4 石英晶体的剖面图

式中，d_{11}是石英晶体在x轴受力时的压电系数。

若沿机械轴y方向施加作用力f_y，则在与x轴垂直的平面上将产生电荷，其大小为

$$q_y = d_{12} \cdot \frac{a}{b} \cdot f_y = -d_{11} \cdot \frac{a}{b} \cdot f_y \tag{5.2}$$

式中，d_{12}是y轴方向受力的压电系数，因石英轴对称，所以$d_{12} = -d_{11}$；a、b分别为晶体片的长度和厚度。

电荷q_x和q_y的符号是由受压力还是拉力来决定。q_x的大小与晶体片的几何尺寸无关，而q_y则与晶体片几何尺寸有关。图5.5表示晶体切片在x轴和y轴方向受拉力和压力的具体情况。

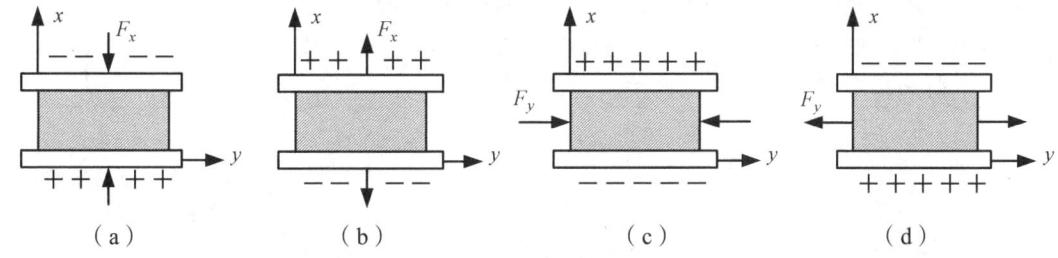

图5.5 晶体片上电荷极性与受力方向的关系

如果在片状压电晶体材料的两个电极面上加以交流电压，那么石英晶体片将产生机械振动，即晶体片在电极方向有伸长和缩短现象，这种电致伸缩现象即为逆压电效应。

4. 压电陶瓷的压电现象

压电陶瓷是人造多晶体，它的压电机理与石英晶体不同。从性质上看，压电陶瓷是一种经极化处理的人工多晶铁电体。所谓"多晶"，指它是由无数细微的单晶组成。所谓"铁电体"，指它具有类似铁磁材料磁畴的"电畴"结构，每个单晶形成一单个电畴。这种自发极化的电畴在极化处理以前，各晶粒内的电畴按任意方向排列，自发极化的作用相互抵消，陶瓷内极化强度为零。因此，原始的压电陶瓷呈现各向同性而不具有压电性，如图5.6（a）所示。

要使压电陶瓷具有压电性，必须作极化处理，即在一定温度下对陶瓷施加强直流电场，"迫使"电畴自发极化方向转到与外加电场正方向一致，作规则排列，如图5.6（b）所示。既然已极化，此时压电陶瓷具有一定极化强度，当外电场撤销后，电畴趋向基本保持不变，陶瓷极化强度并不立即恢复到零，如图5.6（c）所示。此时存在剩余极化强度，从而呈现出

压电性,即陶瓷片的两端出现束缚电荷,一端为正,另一端为负。如图 5.7 所示,由于束缚电荷的作用,在陶瓷片的极化两端很快吸附一层来自外界的自由电荷,这时束缚电荷与自由电荷数值相等,极性相反,因此陶瓷片对外不呈现极性。

扫描下图可浏览 AR 资源——压电陶瓷的压电机理。

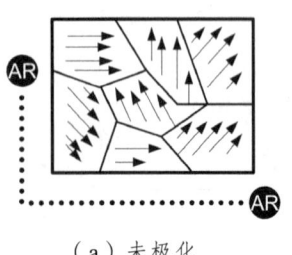 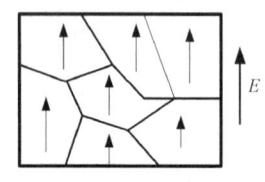 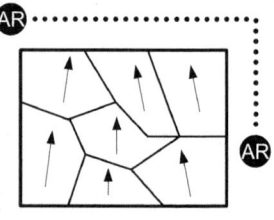

（a）未极化　　　　　　（b）正在极化　　　　　　（c）极化后

图 5.6　压电陶瓷的极化

如果在压电陶瓷片上加一个与极化方向平行的外力,陶瓷片产生压缩变形,片内的束缚电荷之间距离变小,电畴发生偏转,极化强度变小,因此吸附在其表面的自由电荷,有一部分被释放而呈现放电现象。当撤销压力时,陶瓷片恢复原状,极化强度增大,因此又吸附一部分自由电荷而出现充电现象。这种因受力而产生的机械效应转变为电效应,将机械能转变为电能,就是压电陶瓷的正压电效应。放电电荷的多少与外力成正比例关系,即

$$q = d_{33} \cdot F \quad (5.3)$$

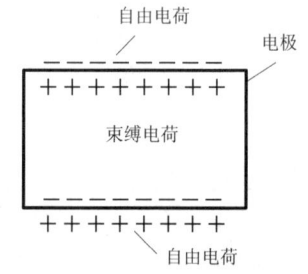

图 5.7　束缚电荷与自由电荷排列的示意图

式中　d_{33}——压电陶瓷的压电系数；
　　　F——作用力。

5.2　压电式传感器的等效电路和测量电路

1. 压电晶片的连接方式

制作压电传感器时,可采用两片或两片以上具有相同性能的压电晶片粘贴在一起使用。压电晶片有电荷极性,因此压电晶片的连接方式有并联和串联两种,如图 5.8 所示。

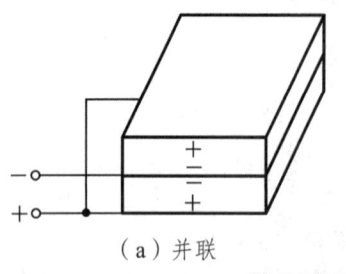 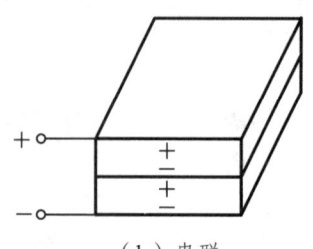 

（a）并联　　　　　　　　（b）串联

微课：压电晶片的连接方式

图 5.8　两块压电晶片的连接方式

并联连接的压电式传感器输出电容及极板上的电荷分别为单块晶体片的两倍，而输出电压与单片上的电压相等，即

$$C' = 2C , \quad q' = 2q , \quad U' = U \tag{5.4}$$

串联时，输出电荷等于单片上的电荷，输出电压为单片电压的2倍，总电容为单片的1/2，即

$$C' = \frac{1}{2}C , \quad q' = q , \quad U' = 2U \tag{5.5}$$

由此可见，并联接法虽然输出电荷大，但由于电容也增大，时间常数大，故只适宜测量慢变化信号，并以电荷作为输出。串联接法输出电压高，本身电容小，适宜以电压作为输出信号，且要求测量电路的输入阻抗很高。

因为压电晶片的接触面不可能绝对平坦，所以在制作和使用传感器时，要使压电晶片有一定的预应力，以保证全面均匀接触。但预应力不能太大，否则将影响压电式传感器的灵敏度。

2. 压电式传感器的等效电路

当压电晶片受力时，在晶片的两个表面上分别聚集等量的正、负电荷，因此，晶片的两表面相当于一个电容的两个极板，两极板间的物质等效于一种介质。于是，压电晶片相当于一只平行板介质电容器，如图5.9所示，其电容量为

$$C_e = \frac{\varepsilon S}{d} \tag{5.6}$$

式中　　S——极板面积；
　　　　d——压电片厚度；
　　　　ε——压电材料的介电常数。

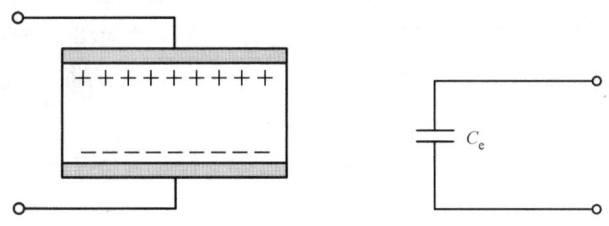

图 5.9　压电晶片的等效电路

压电式传感器可以等效为一个电压源 $U = \dfrac{Q}{C_e}$ 和一只电容 C_e 的串联，如图5.10（a）所示。由图可知，只有在外电路负载 R_L 无穷大，且内部无漏电时，受力产生的电压 U 才能长期保持不变；如果负载不是无穷大，则电路就要以时间常数 $R_L C_e$ 按指数规律放电。因此，必须在压电式传感器上加交变力，电荷才能不断得到补充，供给测量电路一定的电流，故压电式传感器只适宜作动态测量。

压电式传感器也可以等效为一个电荷源与一个电容并联，此时，电路被视为一个电荷发生器，如图5.10（b）所示。

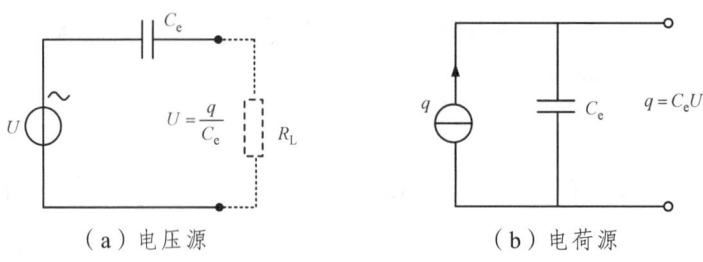

（a）电压源　　　　　　　　　　　（b）电荷源

图 5.10　压电式传感器的等效电路

压电式传感器在实际使用时，总要与测量仪器或电路相连接，因此，还必须考虑连接电缆的等效电容 C_c、放大器的输入阻抗 R_i 和输入电容 C_i。这样，压电式传感器在测量系统中的等效电路如图 5.11 所示，图中 C_e 和 R_d 分别为传感器的电容和漏电阻。

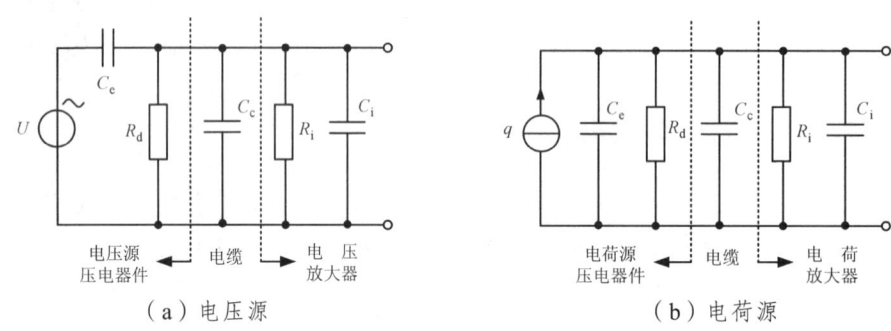

（a）电压源　　　　　　　　　　　（b）电荷源

图 5.11　压电式传感器在测量系统中的等效电路

3. 压电式传感器的测量电路

压电器件既然是一个有源电容器，必然存在与电容式传感器一样的应用弱点，即高内阻和小功率的问题，应加以解决。首先，由于功率小，输出能量微弱，必须进行前置放大；其次，由于高内阻，必须进行前置阻抗变换，将传感器的高阻抗输出变换成低阻抗输出。因此，前置放大器有两个作用：一是放大传感器输出的微弱信号，二是将它的高阻抗输出变换成低阻抗输出。

压电式传感器的测量电路——前置放大器，对应于电压源和电荷源，有两种形式：电压放大器和电荷放大器。

1）电压放大器

图 5.11（a）可简化为图 5.12 的形式，其中 R 为 R_d 和 R_i 的并联等效电阻，C 为 C_c 和 C_i 的并联等效电容，即

$$R = \frac{R_d \cdot R_i}{R_d + R_i} \quad (5.7)$$

$$C = C_c + C_i \quad (5.8)$$

若压电元件上沿电轴方向施加交变力 $\dot{F} = F_m \sin \omega t$，则

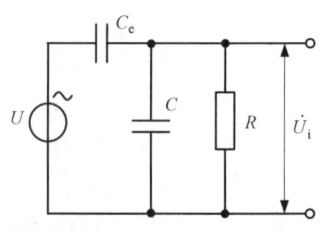

图 5.12　电压放大器简化电路

产生的电荷和电压均按正弦规律变化,其电压为

$$\dot{U}=\frac{q}{C_{\mathrm{e}}}=\frac{d\cdot\dot{F}}{C_{\mathrm{e}}}=\frac{d\cdot F_{\mathrm{m}}}{C_{\mathrm{e}}}\sin(\omega t) \tag{5.9}$$

式中,d 为压电系数。

根据图 5.12,送入放大器输入端的电压为

$$\dot{U}_{\mathrm{i}}=\frac{d\cdot\dot{F}}{C_{\mathrm{e}}}\cdot\frac{1}{\frac{1}{\mathrm{j}\omega C_{\mathrm{e}}}+\frac{R/\mathrm{j}\omega C}{\frac{1}{\mathrm{j}\omega C}+R}}\cdot\frac{R/\mathrm{j}\omega C}{\frac{1}{\mathrm{j}\omega C}+R}=d\cdot\dot{F}\frac{\mathrm{j}\omega R}{1+\mathrm{j}\omega R(C_{\mathrm{e}}+C)} \tag{5.10}$$

则前置放大器的输入电压的幅值 $|\dot{U}_{\mathrm{i}}|$ 为

$$|\dot{U}_{\mathrm{i}}|=\frac{d\cdot F_{\mathrm{m}}\omega R}{\sqrt{1+\omega^{2}R^{2}(C_{\mathrm{e}}+C_{\mathrm{c}}+C_{\mathrm{i}})^{2}}} \tag{5.11}$$

输入电压和作用力之间的相位差为

$$\varphi=\frac{\pi}{2}-\arctan[\omega R(C_{\mathrm{e}}+C_{\mathrm{c}}+C_{\mathrm{i}})] \tag{5.12}$$

在理想情况下,传感器的绝缘电阻 R_{d} 和前置放大器的输入电阻 R_{i} 都为无限大,即在式(5.11)中的 $\omega^{2}R^{2}(C_{\mathrm{e}}+C_{\mathrm{c}}+C_{\mathrm{i}})^{2}\gg1$,也无电荷泄漏,这时前置放大器输入电压的幅值为

$$|\dot{U}_{\mathrm{i}}|_{\text{理想}}=\frac{d\cdot F_{\mathrm{m}}}{C_{\mathrm{e}}+C_{\mathrm{c}}+C_{\mathrm{i}}} \tag{5.13}$$

实际输入电压幅值 $|\dot{U}_{\mathrm{i}}|$ 与理想的输入电压幅值 $|\dot{U}_{\mathrm{i}}|_{\text{理想}}$ 的比值为

$$\frac{|\dot{U}_{\mathrm{i}}|}{|\dot{U}_{\mathrm{i}}|_{\text{理想}}}=\frac{\dfrac{d\cdot F_{\mathrm{m}}\omega R}{\sqrt{1+\omega^{2}R^{2}(C_{\mathrm{e}}+C_{\mathrm{c}}+C_{\mathrm{i}})^{2}}}}{\dfrac{d\cdot F_{\mathrm{m}}}{C_{\mathrm{e}}+C_{\mathrm{c}}+C_{\mathrm{i}}}}=\frac{\omega R(C_{\mathrm{e}}+C_{\mathrm{c}}+C_{\mathrm{i}})}{\sqrt{1+\omega^{2}R^{2}(C_{\mathrm{e}}+C_{\mathrm{c}}+C_{\mathrm{i}})^{2}}}$$

$$=\frac{\omega/\omega_{1}}{\sqrt{1+\left(\dfrac{\omega}{\omega_{1}}\right)^{2}}} \tag{5.14}$$

式中,$\omega_{1}=\dfrac{1}{R(C_{\mathrm{e}}+C_{\mathrm{c}}+C_{\mathrm{i}})}=\dfrac{1}{\tau}$,$\tau=R(C_{\mathrm{e}}+C_{\mathrm{c}}+C_{\mathrm{i}})$ 为测量回路的时间常数。

式(5.12)中相角可表示为

$$\varphi=\frac{\pi}{2}-\arctan\left(\frac{\omega}{\omega_{1}}\right) \tag{5.15}$$

由式(5.14)和式(5.15)得到电压幅值比、相角 φ 与频率比(ω/ω_{1})的关系曲线,如图 5.13 所示。

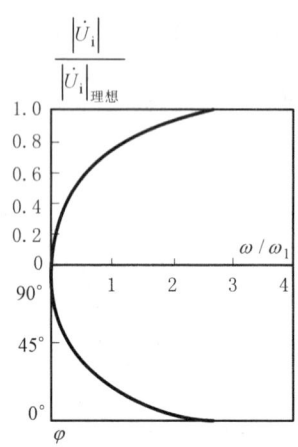

图 5.13 电压幅值比、相角与频率比的关系曲线

由图 5.13 看到：

① 当 $\omega = 0$，即作用于压电元件上的是一个静态力时，前置放大器的输入电压为零，因为电荷通过放大器输入电阻和传感器本身的漏电阻漏掉了。因此，压电式传感器不能用于静态测量。

② 当 $1 < \dfrac{\omega}{\omega_1} < 3$，即 $1 < \omega\tau < 3$ 时，前置放大器的输入电压及相角均与 ω 有关。

③ 当 $\dfrac{\omega}{\omega_1} \gg 3$ 时，$\dfrac{|\dot{U}_i|}{|\dot{U}_i|_{理想}} \to 1$，$\varphi \to 0$，可近似认为输入电压与作用力的频率无关，因此，压电式传感器的高频响应比较好，对于测量高频交变力非常理想。图 5.14 所示是由运算放大器构成的电压比例放大器，该电路输入阻抗极高，输出阻抗很小，是一种较理想的石英晶体的电压放大器。

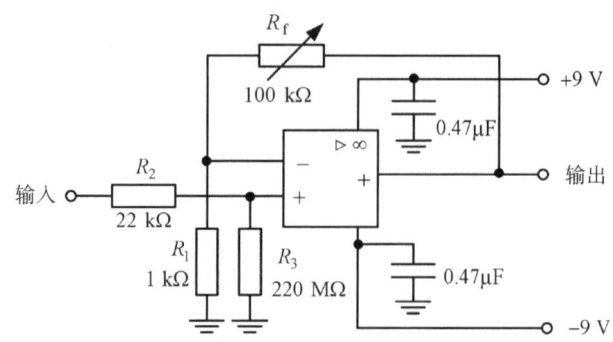

图 5.14 运算放大器式电压放大器

2）电荷放大器

如图 5.15 所示，电荷放大器是一个有反馈电容 C_f 的高增益运算放大器，其等效电路中忽略了 R_d 和 R_i 的并联等效电阻 R。

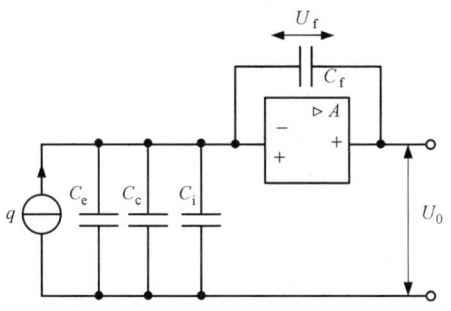

图 5.15 常用的电荷放大器的等效电路

图中 A 为运算放大器增益。由于运算放大器具有极高的输入阻抗，因此放大器的输入端几乎没有分流，电荷 q 只对反馈电容 C_f 充电，充电电压接近放大器的输出电压，即

$$U_0 \approx U_f = -\frac{q}{C_f} \tag{5.16}$$

式中　U_0——放大器输出电压；

U_f——反馈电容 C_f 两端的电压。

由运算放大器的基本特性，也可求出电荷放大器的输出电压：

$$U_0 = \frac{-Aq}{C_e + C_c + C_i + (1+A)C_f} \tag{5.17}$$

通常 $A = 10^4 \sim 10^6$，因此 $(1+A)C_f \gg (C_e + C_c + C_i)$，则

$$U_0 = -\frac{q}{C_f} \tag{5.18}$$

输出灵敏度：

$$K = \frac{U_0}{q} = -\frac{1}{C_f} \tag{5.19}$$

由式（5.18）和式（5.19）可以看出，电荷放大器的输出电压与电荷 q 成正比，相位差 180°，且 U_0 和 K 与电缆电容 C_c 无关，而电压放大器的输出电压随传感器输出电缆的电容而变化。因此，在实际测量中，主要使用电荷放大器，这时的压电传感器在使用中不会因电缆的长度变化或其他变化而影响测量结果。

电荷放大器的高频上限主要取决于压电器件的 C_e 和电缆的 C_c、R_c，即

$$f_H = \frac{1}{2\pi R_c (C_e + C_c)} \tag{5.20}$$

由于 C_e、C_c、R_c 通常很小，高频上限 f_H 可高达 180 kHz。

由于 A 很大，电荷放大器的低频下限只取决于反馈回路参数 R_f、C_f，与电缆电容无关，即

$$f_L = \frac{1}{2\pi R_f C_f} \tag{5.21}$$

运算放大器的时间常数 $R_f C_f$ 可变得很大，因此电荷放大器的低频下限 f_L 可低到 $10^{-1} \sim 10^{-4}$ Hz，近似准静态。

5.3 压电式传感器的应用

压电式传感器可测量力、压力、加速度和位移等物理量。

【例 5.1】 压电式测力传感器。

压电式测力传感器在直接测量拉力或压力时，通常采用双片或多片石英晶片作压电元件。当配以大时间常数的电荷放大器时，可测量准静态力。按测力状态的不同，压电式测力传感器分为单向力、双向力和三向力传感器，它们在结构上基本相同。现以三向力传感器为例进行说明。

如图 5.16 所示，压电组件为三组双晶片石英叠成并联方式，它可以测量空间任一个或三个方向的力。三组石英晶片的输出极性相同，其中一组利用厚度压缩纵向压电效应 d_{11} 来实现力-电转换，测量 F_z 方向的力。另外，两组采用厚度剪切变形压电系数 d_{26} 来分别测量 F_x 和 F_y。由于 F_x 和 F_y 正交，因此，两组晶片安装时应使其最大灵敏轴分别取 x 向和 y 向。

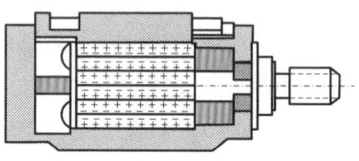

图 5.16 压电式三向力传感器

【例 5.2】 压电式压力传感器。

压电元件内阻极高，必须防止表面漏电。通常采用两片相同元件，以其极性反向相叠，由夹在中间的铜片作为一个电极，最外面的两个表面作为另一个电极。这样，中央电极处于悬空状态，可用有良好绝缘性能的导线引出。沿厚度方向受力的压电元件，应在装配时施加预紧力，以便有良好的机电耦合作用。如图 5.17 所示，为使预紧力均匀地分布在压电元件上，用螺钉通过钢球和有凹坑的压板，紧压在压电元件上，钢球和压板上的凹坑有自动找平作用，避免受力不均。压电元件极性为正的一面通过铜片引出，极性为负的一面经由壳体相连并引出。

当力作用于膜片时，压电元件的上、下表面产生电荷，电荷量 q 与作用力 F 成正比，即 $q = d_{11} \cdot F$。而 $F = P \cdot S$，S 为压电元件受力面积，P 为压强。于是可知，压电传感器输出电荷与输入压强 P 也成正比。将产生的电荷由引线插件输出给电荷或电压放大器，经归一化处理就可直接从仪表上读出压力的大小。

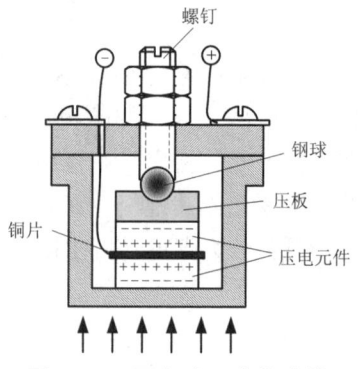

图 5.17 压电式压力传感器

【例 5.3】 压电式加速度传感器。

如图 5.18 所示，压电元件置于基座上，其上加一块重物，用弹簧片将压电元件压紧。测量加速度时，由于被测物体与传感器固定同一体上，压电元件也受加速度的作用。此时惯性质量产生一个与加速度成正比的惯性力 F 作用于压电元件，因而产生电荷 q。因为 $F = ma$，

m 为重块质量，a 为加速度，当传感器选定后，m 为常数，所以传感器的输出电荷为

$$q = d \cdot F = d \cdot ma \tag{5.22}$$

输出电荷与加速度成正比。而压电式传感器的输出电压为

$$U = \frac{q}{C} = \frac{dma}{C} \tag{5.23}$$

若传感器中电容量 C 不变，可用电压值表示测量的加速度。

【例 5.4】 压电式血压传感器。

如图 5.19 所示的压电式血压传感器，采用双晶片悬臂梁式结构，双晶片极化方向相反，并联连接。在敏感振膜中央上下两侧各胶粘有半圆柱塑料块，被测血压通过上塑料块、敏感振膜、下塑料块传递到压电悬臂梁的自由端，压电梁弯曲产生的电荷经前置电荷放大器输出。

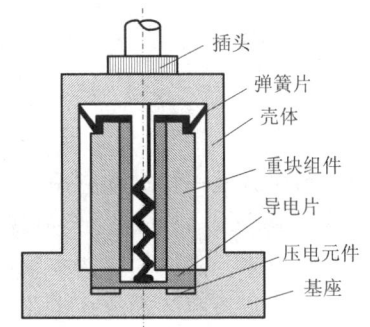

图 5.18 压电式加速度传感器

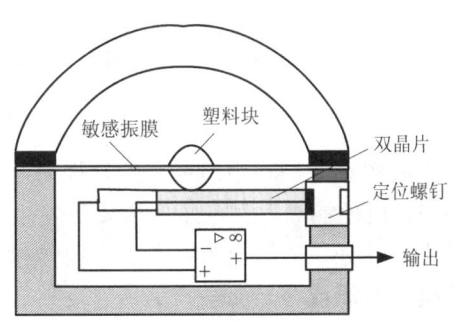

图 5.19 压电式血压传感器

【例 5.5】 逆压电效应的应用。

逆压电效应的应用也很广泛，以声表面波传感器为例。

如图 5.20（a）所示，在压电元件表面制备叉指状电极，并用交流电压激励，便可形成声表面波横向传播，使与之平行的另一组叉指电极上产生交变电信号。此电信号比激励电压延迟一定时间，这就是声表面波延迟线，简称 SAW（Surface Acoustic Wave）延迟线。延迟时间 τ 的大小与声表面波的速度 v 及两叉指电极间的距离 L 有关，即

$$\tau = \frac{L}{v} \tag{5.24}$$

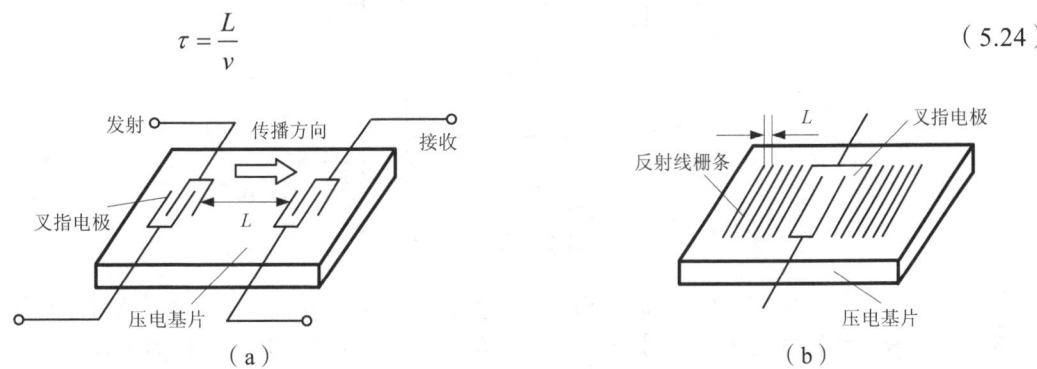

图 5.20 SAW 延迟线及 SAW 振子

若将叉指电极制作成图 5.20（b）所示的对称形式，表面波将向左右对称传播，并被反

射回来，可等效为 LC 谐振回路，叫作 SAW 振子。这两种器件（SAW 延迟线、SAW 振子）都可与放大器连接成振荡器。以 SAW 振子为例，若叉指电极间距及反射线栅条间距为 l，则振荡频率 f 为

$$f = \frac{v}{2l} \tag{5.25}$$

当外力引起压电材料基片应变时，l、v 会改变，于是频率 f 随外力而变。把基片做成悬臂梁，上下表面都按同样方式制作振子，梁受力弯曲时，两个振荡频率一增一减，便可获得差动输出结果。

声表面波传感器可用来测量力、压力和振动加速度，其特点是输出频率信号。

5.4 超声波传感器

超声波传感器是利用超声波的特性研制而成的传感器。超声波是一种振动频率高于声波的机械波，由换能晶片在电压的激励下发生振动而产生，具有频率高、波长短、绕射现象小，特别是方向性好、能够成为射线而定向传播等特点。超声波对液体、固体的穿透本领很强。超声波碰到杂质或分界面会产生显著反射，形成反射回波，因此，超声波检测在工业、国防和生物医学等方面得到广泛应用。

1. 超声波基础

人耳能听到声音是由于物体振动产生的，其频率为 20 Hz ~ 20 kHz。超过 20 kHz 的称为超声波，低于 20 Hz 的称为次声波，如图 5.21 所示。常用的超声波频率为几十千赫兹到几十兆赫兹。

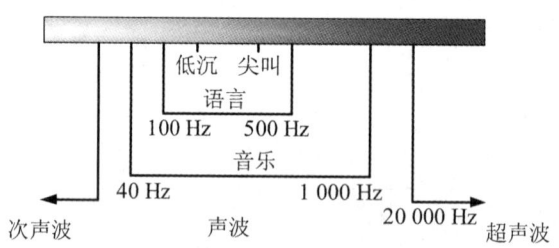

图 5.21 声音频率分布

超声波是一种在弹性介质中的机械振荡，有横波和纵波两种形式。超声波可以在气体、液体及固体中以不同速度传播。另外，它也有折射和反射现象，并且在传播过程中有衰减。在空气中传播超声波，其频率较低，一般为几十千赫兹，衰减较快；而在固体、液体中频率可用得较高，衰减较小，传播较远。利用超声波的特性，可做成各种超声波传感器，配上不同的测量电路，制成各种超声测量仪器及装置。

超声波传感器主要材料有压电晶体（电致伸缩效应）和镍铁铝合金（磁致伸缩效应）两类。超声波应用有三种基本类型：透射型主要用于遥控器、防盗报警器、自动门和接近开关等；分离式反射型用于测距和监控液位或料位；反射型用于材料探伤和测厚等。

2. 超声波探头

以超声波作为检测手段，必须产生超声波和接收超声波，完成这种功能的装置就是超声波传感器，习惯上称为超声换能器或者超声波探头，如图 5.22 所示。

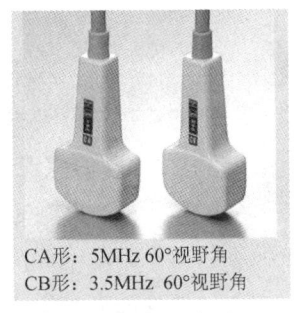
CA形：5MHz 60°视野角
CB形：3.5MHz 60°视野角
（a）医用B超探头

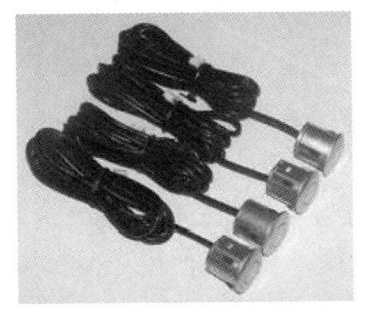
（b）汽车用倒车雷达

（c）工业超声波测距传感器

图 5.22　各种超声波探头

超声波探头主要由压电晶片组成，如图 5.23 所示，它既可以发射超声波，也可以接收超声波。小功率超声波探头，有多种不同的结构，如纵波直探头、横波斜探头、表面波探头、兰姆波探头和一个用于反射、一个用于接收的双探头等。

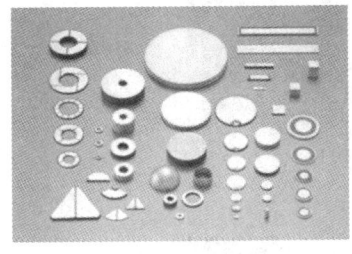
（a）压电晶体

（b）探头半成品

（c）超声波探头

图 5.23　超声波探头制作过程

3. 超声波传感器的性能指标

超声波探头的核心是其塑料外套或者金属外套中的压电晶片。构成晶片的材料有多种，晶片的直径、厚度也各不相同，因此每个探头的性能是不同的。超声波传感器的主要性能指标包括：

（1）工作频率

工作频率就是压电晶片的共振频率。当加到压电晶片两端的交流电压的频率和晶片的共振频率相等时，输出的能量最大，灵敏度也最高。

（2）工作温度

压电材料的居里点一般比较高，通常诊断用超声波探头使用功率较小，所以工作温度比较低，可以长时间地工作而不失效。医疗用超声探头的温度较高，需要单独的制冷设备。

（3）灵敏度

灵敏度主要取决于制造晶片本身。机电耦合系数大，灵敏度高；反之，灵敏度低。

4. 超声波传感器的主要应用

1）超声波医学应用

超声波传感技术的医学应用是其最主要的应用之一。超声波在医学上的应用主要是诊断疾病，目前已经成为临床医学中不可缺少的诊断方法，如图 5.24 所示。超声波诊断的优点是：对受检者无痛苦、无损害，方法简便、显像清晰、诊断准确率高等。基于超声波诊断典型的 A 型方法，是利用超声波的反射原理，当超声波在人体组织中传播遇到两层声阻抗不同的介质界面时，在该界面会产生反射回声。每遇到一个反射面时，回声会在示波器的屏幕上显示出来，而两个界面的阻抗差值则决定了回声的振幅的高低。

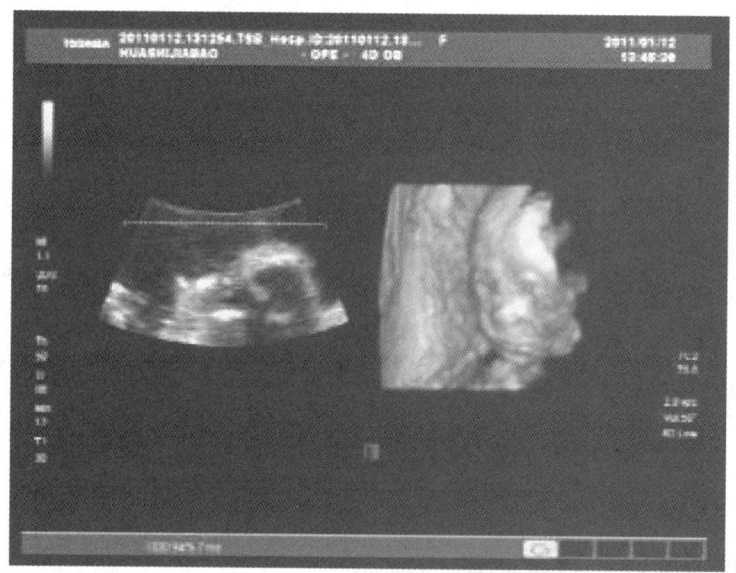

图 5.24　医用 B 超/彩超

2）超声波测距和测厚应用

在工业方面，超声波的典型应用是对金属的无损探伤和超声波测厚。超声波距离传感器广泛应用在物位（液位）监测、机器人防撞、各种超声波接近开关以及防盗报警等相关领域，如图 5.25 所示。其优点是工作可靠、安装方便、防水、发射夹角较小、灵敏度高、方便与工业显示仪表连接。

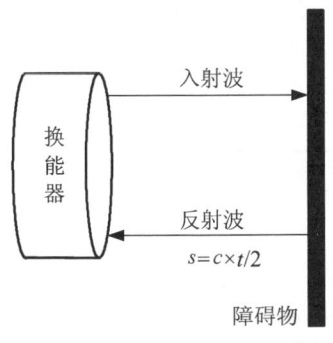 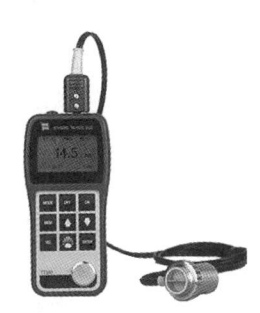 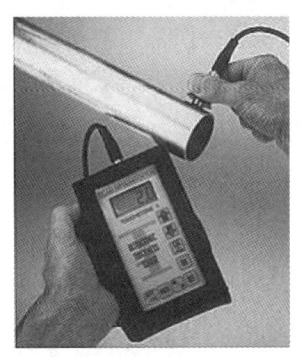

(a)超声波测距原理　　　　(b)超声波测厚仪　　　　(c)超声波棒材测厚

图 5.25　超声波测距原理和测厚应用

3) 超声波无损探伤

超声波探伤是无损探伤技术中的一种主要检测手段。超声波探伤主要应用于金属工件内部的质量检测,如检测金属内是否有气泡、焊接部位是否有未焊透等缺陷。它的工作原理是:将超声波发射到被测材料中,超声波在传递时碰到裂纹、气泡或其他缺陷,就会发生超声波的反射、折射和绕射等,再用超声波传感器接收相关信号,就可判断材料的内部质量情况。

超声波无损探伤的五个组成要素是:

- 仪器——电子设备,提供发射脉冲以激励探头,接收、放大和显示信号。
- 探头——核心为压电晶片,发射和接收超声波。
- 试块——探伤基本原理是将试块上的人工缺陷与实际被检测的工件进行对比。
- 工艺标准——规范探伤的方法和步骤等。
- 检测人员。

超声波探伤方法主要有纵波探伤和横波探伤两种方式。

纵波探伤使用直探头,如图 5.26 所示,通过探伤反射回波可判断工件中是否存在缺陷,并给出缺陷大小及缺陷的位置。

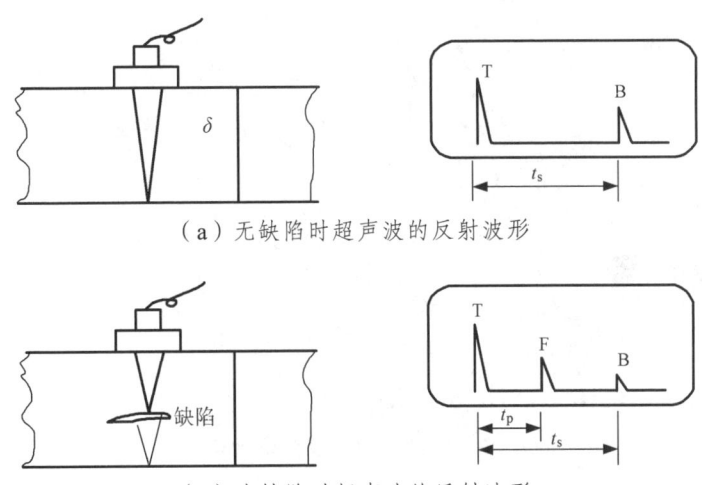

(a)无缺陷时超声波的反射波形

(b)有缺陷时超声波的反射波形

图 5.26　纵波直探头探伤

横波探伤采用斜探头，如图 5.27 所示。其显著特点是：超声波波束中心线与缺陷截面面积垂直时，探头灵敏度最高。

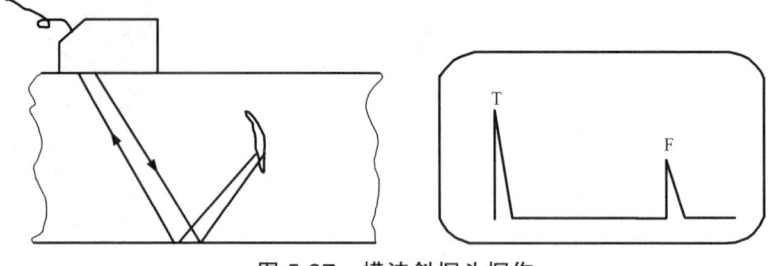

图 5.27　横波斜探头探伤

利用超声波纵波探伤和横波探伤，结合自动化控制技术，可实现各种自动化超声波探伤。

4）相控阵超声探伤技术

相控阵超声探伤技术利用阵列换能器，通过控制各阵元发射声波的相位，实现对超声波声场的控制。

线阵列是最常用的相控阵超声探头类型，图 5.28 为相控阵超声探头结构示意图。探头由透声层、压电元件、吸声块、多芯同轴电缆、壳体和护套等组成。其中相控阵超声探头的压电元件由多个小压电晶片组成，并通过连接导线与电缆连接。

扫描下图可浏览 AR 资源——相控阵超声传感器的结构。

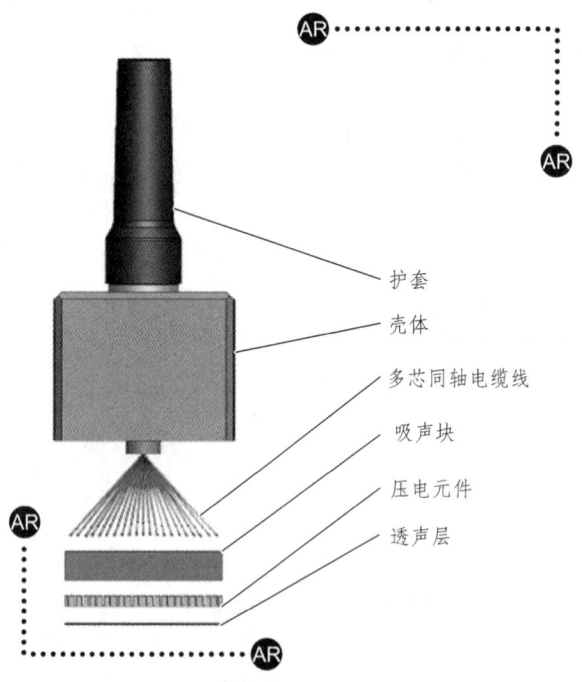

图 5.28　相控阵超声探头结构示意图

相控阵超声检测探头的特点是，进行能量转换的压电晶片不再是一个整体，而是由多个压电晶片单元组成的阵列，如图 5.29 所示。

扫描下图可浏览 AR 资源——相控阵超声传感器的波阵面形成。

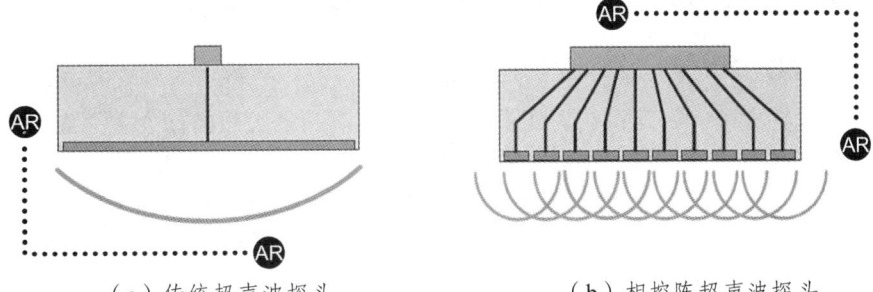

（a）传统超声波探头　　　　　　（b）相控阵超声波探头

图 5.29　传统超声和相控阵超声探头对比

常见的有成一条直线排列的线阵换能器，由多个同心环形晶片组成的环形阵列换能器，由多个晶片沿环形或方形二维排列组成的面阵换能器等，如图 5.30 所示。

扫描下图可浏览 AR 资源——相控阵超声传感器的聚焦法则。

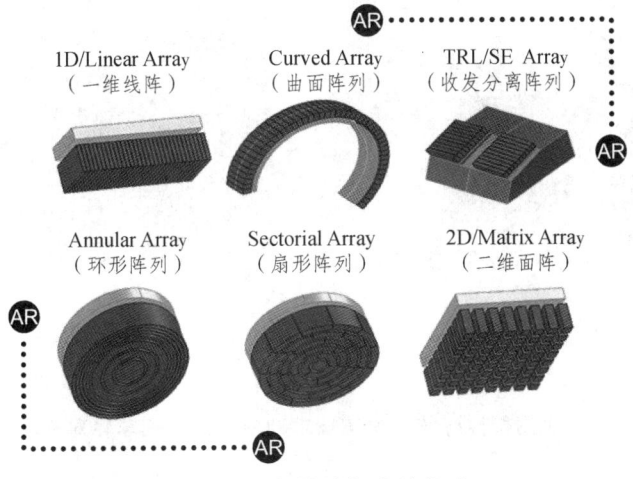

图 5.30　各种相控阵超声波探头

与多元换能器相对应，相控阵仪器中用于发射与接收信号的电路也是多通道的，每一通道连接一个换能器单元。根据所需发射的声束特征，由计算机软件计算各通道的相位关系并控制发射/接收移相换能器，控制各单元发射与接收脉冲的相位（时间延迟），从而形成所需的声束。

传统探头采用一个压电晶片产生超声波，其传播是预先设定的，在一个确定的角度只产生一个固定的声束。而超声相控阵则使用多个小的压电晶片元件，这些小的压电晶片元件组成的组件辐射的总能量形成超声声束。

由上述原理分析可知，超声相控阵技术的优势在于：

① 可采用电子控制方法控制声束进行扫查，可在不移动或少移动探头的情况下进行快速线扫查或扇形扫查，大大提高了检测效率。

② 由于可对声束角度进行控制，具有良好的声束可达性。通过多个检测角度的设定，可以进行复杂形状在役零件的检测，如核反应堆喷嘴和其他接头、摩擦焊发动机组件、发动机盘件及叶片根部的检测。

③ 通过动态控制声束的偏转和聚焦，可以实现焦点位置的动态控制，避免了普通聚焦探头为实现全深度聚焦检测而对不同深度范围频繁更换探头的问题。

5) 相控阵超声探伤技术在中国高速铁路的应用

作为一个世界大国，我国正在向建设富强民主文明和谐美丽的社会主义现代化强国阔步前进。尤其在交通领域，迅速发展的高铁不仅得到了国人的信任与支持，更得到了世界的认可与钦佩。截至 2020 年年底，中国高铁里程以 3.9 万千米的成绩继续领跑世界。高铁已经成为我国走向国际的"世界名片"，中国也迅疾跨入引领世界的"高铁时代"。

中国高速铁路不仅仅是总里程达到了世界第一，高铁技术也在世界享有赞誉。以高速列车轮对探伤技术为例，在各动车组检修基地和运用检修所使用了我国自主研发的设备，采用相控阵超声探伤技术和自动化的机器人技术，保证了动车组的检修效率和维修质量，如图 5.31 所示。

扫描下图可浏览 AR 资源——采用相控阵超声探伤技术的中国高速列车轮对检测设备。

（a）采用相控阵超声探伤技术的在役轮对检测原理　　（b）采用相控阵超声探伤技术的拆解轮对检测原理

图 5.31　采用相控阵超声探伤技术的中国高速列车轮对检测设备

5.5　声表面波传感器

1. 声表面波传感器的结构及原理

声表面波（Surface Acoustic Wave，SAW）是一种能量集中在表面传播的弹性波，由英国物理学家瑞利于 19 世纪 80 年代在研究地震波过程中发现的。声表面波具有以下特点：
① 具有较低的传播速度和较短的波长；
② 是一种在晶体表面传播的弹性波，不涉及晶体内部电子的迁移过程；
③ 采用单晶材料和平面工艺制造，重复性和一致性好，易于批量生产。

任何固体表面都会存在表面波，外界因素（温度、压力、磁场、电压等）对声表面波的传播会造成一定影响，声表面波传感器就是利用这些物理量的变化引起声表面波传播特性发生变化实现测量的,它可以将被测量的信息通过声表面波器件中 SAW 速度或频率的变化反映出来,并转换成电信号输出。

1) 传感器的基本结构

声表面波传感器的核心是 SAW 振荡器。当受到外界物理、化学或生物量的作用时,振荡器的振荡频率会发生相应的变化,通过精确测量振荡频率的变化,可以实现检测上述物理量及化学量变化的目的。

如图 5.32 所示,SAW 传感器由压电基底、叉指换能器(Interdigital Transducer,IDT)和反射栅组成。工作时输入电信号,经过输入 IDT 发生声-电转换,将电信号转换为声波信号,声波信号通过压电基底传播到输出 IDT 再次转换为电信号输出。

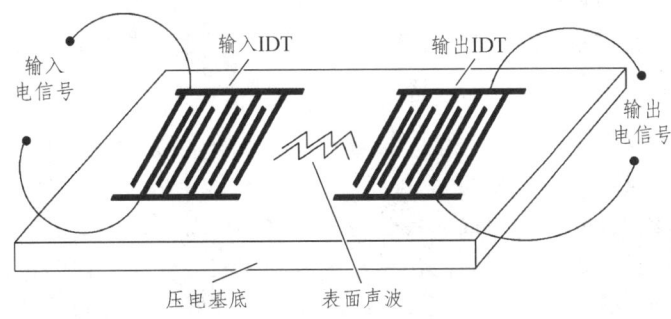

图 5.32　常见 SAW 传感器的结构

2) 叉指换能器

IDT 是在压电基片表面形成的手指交叉状的金属图案,如图 5.33 所示,它的作用是实现声-电换能。

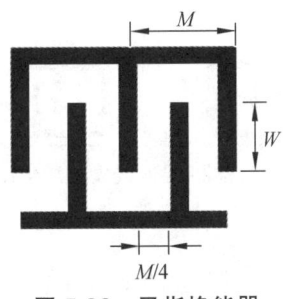

图 5.33　叉指换能器

IDT 的工作原理如下:当在压电基片上的一组 IDT 的输入端施以交变电信号激励时,会产生周期分布的电场,由于逆压电效应,在压电介质表面附近激发出相应的弹性形变,从而引起固体质点的振动,形成沿基体表面传播的声表面波。当该声表面波传到压电介质的另一端时,又因为正压电效应在金属电极两端产生电荷,从而利用另一组 IDT 输出交变电信号。

IDT 的重要参数如下:

① 指条周期长度 M:决定 IDT 所产生声表面波的谐振频率,M 越大,表面声波的谐振频率越小;

② 指条对数 N:N 越大,带宽越窄,分辨率越高;

③ 孔径 W（指条重叠长度）：对于均分 IDT，每根指条的宽度和指条的间距皆为 $M/4$。指条对数 N 和孔径 W 共同决定了声表面波的强度（即振幅）。一般情况下，指条对数越多，产生的声表面波强度越强，孔径越大，强度也越大，作用距离越远。指条对数 N 和孔径 W 越大，越有利于提高传感器的分辨率。

3）传感器的结构类型

声表面波传感器根据是否连接电源分为有源和无源两种。有源 SAW 传感器以声表面波器件作为传感元，结合相关振荡电子线路的 SAW 传感器，需要有相应电源。无源 SAW 传感器以声表面波器件为传感元，结合无线应答系统的 SAW 传感器，无需电源。

从结构角度来讲，声表面波振荡器又有两种基本构型：延迟线型（Surface Acoustic Wave Delay-line，SAWD）和谐振型（Surface Acoustic Wave Resonator，SAWR）。因此，SAW 传感器可以分为四大类：有源-延迟线型、有源-谐振型、无源-延迟线型及无源-谐振型。

（1）有源-延迟线型

在压电基片上设置两个 IDT，一个为发射 IDT，另一个为接收 IDT，表面波在两个 IDT 中心距之间产生时间延迟 T，称为 SAW 延迟线。延迟线型声表面波（SAWD）传感器的工作原理是，被测量的变化会导致声表面波传播速度变化，从而引起传感器谐振频率和输入输出相位差的变化，通过测量延迟 T 可以测出谐振频率和相位的变化（幅频特性测量法、相位差测量法），从而分析得到被测量的值。延迟线型 SAW 振荡器由声表面波延迟线和放大电路组成（见图 5.34），输入换能器 T_1 激发出声表面波，传播到换能器 T_2 并转换成电信号，经放大后反馈到 T_1 以保持振荡状态。

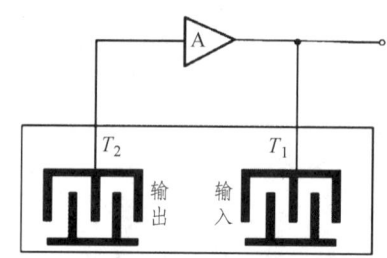

图 5.34　有源-延迟线型 SAW 振荡器

（2）有源-谐振型

有源-谐振型声表面波传感器是将一个或两个 IDT 置于一对反射栅阵列组成的腔体中，左右两个反射栅阵列构成谐振腔，声表面波在两个反射栅之间来回反射、叠加、共振形成驻波。谐振器使用一个 IDT 时称为单端对谐振器，使用两个 IDT 时称为双端对谐振器，如图 5.35 所示。

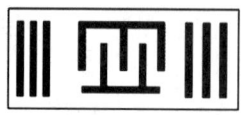 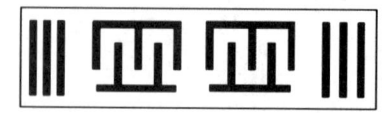

（a）单端对谐振器　　　　　　　　　　（b）双端对谐振器

图 5.35　有源-谐振型声表面波传感器

单端对谐振器的 IDT 既是发射端，也是接收端；如图 5.36 所示，双端对谐振器中的一个 IDT 作为发射端，另一个作为接收端，将 SAW 谐振器的输出信号放大后，正反馈到输入端，只要放大器的增益能够补偿谐振器及其导线的损耗，同时又满足一定的相位条件，谐振器就可以起振并维持振荡状态。

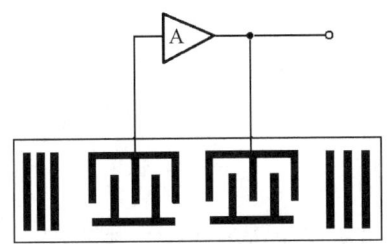

图 5.36 有源-SAW 谐振器

SAW 谐振器的谐振频率由声表面波的传播速度 V 和反射栅的间距 d 决定，关系式为 $f=V/2d$。当基片表面的应力、温度、表面介质等因素变化时，V 和 d 发生相应的变化，从而导致谐振频率的变化，通过测量频率的变化量即可实现对非电量的检测。

（3）无源-延迟线型

如图 5.37 所示，当 SAW 振荡器工作时，由敏感基片的天线接收正弦激励信号，通过 IDT 将正弦激励信号转换为声表面波，实现声电转换。声表面波经过一段延迟后到达反射栅，并被反射栅反射回来，最后再通过 IDT 将信号转换为电信号，再次实现声电转换，并通过天线发射出去，由读写器接收处理。当被测量（压力、温度等）改变时，声传播路径长度和声表面波的波长将发生变化，导致回波的相位产生变化，这种相位的变化量可以反映出被测量的变化。

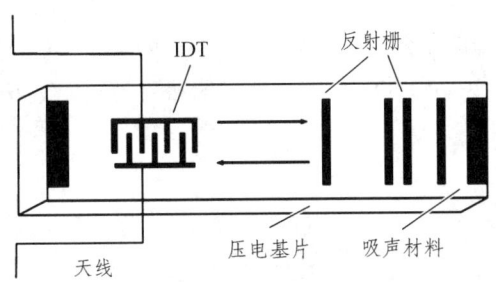

图 5.37 无源-延迟线型 SAW 振荡器

（4）无源-谐振型

如图 5.38 所示，将 IDT（常用单端对）放在两个全反射的反射栅之间。当产生的表面波频率与谐振器频率相等时，表面波会在反射栅间形成驻波。外部激励信号加载在 IDT 上，IDT 将电信号转换为声表面波，声表面波沿压电晶体表面向两边传播，经两侧反射栅反射叠加后再由 IDT 转化为电信号输出。

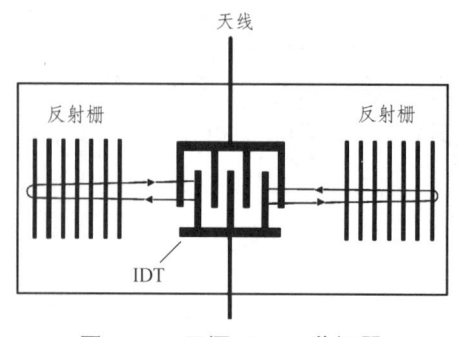

图 5.38 无源-SAW 谐振器

4）声表面波传感器的性能指标

SAW 器件的特性在很大程度上是由压电基片的材料决定的，不同材料的基片会有不同的性能。声表面波传感器的主要性能指标包括：

（1）机电耦合系数

机电耦合系数用来表征电声转换效率，影响 IDT 的电品质因数。如果 SAW 传感器器件未经过匹配调试就使用，机电耦合系数将决定换能器的衰减；如果经过匹配后使用，则机电耦合系数决定器件的最大带宽。

（2）传播速度

传播速度又称为声表面波传感器的相速度，是设计 SAW 器件必需的重要参数，也是计算其他特性参数的基础和出发点，是声表面波器件设计与优化的关键。

（3）能流偏向角和各向异性因子

在各向异性的压电介质中，声波的能量传播方向和相速度的传播方向常常不一致，这就是波束偏向现象。能量传播方向与波阵面传播方向的夹角称为能流偏向角（Power Flow Angle，PFA），它反映了声波能量衍射的大小，波束偏向会增大器件的插入损耗和传播衰减，对 SAW 器件产生不利的影响。实际应用中，应选择 PFA 更小的传播方向或者纯模方向。各向异性因子 γ 用来表征能流偏向角 ϕ 与波传播方向偏离纯模方向的角度之间的比例系数，决定了 IDT 转化的平面波的传播临界长度，设能流偏向角为 $\phi(\theta)$，θ 为波传播的方向角，则各向异性因子 γ 定义为：

$$\gamma = \frac{\partial \phi(\theta)}{\partial \theta} \tag{5.26}$$

（4）温度稳定性

SAW 对温度敏感的特性主要由弹性刚度系数、密度等参数对温度的敏感性以及热膨胀系数引起。温度系数小，则温漂也小，传感器较为稳定，若温漂大，传感器的测试精度就差。

2. 声表面波传感器测量电路

图 5.39 所示为声表面波传感器的振荡电路，它主要包含声表面波器件、放大器、移相器三个部分。其中，放大器用于补偿振荡电路中的能量损耗，移相器用于调节振荡电路的相移。

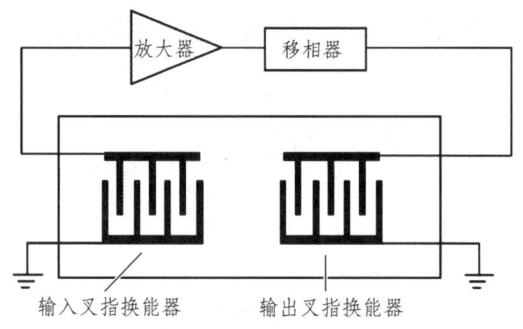

图 5.39 声表面波振荡电路

为保证声表面波振荡电路产生振荡,应该满足以下两个基本条件:

$$G_A > L_s + L_e + L_o \tag{5.27}$$

$$\phi_s(f) + \phi_e + \phi_a = 2n\pi \tag{5.28}$$

式中,G_A 表示放大器的增益;L_s 表示声表面波器件的插入损耗;L_e、L_o 分别表示移相器及电路中其他损耗;ϕ_s 表示声表面波器件处于振荡状态时的相移,与频率 f 呈线性关系,ϕ_a、ϕ_e 分别表示回路中放大器及移相器的相移,ϕ_e 可变。

将放大器的输出信号正反馈到输入端作为输入信号,只要放大器的增益值能够大于振荡电路中的损耗(以声表面波器件的插入损耗为主),同时环路的总相移为零或为 2π 的整数倍,电路将产生稳定振荡,使声表面波传感器振荡电路正常工作。

研究表明,SAW 传感器的测量精度随谐振频率的增大而提高,同时,单端对谐振器型 SAW 传感器的灵敏度优于双端对谐振器型 SAW 传感器。图 5.40 所示为单端对谐振器型 SAW 谐振器的等效电路。

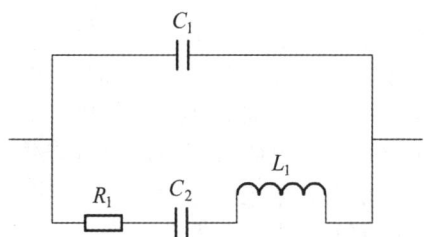

图 5.40 单端对 SAW 振荡器等效电路

如果忽略电阻 R_1,该振荡器两端呈现纯电抗特性,其串联谐振频率为

$$f_p = \frac{1}{2\pi\sqrt{L_1 C_2}} \tag{5.29}$$

其并联谐振频率为

$$f_p = \frac{1}{2\pi\sqrt{L\dfrac{C_2 C_1}{C_2 + C_1}}} \tag{5.30}$$

对于单端对谐振器型声表面波传感器,采用电容反馈式振荡电路的测量原理如图 5.41 所示。

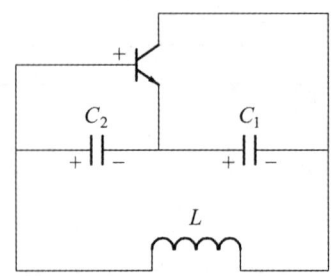

图 5.41　电容反馈式振荡电路

电容反馈式振荡电路具有以下特点：
① 可以削弱高次谐波的影响,输出波形失真小,更接近于正弦波；
② 适当增大环路的电容值可削弱电路中的不稳定因素对振荡频率造成的影响,起到提高频率稳定度的作用；
③ 可以仅使用电子元器件所具有的输入与输出之间的结电容作为环路电容,因此振荡电路可工作于相对较高的频率。

在实际应用中,一般采用双通道差分结构（混频）来减小环境因素的影响,如图 5.42 所示。

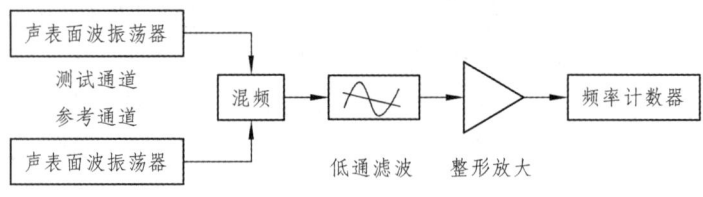

图 5.42　双通道差分结构

双通道差分结构由四部分组成,第一部分是两路 SAW 传感器振荡电路,其中一个通道的 SAW 传感器涂覆敏感膜作为测试通道,另一个通道的 SAW 传感器未涂覆敏感膜,作为参考通道用于对环境因素的补偿。SAW 传感器的谐振频率由该振荡电路输出,是整个电路的信号发生源。第二部分是混频电路,混频电路将两路输出频率进行混频,并通过低通滤波器滤除高频成分,得到两路信号的频率差。第三部分为放大整形电路,其作用是将混频后的频率差转化为可测量的逻辑电平,以方便频率计数电路的检测。第四部分是频率计数部分,用于检测频率差并显示。

3. 声表面波传感器的应用

声表面波传感器应用广泛,从应用角度可分为物理量传感器、化学量传感器和生物传感器三大类。

物理量传感器：力（压力、应力）传感器、扭矩传感器、加速度传感器、角速度传感器、温度传感器、位移传感器、磁场传感器、电压传感器、流量传感器等。

化学量传感器：气体传感器、露点传感器、湿度传感器、微质量传感器等。

生物传感器：酶传感器、免疫传感器、液体识别传感器、离子识别传感器等。

1) 声表面波压力传感器

图 5.43（a）所示为一种延迟线型压力传感器的结构。传感器采用圆柱体中空封装，包含压力敏感膜、圆柱保护外壳、传力杆和压电梁等结构。压电梁的一端固定在保护壳内壁上，形成悬臂梁结构。图 5.43（b）所示为 SAW 压力传感器的原理，敏感膜受压后向内变形，变形量通过传力杆传递到压电梁。压电梁是传感器的核心部件，包含压电基底、叉指换能器、反射器、天线引线和吸声材料。图中靠近压电梁固定端的反射器 6 用来测量压力导致的变形量，反射器 9、10 用来作为温度测量或温度补偿。

延迟线型压力传感器的不足之处是机械品质因数较小，传输损耗大。

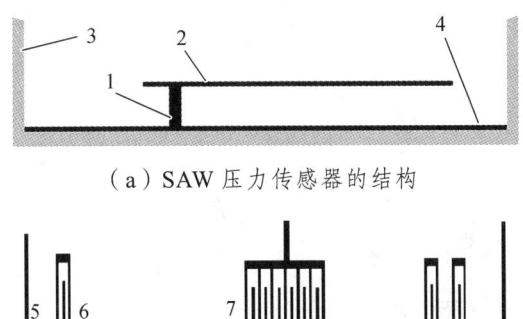

（a）SAW 压力传感器的结构

（b）SAW 压力传感器的原理

1—传力杆；2—压电梁；3—保护壳；4—压力敏感膜；5，11—吸声材料；
6，9，10—反射器；7—叉指换能器；8—天线。

图 5.43　SAW 压力传感器

SAW 压力传感器具有分辨率高、精度高、无须 A/D 转换、易集成、功耗低、成本低等优点，在航空航天领域、生产过程检测、交通运输和医疗等方面有较大的发展空间。

2) 声表面波气体传感器

一个基本的 SAW 气体传感器单元主要由压电基底材料、激励声波的 IDT 和气敏薄膜组成，如图 5.44 所示。SAW 气体传感器的敏感膜材料可分为有机聚合物、超分子化合物、无机膜材料、分子液晶材料、生物分子和纳米材料等不同类型。敏感薄膜材料的涂覆可通过直接涂层法、LB 膜技术、电化学聚合技术、自组装单层膜技术等镀膜工艺实现。

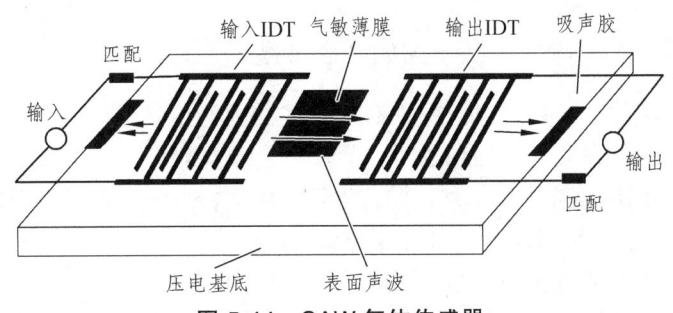

图 5.44　SAW 气体传感器

IDT 将输入的电信号转换为声波信号,当声表面波通过气敏薄膜下的压电晶体时,由于气敏薄膜对待测气体的吸附使得敏感薄膜的相关参数发生变化,从而引起 SAW 的传播速度、频率或相位的改变,之后再通过换能器将变化后的声波信号转换成电信号,再经外围电路处理,实现对待测气体的检测。

声表面波气体传感器相较于其他气体传感器有如下优点:精度高,分辨率高,抗干扰能力较强;信号处理方便、快捷;有效检测范围内线性度较好;可重复性、一致性以及可靠性较高;可以实现无线传感;制备工艺相对成熟,易于大批量生产,成本较低。

3) 声表面波生物传感器

声表面波生物传感器的检测原理如图 5.45 所示,由声表面波器件、吸附膜(生物敏感层)、信号产生与处理器等组成。

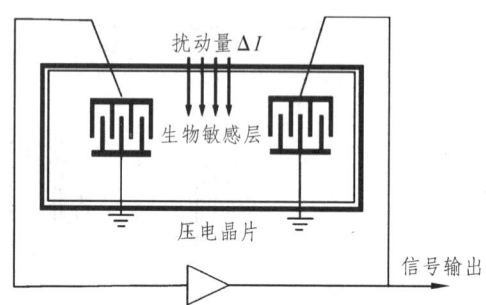

图 5.45 声表面波生物传感器的检测原理

当输入 IDT 上加载特定频率的交流信号时,IDT 将电信号转化为相应的声波信号,并沿器件表面传播。生物敏感层可以特异性地捕获生物检测目标物,当抗体(或抗原)、DNA、细胞等生物体与传感器表面发生特异性反应后,会被结合在器件表面。由于被结合的目标物在器件表面形成的质量负载效应,使声表面波在传播过程中受到影响,最终表现在其波速、相位和幅值等参数的变化。声表面波传播到器件另一端的输出 IDT 时,转变为电信号输出。通过对声表面波器件的频率、相位、幅值等参数进行测量,从而实现对生物信号的检测。

声表面波生物传感器集高效、灵敏、特异、结构小巧、经济实用等优点于一身,并且在众多信息敏感技术中,SAW 生物传感器在微量信息敏感等方面展示了与众不同的特点,特别是在快速微量信息敏感方面,SAW 生物传感器显示了独特的性能,具有巨大的发展前景。

习题及思考题

1. 利用压电效应的可逆性,可以分别研制哪些类别的传感器?
2. 为什么压电陶瓷在受到外力作用时才会产生充放电现象(压电效应)?
3. 压电元件在使用时常采用多片串联或并联的形式,分析不同接法下输出电压、电荷、电容的关系,以及它们分别适用于何种应用场合。
4. 简述压电式传感器对于测量高频交变力更理想的原因。
5. 分析压电式传感器电压放大器的输出特性,并分析电压幅值比、相角与频率比的关系。

6. 分析压电式传感器电荷放大器的等效电路，并分析其输出特性。

7. 在电荷放大器电路中，已知 $C_c = 100$ pF，$R_f = \infty$，$C_f = 10$ pF，$A = 10^4$，若考虑引线电容的影响，要求输出信号衰减小于 1%，则使用 90 pF/m 的电缆其最大允许长度为多少？

8. 压电式加速度传感器的结构如图 5.46 所示，假设重块组件的质量为 m，压电元件的压电系数为 d，传感器壳体内的等效阻尼系数为 c。要求：（1）分别给出输出电荷 q 及输出电压 U 与加速度 a 之间的关系；（2）画出此加速度传感器的等效模型；（3）推导传感器的微分方程，并说明它是几阶环节的传感器。

9. 相控阵超声探伤相对于常规超声探伤而言，在换能器、发射和接收信号电路方面有什么不同？如图 5.47 所示，超声探伤技术在铁路轮轴缺陷的检测应用，通过三种扫查方式的比较，说明相控阵超声探伤技术的优势。

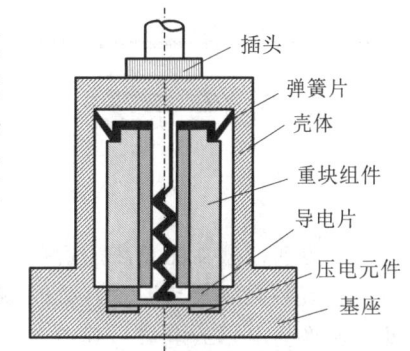

图 5.46　习题 8

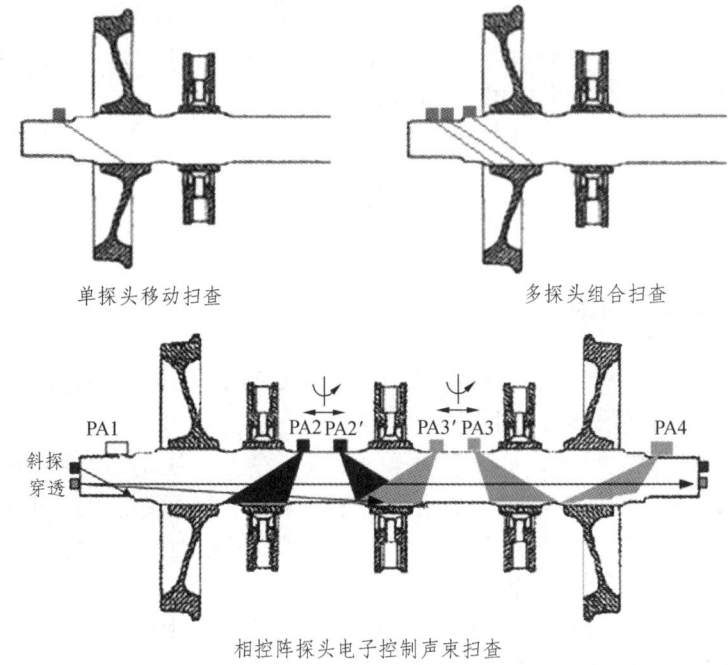

图 5.47　习题 9

第 6 章

热电式传感器

热电式传感器能将热能转换为电能,其中的热能是指温度场的能量,因此,热电式传感器可实现对温度及与温度有关的参数进行测量。在各种热电式传感器中,最为普遍的是将温度量转换为电阻或电势。其中,将温度转换为电势大小的热电式传感器称为热电偶,而将温度转换为电阻值大小的热电式传感器称为热电阻或热敏电阻。它们是根据构成材料的不同进行分类的,由金属材料构成的称为金属热电阻,简称热电阻;而由半导体材料构成的称为半导体热电阻,简称热敏电阻。热电偶和热(敏)电阻传感器目前在工业生产上已得到广泛的应用,并有相应的定型仪表可供选用。另外,利用半导体 PN 结与温度的关系,研制的 PN 结型温度传感器在窄温场测量中应用十分广泛。

6.1 热电阻

1. 热电阻材料的特点

热电阻是利用金属材料的电阻随温度变化而变化的特性进行温度测量的,因此,要求作为测量用的热电阻材料必须具备以下特点:

① 高温度系数、高电阻率,这样在同样的测试条件下可提高灵敏度,减小体积和重量。
② 在较宽的测量范围内具有稳定的物理和化学性质,保证热电阻的测量准确无误。
③ 具有良好的输出特性,即电阻与温度之间有线性或近似线性的输出。
④ 具有良好的工艺性,便于批量生产,降低成本。

用这四个特点来衡量金属材料,基本适宜制作热电阻的材料有铂、铜、镍、铁等。由表 6.1 知,铁、镍的温度系数比铂、铜高,电阻率也较大,但铁、镍的输出特性呈非线性。另外

表 6.1 常用热电阻材料的特性

材料名称	温度系数 α /(1/°C)	电阻率 ρ /($\Omega \cdot mm^2/m$)	温度范围/°C	特 性
铂	3.92×10^{-3}	0.098 1	$-200 \sim +650$	近线性
铜	4.25×10^{-3}	0.017 0	$-50 \sim +150$	线性
铁	6.50×10^{-3}	0.091 0	$-50 \sim +150$	非线性
镍	6.60×10^{-3}	0.121 0	$-50 \sim +100$	非线性

铁、镍还存在不易提纯的缺点,因而铁、镍作为热电阻材料用得不多,铜和铂才是应用最广的热电阻材料。其中,铂电阻的测温范围最大。

2. 常用热电阻

1）铂电阻

铂电阻与温度的关系为

$$R_T = R_0(1 + AT + BT^2) \quad (0 \sim 660\ ℃) \tag{6.1}$$

$$R_T = R_0[1 + AT + BT^2 + C(T-100)T^3] \quad (-190 \sim 0\ ℃) \tag{6.2}$$

式中,R_T 和 R_0 分别是温度为 T 和 0 ℃ 时的电阻;T 为任意温度,A、B、C 为常数,$A = 3.94 \times 10^{-2}/℃$,$B = -5.84 \times 10^{-7}/℃^2$,$C = -4.22 \times 10^{-12}/℃^4$。

由式（6.1）和式（6.2）可知,要确定电阻 R_T 与温度 T 的关系,首先要已知 R_0 的数值,R_0 不同时,R_T 与 T 的关系不同。在工业上,将对应于 $R_0 = 50\ \Omega$ 和 $R_0 = 100\ \Omega$ 的 R_T-T 关系制成分度表,供使用者查阅。

工业用的铂电阻体,一般由直径 0.03～0.07 mm 的纯铂丝绕在平板形支架上。通常采用双线电阻丝,引出线用银导线,如图 6.1 所示。

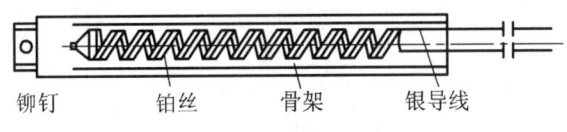

图 6.1 铂电阻的结构

铂电阻容易提纯,在高温和氧化性介质中,其物理、化学性能很稳定,输出特性接近线性,测量精度高。因此,它能用作工业测温元件和作为温度标准,按国际温标 IPTS-68 规定,在 -259.34～+630.74 ℃ 的温域内,以铂电阻温度计作为基准器。

2）铜电阻

由于铂为贵金属,一般在测量精度要求不太高,测温范围不大的情况下,可以采用铜电阻来代替铂电阻,这样可以降低成本,同时也能达到精度要求。

铜电阻与温度的关系为

$$R_T = R_0(1 + AT + BT^2 + CT^3) \quad (-50 \sim +150\ ℃) \tag{6.3}$$

式中,R_T、R_0 分别是温度为 T 和 0 ℃ 时的电阻值;A、B、C 为常数,$A = 4.288\ 99 \times 10^{-3}/℃$,$B = -2.133 \times 10^{-7}/℃^2$,$C = 1.233 \times 10^{-9}/℃^3$。

同样,我国在 R_0 值为 100 Ω 和 50 Ω 的条件下,将 R_T 与 T 的关系制成 R_T-T 分度表,作为标准供使用者查阅。

铜电阻的结构如图 6.2 所示。

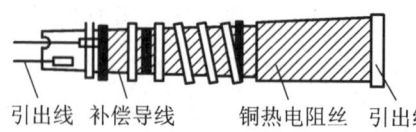

图 6.2 铜电阻的结构

铜容易提纯,在 -50 ~ +150 ℃ 范围内,铜电阻的物理、化学特性稳定,输入-输出关系接近线性,且价格低廉。铜电阻的缺点是电阻率较低,仅为铂电阻的 1/6 左右。另外,其电阻体的体积较大,热惯性也较大,当温度高于 100 ℃ 时易氧化,因此,铜电阻只适于在低温和无侵蚀性的介质中工作。

3)其他热电阻

铂电阻和铜电阻不适宜作低温和超低温测量,一些新颖的热电阻材料,如铟、锰、碳等,是测量低温和超低温的理想材料。

- 铟电阻:用 99.999% 的高纯度铟丝绕成电阻,可在室温 ~ 4.2 K 温度范围内使用。实验证明,在 4.2 ~ 15 K(-269 ~ -258 ℃)温度范围内,其灵敏度是铂电阻的 10 倍。它的缺点是材料软、重复性差。
- 锰电阻:在 2 ~ 63 K(-271 ~ -210 ℃)温度范围内,电阻随温度变化大,灵敏度高,缺点是材料脆,难拉成丝。
- 碳电阻:在 -273 ~ -268.5 ℃ 范围内使用,即液氦温域的温度测量,其价格低,对磁场不敏感,但热稳定性较差。

3. 热电阻的测量电路

工业用热电阻安装在生产现场,而其指示或记录仪表安装在控制室,其间的引线很长。如果仅用两根导线接在热电阻两端,导线本身的阻值就和热电阻的阻值串联在一起,造成测量误差。而且热电阻的阻值变化很小,50 Ω 的铂电阻,若导线电阻为 1 Ω,将产生约 5 ℃ 的测量误差。如果每根导线的阻值是 r,测量结果中就含有绝对误差 $2r$,而且 r 的值随导线沿途的环境温度而变,很难修正,因此,这种两线制连接方式不宜在工业热电阻上普遍使用。为解决这一问题,采用三线制和四线制的测量电路。

1)三线制

为避免和减少导线电阻对测温的影响,工业热电阻多采用三线制接法。如图 6.3 所示,热电阻 R_T 有三根导线相连,它们粗细相同,长度相等,阻值都是 r。热电阻与电桥配合时,一根导线串联在电桥的电源上,对电桥的平衡与否没有影响,另外两根分别串联在电桥的相邻两臂里,使两相邻臂的阻值都增大 r。

当电桥平衡时,有

$$R_1(R_T + r) = R_2(R_4 + r) \quad (6.4)$$

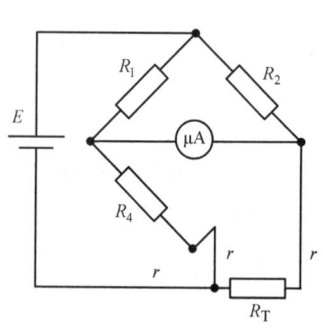

图 6.3 热电阻的三线制接法

由此可得

$$R_T = \frac{R_2(R_4+r) - R_1 r}{R_1} \quad (6.5)$$

若设计的电桥满足 $R_1 = R_2$，则

$$R_T = \frac{R_2 R_4}{R_1} \quad (6.6)$$

从式（6.6）知，此时的电桥平衡公式和 $r = 0$ 时完全一样，导线电阻 r 对热电阻的测量毫无影响。但必须注意，只有对电源端对称电桥（$R_1 = R_2$），在平衡状态下才是如此。因此，R_4 多为精密电位器，用以调整电桥的平衡。

2）四线制

顾名思义，四线制就是热电阻的两端各用两根导线连到仪表上。如图 6.4 所示，一般是用直流电位差计作为指示或记录仪表，由恒流源为热电阻 R_T 提供电流 I，在 R_T 上产生的电压降 U 可用电位差计测出，根据欧姆定律可知

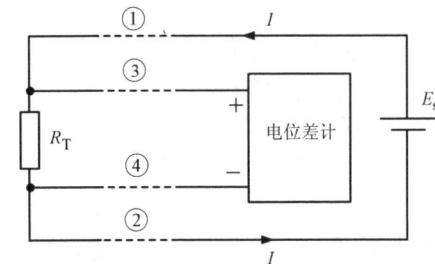

图 6.4 热电阻的四线制接法

$$R_T = \frac{U}{I} \quad (6.7)$$

这里为热电阻提供电流和测量其上电压共用了四根导线。尽管导线有电阻 r，但电流在导线①、②上由 r 形成的压降 Ir 不在电位差计测量范围内，而电位差计两端导线③、④上虽有电阻但无电流（电位差计测量时不取电流，内阻→∞），所以四根导线的电阻对测量均无影响。

与电位差计配合的四线制热电阻测量法，不受任何条件的约束，总能消除连接导线电阻对测量的影响。当然，恒流源必须保证电流 I 稳定不变，其值的精度应和 R_T 的测量精度相适应。

值得注意的是，无论采用三线制或四线制，都必须从热电阻感温体的根部引出导线，而不能从热电阻的接线端子上引出。因为从感温体到接线端子之间虽然导线不长，但距被测温度近，温度变化剧烈，其电阻的影响不容忽视。

4. 热电阻应用举例

【例 6.1】 测量真空度。

如图 6.5 所示，把铂电阻丝装入玻璃管内，对铂电阻用较大的恒定电流 I 加热，当环境温度与玻璃管内介质导热而散失的热量相平衡时，铂丝就有一定的平衡温度，则对应有一定的电阻值 R_T。当被测介质的真空度升高时，玻璃管内的气体变得稀少，气体分子间碰撞进行热传递的能力降低，即导热系数减小，铂丝的平衡温度和电阻值随即增大。因此，电阻值的

大小反映了被测介质真空度的高低。为避免环境温度变化对测量结果的影响，通常设有恒温装置，一般可测到 10^{-3} Pa。

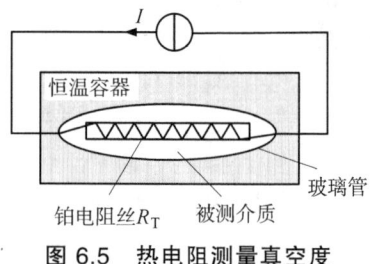

图 6.5　热电阻测量真空度

【例 6.2】　气体成分分析仪。

气体成分分析室的结构如图 6.6 所示，电阻丝的平衡温度取决于分析室内气体的导热系数。气体的导热系数与气体成分及浓度有关，混合气体的导热系数为各气体导热系数的平均值，即

$$\lambda = \sum_{i=1}^{n} \frac{n_i \lambda_i}{100} \quad (6.8)$$

式中，λ_i 和 n_i 为第 i 种气体的导热系数和百分含量。

设导热系数为 λ_1 和 λ_2 的两种气体混合，λ_1 气体的百分含量为 a，由式（6.8）得

$$\lambda = \lambda_1 a + \lambda_2 (1-a) \quad (6.9)$$

若 λ_1 和 λ_2 已知，只要测出 λ，就可知两种气体的百分含量。通过测量电阻丝阻值，就可知电阻丝的平衡温度，由此得到混合气体的导热系数 λ，间接求出待分析气体的百分含量。

如图 6.7 所示，四个外壳由相同材料制成的分析室组成了气体成分分析仪，分析室 R_{K1} 和 R_{K2} 为参考室，室内充入洁净的空气，另外两个分析室 R_{X1} 和 R_{X2} 为工作室，充入被分析的混合气体。四个分析室组成桥路，R_{X1} 和 R_{X2} 为相对臂。工作时先将洁净的空气通入工作室，使电桥达到平衡，而后使被测混合气体进入工作室，电桥失去平衡，其不平衡电量输出为混合气体成分的函数。

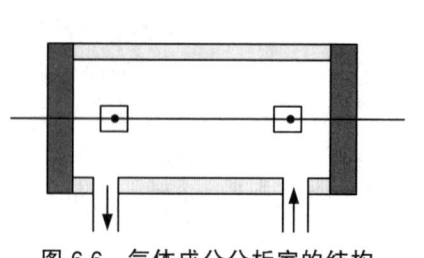

图 6.6　气体成分分析室的结构　　图 6.7　气体成分分析仪的桥路结构

6.2　热敏电阻

热敏电阻是用半导体材料制成的热敏器件，其电阻值随温度的变化而显著变化，因此，热敏电阻能直接将温度的变化转换为电量的变化输出。

1. 热敏电阻的结构和特点

热敏电阻是由一些金属氧化物，如钴（Co）、锰（Mn）、镍（Ni）等的氧化物，采用不

同的比例配方，经高温烧结而成。通过不同的材质组合，能得到热敏电阻不同的电阻值 R_0 及不同的温度特性。烧制出的热敏电阻采用不同的封装形式，制成珠状、片状、杆状、垫圈状等各种结构，如图 6.8 所示。热敏电阻主要由热敏元件、引线和壳体组成。

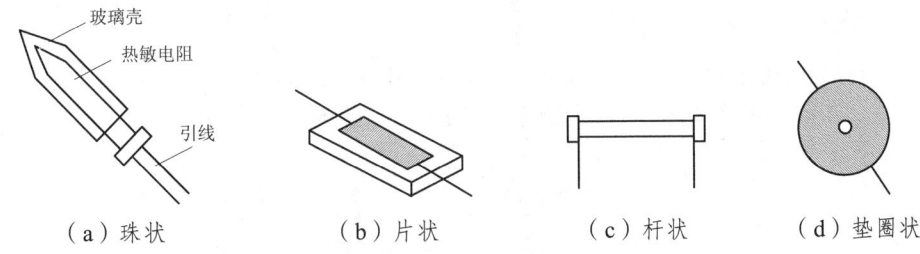

（a）珠状　　　（b）片状　　　（c）杆状　　　（d）垫圈状

图 6.8　热敏电阻的结构类型

热敏电阻的主要参数有：
- 标称阻值 R_H——指（25±0.2）°C 时测得的阻值，也称冷电阻，单位为 Ω。
- 温度系数 α_T——指 20 °C 时的电阻温度系数，单位为 °C^{-1}。
- 散热系数 H——也称耗散系数，即自身发热使温度比环境温度高出 1 °C 所需的功率，单位为 W·°C^{-1}。
- 时间常数 τ——热敏电阻从温度为 T_0 的介质中移入温度为 T 的介质中，热敏电阻的温度升高 $\Delta T = 0.632(T - T_0)$ 所需的时间，单位为秒（s）。

热敏电阻与热电阻相比，其结构简单，体积小，可测点温度，且电阻温度系数大，灵敏度高（约为热电阻的 10 倍），电阻率高，热惯性小，适宜动态测量，应用广泛。

2. 热敏电阻的温度特性

热敏电阻按其物理特性分为三大类型，即负温度系数（NTC）热敏电阻、正温度系数（PTC）热敏电阻、临界温度系数（CTR）热敏电阻。图 6.9 所示为各种热敏电阻的特性曲线。CTR 在某一特定温度下电阻值会发生突变，可组成理想的控制开关。而在温度测量中，则主要采用 NTC 热敏电阻或 PTC 热敏电阻，使用最多的是 NTC 热敏电阻。

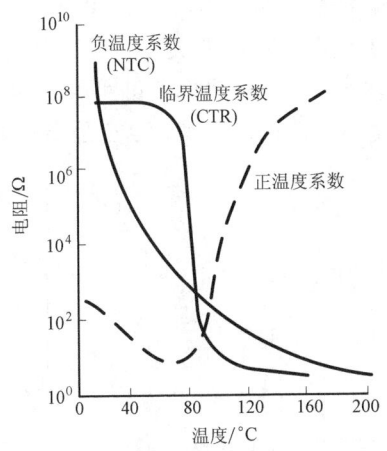

图 6.9　各种热敏电阻的特性曲线

1) NTC 热敏电阻的 R-T 特性

NTC 热敏电阻的阻值与温度的关系可描述为

$$R_T = Ae^{B/T} \tag{6.10}$$

式中　R_T——温度为 T 时的电阻值，单位为 Ω；

A、B——取决于材质和结构的常数，A 的量纲为 Ω，B 的量纲为 K。

常数 A、B 可通过实验求得，测出温度为 T_1 和 T_2 时的电阻值 R_{T_1} 和 R_{T_2}，由式（6.10）有

$$\begin{cases} R_{T_1} = Ae^{B/T_1} \\ R_{T_2} = Ae^{B/T_2} \end{cases} \tag{6.11}$$

两式相除，得

$$\frac{R_{T_1}}{R_{T_2}} = e^{B\left(\frac{1}{T_1} - \frac{1}{T_2}\right)}, \quad \ln\left(\frac{R_{T_1}}{R_{T_2}}\right) = B\left(\frac{1}{T_1} - \frac{1}{T_2}\right)$$

所以

$$B = \frac{T_1 T_2}{T_2 - T_1} \ln\left(\frac{R_{T_1}}{R_{T_2}}\right) \tag{6.12}$$

$$A = \frac{R_{T_1}}{e^{B/T_1}} \tag{6.13}$$

根据式（6.12），可把 NTC 热敏电阻的 R-T 规律写成

$$R_T = R_0 \exp\left(\frac{B}{T} - \frac{B}{T_0}\right) \tag{6.14}$$

式中，T_0 代表 0 °C（273.15 K）；R_0 代表 0 °C 时的阻值，单位为 Ω。

由式（6.10）知，NTC 阻值随温度呈指数规律变化，如图 6.10 所示，而非线性变化。

2) NTC 热敏电阻的伏安特性

图 6.11 所示是 NTC 热敏电阻的伏安特性曲线，由图可知，它可分为三段：当流过 NTC 热敏电阻的电流较小时，其伏安特性服从欧姆定律，曲线在此段呈线性；当电流增加时，热敏电阻自身温度明显增加，由于负温度系数的关系，温度升高后，电阻值下降，于是输出电压 $U = IR$ 的上升速度减慢，出现了非线性；当电流继续增加时，热敏电阻自身温度上升更快，阻值大幅度下降，其减小速度超过电流的增加速度，于是出现电压随电流增加而降低的现象。

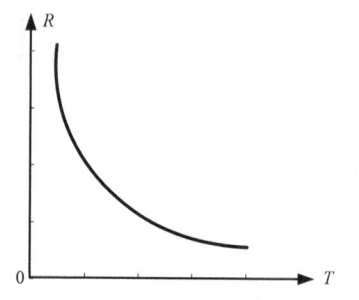

图 6.10　NTC 热敏电阻的 R-T 关系曲线

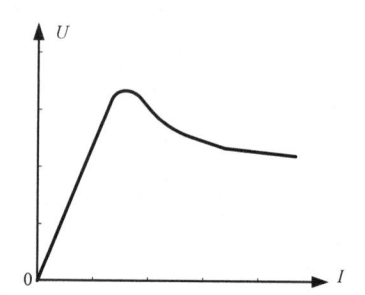

图 6.11　NTC 热敏电阻的伏安特性

3) NTC 热敏电阻的温度系数 α_T

根据电阻温度系数 α_T 的定义，由式（6.10）可得

$$\alpha_T = \frac{1}{R} \cdot \frac{dR}{dT} = \frac{1}{Ae^{B/T}} \cdot \frac{d(Ae^{B/T})}{dT}$$

$$= \frac{1}{Ae^{B/T}} \cdot e^{B/T} \cdot \left(-\frac{B}{T^2}\right) = -\frac{B}{T^2} \tag{6.15}$$

由此可见，电阻温度系数 α_T 并非常数，它随温度降低而迅速增大，即低温段比高温段更灵敏。热敏电阻的测温灵敏度比金属热电阻高得多，例如，B 值为 4 000 K，当 $T = 293.15$ K（20 ℃）时，热敏电阻的 $\alpha_T = 4.7\%/℃$，约为铂热电阻的 12 倍。由于温度变化引起的阻值变化大，因此，测量时引线电阻影响小，且体积小，非常适合测量微弱温度变化。但是，热敏电阻非线性严重，如图 6.10 所示，实际使用中要对其进行线性化处理。

3. NTC 热敏电阻输出特性的线性化处理

由式（6.10）可知，热敏电阻的阻值随温度呈指数规律变化，也就是说，其非线性十分严重。为提高精度和扩大测温范围，必须改善其非线性，对热敏电阻进行线性化处理。最简单的方法是利用温度系数很小的精密电阻与热敏电阻串联或并联构成电阻网络（常称线性化网络）代替单个热敏电阻，使等效电阻在一定范围内呈线性。

1) 串联法

图 6.12 中，热敏电阻 R_T 与金属电阻 R_x 串联，串联后的等效电阻 $R_s = R_T + R_x$。只要金属电阻 R_x 的阻值选得合适，在一定温度范围内可得到总的等效电阻 R_s 与温度呈近似的双曲线特性，即 $R_s \propto \frac{1}{T}$，那么，在电压 U 一定的情况下，电流 $I = \frac{U}{R}$ 与温度呈线性关系。

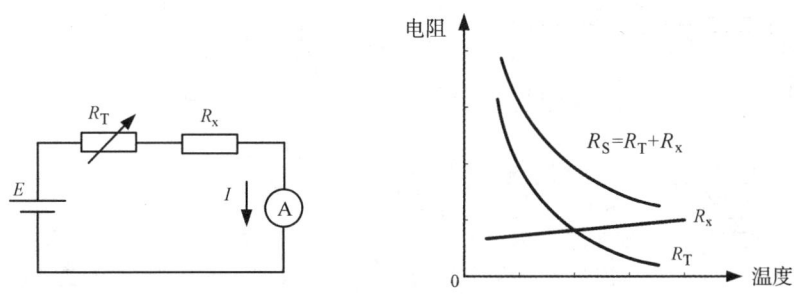

图 6.12 串联补偿电路

2) 并联法

图 6.13 中，热敏电阻 R_T 与金属补偿电阻 R_x 并联，并联后的等效电阻 $R = \frac{R_T \cdot R_x}{R_T + R_x}$。由图可知，$R$ 与温度的关系曲线变得比较平坦，因此可以在某一温度范围内得到线性的输出特性。

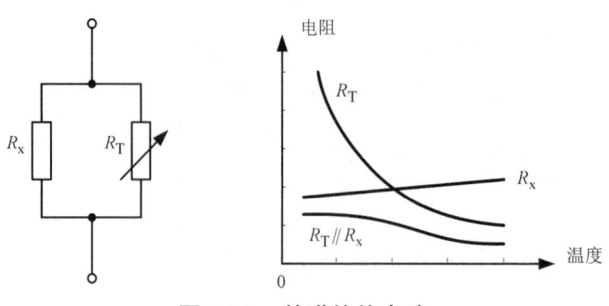

图 6.13　并联补偿电路

4. 应用举例

【例 6.3】　测流速。

应用热敏电阻测量管道流量的工作原理如图 6.14 所示，R_{T1} 和 R_{T2} 为热敏电阻，R_{T1} 被放入测流量的管道中，R_{T2} 则放入不受流体流速影响的容器内，R_1 和 R_2 为平衡电阻，四个电阻组成电桥结构。当流体静止时，电桥处于平衡状态，电流计上没有指示；当流体以一定速度 v 流动时，R_{T1} 的热量被带走，温度降低引起 R_{T1} 阻值变化，电桥失去平衡，电流计出现指示，其值与流体流速 v 成正比。在桥路结构中，R_{T1} 和 R_{T2} 为两个特性完全相同的热敏电阻，且接入电桥的相邻臂，这样可以消除环境温度等对测量的影响，提高测量精度。

【例 6.4】　热电式继电器。

如图 6.15 所示，R_T 为热敏电阻，温度正常时，R_T 阻值较大，三极管 T 不导通，继电器 J 不吸合；当温度升高，R_T 减小后，A 点电位升高，T 导通，J 吸合。这样构成的热电式继电器可用于电机过热保护线路，将其固定在电机绕组附近，当电机过载或其中某一相与地短路时，电机绕组温度剧增，热敏电阻阻值相应减小，三极管导通，继电器 J 吸合，以此控制电机电路被断开，起到过热保护作用。当电机恢复正常，绕组温度降低后，热敏电阻 R_T 阻值变大，三极管截止，继电器断开，电机电路又接通。

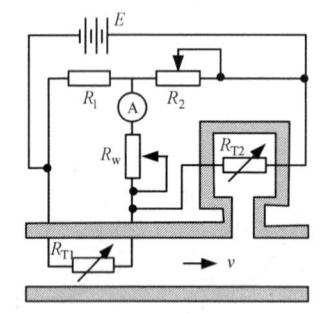

图 6.14　测量管道流速示意图

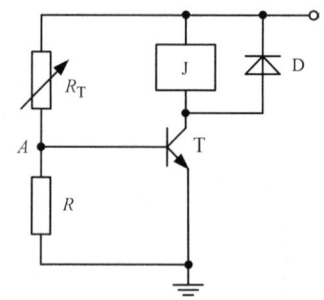

图 6.15　热电式继电器工作原理图

6.3　热电偶

热电偶传感器是目前接触式测温中应用最广的热电式传感器之一，它具有结构简单、制造方便、测温范围广、热惯性小、准确度高、输出信号便于远传等优点。

1. 热电效应

热电偶传感器的工作基础就是热电效应。

1) 定 义

如图 6.16 所示，将两种不同的金属导体 A、B 组成闭合回路，若两节点的温度不同（$T \neq T_0$），则两者之间（A、B）将产生热电势，这种现象称为热电效应。如果回路中接入电流计Ⓐ，可看见电流计的指针偏转，即在回路中形成了一定大小的电流。热电势用 $E_{AB}(T, T_0)$ 表示，金属 A、B 的组合称为热电偶，A 和 B 称为热电极，温度高的节点称为热端，而温度低的节点称为冷端。

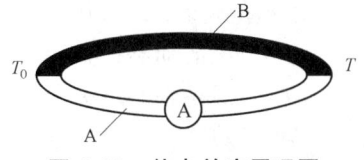

图 6.16 热电效应原理图

利用热电偶把被测温度信号转变为热电势信号，用电测仪表测出电势大小，就可间接求得被测温度值。

2) 热电势产生的原因

由理论分析知道，热电效应产生的热电势由接触电势和温差电势两部分组成。

（1）接触电势

所有金属都具有自由电子，而且在不同金属中自由电子的浓度不同，因此，当两种不同金属 A 和 B 接触时，在接触点处会发生电子的扩散。若金属 A 的自由电子浓度大于金属 B，则金属 A 中的自由电子将向金属 B 中扩散。这样，金属 A 因失去电子而带正电荷，金属 B 因获得电子而带负电荷，由于正、负电荷的存在，在接触处便形成电场，如图 6.17 所示。该电场将阻碍自由电子扩散的进一步发生，同时引起反方向的电子迁移。当扩散与迁移达到动态平衡时，由 A 至 B 的自由电子扩散电流与由 B 至 A 的电子漂移电流相等，这时，两种金属的接触处便产生一定的电势，称为接触电势。

扫描下图可浏览 AR 资源——热电偶传感器接触电势形成原理。

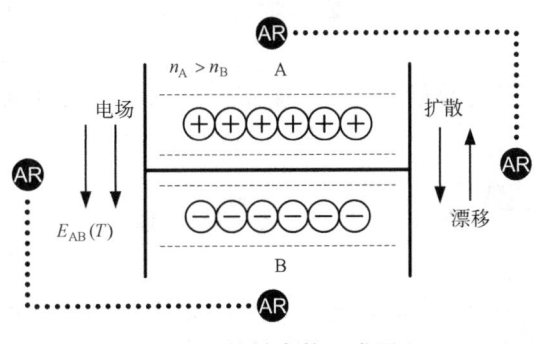

图 6.17 接触电势形成原理

接触电势的大小与两种金属的性质和接触点温度有关，而与金属的形状及尺寸无关，所以

$$E_{AB}(T) = \frac{kT}{e} \ln \frac{n_A}{n_B} \tag{6.16}$$

式中　k——玻耳兹曼常数，$k = 1.38 \times 10^{-23}$ J/K；

　　　T——绝对温度（节点处）；

　　　e——电子电荷的电量，$e = 1.6 \times 10^{-19}$ C；

　　　n_A、n_B——金属 A、B 的自由电子密度。

（2）温差电势

对于单一金属，当其两端温度不同时，两端的自由电子浓度也不同。温度高的一端浓度大，具有较大的动能；温度低的一端浓度小，动能也小。因此，高温端的自由电子要向低温端扩散，最后达到动态平衡。高温端失去电子而带正电，而低温端得到电子带负电，从而在两端形成电势，称为温差电势。

温差电势的大小与金属材料的性质和两端的温差有关，可表示为

$$E_A(T,T_0) = \int_{T_0}^{T} \sigma_A dT \tag{6.17}$$

式中　σ_A——温差系数；

　　　T、T_0——高温端和低温端的绝对温度。

（3）回路的总热电势

热电偶整个闭合回路的热电势 $E_{AB}(T, T_0)$ 为

$$\begin{aligned}
E_{AB}(T,T_0) &= E_{AB}(T) - E_{AB}(T_0) + E_A(T,T_0) - E_B(T,T_0) \\
&= \frac{kT}{e} \ln \frac{n_A}{n_B} - \frac{kT_0}{e} \ln \frac{n_A}{n_B} + \int_{T_0}^{T} \sigma_A dT - \int_{T_0}^{T} \sigma_B dT \\
&= \frac{k}{e} \ln \frac{n_A}{n_B} (T - T_0) + \int_{T_0}^{T} (\sigma_A - \sigma_B) dT
\end{aligned} \tag{6.18}$$

由此可见，如果热电偶两电极的材料相同，即 $n_A = n_B$，$\sigma_A = \sigma_B$，即使两端温度不同，即 $T \neq T_0$，但闭合回路的总热电势仍为零，因此，热电偶必须用两种不同的材料作电极。当然，热电偶两电极材料不同时，而热电偶两端的温度相同，即 $T = T_0$，这时闭合回路中也不产生热电势。

由于同一金属内的温差电势很小，可以忽略，因此，热电偶回路中起决定作用的是接触电势，式（6.18）可写为

$$E_{AB}(T,T_0) = E_{AB}(T) - E_{AB}(T_0) = \frac{k}{e}(T - T_0) \ln \frac{n_A}{n_B} \tag{6.19}$$

在工程中，常用式（6.19）表征热电回路的总热电势。为方便使用，在标定热电偶时，使 T_0 为常数，即 $E_{AB}(T_0) = C$，则式（6.19）可写成

$$E_{AB}(T,T_0) = E_{AB}(T) - C = \varphi(T) \tag{6.20}$$

式（6.20）表示，当热电偶回路的一个端点温度保持不变时，回路总热电势 $E_{AB}(T, T_0)$

只随另一个端点的温度变化而变化，即回路总热电势可看成温度 T 的函数，其关系曲线如图 6.18 所示。

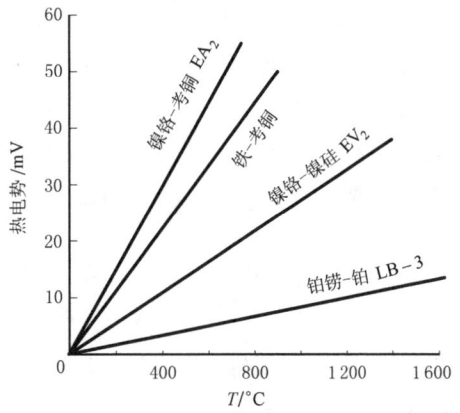

图 6.18　各种热电偶的热电势与温度关系曲线（$T = 0$ ℃）

对于不同金属组成的热电偶，温度与热电势之间有着不同的函数关系，一般是用实验的方法来求这个函数关系。通常令 $T_0 = 0$ ℃，然后在不同温差（$T - T_0$）情况下，精确地测出回路总热电势，并将测得的结果绘成曲线（图 6.18），或列出热电偶分度表，供使用时查阅。

2. 热电偶基本定律

1）中间导体定律

金属导体 A、B 组成的热电偶中插入第三种导体 C 时，只要插入导体的两端温度相同，则对热电偶的总热电势没有影响，如图 6.19 所示。

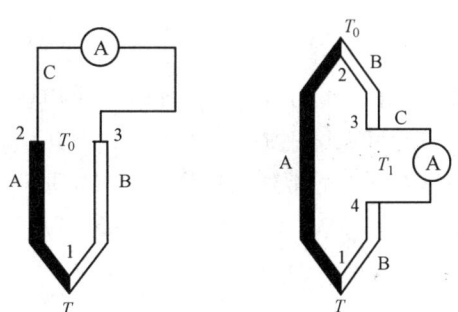

图 6.19　热电偶中加入第三种材料

这一定律具有特别重要的实际意义。利用热电偶测量温度时，必须在热电偶回路中接入电气测量仪表，也就相当于接入第三种材料，根据这一定律，在回路中接入毫伏表，只要保证毫伏表两接点的温度一致，就可完成对热电势的测量而不影响热电偶的输出。而且根据这一定律，也允许采用任意的焊接方法来焊接热电偶。

2）连接导体定律

如图 6.20 所示，在热电偶回路中，若导体 A、B 分别与连接导线 C、D 相接，接点温度

分别为 T、T_n、T_0，则回路的总热电势等于热电偶电势 $E_{AB}(T, T_n)$ 与连接导线电势 $E_{CD}(T_n, T_0)$ 的代数和，即

$$E_{ABCD}(T, T_n, T_0) = E_{AB}(T, T_n) + E_{CD}(T_n, T_0) \quad (6.21)$$

连接导体定律是工业上运用补偿导线法进行温度测量的理论基础。补偿导线法又称延伸电极法，由于热电偶的长度一般只有一米左右，在实际测量中，需要将热电偶的电势传输到数十米以外的显示或控制仪表，根据连接导体定律即可实现上述要求。一般选用直径粗、导电系数大的材料制作延伸导线，以减小热电偶回路的电阻。

3) 中间温度定律

在图 6.20 中，当导体 A 与 C、B 与 D 的材料分别相同时，式（6.21）可写成

$$E_{AB}(T, T_n, T_0) = E_{AB}(T, T_n) + E_{AB}(T_n, T_0) \quad (6.22)$$

即由 A、B 导线组成的热电偶回路的总热电势，等于温度分别为 T、T_n 的热电势和 T_n、T_0 的热电势之和。中间温度定律为制定分度表奠定了理论基础，只要已知参考端温度为 $T_0 = 0\ ℃$ 时的"热电势-温度"关系，由式（6.22）就可求得参考温度不等于 $0\ ℃$ 时的热电势。即

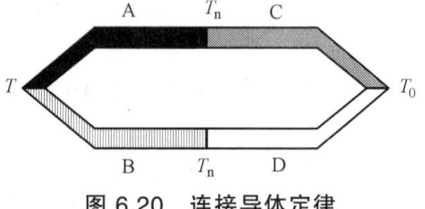

$$E_{AB}(T, T_n) = E_{AB}(T, T_n, T_0) - E_{AB}(T_n, T_0) \quad (6.23)$$

式中，$T_0 = 0\ ℃$，$T_n \neq 0\ ℃$。

图 6.20　连接导体定律

4) 参考电极定律

如图 6.21 所示，如果两种导体 A、B 分别与第三种导体 C 组成的热电偶所产生的热电势已知，则 A、B 导体组成的热电偶也已知，即

$$E_{AB}(T, T_0) = E_{AC}(T, T_0) - E_{BC}(T, T_0) \quad (6.24)$$

由此可知，当任一电极 A、B、C、D…与一标准电极 X 组成热电偶产生热电势为已知时，就可利用式（6.24）求出这些热电极彼此任意组成热电偶时的热电势。通常选用铂作为标准电极。

例如，已知 $E_{AC}(1\,084.5, 0) = 13.967\text{ mV}$，$E_{BC}(1\,084.5, 0) = 8.354\text{ mV}$，则

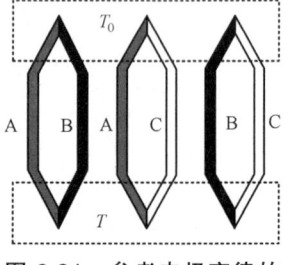

图 6.21　参考电极定律的三只热电偶

$$E_{AB}(1\,084.5, 0) = 13.967 - 8.354 = 5.613\ (\text{mV})$$

3. 热电偶的结构与种类

1) 热电偶的结构

普通热电偶的结构如图 6.22 所示，它由热电极、绝缘套、保护套管和接线盒组成，通常呈棒形结构，安装连接时，可采用螺纹或法兰方式。

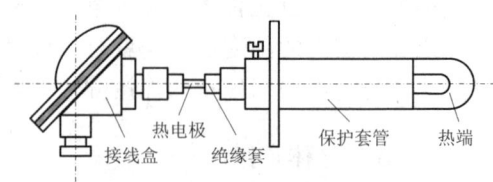

图 6.22　普通热电偶的结构

（1）热电极

根据热电偶的原理，似乎只要是两种不同金属材料就可以组成热电偶，用以测量温度，但为了保证工程技术中的可靠性，并有足够的测量精度，并不是所有材料都可以组成热电偶。一般来说，对热电偶材料有以下要求：

① 在测量范围内，热电性质稳定，不随时间而变化；
② 在测量范围内，物理化学性能稳定，不易氧化或腐蚀；
③ 电阻温度系数小，电导率高；
④ 热电偶输出热电势大，且输出呈单值线性、近线性；
⑤ 材料复制性好，可制成标准分度，机械强度高，制造工艺简单，而且价格便宜。

实际上没有一种材料能完全满足上述要求，在设计选用热电偶的电极材料时，要根据测温的具体条件加以选择。目前，常用的热电极材料有贵金属和普通金属两大类，这些材料在国内外都已标准化。贵金属热电极材料有铂铑合金和铂，直径大多为 0.13 ~ 0.65 mm。普通金属热电极材料有铁、铜、康铜、考铜、镍铬合金、镍硅合金等，直径为 0.5 ~ 3.2 mm。此外，还有铱、钨、铼等耐高温材料，碳、石墨、碳化硅等非金属材料。热电极长度由具体使用情况决定，通常为 350 ~ 2 000 mm。

（2）绝缘套

绝缘套的作用是防止电极间短路。根据不同使用温度，绝缘套可选用不同绝缘材料，最常用的是氧化铝管（1 500 ~ 1 700 °C）和耐火陶瓷（1 400 °C）。

（3）保护套管

保护套管的作用是使电极和待测温度的介质隔离，使之免受化学侵蚀和机械损坏。对保护套管的要求是必须有优良传热性能，且经久耐用。

（4）接线盒

接线盒用于连接热电偶和补偿导线，它固定在热电偶保护套管上，一般用铝合金制成。

2）热电偶的种类

- 普通热电偶：主要用于测量气体、蒸气和液体等介质的温度。这类热电偶已做成标准型式，可根据测温范围和环境条件来选择合适的热电极材料和保护套管。
- 铠装热电偶：又称缆式热电偶，主要特点是动态响应快、测量端热容量小、挠性好、强度高、种类多。
- 薄膜热电偶：适宜测量微小面积和瞬时变化的温度，其热容量小、动态响应快。
- 表面热电偶：主要用于测量金属块、炉壁、橡胶筒、涡轮叶片、轧辊等固体的表面温度。
- 浸入式热电偶：可直接插入液态金属中进行测量，主要用于测量钢水、铜水、铝水以及熔融合金的温度。

4. 热电偶实用测量电路

1) 测量单点温度

如图 6.23 所示，A、B 为热电偶，C、D 为补偿导线，冷端温度为 T_0，M 为所配用的毫伏计或数字仪表（如采用数字仪表测量热电势，需加适当输入放大电路），这时回路中总热电势为 $E_{AB}(T,T_0)$，流过测温毫伏计的电流为

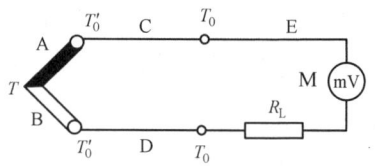

图 6.23 测量单点温度的基本线路

$$I = \frac{E_{AB}(T,T_0)}{R_z + R_c + R_M} \tag{6.25}$$

式中，R_z、R_c、R_M 分别为热电偶、补偿导线和仪表的内阻（包含负载电阻 R_L）。

2) 测量两点之间的温差

如图 6.24 所示，用两只同型号的热电偶，配用相同的补偿导线，回路内的总电势为

$$E_T = E_{AB}(T_1) + E_{BD}(T_0) + E_{DB}(T_0') + E_{BA}(T_2) + E_{AC}(T_0') + E_{CA}(T_0) \tag{6.26}$$

因为补偿导线 C、D 的热电性质分别与 A、B 相同，因此有

$$E_{BD}(T_0) = E_{DB}(T_0') = E_{AC}(T_0')$$
$$= E_{CA}(T_0) = 0 \tag{6.27}$$

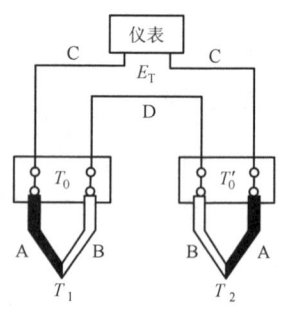

所以，式（6.26）变为

$$E_T = E_{AB}(T_1) + E_{BA}(T_2)$$
$$= E_{AB}(T_1) - E_{AB}(T_2) \tag{6.28}$$

如果连接导线用普通铜导线，则必须保证两热电偶的冷端温度相等，否则测量结果是不正确的。

图 6.24 测量两点温度的线路

3) 测量平均温度

如图 6.25 所示，用几只同型号的热电偶并联在一起，要求三只热电偶都工作在线性段。每一只热电偶线路中都串接均衡电阻 R_1、R_2 和 R_3，其作用是保证 T_1、T_2 和 T_3 不相等时，流过每只热电偶线路中的电流免受电阻不相等的影响。因此，R_1、R_2、R_3 的阻值必须远大于热电偶的电阻变化。输出电势

$$E_T = \frac{E_1 + E_2 + E_3}{3}$$
$$= \frac{1}{3}[E_{AB}(T_1,T_0) + E_{AB}(T_2,T_0') + E_{AB}(T_3,T_0'')] \tag{6.29}$$

这种并联法的缺点是当有一只热电偶烧断时，不能够很快地觉察出来。

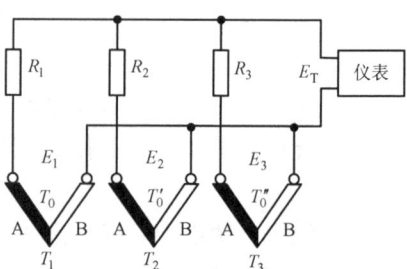

图 6.25 测量几点平均温度的线路

4）测量几点温度之和

如图 6.26 所示，几只相同热电偶的串联线路，C、D 为补偿导线，回路的总热电势为

$$E_T = E_{AB}(T_1) + E_{DC}(T_0) + E_{AB}(T_2) + E_{DC}(T_0) + E_{AB}(T_3) + E_{DC}(T_0) \quad (6.30)$$

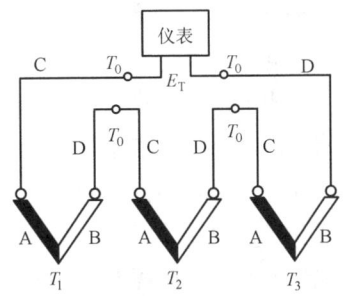

图 6.26 测量几点温度和的线路

因为 C、D 为 A、B 的补偿导线，其热电性质相同，即

$$E_{DC}(T_0) = E_{BA}(T_0) = -E_{AB}(T_0) \quad (6.31)$$

代入式（6.30）得

$$\begin{aligned} E_T &= E_{AB}(T_1) - E_{AB}(T_0) + E_{AB}(T_2) - E_{AB}(T_0) + E_{AB}(T_3) - E_{AB}(T_0) \\ &= E_{AB}(T_1, T_0) + E_{AB}(T_2, T_0) + E_{AB}(T_3, T_0) \end{aligned} \quad (6.32)$$

即回路的总热电势为各热电偶的热电势之和，则

$$E_{平均} = \frac{1}{3} E_T \quad (6.33)$$

这种串联线路可以避免并联线路的缺点。当有一只热电偶烧断时，总的热电势消失，可以立即知道有热电偶烧断。同时，由于总热电势为各热电偶电势之和，故可以测量微小的温度变化。

微课：热电偶冷端补偿方法

5. 热电偶冷端补偿方法

热电偶输出的电势是两节点温度差的函数，为使输出电势是被测温度的单一函数，一般将 T 作为被测温度端，将 T_0 作为固定冷端（参考温度端）。热电偶电路中最大的问题就是冷端的问题，即如何选择测温的参考点。经常采用的冷端补偿方法有三种：

（1）0 ℃ 恒温法

在标准大气压下，将冰水混合后放在保温容器内，使 T_0 保持在 0 ℃，以得到热电偶冷端的参考温度。

（2）恒温修正法

将冷端置于恒温槽内，如恒定温度为 T_0，则冷端的误差为

$$\delta = E_1(T, T_0) - E_1(T, 0) = -E_1(T_0, 0) \quad (6.34)$$

其中，T 为被测温度。

由式（6.34）知，虽然$\delta \neq 0$，但它是一个定值，只要在回路中加入相应的修正电压或调整指示装置的初始值，就可达到完全补偿的目的。常用的恒温温度是50 ℃。

（3）补偿电桥法

补偿电桥法是工业上常用的一种冷端自动补偿法。它利用不平衡电桥产生的电压来补偿热电偶参考端温度变化引起的电势变化。

如图 6.27 所示，补偿电桥法是在热电偶和测量仪表间接入一个直流不平衡电桥。电桥也称为冷端补偿器，它与冷端处于同一温度，其中桥臂电阻 R_1、R_2、R_3 由锰铜丝绕制，温度系数为零，而电阻 R_4 是铜导线绕制的补偿电阻，有一个正的电阻温度系数。E 是电桥的直流电源，R 为限流电阻，阻值取决于热电偶材料。

扫描下图可浏览 AR 资源——热电偶冷端电桥补偿法。

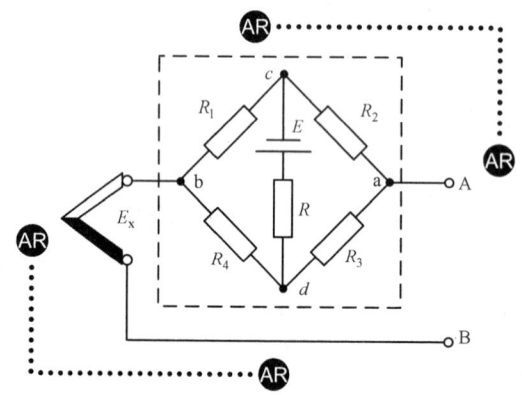

图 6.27 补偿电桥法构成的冷端补偿器

设计时使电桥在 20 ℃ 时处于平衡（调节 R_4 的阻值），即 a、b 两点的电位差 $U_{ab} = 0$，电桥对仪表读数无影响，$U_{AB} = E_x$。当热电偶自由端温度升高，不等于 20 ℃ 时，R_4 的阻值随之增大，电桥失去平衡，产生一个不平衡电压 U_{ab}。而自由端温度升高后，热电偶电势 E_x 减小，如果 U_{ab} 的增量等于热电偶 E_x 的减小量，则回路总电势差 U_{AB} 的值就不会随热电偶冷端温度变化而变化，即

$$U_{AB} = E_x + U_{ab} \tag{6.35}$$

因此，通过仪表便可正确地读出被测温度。

总之，当热电偶自由端温度升高，导致热电偶电势降低时，由不平衡电桥组成的冷端补偿器感受到自由端温度的变化，产生一个电压值，正好等于热电偶降低的电势，两者相互抵消以达到自动补偿的目的。

6. 应用举例

【例 6.5】 金属材质鉴别仪。

热电偶可用于温度测量，利用热电效应可构成热电式金属材质鉴别仪，如图 6.28 所示，它是一种无损检测装置。

由于温差电势很小，可近似写成

$$\int_{T_0}^{T}(\sigma_A-\sigma_B)dT=(T-T_0)(\sigma_A-\sigma_B) \tag{6.36}$$

则热电势可写成

$$E_{AB}(T,T_0)=\frac{k}{e}\ln\frac{N_A}{N_B}(T-T_0)+(\sigma_A-\sigma_B)(T-T_0)$$

$$=(T-T_0)\left[\frac{k}{e}\ln\frac{N_A}{N_B}+(\sigma_A-\sigma_B)\right] \tag{6.37}$$

图 6.28 中，两个电极由相同材料制成，其中一个电极被均匀加热，电极温度为 T。检测时，被测金属与两电极接触时形成两组热电回路：一组由被测金属与铜电极组成，另一组由康铜线与铜线组成。

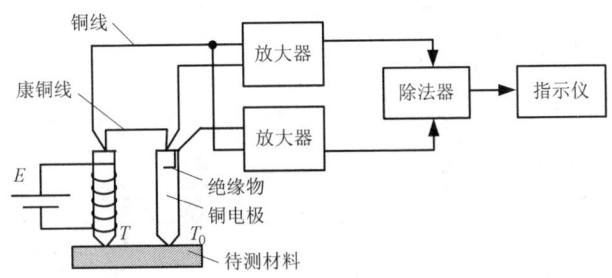

图 6.28 热电式金属材质鉴别仪

由于电极均匀加热，绝缘物有良好的导热性，因而两组热电回路具有相同的节点温度（T，T_0），其相应电势为

$$E_{AX}(T,T_0)=(T-T_0)\left[\frac{k}{e}\ln\frac{N_A}{N_X}+(\sigma_A-\sigma_X)\right] \tag{6.38}$$

$$E_{AK}(T,T_0)=(T-T_0)\left[\frac{k}{e}\ln\frac{N_A}{N_K}+(\sigma_A-\sigma_K)\right] \tag{6.39}$$

式中　N_A、N_K、N_X——铜、康铜、被测金属的自由电子密度；
　　　σ_A、σ_K、σ_X——铜、康铜、被测金属的温差系数。

两组热电回路的电势比为

$$Y=\frac{E_{AX}}{E_{AK}}=\frac{\frac{k}{e}\ln\frac{N_A}{N_X}+(\sigma_A-\sigma_X)}{\frac{k}{e}\ln\frac{N_A}{N_K}+(\sigma_A-\sigma_K)} \tag{6.40}$$

可见，Y 值只随被测金属 σ_X、N_X 值而变化，温度变化对 Y 值基本没有影响。热电式金属材质鉴别仪的优点是结构简单，不受被测金属形状大小的影响，但表面镀层会影响鉴别结果。

6.4 PN 结型温度传感器

热电偶虽有测温范围宽的优点，但其热电势较低；热敏电阻灵敏度高，但工作温度范围窄，只利于检测微小温度变化。而且，它们的输出都是非线性的。PN 结型温度传感器与它们相比的最大优点是具有线性输出特性，且测温精度高。

PN 结型温度传感器是利用半导体器件的某些性能参数对温度的依赖性，实现对温度的检测。

1. 温敏二极管

对于理想二极管，其正向电流 I_F 和温度之间的关系为

$$I_F = I_S \exp\left(\frac{eU_F}{kT}\right) \tag{6.41}$$

式中　U_F——正向电压；

　　　e——电子电荷，$e = 1.6 \times 10^{-19}$ C；

　　　k——玻耳兹曼常数；

　　　T——绝对温度，单位为 K；

　　　I_S——饱和电流，且

$$I_S = AT^r \exp\left(-\frac{E_{g0}}{kT}\right) \tag{6.42}$$

其中　A——与温度无关的常数；

　　　r——与迁移率有关的常数；

　　　E_{g0}——绝对温度为 0 时的禁带宽度，单位为 eV。

由式（6.41）和式（6.42）得

$$U_F = V_{g0} - \frac{kT}{e}\ln\left(\frac{AT^r}{I_F}\right) \tag{6.43}$$

式中，$V_{g0} = \dfrac{E_{g0}}{e}$。

由此可知，在一定的电流 I_F 下，正向压降随温度的升高而降低，呈现负温度系数。对于锗和硅二极管，在相当宽的温度范围内，其 U_F-T 关系满足式（6.43），在恒流（I_F 一定）下，U_F-T 呈线性关系，如图 6.29 所示。

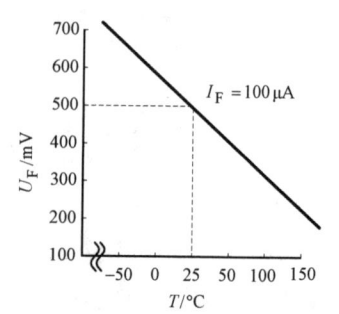

图 6.29　温敏二极管的 U_F-T 特性

2. 温敏三极管

式（6.43）只对理想二极管的扩散电流成立，在考

虑实际二极管的空间电荷区的复合电流和表面电流后，实际二极管的 U_F-T 特性将偏离理想情况。

温敏三极管利用三极管发射结正向电压随温度上升而近似下降的特性。由于在发射结正偏下，虽然其电流也包括上述三种电流成分，但只有扩散电流能到达集电极，形成集电极电流，另两种电流成分则作为基极电流漏掉，并不能到达集电极。因此，三极管的 I_c-U_{be} 关系比二极管的 I_F-U_F 关系更符合理想情况，所以表现出更好的电压-温度线性关系。对 NPN 晶体管有

$$U_{be} = V_{g0} - \frac{kT}{e} \ln \frac{AT^r}{I_c} \tag{6.44}$$

式中，$V_{g0} = \dfrac{E_{g0}}{e}$。

由式（6.44）可以看到，若 I_c 恒定，则 U_{be} 仅随温度 T 呈单调单值函数变化。

图 6.30 所示为温敏三极管的基本测温电路。其中，温敏三极管作为负反馈元件跨接在运算放大器的反相输入端和输出端之间，基极接地。这样，集电结几乎为零偏，使其空间电荷区的复合电流和表面电流为零，而发射结电流中的复合电流及表面漏电流则由基极流入地，这样，集电极电流完全由扩散电流组成。集电极电流 I_c 只取决于集电极电阻 R_c 和电源 E，保证了温敏三极管的 I_c 恒定。电容 C 的作用是防止寄生振荡。

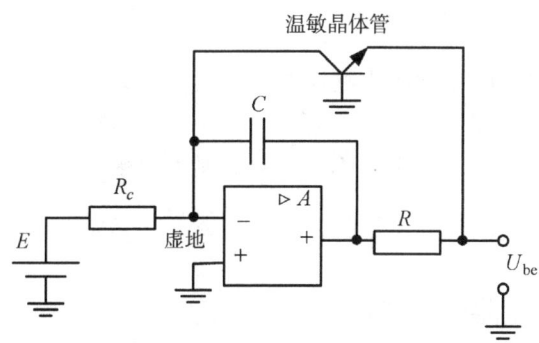

图 6.30 温敏三极管的基本测温电路

3. 集成温度传感器

集成温度传感器是将温敏三极管及其辅助电路集成在同一芯片上，其最大的优点是有理想的线性输出，且体积小、成本低廉，是温度传感器的主要发展方向之一。

由式（6.44）知，三极管的 U_{be} 在 I_c 恒定条件下，可认为与温度呈线性关系，但严格地说，这种线性关系是不完全的，即关系式中仍存在非线性项。集成温度传感器均采用图 6.31 所示的差分电路形式，直接给出严格的线性输出。

T_1 和 T_2 是两只结构和性能完全相同的晶体管，它们分别在不同的集电极电流 I_{c1} 和 I_{c2} 下工作，电阻 R_1 上的电压降 ΔU_{be} 为 T_1 和 T_2 的基极-发射极电压差，即

$$\begin{aligned}\Delta U_{be} &= U_{be1} - U_{be2} \\ &= V_{g0} - \frac{kT}{e}\ln\frac{AT^r}{I_{c1}} - V_{g0} + \frac{kT}{e}\ln\frac{AT^r}{I_{c2}} \\ &= \frac{kT}{e}\ln\frac{I_{c1}}{I_{c2}}\end{aligned} \qquad (6.45)$$

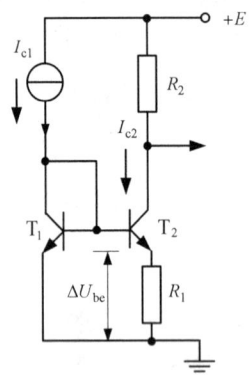

图 6.31　差分电路的工作原理

由于两只晶体管集电极面积相等，因此，集电极电流比 I_{c1}/I_{c2} 应等于集电极电流密度比，式（6.45）可写成

$$\Delta U_{be} = \frac{kT}{e}\ln\frac{J_{c1}}{J_{c2}} \qquad (6.46)$$

式中，J_{c1} 和 J_{c2} 分别为 T_1 和 T_2 管的集电极电流密度。由此可见，只要保持 J_{c1}/J_{c2} 不变，则 $\Delta U_{be} \propto T$。

若两只晶体管增益很高，基极电流 I_b 可忽略，则集电极电流等于发射极电流，故有

$$I_{c2} \approx I_{e2} = \frac{\Delta U_{be}}{R_1} \qquad (6.47)$$

因此，T_2 的集电极电流 $I_{c2} \propto T$。

T_2 的集电极电阻 R_2 上的电压降也正比于温度。由于 I_{c1}/I_{c2} 一定，则 $I_{c1} \propto T$，$(I_{c1} + I_{c2}) \propto T$。

习题及思考题

1. 选用铂、铜作为常用热电阻材料主要基于它们哪些性能的优势？
2. 说明热电阻采用三线制、四线制测量电路的原因。
3. 分析热电阻构成的气体成分分析仪的工作原理。
4. 分析负温度系数热敏电阻的伏安特性出现非线性的原因。
5. 说明用串联法进行负温度系数热敏电阻线性化处理的原理。
6. 简述热敏电阻与热电阻在材料、灵敏度、输出线性、测量电路等方面的比较。
7. 产生热电势的基本条件是什么？热电效应中接触电势的大小与哪些因素有关？

8. 根据热电势产生机理，说明热电偶传感器测量时需要采用两种不同的热电极材料，且两端温度不同的原因。

9. 可以用电器仪表直接测量热电势而不影响热电偶的输出，是基于热电偶的哪个基本定律？

10. 简述运用补偿导线法进行热电偶温度测量的理论基础。

11. 热电偶的哪个基本定律奠定了分度表的理论基础？

12. 分析热电偶传感器补偿电桥法进行冷端温度自动补偿的原理。

13. 给出热电偶传感器测量平均温度和几点温度之和的线路图并说明原理。

14. PN结型温度传感器最主要的特点是什么？

15. 用热电式传感器（热电阻、热电偶）设计一个电热水器，其功能是：当热水器内的水温低于 95 ℃ 时，控制电路给出信号使电热水器电源接通，给水加热；当热水器内的水温达到 95 ℃ 时，控制电路自动切断热水器电源，停止给水加热，使其处于保温状态。参照第11 章的实验 2-1 "热电式传感器的温度自动控制实验"，给出系统原理及连线图。

第 7 章

磁敏式传感器

近年来,半导体磁敏传感器的应用日益广泛,地位越来越重要。它是利用半导体材料中的自由电子及空穴随磁场而改变其运动方向这一特性制成的。半导体磁敏传感器按其结构可分为体型和结型两大类,霍尔传感器和磁敏电阻属于体型,磁敏二极管和磁敏三极管属于结型。

7.1 霍尔传感器

霍尔传感器是利用霍尔效应实现磁电转换的一种传感器。霍尔效应自 1879 年被美国物理学家霍尔发现至今已有 100 多年的历史,但直到 20 世纪 50 年代,由于微电子学的发展,才被人们所重视和利用,开发了多种霍尔元件。我国从 20 世纪 70 年代开始研究霍尔器件,目前已经能生产各种性能的霍尔元件,如普通型、高灵敏度型、低温度系数型、测温测磁型和开关式的霍尔元件。

1. 霍尔效应

如图 7.1 所示的半导体薄片,其长度为 l,宽度为 b,厚度为 d,当它被置于磁感应强度为 B 的磁场中(z 方向),如果在它相对的两边通以控制电流 I(y 方向),磁场方向与电流方向正交,则在半导体的另外两边(x 方向)将产生一个电势 U_H,其大小与控制电流 I 和磁感应强度 B 成正比,即

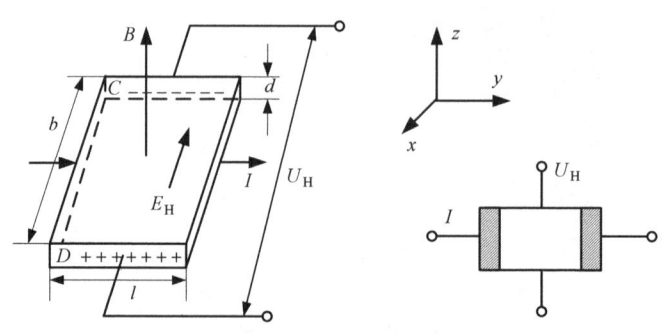

图 7.1 霍尔效应原理

$$U_H = K_H IB \tag{7.1}$$

式中，K_H 为霍尔元件的灵敏度。

这一现象称为霍尔效应，该电势称为霍尔电势，此半导体薄片就是霍尔元件。

霍尔效应是半导体中自由电荷在磁场中受洛伦兹力作用而产生的。设霍尔元件为 N 型半导体，当它通以电流 I 时，半导体中的自由电荷（载流子-电子）受到磁场中洛伦兹力的作用，其大小为

$$F_L = qvB = -evB \tag{7.2}$$

式中，q 为电子的电荷量，$q = -e$；v 为电子速度。

在洛伦兹力的作用下，根据左手定则，空穴向 D 面积聚，电子向 C 面积聚。这样，在 C 面产生负电荷积累，而在 D 面产生正电荷积累，CD 间形成静电场 E_H。该电场将阻止电子和空穴的进一步偏转，当电场力与洛伦兹力相等时，达到动态平衡，即

$$F_E = -eE_H = -evB \tag{7.3}$$

而

$$E_H = \frac{U_H}{b} \tag{7.4}$$

则

$$U_H = bvB \tag{7.5}$$

流过霍尔元件的电流 I 可表示为

$$I = nbdv(-e) \tag{7.6}$$

式中　bd——与电流方向垂直的截面面积；
　　　n——单位体积内的电子数（载流子浓度）。

由式（7.5）和式（7.6）得

$$U_H = -\frac{IB}{ned} \tag{7.7}$$

若霍尔元件为 P 型半导体，则

$$U_H = \frac{IB}{ped} \tag{7.8}$$

式中，p 为单位体积内的空穴数（载流子浓度）。

在式（7.7）和式（7.8）中，分别取

$$R_H = -\frac{1}{ne} \quad \text{或} \quad R_H = \frac{1}{pe}$$

则

$$U_H = R_H \cdot \frac{IB}{d} \tag{7.9}$$

R_H 为霍尔传感器的霍尔系数，它由半导体材料性质决定，反映了霍尔电势的强弱。设

$$K_H = \frac{R_H}{d} \tag{7.10}$$

则 $$U_H = K_H IB \tag{7.11}$$

式中，K_H 为霍尔元件的灵敏度，它是指在单位磁感应强度和单位控制电流作用下，所能输出的霍尔电势的大小。

霍尔电势与霍尔元件的几何尺寸有关。霍尔元件的厚度 d 与 K_H 成反比，因此霍尔元件的厚度越小，其灵敏度越高。

由于材料的电阻率 ρ 与载流子浓度 $p(n)$ 和迁移率 μ 有关，即

$$\rho = \frac{1}{pq\mu} \quad \text{或} \quad \rho = \frac{1}{nq\mu} \tag{7.12}$$

则 $$R_H = \rho\mu \tag{7.13}$$

由此可见，要想霍尔效应强，就希望 R_H 值大，这就要求材料的电阻率高，同时迁移率大。一般金属材料的载流子迁移率很大，但电阻率很低；而绝缘体的电阻率虽然很高，但载流子迁移率极小。只有半导体才是两者兼优的制造霍尔元件的理想材料。

霍尔元件常采用锗、硅、砷化镓、砷化铟及锑化铟等半导体材料制作。用锗半导体材料制作的霍尔元件温度特性及线性度好，但灵敏度低。而用锑化铟半导体材料制成的霍尔元件灵敏度最高，但受温度的影响较大。目前使用锑化铟霍尔元件的场合较多。

图 7.2 所示是一种用溅射工艺制作的锑化铟霍尔元件的结构，它由衬底、十字形霍尔元件、电极引线及磁性体顶端等构成。十字形霍尔元件 4 个端部的引线，一对是电流输入端，另一对为霍尔电压输出端。铁磁体顶端是为了集中磁力线和提高元件灵敏度设置的，它的体积越大，元件的输出灵敏度越高。

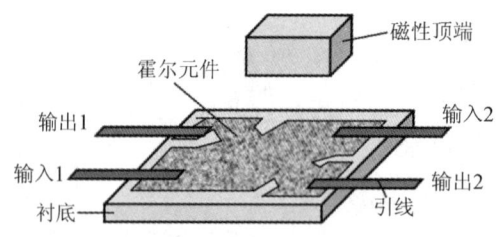

图 7.2　锑化铟霍尔元件结构示意图

2. 霍尔元件的主要技术参数

（1）额定激励电流 I_H

对一定的元件，为使其温升不超过一定值，就需要对激励电流加以限制。通常定义使霍尔元件温升 10 ℃时所加的电流为额定激励电流 I_H。

霍尔元件通过电流 I_H 产生的焦耳热 W_1 为

$$W_1 = I_H^2 R = I_H^2 \frac{\rho l}{bd} \tag{7.14}$$

霍尔元件的散热 W_2 主要由上、下两个表面承担，即

$$W_2 = 2lb \cdot \Delta T \cdot A \quad (7.15)$$

式中　A——霍尔元件的表面散热系数；

　　　ΔT——限定的温升。

当产生的焦耳热和散热相等时，可求得额定电流：

$$I_H = b\sqrt{\frac{2d \cdot \Delta T \cdot A}{\rho}} \quad (7.16)$$

（2）不平衡电势 U_0（不等位电势）

在额定激励电流下，当磁感应强度为零时，霍尔电极间的空载霍尔电势，称为不平衡电势，或叫零位电势。产生不等位电势的主要原因是两个霍尔电极的位置不在同一等位面上。此外，材料不均匀或工艺不良等原因对不等位电势也有一定的影响。

（3）输入电阻 R_i 和输出电阻 R_0

输入电阻 R_i 是指控制电流电极之间的电阻值。输出电阻 R_0 是指输出霍尔电势电极间的电阻，单位为 Ω。R_i 和 R_0 可在无磁场（即 $B = 0$）时，用欧姆表等测量。

（4）霍尔电压

图 7.3 所示是霍尔元件在恒流源和恒压源下的霍尔电压 U_H 和磁通密度 B 之间的典型关系曲线。

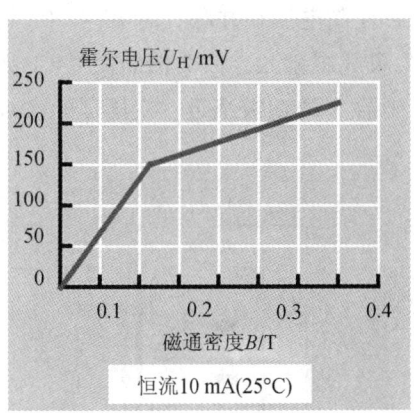
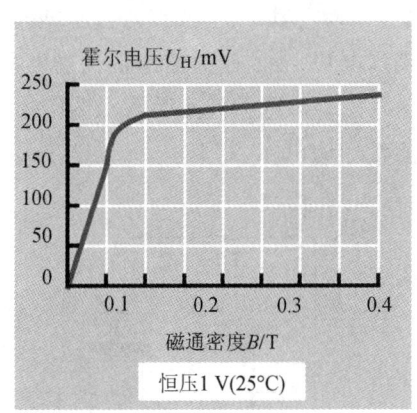

图 7.3　霍尔元件的典型输出特性

霍尔元件的主要特点：

① 霍尔元件可以测量磁物理量及电量，还可以通过转换测量其他非电量。

② 霍尔元件的输出量与两个输入量的乘积成比例，因此可以方便而准确地实现乘法运算，可构成各种非线性运算部件。

③ 输出信号的信噪比大。

④ 频率范围宽，一般的霍尔元件都可以工作在从直流到数百千赫兹的频率范围内。

⑤ 体积小，重量轻，使用方便。

⑥ 稳定性好，寿命长。

3. 霍尔元件的连接方式和输出电路

1）霍尔元件的基本测量电路

霍尔元件的基本测量电路如图 7.4 所示，控制电流 I 由电源 E 供给，电位器 W 调节控制电流的大小。霍尔元件的输出接负载电阻 R_L，R_L 可以是放大器的输入电阻或测量仪表的内阻。由于霍尔元件必须在磁场和控制电流的作用下，才会产生霍尔电势 U_H，所以可以把 $I \cdot B$（乘积）、I、B 作为输入信号，霍尔元件的输出电势分别正比于 $I \cdot B$ 或 I、B。

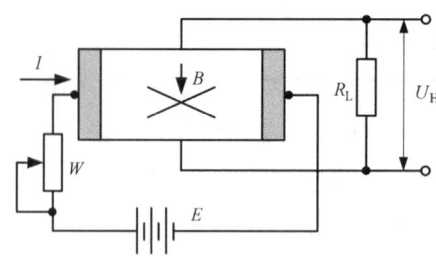

图 7.4　霍尔元件的基本测量电路

2）霍尔元件的连接方式

为了获得较大的霍尔电势输出，除基本测量电路外，可采用几片霍尔元件叠加的连接方式，如图 7.5 所示。其中图（a）为直流供电情况，控制电流端并联，由 W_1 和 W_2 调节两个元件的输出霍尔电势，A、B 为输出端，输出电势为单片霍尔元件的 2 倍。图（b）为交流供电情况，控制电流端串联，各元件输出端接输出变压器 B 的初级绕组，变压器的次级便有霍尔电势信号的叠加输出。

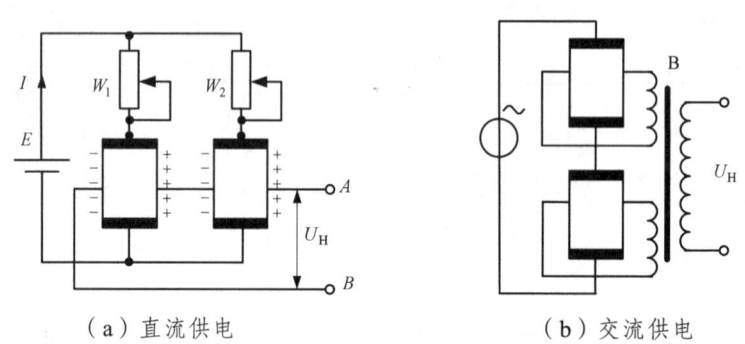

（a）直流供电　　　　（b）交流供电

图 7.5　霍尔元件输出叠加连接方式

3）霍尔电势的输出电路

霍尔元件是一种四端器件，输出电势一般在毫伏量级，实际使用中需加差分放大器。霍尔元件可分为线性测量和开关状态两种使用方式，输出电路有两种结构，分别接比例放大器和射极跟随器，如图 7.6 所示。

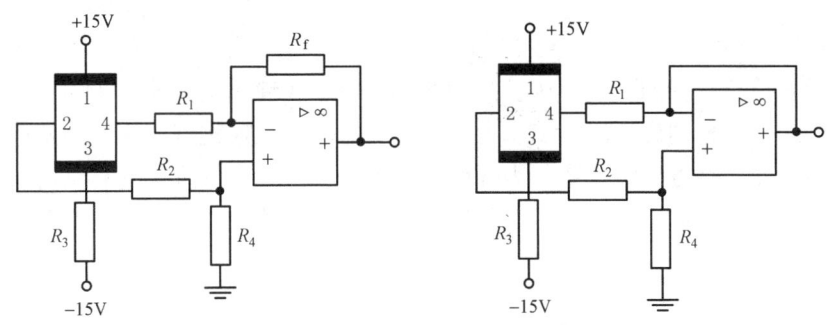

图 7.6　霍尔元件的输出电路

当用霍尔元件作线性测量时，应选稳定性和线性度好、不等位电势小、灵敏度适合的霍尔元件，并选择低噪声放大器作为前置放大器。当霍尔元件作开关使用时，要选择灵敏度高的霍尔器件。

4．霍尔集成传感器

1）霍尔开关集成传感器

霍尔开关集成传感器是将霍尔效应与集成电路技术结合而制成的一种以开关信号输出的磁敏式传感器。霍尔开关集成传感器具有使用寿命长、无触点磨损、无火花干扰、无转换抖动、工作频率高、温度特性好、能适应恶劣环境等优点。

霍尔开关集成传感器是以硅为材料，利用硅平面制造工艺制造的。硅材料制作霍尔元件的灵敏度不够高，但在霍尔开关集成传感器中，由于 N 型硅的外延层很薄，可以提高霍尔电压；同时利用硅平面工艺将差分放大器、施密特触发器及霍尔元件集成在一起，可以大大提高传感器的灵敏度。

霍尔开关集成传感器的内部组成如图 7.7 所示，主要包括稳压电路、霍尔元件、放大器、整形电路、开路输出等部分。稳压电路可使传感器在较宽的电压范围内工作。开路输出使传感器方便地与各种逻辑电路接口。当有磁场作用在传感器上时，根据霍尔效应，霍尔元件输出霍尔电压。该电压经放大器放大后，送至施密特整形电路，当电压大于开启阈值时，施密特整形电路翻转，输出高电压，使三极管导通，且具有吸收电流的负载能力，称为开状态。当磁场减弱时，霍尔元件输出电压很小，经放大器放大后其值也小于施密特整形电路的关闭阈值，施密特整形电路再次翻转，输出低电平，使三极管截止，称为关状态。这样，一次磁场强度的变化，就会使传感器完成一次开关动作。

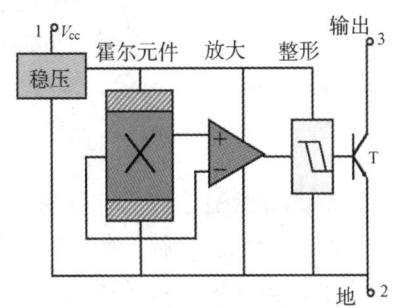

图 7.7　霍尔开关集成传感器内部组成图

2）霍尔线性集成传感器

霍尔线性集成传感器的输出电压与外加磁场强度呈线性比例关系，传感器一般由霍尔元件和放大器组成。当外加磁场时，霍尔元件产生与磁场呈线性比例变化的霍尔电压，经放大器放大后输出。在实际电路组成中，为提高传感器的性能，会设置稳压、电流放大输出级、失调调整和线性度调整等电路。霍尔线性集成传感器广泛用于位置、力、质量、厚度、速度、磁场、电流等的测量和控制。

5. 霍尔元件的测量误差及补偿方法

霍尔元件在实际应用中，存在多种因素影响其测量精度。造成测量误差的主要因素有两类：一类是半导体固有特性，另一类是半导体制造工艺的缺陷。其表现为零位误差和温度引起的误差。

1）零位误差及其补偿

造成零位误差（不等位电势）的主要原因是制造霍尔元件的工艺问题。如图7.8（a）所示，由于在工艺上没有保证霍尔元件两侧的霍尔电势电极焊接在同一等位面上，当控制电流I流过时，即使未加外磁场，A、B两电极此时仍存在电位差，此电位差就称为不等位电势U_0。

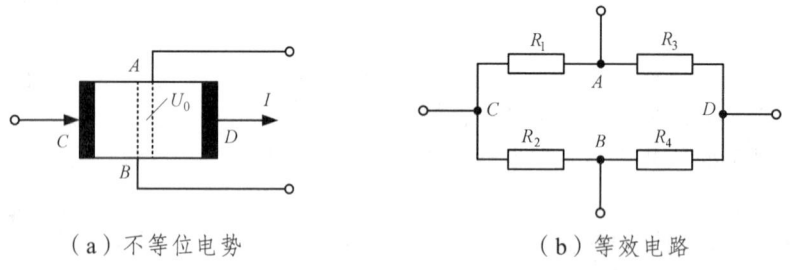

(a) 不等位电势　　(b) 等效电路

图7.8　霍尔元件的不等位电势及其等效电路

根据霍尔元件的工作原理，可将其等效为一个四臂电桥，如图7.8（b）所示。如果两个霍尔电势电极A、B处在同一等位面上，$R_1=R_2=R_3=R_4$，桥路处于平衡状态，不等位电势$U_0=0$；如果两个霍尔电势电极不在同一等位面上，电桥不平衡，不等位电势$U_0\neq 0$，存在零位误差。

为减小或消除不等位电势，可采用电桥原理补偿，即根据A、B两点电位高低，判断应在某一桥臂上并联一个电阻，使电桥平衡，从而就消除了零位误差。图7.9所示是几种常用的补偿方法，为消除不等位电势，可在阻值较大的桥臂上并联电阻，如图7.9（a）所示，或在两个桥臂上同时并联电阻，如图7.9（b）、（c）所示，显然，图（c）的方案调整比较方便。

2）温度误差及其补偿

由于半导体材料的电阻率、迁移率和载流子浓度都会随温度变化而变化，因此，霍尔元件的内阻、霍尔电势等也随温度变化而变化。这种变化随不同半导体材料有所不同，而且温度高到一定程度，产生的变化相当大。温度误差是霍尔元件测量中不可忽视的误差，可采用对输入或输出回路并联电阻的方式进行补偿。

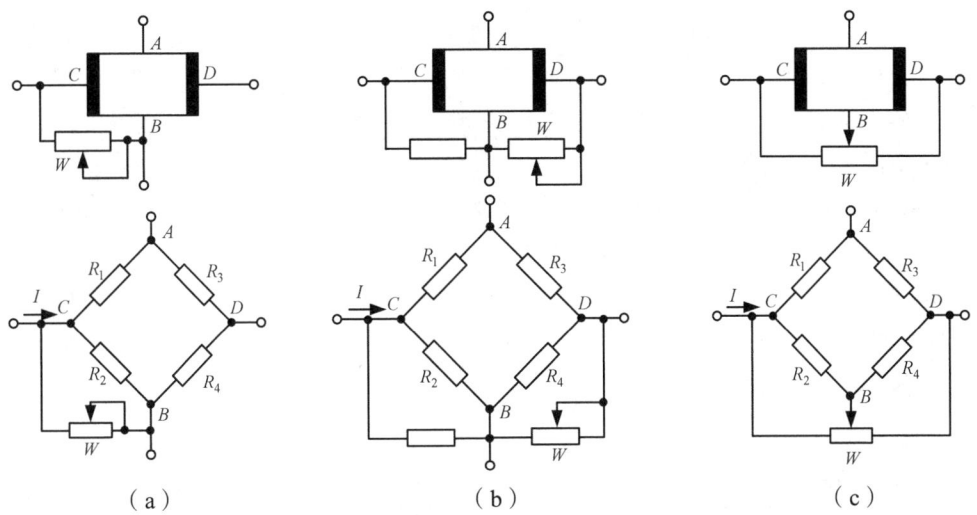

图 7.9 不等位电势补偿电路原理图

6. 霍尔传感器的应用

霍尔传感器具有灵敏度高、线性度好、稳定性高、体积小和耐高温等特性,已广泛应用于非电量测量、自动控制、计算机装置和现代军事技术等各个领域。

【例 7.1】 霍尔式位移传感器。

霍尔式位移传感器的结构如图 7.10(a) 所示,在极性相反、磁场强度相同的两个磁钢的气隙间放置一个霍尔元件,当控制电流 I 恒定不变时,霍尔电势 U_H 与外磁感应强度成正比。若磁场在一定范围内沿 x 方向的变化梯度 dB/dx 为一常数,如图 7.10(b) 所示,则当霍尔元件沿 x 方向移动时,霍尔电势变化为

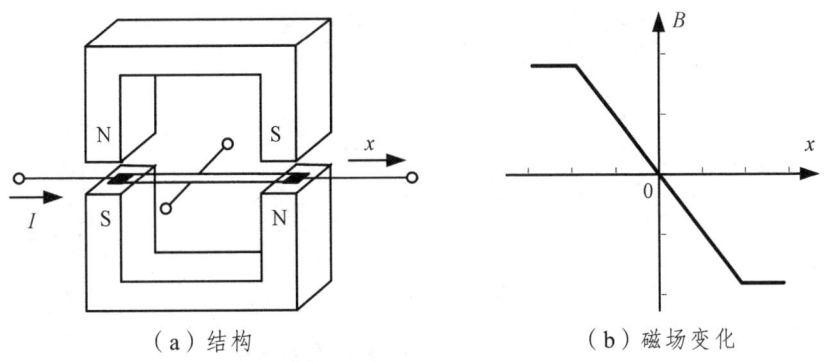

(a) 结构　　　　　　(b) 磁场变化

图 7.10 霍尔式位移传感器

$$\frac{dU_H}{dx} = R_H \cdot \frac{I}{d} \cdot \frac{dB}{dx} = K \tag{7.17}$$

式中,K 是霍尔位移传感器的输出灵敏度。对式 (7.17) 积分得

$$U_H = Kx \tag{7.18}$$

由式（7.18）知，霍尔电势与位移量呈线性关系，且磁场梯度越大，灵敏度越高；磁场梯度越均匀，输出线性度越好。当 $x=0$ 时，元件置于磁场中心位置，$U_H=0$。输出极性反映了元件位移方向，这种位移传感器可测量 $1\sim 2$ mm 的微小位移。

【例 7.2】 汽车霍尔点火器。

汽车霍尔点火器的结构如图 7.11 所示。霍尔元件固定在汽车分电器的白金座上，在分火点上安装一个隔磁罩，罩的竖边根据汽车发动机的缸数，开出等间距的缺口。当缺口对准霍尔元件时，磁通通过霍尔器件而构成闭合回路，电路导通，如图 7.11（a）所示，此时霍尔电路输出低电平（$\leqslant 0.4$ V）。当隔磁罩竖边凸出部分挡在霍尔元件和磁体之间时，电路截止，如图 7.11（b）所示，此时霍尔电路输出高电平。

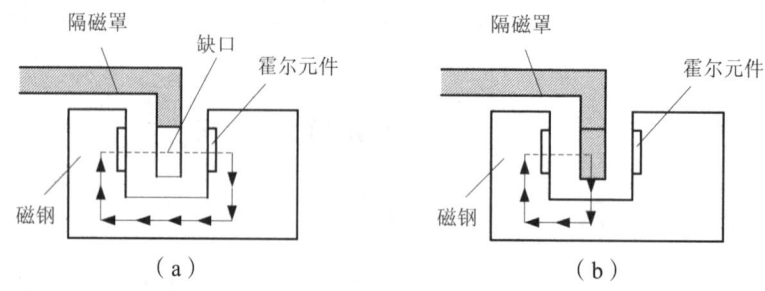

图 7.11 霍尔传感器磁路示意图

霍尔电子点火器的原理如图 7.12 所示，当霍尔传感器输出低电平时，T_1 截止，T_2、T_3 导通，点火线圈的初级有一恒定电流通过；当霍尔传感器输出高电平时，T_1 导通，T_2、T_3 截止，点火器的初级线圈电流截止，此时储存在点火线圈中的能量由次级线圈以高压放电形式输出，即放电点火。

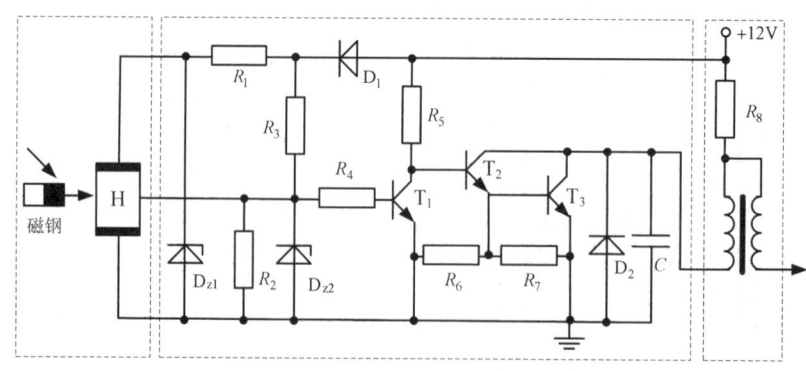

图 7.12 霍尔电子点火器原理图

汽车霍尔电子点火器，由于它无触点、节油，能适用于恶劣的工作环境和各种车速，冷启动性能好，目前已被广泛采用。

【例 7.3】 霍尔元件在转速测量上的应用。

利用霍尔元件测量转速的原理：将永磁体按适当的方式固定在被测轴上，霍尔元件置于磁铁的气隙中，当轴转动时，霍尔元件输出的电压则包含有转速的信息。将霍尔元件输出电压经后续电路处理，便可得到转速数据。图 7.13 是两种测量转速的方法示意图。

扫描下图可浏览 AR 资源——霍尔传感器测量转速。

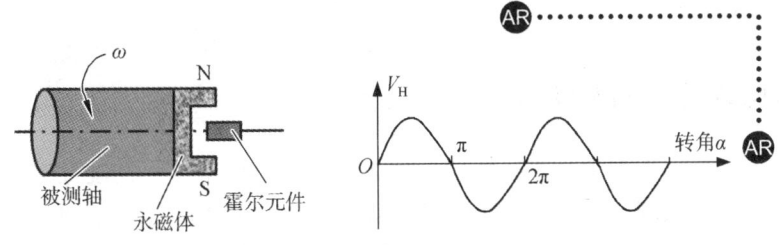

（a）永磁体安装在轴端的转速测量方法

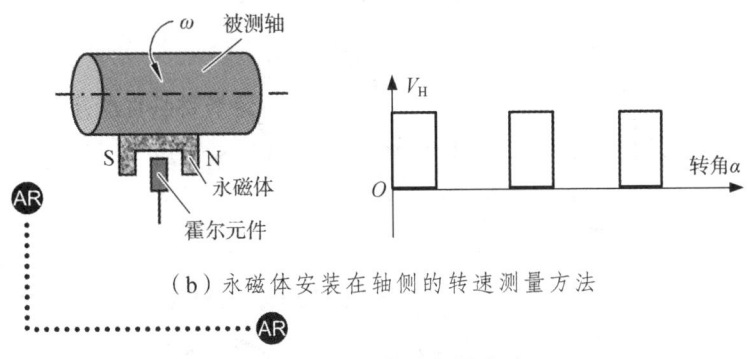

（b）永磁体安装在轴侧的转速测量方法

图 7.13 转速测量方法

7.2 磁敏电阻器

磁敏电阻器是基于磁阻效应的磁敏元件。

1. 磁阻效应

当一载流导体置于磁场中，其电阻会随磁场而变化，这种现象称为磁阻效应，它是伴随霍尔效应同时发生的一种物理效应。当温度恒定时，在弱磁场范围内，磁阻与磁感应强度 B 的平方成正比。对于只有电子参与导电的简单情况，理论推导出的磁阻效应方程为

$$\rho_B = \rho_0(1 + 0.273\mu^2 B^2) \tag{7.19}$$

式中 ρ_B——磁感应强度为 B 时的电阻率；

ρ_0——零磁场下的电阻率；

μ——电子迁移率；

B——磁感应强度。

设电阻率的变化为 $\Delta\rho = \rho_B - \rho_0$，则电阻率的相对变化为

$$\frac{\Delta\rho}{\rho_0} = 0.273\mu^2 B = k(\mu B)^2 \tag{7.20}$$

由上式可知，在磁场一定时，迁移率高的材料磁阻效应明显。InSb、InAs 等半导体材料的载流子迁移率都很高，适合于制作磁敏电阻。

2. 磁敏电阻的结构及特性

磁阻的大小除与材料有关外，还和磁敏电阻的几何形状有关。在没有磁场作用时，磁敏电阻的电流密度矢量如图 7.14（a）所示。当磁场垂直作用在磁阻元件表面时，由于霍尔效应，电流密度矢量发生方向偏移，如图 7.14（b）所示，这样使电流所经过的路径变长，电阻值相应增大。磁敏电阻长宽比越小，电阻的增长比例越大，这就是磁敏电阻的形状效应。

扫描下图可浏览 AR 资源——磁敏电阻工作原理。

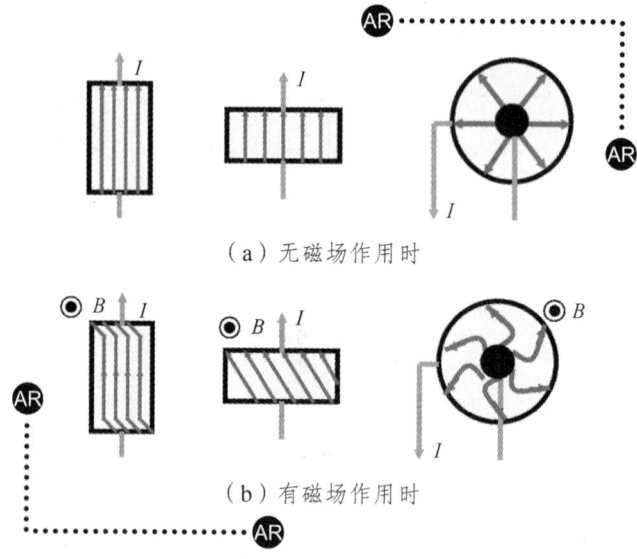

图 7.14 磁敏电阻的工作原理

常见的磁敏电阻是圆盘形的，中心和边缘处各有一电极，如图 7.15 所示。这种圆盘形磁阻器称为科尔比诺圆盘。

考虑到形状的影响时，电阻率的相对变化与磁感应强度和迁移率的关系，可近似表示为

$$\frac{\Delta\rho}{\rho_0} = k(\mu B)^2 \left[1 - f\left(\frac{l}{b}\right)\right] \quad (7.21)$$

图 7.15 科尔比诺圆盘

式中，l 和 b 分别为电阻的长和宽，$f\left(\dfrac{l}{b}\right)$ 为形状效应系数。

在恒定磁感应强度下，其 l/b 越小，则 $\Delta\rho/\rho_0$ 越大。各种形状的磁敏电阻，其磁阻与磁感应强度的关系如图 7.16 所示，其中，科尔比诺圆盘的磁阻变化最大。

磁敏电阻的灵敏度一般是非线性的，且受温度影响大，因此，使用磁敏电阻时，需首先了解其特性，如图 7.17 所示，然后确定其补偿方案。

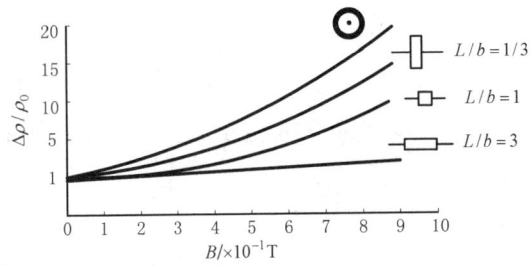

图 7.16 磁阻与磁感应强度的关系

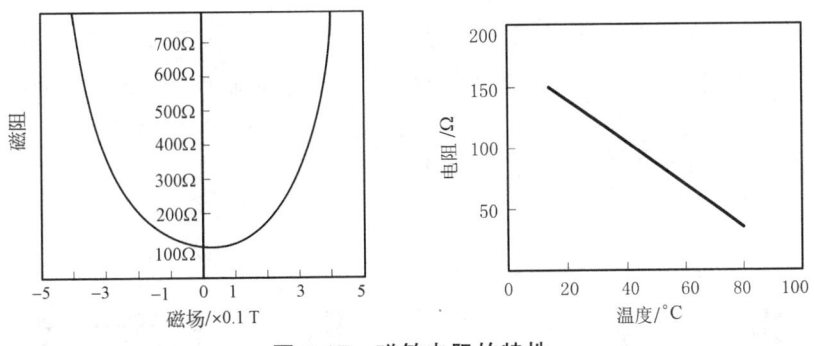

图 7.17 磁敏电阻的特性

磁敏电阻的应用非常广泛，除了用它作探头，配上简单线路探测各种磁场外，在测量方面还可制成位移检测器、角度检测器、功率计、安培计等。

7.3 磁敏二极管和磁敏三极管

霍尔元件和磁敏电阻均是用体型半导体材料制成的体型元件。磁敏二极管和磁敏三极管是 PN 结型的磁电转换元件。

1. 磁敏二极管的结构和工作原理

1）结　构

磁敏二极管的结构如图 7.18 所示，在高阻半导体材料（本征型 I）两端，分别制作 P、N 两个电极，形成 P-I-N 结。其中，P、N 都为重掺杂区，本征区 I 长度较长。同时，对 I 区的两侧面进行不同的处理，一个侧面磨成光滑面（为 I 面），而另一面打毛。由于粗糙的表面电子-空穴对易于复合而消失，称其为复合面（r 面）。

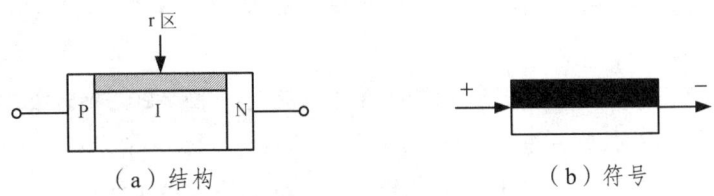

图 7.18 磁敏二极管结构示意图

2) 工作原理

当磁敏二极管未受到外界磁场作用,且外加正偏压时,如图 7.19(a)所示,将有大量的空穴从 P 区通过 I 区进入 N 区,同时也有大量电子流入 P 区,从而形成电流。此时,只有少量电子和空穴在 I 区复合掉。

当磁敏二极管受到外界磁场 H^+(正向磁场)作用时,如图 7.19(b)所示,电子和空穴受到洛伦兹力的作用而向 r 区偏转。由于 r 区的电子和空穴复合速度比光滑面 I 区快,因此形成的电流因复合而减小。

当磁敏二极管受到外界磁场 H^-(反向磁场)作用时,如图 7.19(c)所示,电子和空穴受到洛伦兹力作用而向 I 区偏转,由于电子和空穴复合率明显减小,则电流将变大。

利用磁敏二极管在磁场强度变化时其电流发生变化,可实现磁电转换。

扫描下图可浏览 AR 资源——磁敏二极管工作原理。

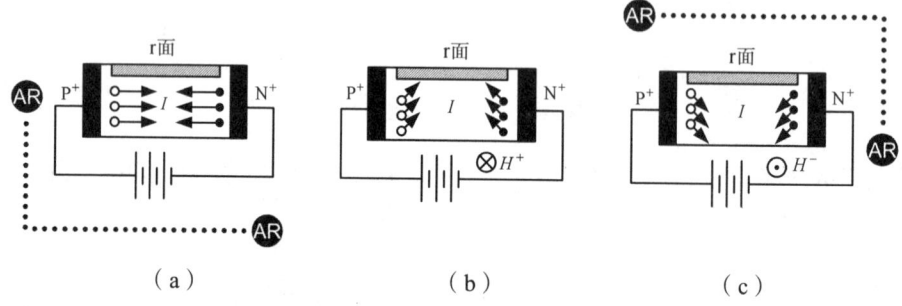

(a)　　　　　　　　(b)　　　　　　　　(c)

图 7.19　磁敏二极管工作原理示意图

3) 伏安特性

磁敏二极管正向偏压和通过其上电流的关系被称为磁敏二极管的伏安特性。磁敏二极管在不同磁场强度的作用下,其伏安特性不一样,如图 7.20 所示。利用其伏安特性曲线,根据某一偏压下的电流值可确定磁场的大小和方向。

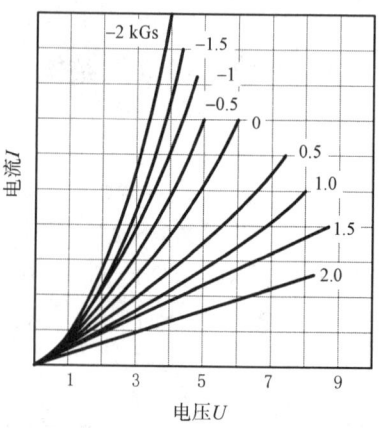

图 7.20　锗磁敏二极管的伏安特性

4) 特　点

磁敏二极管与其他磁敏器件相比,具有以下特点:

① 灵敏度高。磁敏二极管的灵敏度比霍尔元件高几百甚至上千倍,且线路简单、成本低廉,更适合于测量弱磁场。

② 具有正反磁灵敏度。这一点是磁阻器件所欠缺的,因为磁阻器只与 B^2 有关,正反方向都一样。

③ 灵敏度与磁场呈线性关系的范围比较窄。这一点不如霍尔元件。

5）应　用

磁敏二极管可用来检测交流和直流磁场，特别适合于测量弱磁场，可对高压线进行不断线、无接触电流测量，还可作为无触点开关、无接触电位计等。

【例 7.4】　磁敏二极管漏磁探伤仪。

利用磁敏二极管可以检测弱磁场变化的特性，可设计成漏磁探伤仪，其原理如图 7.21 所示。

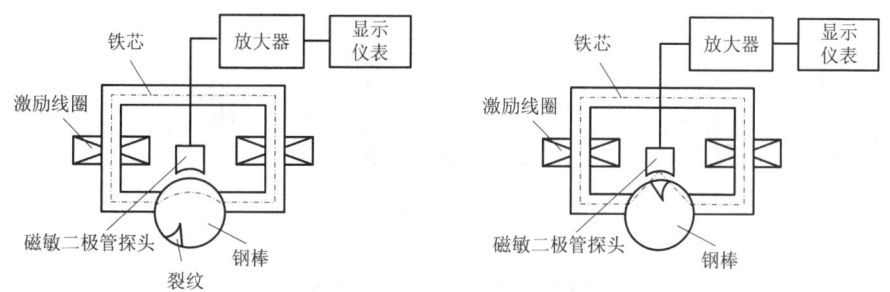

图 7.21　漏磁探伤仪的工作原理图

漏磁探伤仪由激励线圈、铁芯、放大器、磁敏二极管探头等部分组成。将待测物（钢棒）置于铁芯之下，并使之不断转动，在铁芯线圈激磁后，钢棒被磁化。若被测钢棒无损伤部分在铁芯之下时，铁芯和钢棒被磁化部分构成闭合磁路，无泄漏磁通，磁敏二极管探头没有信号输出。若钢棒上的裂纹旋至铁芯下，裂纹处的泄漏磁通作用于探头，探头将泄漏磁通量转换成电压信号，经放大器放大输出，根据指示仪表的指示值可知待测棒中的缺陷。

2. 磁敏三极管的结构和工作原理

1）结　构

磁敏三极管的结构如图 7.22 所示，NPN 三极管的基区较长，基区结构类似于磁敏二极管，也有本征 I 区及高复合速率的 r 区。

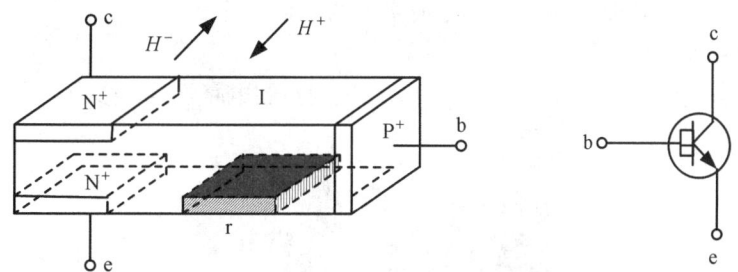

图 7.22　磁敏三极管的结构与符号

2）工作原理

当磁敏三极管未受到磁场作用时，如图 7.23（a）所示，由于基区宽度大于载流子有效扩散长度，大部分载流子通过 e-I-b 形成基极电流，少数载流子输入 c 极，因而形成了基极电流大于集电极电流的情况，使 $\beta = \dfrac{I_c}{I_b} < 1$。

当受到正向磁场（H^+）作用时，由于磁场作用，洛伦兹力使载流子偏向发射结的一侧，导致集电极电流显著下降，如图7.23（b）所示。当反向磁场（H^-）作用时，在H^-的作用下，载流子向集电极一侧偏转，使集电极电流偏大，如图7.23（c）所示。由此可知，磁敏三极管在正、反向磁场作用下，其集电极电流出现明显变化。这样就可以利用磁敏三极管来测量弱磁场。

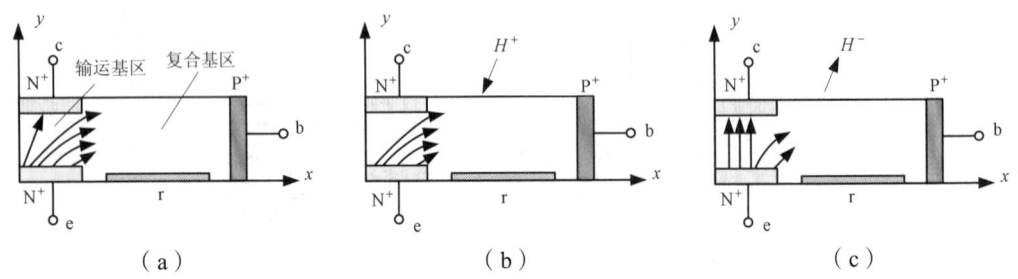

图7.23 磁敏三极管工作原理

习题及思考题

1. 简述选用半导体材料制作霍尔传感器的原因。
2. 霍尔传感器中的磁性顶端起什么作用？
3. 说明霍尔元件的主要技术参数及其含义。
4. 霍尔传感器产生不平衡电势的主要原因是什么？可采用怎样的补偿原理？
5. 基于硅材料制作的霍尔集成传感器，采用了哪些提高输出灵敏度的措施？
6. 霍尔开关集成传感器，采用施密特触发器输出的优势是什么？
7. 简述霍尔传感器测量大直流电流的基本原理。
8. 为什么磁敏电阻采用科尔比诺圆盘结构？
9. 怎样利用磁敏二极管的伏安特性确定磁场的大小和方向？
10. 磁敏二极管与其他磁敏器件相比最主要的优势是什么？
11. 分析漏磁探伤仪的工作原理。
12. 利用磁敏式传感器进行自动凭票供水装置的控制电路设计，参考方案如图7.24所示。

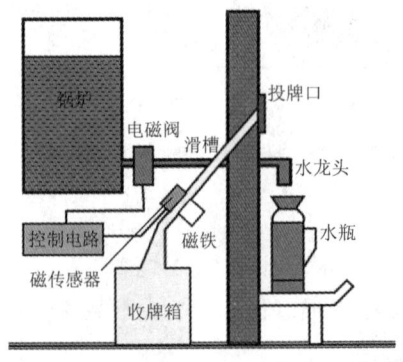

图7.24 自动凭票供水装置的参考方案

第 8 章

光电式传感器

光电式传感器是一种将光量的变化转换成电量变化的传感器,其组成如图 8.1 所示,一般包括光源、光通路、光电元件及测量电路等部分。其中,x_1 表示被测量直接引起的光源光量变化,x_2 则表示被测量在光传播过程中调制光量,引起光量的相应变化。

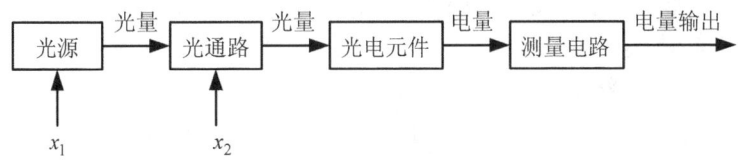

图 8.1 光电式传感器的组成

在工程检测中遇到的光,可由各种发光器件产生,也可以是物体的辐射光。常用的光源包括白炽光源、气体放电光源、发光二极管(LED)及激光器等,如图 8.2 和图 8.3 所示。其中,LED 是一种电致发光的半导体器件,它体积小、功耗低、寿命长,应用得非常广泛。LED 的种类很多,既有 GaP、SiC 等可见光 LED,也有 GaAs 红外光 LED。发光二极管的输出光强与输入电流呈正比关系,如图 8.4 所示。但电流的进一步增加会使 LED 输出产生非线性,甚至导致器件损坏,因此,在使用 LED 时,需串联一个分压电阻,以免损坏 LED。

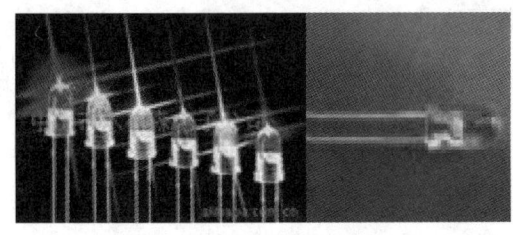

图 8.2 发光二极管 LED

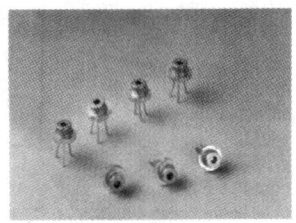

图 8.3 半导体激光器 LD

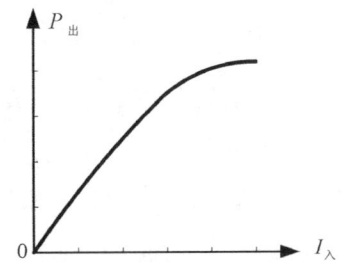

图 8.4 发光二极管输出光($P_\text{出}$)与输入电流($I_\text{入}$)的关系

8.1 光电效应

光电传感器的物理基础就是光电效应，它是指物体吸收了光能后转换为该物体的某些电子的能量而产生的电效应。光电效应分为外光电效应和内光电效应两大类。

1. 外光电效应

在光照下，物体内的电子逸出物体表面向外发射的现象称为外光电效应，向外发射的电子叫光电子。

众所周知，光子是具有能量的粒子，每个光子具有的能量为

$$E = h\nu \tag{8.1}$$

式中　h——普朗克常数，$h = 6.626 \times 10^{-34}$ J·s；
　　　ν——光的频率（s^{-1}）。

物体中的电子吸收入射光子的能量，当足以克服材料的逸出功 A_0 时，电子就逸出物体表面而产生光电子发射。如果电子要逸出，所吸收的光子能量 $h\nu$ 必须大于等于逸出功 A_0，超出部分的能量表现为逸出的光电子的动能。根据能量守恒原理得

$$h\nu = \frac{1}{2}mv_0^2 + A_0 \tag{8.2}$$

式中　m——电子质量；
　　　v_0——电子逸出速度。

该方程称为爱因斯坦光电效应方程，由此可知：

① 光电子能否产生，取决于光子的能量是否大于该物体的表面电子逸出功 A_0。不同的物质具有不同的逸出功，因此，对某一特定物质将对应有一个光频率阈值，称为红限频率（ν_0）或红限波长（λ_0）。当入射光频率低于红限频率，且 $\nu < \nu_0$ 时，光子能量不足以使物体内的电子逸出，这时无论入射光光强多大，也不会产生光电子发射；反之，当 $\nu > \nu_0$ 时，即使光线微弱，也会有光电子发射。其中

红限频率：$$\nu_0 = \frac{A_0}{h} \tag{8.3}$$

红限波长：$$\lambda_0 = \frac{hc}{A_0} \tag{8.4}$$

式中，c 为光速 $c = 3 \times 10^8$ m/s。

② 当入射光的频谱成分不变时，产生的光电流与光强成正比，即光强越大，意味着入射的光子数目越多，逸出的电子数也越多。

③ 光电子逸出物体表面具有初始动能 $\frac{1}{2}mv_0^2$，因此，对于外光电效应器件，即使未加阳极电压，也会有光电流产生。为使光电流为零，必须加负的截止电压，其大小与入射光频率成正比。

④ 外光电效应从光照到发射光电子几乎瞬间发生，时间 $t < 10^{-9}$ s。

2. 内光电效应

光照在半导体材料上，材料中处于价带的电子吸收光子能量，跃过禁带到达导带，使导带内电子浓度和价带内空穴浓度增大，即激发出电子-空穴对，从而使半导体材料产生电效应，如图 8.5 所示。

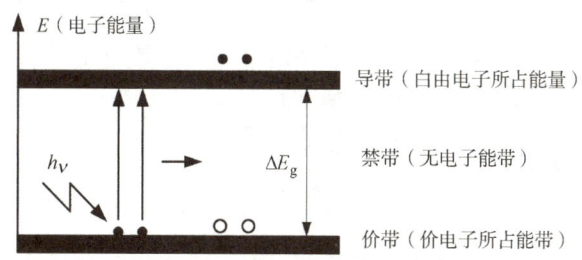

图 8.5　半导体能带图及内光电效应

内光电效应可分为两类：光电导效应和光生伏特效应。

1）光电导效应

光照在半导体材料上，价带电子吸收光子能量激发到导带上去，使导带中电子和价带中空穴增加，致使材料的电导率变大。这种电子吸收光子能量从键合状态过渡到自由状态，从而引起材料电导率变化的现象，就称为光电导效应。

为实现能级跃迁，入射光的能量必须大于半导体材料的禁带宽度 ΔE_g，即

$$h\nu = \frac{hc}{\lambda} = \frac{1.24}{\lambda} \geqslant \Delta E_g \tag{8.5}$$

式中，ν、λ 分别为入射光的频率和波长。

也就是说，对于某种半导体材料总存在一个照射光的波长限 λ_c，只有波长小于 λ_c 的光照射在该材料上，才能产生电子能级间的跃迁，从而使电导率增加。光强越强，电导率越大，材料阻值越低。

2）光生伏特效应

光照下使半导体产生一定方向电动势的现象叫光生伏特效应（光生电动势效应）。

PN 结在无外加电压下，由于 P 区和 N 区间的电子和空穴浓度差而产生的内建结电场 $E_内$ 的方向为 N 区→P 区，如图 8.6 所示。

扫描下图可浏览 AR 资源——光生伏特效应原理。

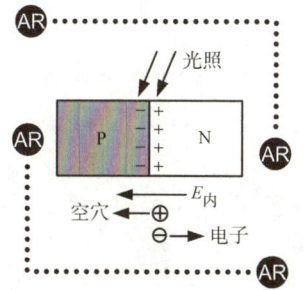

图 8.6　PN 结光生伏特效应原理图

光照 PN 结时，设光子能量大于禁带宽度 ΔE_g，使价带中的电子跃迁至导带，而产生电子-空穴对，在内建电场 $E_内$ 的作用下，电子扫向 N 区，空穴扫向 P 区，从而使 P 区带正电，N 区带负电，形成光生电动势。

8.2 基于外光电效应的光电器件

利用物质（金属）在光照射下发射电子即所谓外光电效应制成的光电器件，一般都是真空或充气的光电器件，如光电管和光电倍增管。

1. 光电管及其基本特性

1）结构与工作原理

光电管的结构如图 8.7 所示，它由一个阴极和一个阳极构成，并密封在一只真空玻璃管内。阳极通常用金属丝弯曲成矩形或圆形，置于玻璃管的中央；阴极装在玻璃管内壁上，其上涂有光电发射材料。

当光照在阴极上时，阴极发射出光电子，被具有一定电位的中央阳极所吸引，在光电管内形成空间电子流。在外电场作用下将形成电流 I，如图 8.8 所示。电阻 R_L 上的电压降正比于空间电流，其值与照射在光电管阴极上的光呈函数关系。

在光电管内充入少量的惰性气体（如氩、氖等），构成充气光电管。当充气光电管的阴极被光照射后，光电子在飞向阳极的途中，和惰性气体的原子发生碰撞而使气体电离，因此增大了光电流，从而使光电管的灵敏度增加。

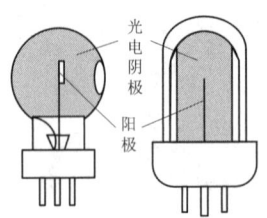

图 8.7 光电管的结构

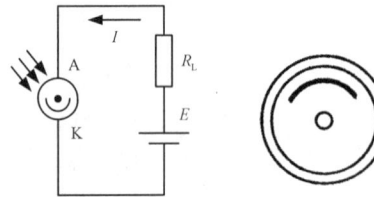

图 8.8 光电管的电路和符号

2）主要性能

（1）光电管的伏安特性

在一定的光照下，对光电管阴极所加电压与阳极所产生的电流之间的关系称为光电管的伏安特性。真空光电管和充气光电管的伏安特性分别如图 8.9（a）和（b）所示，它们是光电式传感器的主要参数依据。由图可知，充气光电管的灵敏度更高。

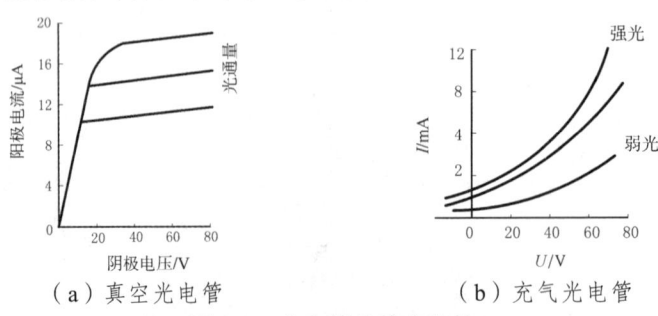

（a）真空光电管　　（b）充气光电管

图 8.9 光电管的伏安特性

（2）光电管的光照特性

当光电管的阳极和阴极之间所加电压一定时，光通量与光电流之间的关系称为光照特性，如图 8.10 所示。

图 8.10 中，曲线 1 是氧铯阴极光电管的特性，光电流 I 与光通量呈线性关系；曲线 2 是锑铯阴极光电管的光照特性，光电流 I 与光通量呈非线性关系。光照特性曲线的斜率（光电流与入射光光通量之比）称为光电管的灵敏度。

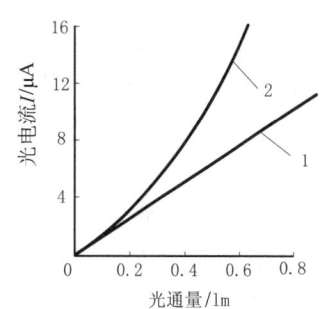

图 8.10 光电管的光照特性

（3）光电管的光谱特性

一般对于阴极材料不同的光电管，有不同的红限频率 v_0，因此，可用于不同的光谱范围。并且，对于同一光电管，随着入射光频率的不同，阴极发射的光电子数目也不同，即同一光电管对于不同频率的光的灵敏度不同，这就是光电管的光谱特性。所以，对各种不同波长区域的光，应选用不同材料的光电阴极。

2. 光电倍增管及其基本特性

当入射光很微弱时，普通光电管产生的光电流很小，只有零点几个微安，很不容易探测。这时常用光电倍增管，它可对电流进行放大。

1）结构及工作原理

光电倍增管由光电阴极 K、倍增电极 D 以及阳极 A 组成，如图 8.11 所示。倍增电极上涂有在电子轰击下能发射更多电子的材料，其形状和位置设计得正好使前一级发射的电子继续轰击下一级，倍增级多的可达 30 级，通常为 12～14 级。阳极是最后用来收集电子的，输出电压脉冲。

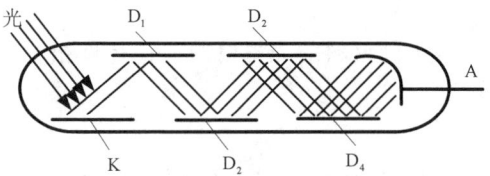

图 8.11 光电倍增管的结构及工作原理

工作时，各个倍增电极上均加有电位，阴极电位最低，各倍增电极的电位依次升高，阳极电位最高。由于相邻两倍增电极间有电位差，因此，存在加速电场对电子加速。从阴极发射出的光电子，在电场加速下，打到第一个倍增电极 D_1 上，引起二次电子发射。每个电子能从倍增电极上打出 3～6 个次级电子，被打出的次级电子再经电场加速后，打在第二个倍增电极 D_2 上，电子数又增加 3～6 倍。如此不断倍增，阳极最后收集到的电子数将达到阴极发射电子数的 10^5～10^6 倍，即光电倍增管的放大倍数可达到几万到几百万倍，光电倍增管的灵敏度比普通光电管高几万到几百万倍。因此，在很微弱的光照时，光电倍增管都能产生很大的光电流。

2）主要参数

（1）倍增系数 M

倍增系数 M 等于各倍增电极的二次电子发射系数 δ 的乘积。如果 n 个倍增电极的 δ 相等，则 $M = \delta^n$，阳极电流 I 为

$$I = i\delta^n \tag{8.6}$$

式中，i 是光电阴极的光电流。

光电倍增管的电流放大系数 β 为

$$\beta = \frac{I}{i} = \delta^n \tag{8.7}$$

倍增系数 M 与所加电压有关，如图 8.12 所示。一般阳极和阴极之间的电压为 1 000～2 500 V，两个相邻倍增电极的电位差为 50～100 V。

（2）灵敏度

一个光子在阴极上能够打出的平均电子数叫作光电阴极的灵敏度。而一个光子在阳极上产生的平均电子数叫作光电倍增管的总灵敏度。

由于光电倍增管的灵敏度很高，所以不能受强光照射，否则将会损坏。

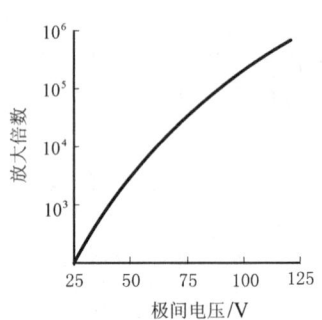

图 8.12　光电倍增管的特性曲线

（3）暗电流

一般在使用光电倍增管时，必须将其放在暗室里避光使用，只对入射光起作用。但由于环境温度、热辐射等因素的影响，即使没有光信号输入，加上电压后仍有电流，这种电流称为暗电流。这种暗电流通常可以用补偿电路加以消除。

（4）光谱特性

光电倍增管的光谱特性与相同材料的光电管的光谱特性很相似。

8.3　基于内光电效应的光电器件

利用半导体材料在光照下的光电导效应和光生电动势效应制成的器件，称为内光电效应器件，常见的有光敏电阻、光电池、光敏二极管和光敏晶体管等。

1. 光敏电阻

1）结构与原理

光敏电阻的结构很简单，如图 8.13（a）所示，在玻璃底板上均匀地涂上一层半导体材料，

半导体的两端装上金属电极，然后压入塑料封装体内。如果把光敏电阻连接到外电路中，在外加电压作用下，用光照射就能改变电路中电流的大小。图 8.13（b）所示是接线电路。

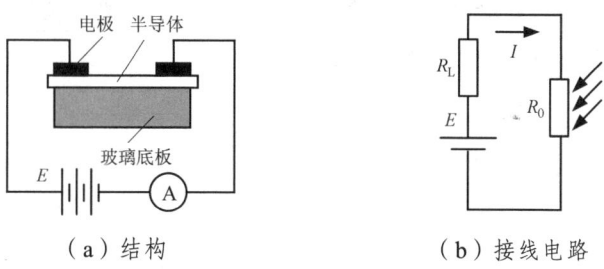

（a）结构　　　　　　　　　（b）接线电路

图 8.13　光敏电阻的结构及原理

光敏电阻在受到光照后，由于内光电效应的作用，使其导电性能增强，电阻值 R 下降，所以流过负载电阻 R_L 的电流及两端电压也随之增大。光照越强，电流越大。当光照停止时，光电效应消失，电阻又恢复原值，因而光敏电阻可将光信号转换为电信号。

2）光敏电阻的特性

（1）暗电阻、明电阻与光电流

光敏电阻在无光照时的阻值称为暗电阻，此时流过的电流为暗电流；而在有光照时的电阻为明电阻，此时的电流为明电流。明电流与暗电流之差为光电流。

暗电阻越大，明电阻越小，光敏电阻的灵敏度越高。光敏电阻的暗电阻的阻值一般在兆欧数量级，明电阻在几千欧以下，暗电阻与明电阻之比为 $10^2 \sim 10^6$。

（2）伏安特性

光敏电阻的伏安特性如图 8.14 所示，所加电压越高，光电流越大，且没有饱和现象。

（3）光照特性

光敏电阻的光照特性用于描述光电流 I 和光照强度之间的关系，如图 8.15 所示。绝大多数光敏电阻的光照特性曲线是非线性的，因此，不宜作线性测量元件，一般用作开关式的光电转换器。

不同光敏电阻的光照特性是不相同的。

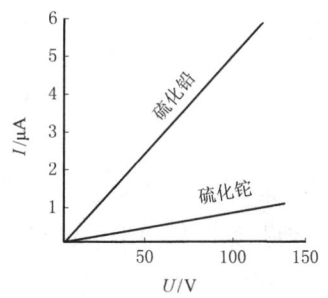　　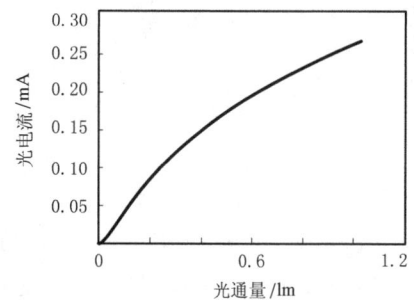

图 8.14　光敏电阻的伏安特性　　**图 8.15　光敏电阻的光照特性**

（4）光谱特性

对于不同波长的光，光敏电阻的灵敏度是不同的。图 8.16 所示是几种常用光敏材料的光谱特性。从图中可以看出，硫化镉的峰值在可见光区域，而硫化铅的峰值在红外区域。因此，在选用光敏电阻时应当与光源的种类结合起来考虑。

（5）响应时间和频率特性

实验证明，光敏电阻的光电流不能随着光照量的改变而立即改变，而是有一定的惰性，用时间常数 τ 来描述。τ 越小，响应越迅速。大多数光敏电阻的时间常数都较大，这是它的不足之一。

图 8.17 所示是光敏电阻的频率特性，硫化铅的使用频率范围最大。

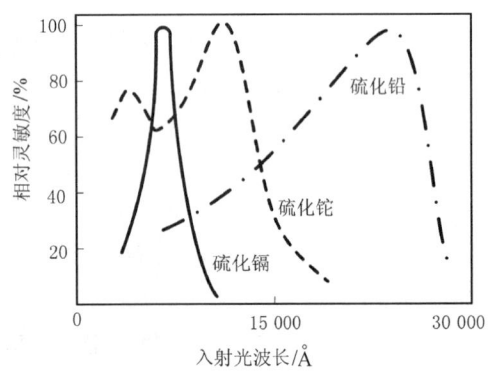

图 8.16　光敏电阻的光谱特性

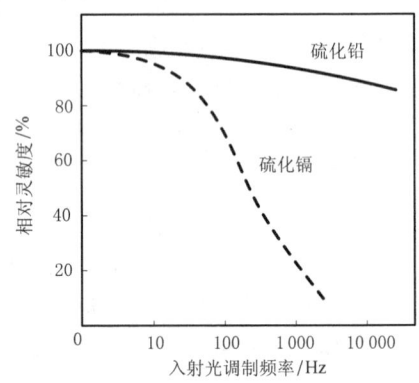

图 8.17　光敏电阻的频率特性

（6）温度特性

随着温度升高，光敏电阻的暗电阻和灵敏度均下降，同时温度变化也影响其光谱特性曲线。如图 8.18 所示，由硫化铅的光谱温度特性曲线可以看出，峰值随温度上升向波长短的方向移动。因此，采用制冷措施，可提高光敏电阻的灵敏度，并能接收较长波段的红外辐射。

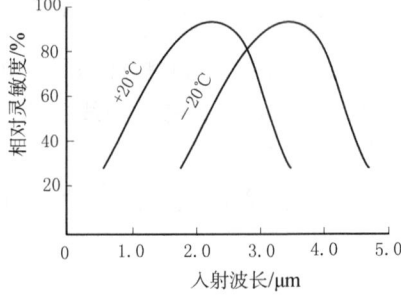

图 8.18　硫化铅光敏电阻的光谱温度特性

2．光敏二极管和光敏三极管

1）结构及工作原理

（1）光敏二极管

光敏二极管的结构与一般二极管相似，它装在透明玻璃外壳中，PN 结位于管顶，可直接受到光照射，如图 8.19 所示。光敏二极管在电路中一般是处于反向工作状态，如图 8.20 所示。在没有光照射时，反向电阻很大，反向电流（也叫暗电流）很小，这时光敏二极管处于截止状态；当光照射时，光敏二极管处于导通状态。

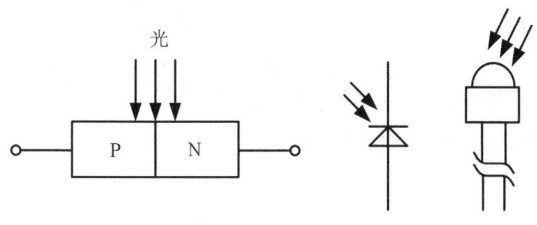
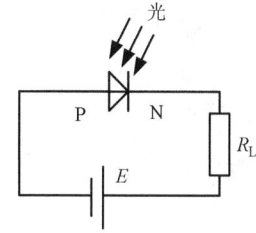

图 8.19　光敏二极管符号　　　　　　　　图 8.20　光敏二极管接线法

光敏二极管的光电流 I 与照度之间呈线性关系，适合于检测等方面的应用。

（2）光敏三极管

光敏三极管的结构与一般三极管很相似，有 PNP 型和 NPN 型两种，只是它的基极做得很大，以扩大光的照射面积，且基极往往不接引线。如图 8.21 所示，光敏三极管也有两个 PN 结，因此具有电流增益。以 NPN 型为例，当集电极加上正电压，基极开路时，集电结处于反向偏置状态。当光线照在发射结时，会产生电子-空穴对，光生电子被拉到集电极，基区留下空穴，使基极相对发射极电位升高，这样便有大量的电子流向集电极，形成输出电流，且集电极电流为光电流的 β 倍。

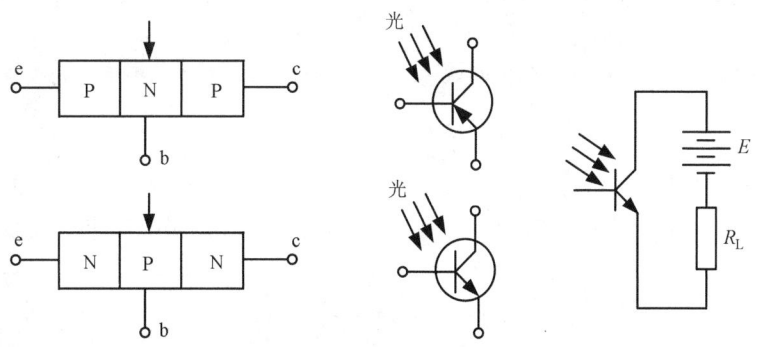

图 8.21　光敏三极管符号及工作电路

2）光敏三极管的主要特性

（1）光谱特性

图 8.22 所示是硅和锗光敏晶体管的光谱特性，它们均有一个最佳灵敏度的峰值，硅的峰值波长为 9 000 Å，锗的峰值波长为 15 000 Å。当入射光的波长超过峰值波长时，光子能量减小，不足以激发电子-空穴对，相对灵敏度下降；当入射光的波长减小时，由于光子在半导体表面附近就被吸收，而表面激发的电子-空穴对不能到达 PN 结，因而相对灵敏度下降。所以，在探测可见光或炽热状态物体时，一般选用硅管；而对红外线进行探测时，则采用锗管较合适。

锗管的暗电流比硅管大，因此锗管的性能较差。

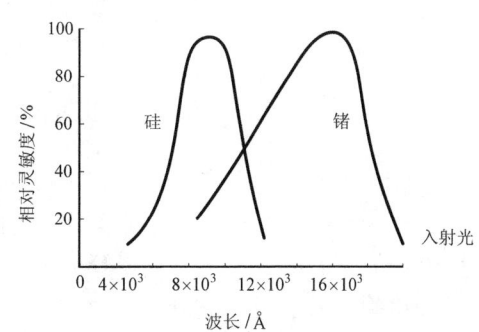

图 8.22　光敏三极管的光谱特性

（2）伏安特性

图 8.23 所示的是光敏晶体管在不同照度下的伏安特性，与一般晶体管在不同基极电流时的输出特性一样。因此，只要将入射光照射在 be 间的 PN 结附近，把所产生的光电流看作基极电流，就可将光敏三极管看作一般的晶体管。光敏三极管把光信号变成电信号，而且输出的电信号较大。

（3）光照特性

图 8.24 所示是光敏三极管的输出电流 I_c 与照度之间的关系，呈近似线性关系。当光照足够大时，会出现饱和现象。因此，光敏三极管既可作线性转换元件，也可作开关元件。

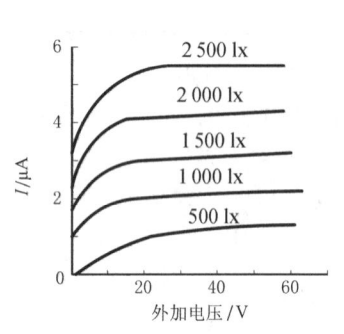

图 8.23 光敏三极管的伏安特性

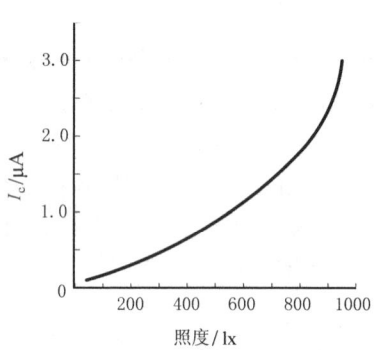

图 8.24 光敏三极管的光照特性

（4）温度特性

图 8.25 所示是光敏三极管的暗电流及光电流与温度的关系。可以看出，温度变化对光电流的影响较小，而对暗电流的影响很大。所以，在电路中应对暗电流进行温度补偿，否则将会导致输出误差。

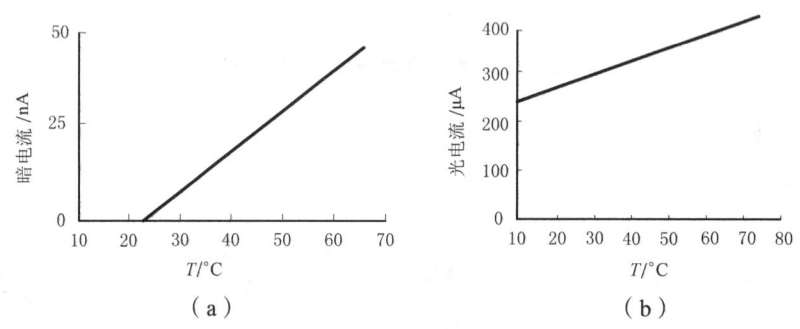

图 8.25 光敏三极管的温度特性

（5）频率特性

光敏三极管的频率特性会受负载电阻的影响。如图 8.26 所示，减小负载电阻可以提高频率响应。一般来说，光敏三极管的频率响应比光敏二极管差，硅管的频率响应要比锗管好。对于锗管，入射光的调制频率要求在 5 kHz 以下。实验证明，光敏三极管的截止频率和它的基区厚度呈反比关系，基区变薄，截止频率变高，但光电灵敏度降低，在制造时要两者兼顾。

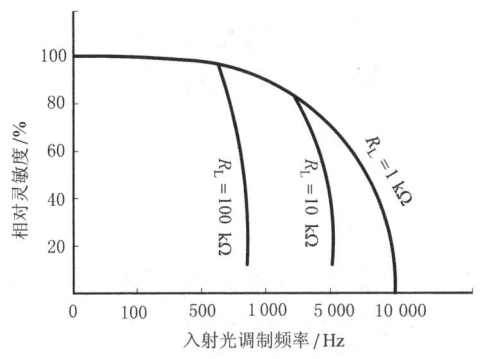

图 8.26　光敏三极管的频率特性

3. 光电池

在光照下,光电池直接将光量转变为电动势,它实质上就是电压源。光电池的种类很多,最重要的是硅光电池和硒光电池。

1)结构及工作原理

硅光电池是在一块 N 型硅片上,用扩散的方法掺入一些 P 型杂质(例如硼),形成 PN 结。如图 8.27(a)所示,入射光照射在 PN 结上时,若光子能量 $h\nu$ 大于半导体材料的禁带宽度 ΔE_g,则在 PN 结内产生电子-空穴对,在内电场的作用下,空穴移向 P 型区,电子移向 N 型区,使 P 型区带正电,N 型区带负电,因而 PN 结产生电势。

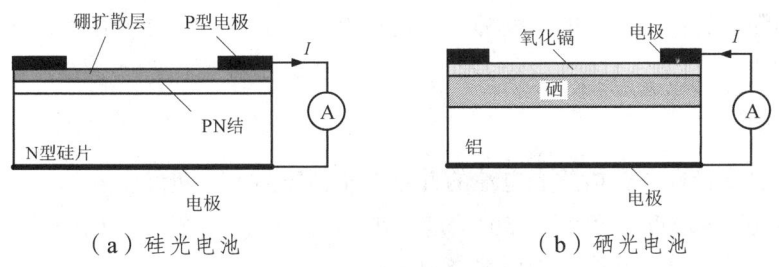

(a)硅光电池　　　　　　　　(b)硒光电池

图 8.27　光电池的结构示意图

硒光电池是在铝片上涂硒,再用溅射工艺,在硒层上形成一层半透明的氧化镉,并在正反两面喷上低熔点合金作为电极,如图 8.27(b)所示。在光照下镉材料带负电,硒材料带正电,形成光生电动势和光电流。

光电池的等效电路如图 8.28 所示。

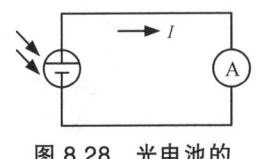

图 8.28　光电池的等效电路

2)主要特性

(1)光谱特性

从图 8.29 可知,不同光电池的光谱峰值位置不同。例如,硅光电池的光谱峰值在 8 000 Å 附近,硒光电池的在 5 400 Å 附近。硅光电池的光谱范围广,为 4 500~11 000 Å;而硒光电池的光谱范围为 3 400 ~ 7 500 Å。因此，硒光电池适用于可见光，常用于照度计测定光的强度。在实际使用中，应根据光源性质来选择光电池，反之，也可以根据光电池特性来选择光源。

（2）光照特性

光电池在不同的光强照射下可产生不同的光电流和光生电动势。如图 8.30 所示，硅光电池的短路电流在很大范围内与光强呈线性关系，而开路电压随光强变化是非线性的，在照度为 2 000 lx 时就趋于饱和了。因此，把光电池作为测量元件时，应将其当作电流源使用，不宜用作电压源。

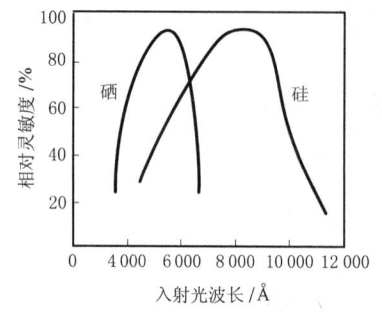

图 8.29 光电池的光谱特性

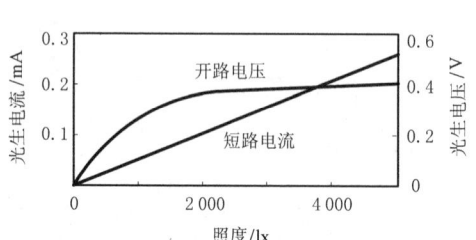

图 8.30 硅光电池的光照特性

（3）频率特性

光电池的频率特性是指光的交变频率和输出电流的关系。从图 8.31 可看出，硅光电池有很高的频率响应，可用于高速计数等方面，这是硅光电池在所有光电元件中最突出的优点。

（4）温度特性

光电池的温度特性主要描述光电池的开路电压和短路电流随温度变化的情况。从图 8.32 可看出，开路电压随温度升高而下降的速度较快，而短路电流随温度升高而缓慢增加。因此，当光电池作测量元件时，在设计中应考虑温度的漂移，从而采取相应的措施来补偿。

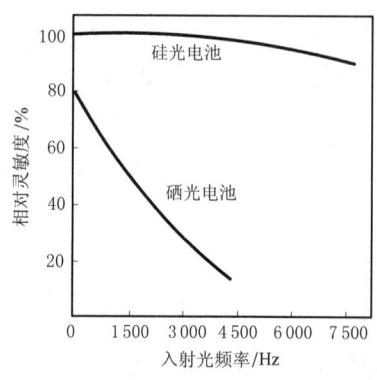

图 8.31 光电池的频率特性

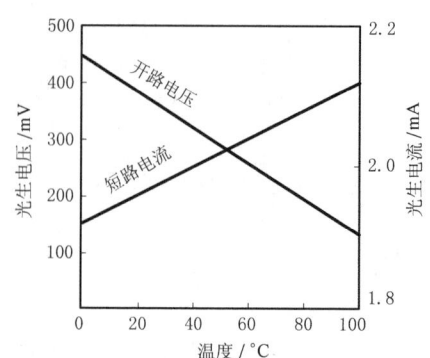

图 8.32 光电池的温度特性

8.4 新型光电传感器

随着集成电路技术的发展,近年来出现了一批新型的光电传感器。

1. 光位置传感器(SPD)

光位置传感器是一种硅光电二极管,它利用光线来检测位置。其工作原理如图 8.33 所示。扫描下图可浏览 AR 资源——光位置传感器工作原理。

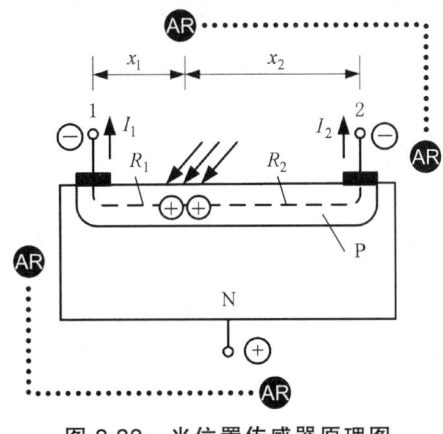

图 8.33 光位置传感器原理图

图 8.33 中,二极管处于反偏状态(P 区加负电压,N 区加正电压)。结电场方向由 N 区指向 P 区(扩散与漂移达到动态平衡)。当光线照射到 P 区(PN 结)的某一位置时,结区产生光生电子-空穴对,其中,空穴在结电场作用下向 P 层漂移,光电子则向 N 层漂移。到达 P 层的空穴分为两部分:一部分沿表面电阻 R_1 流向 1 端,形成光电流 I_1;另一部分沿表面电阻 R_2 流向 2 端,形成光电流 I_2。当电阻层均匀时,$\dfrac{R_2}{R_1} = \dfrac{x_2}{x_1}$,则光电流 $\dfrac{I_1}{I_2} = \dfrac{R_2}{R_1} = \dfrac{x_2}{x_1}$,所以,只要测出 I_1 和 I_2,便可求得光照射的位置。

上述原理同样适用于二维位置检测。如图 8.34 所示,a、b 极用于检测 x 方向,a′、b′极用于检测 y 方向。

2. 高速光电二极管

随着高速光通信和信息处理技术的发展,提高光电传感器的响应速度越来越重要,人们相继研制了一批高速光电器件,如 PIN 结光电二极管、雪崩光电二极管。

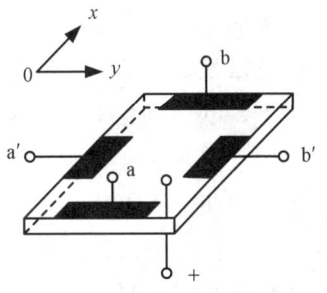

图 8.34 光平面位置检测原理图

1) PIN 结光电二极管

PIN 结光电二极管的结构如图 8.35 所示,它是以 PIN 结代替 PN 结,即在 PN 结的 P

层和 N 层之间增加了一层很厚的高电阻率的本征半导体层（I 层），简称为 PIN-PD。本征半导体层中只有热激发产生的少数自由电子，因此电阻率较高。而掺杂半导体则是在本征半导体中掺入三、五族的材料。如图 8.36 所示为半导体硅材料的化学键结构，掺入+3 价的硼后，形成空穴多子，称为 P 型半导体；而掺入+5 价的磷后，形成电子多子，称为 N 型半导体。

由于 P 层做得很薄，当入射光照射在 P 层上，大量的光被较厚的 I 层吸收，激发产生较多的载流子形成光电流。因此，PIN-PD 比 PD 具有更高的光电转换效率。由于 PIN 结光电二极管比 PN 结光电二极管可施加更高的反向偏置电压，使其耗尽层加宽，加强了 PN 结内电场，加速了光电子的定向运动，漂移时间大大减少，因而提高了响应速度。

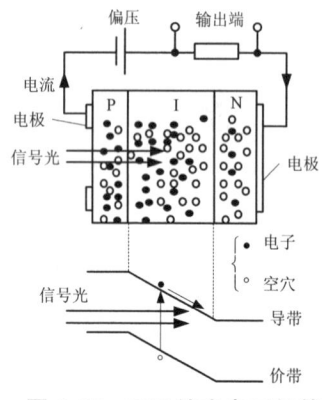

图 8.35　PIN 结光电二极管

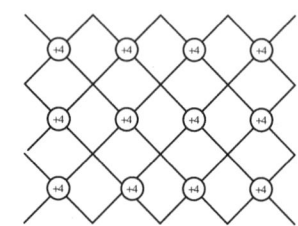

图 8.36　半导体硅材料的化学键结构

PIN 结光电二极管具有一般 PN 结光电二极管的线性特性，灵敏度高，响应速度快，在光通信和光信号检测中得到广泛应用。

2）雪崩式光电二极管（APD）

如图 8.37 所示，APD 在普通 PN 结的 P 型区外侧增加一层掺杂浓度极高的 P^+ 层，使用时，在元件两端加上近于击穿的反向偏压，这样，以 P 层为中心的两侧产生极强的内部加速电场（可达 10^5 V/cm）。当光照射时，P^+ 层受光子能量激发的电子从价带跃迁到导带，在内部加速高电场作用下，电子高速通过 P 层，并在 P 区产生碰撞电离，产生出大量的新生电子-空穴对，而这些新生的电子-空穴对也从电场中获得高能量，与从 P^+ 层来的电子一起再次碰撞 P 层中的其他原子，又产生新的电子-空穴对。这样，当所加反向偏压足够大时，不断产生二次电子发射，形成"雪崩"倍增载流子，构成强大的光电流。

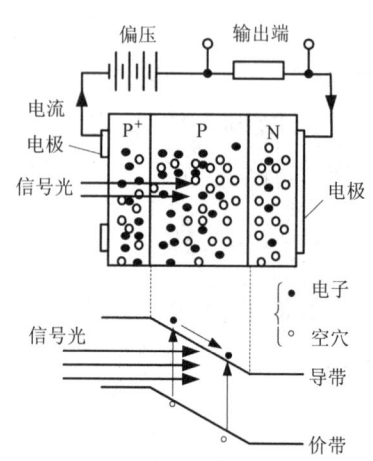

APD 响应时间极短，灵敏度很高，在光通信中应用前景广阔。

图 8.37　雪崩式光电二极管结构原理

3. 色敏光电传感器

色敏光电传感器是光电式传感器的一种特殊形式,其结构原理如图 8.38 所示。

微课:色敏光电传感器

它由两只结深不同的光电二极管组合在一起,其中,P⁺-N 结为浅结,N-P 结为深结。当光照射时,P⁺、N、P 三个区域及其间的势垒区均有光子吸收,但是吸收效率不同。如图 8.39 所示,紫外光部分的吸收系数大,经过很短距离就基本被吸收完毕,因此,浅结对紫外光有较高的灵敏度;而红外光的吸收系数较小,这类波长的光子主要在深结处被吸收,因此深结对红外光有较高灵敏度。这一特性为颜色识别创造了可能性,利用不同结深的二极管的组合,就可构成测定特定波长的半导体色敏光电传感器。

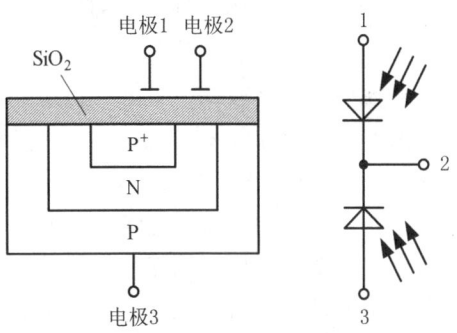

图 8.38 色敏光电传感器和等效电路

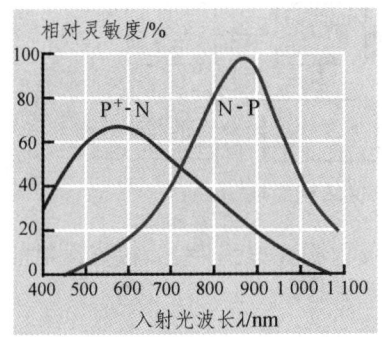

图 8.39 相对灵敏度和入射光波长的关系

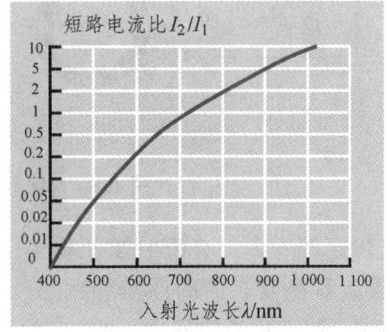

图 8.40 短路电流比与入射光波长的关系

具体使用时,首先应对色敏器件进行标定,也就是测定在不同波长的光照射下,深结的短路电流 I_2 与浅结的短路电流 I_1 的比值 I_2/I_1。I_2 在长波区较大,I_1 在短波区较大,因而 I_2/I_1 与入射单色光波长的关系就可以确定,如图 8.40 所示。根据标定曲线,实测出某一单色光的短路电流比值,即可确定单色光的波长。

8.5 光电式传感器的应用

1. 模拟式光电传感器及其应用

模拟式光电传感器将被测量转换成连续变化的光电流,因此要求光电元件的光照特性为单值线性,且光源的光照均匀恒定。有以下几种情况:

① 被测物体本身是辐射源,由它释放出的光射向光电元件。例如,光电高温计,利用高温物体释放的光强与温度的关系进行测量;防火报警装置等。

② 被测物体位于恒定光源和光电元件之间，根据被测物对光的吸收程度来测定参数，如测量气体、液体的混浊度。

【例 8.1】 烟尘浊度监测仪。

为消除工业烟尘污染，首先要知道烟尘排放量，因此必须对烟尘源进行监测。烟尘浊度是通过光在烟道里传输过程中的变化情况来检测的，如果烟尘浓度增加，光源发出的光被烟尘颗粒吸收和折射的程度加大，到达光检测器的光量减小，因而光检测器输出信号的强弱便可反映烟尘浊度的变化。

图 8.41 是吸收式烟尘浊度监测仪的结构组成。为检测出对人体危害最大的亚微米颗粒的浊度，同时避免水蒸气和 CO_2 对光源衰减的影响，选取可见光（波长为 400～700 nm 的白炽光）作光源。光检测器是光谱响应范围为 400～600 nm 的光电管，以获取随浊度变化的相应电信号。刻度校正用于调零和调满刻度，以保证测试准确性。显示器可显示浊度瞬时值。报警电路由多谐振荡器组成，当放大器输出浊度信号超过规定值时，多谐振荡器工作，输出信号经放大后推动喇叭发出报警信号。

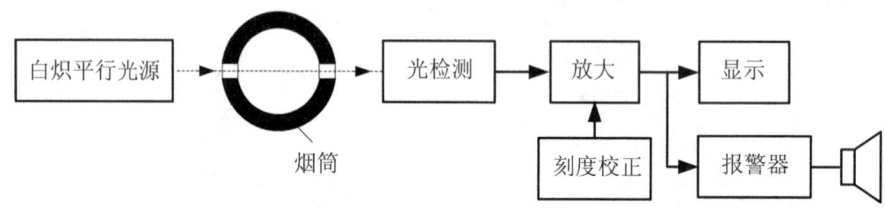

图 8.41 吸收式烟尘浊度监测仪结构组成

③ 恒定源发出的光射到被测物体上，再从其表面反射到光电元件上，根据反射的光通量的多少测定被测物表面的性质和状态。

【例 8.2】 测量零件表面粗糙度。

如图 8.42 所示，光源发出的光照射在转动的工件上，经工件表面反射后，由光电元件接收。工件表面粗糙度的变化引起反射光的强弱不同，光电元件接收到的光量就不一样，这样，输出信号的强弱能反映出工件表面的粗糙程度。

【例 8.3】 测量工件表面位移。

如图 8.43 所示，当工件位移为 Δh 时，光斑移动 Δl，由光电阵列元件的输出可获得工件的尺寸信号。

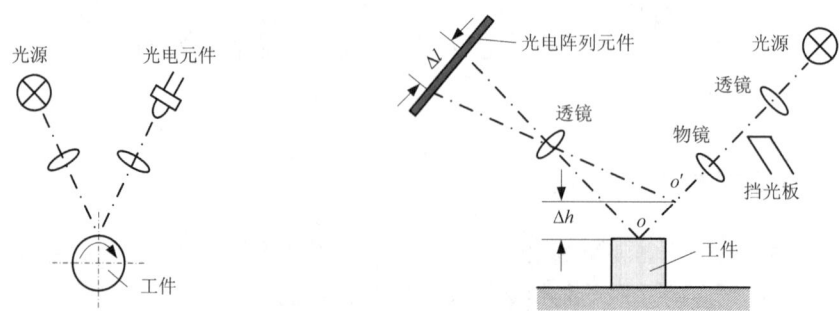

图 8.42 测量工件表面粗糙度　　图 8.43 测量工件的尺寸（表面位置）

④ 被测物位于恒定光源与光电元件之间，根据被测物阻挡光通量的多少来测定被测参数。

【例 8.4】 如图 8.44 所示,利用这种透射式光电传感器,将被测对象作为光闸,可测量狭缝的大小。

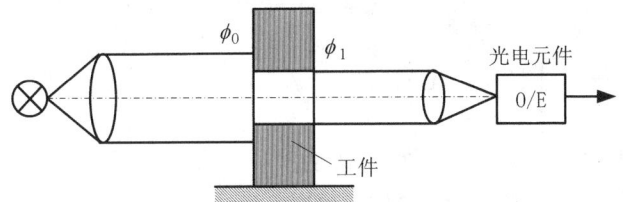

图 8.44 透射式光电传感器测狭缝的大小

⑤ 时差测距。光电测距仪就是利用时差测距的原理。恒定光源发出的光投射到目的物,然后反射回光电元件,根据发射与接收的时间差可测量距离。

2. 开关式光电传感器及其应用

开关式光电传感器利用光电元件受光照(无光照)时有(无)电信号输出的特性,将被测量转换成断续变化的开关信号。开关式光电传感器要求光电元件的灵敏度高,而对光照特性的线性要求不高。

【例 8.5】 光电数字转速表。

图 8.45 所示是光电数字转速表的工作原理。图(a)是在待测转速轴上固定一个带孔的调制盘[也可以是图(c)所示的锯齿形调制盘],在调制盘一边由发光元件(白炽灯或发光二极管)产生恒定光,透过盘上小孔到达光敏二极管组成的光电转换器上,转换成相应的电脉冲信号。图(b)是在待测转速的轴上固定一个涂上黑白相间条纹的圆盘,黑白条纹具有不同的反射率,当转轴转动时,反光与不反光交替出现,光电敏感器件间断地接收光的反射信号,转换成电脉冲信号。

扫描下图可浏览 AR 资源——光电数字转速表。

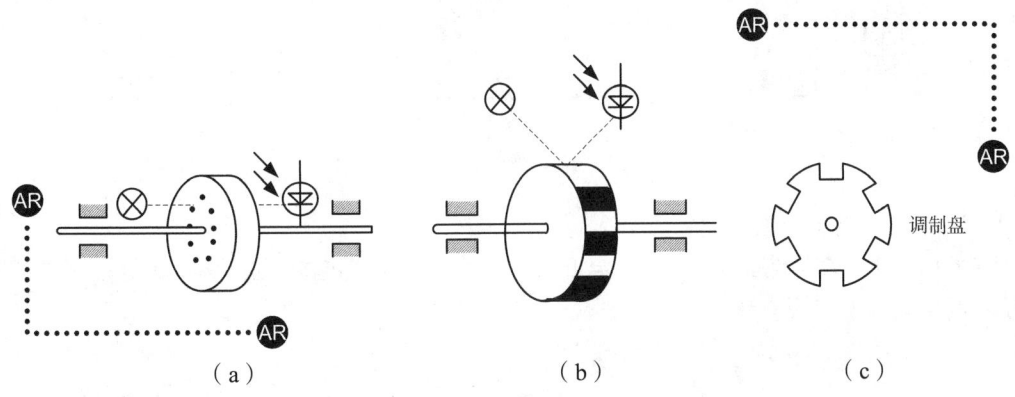

图 8.45 光电数字转速表的工作原理

转轴的转速由电脉冲频率决定。每分钟转速 n 与脉冲频率 f 的关系为

$$n = \frac{f}{N} \cdot 60 \tag{8.8}$$

式中,N 表示孔数或黑白条纹数目。

例如，孔数 $N=600$，光电转换器输出的脉冲信号频率为 $f=4.8\ \text{kHz}$，则转速为

$$n=\frac{f}{N}\cdot 60=\frac{4.8\times 10^3}{600}\times 60=480\ (\text{r/min})$$

频率可用一般的频率计测量。光电器件多采用光电池、光敏二极管和光敏三极管。光电转换电路如图 8.46 所示，T_1 为光敏三极管，光线照射在 T_1 时，产生光电流，使 R_1 上压降增大，导致晶体管 T_2 导通，触发 T_3 和 T_4 组成的射极耦合触发器，使 U_0 为高电位；反之，U_0 为低电位，该脉冲信号 U_0 可送到计数电路计数。

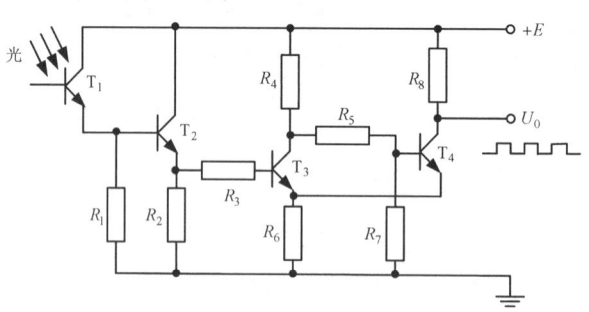

图 8.46 光电脉冲转换电路

【例 8.6】 光电耦合器。

图 8.47 所示是光电耦合器的典型结构，它将发光器件与光敏元件集成在一起。图（a）为窄缝透射式，可用于挡光物体的位置检测；图（b）为反射式，可用于反光体的位置检测，对被测物不限厚度；图（c）为全封闭式，用于电路的隔离。对于图（a）和图（b）所示的封装形式，为防止环境光干扰，可选红外波段的发光元件和光敏元件。

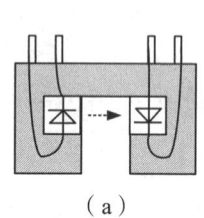 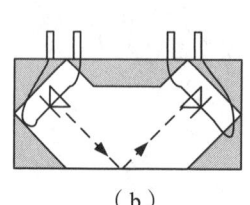 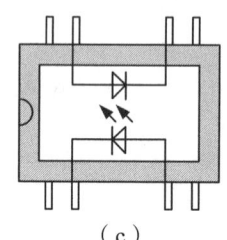

（a） （b） （c）

图 8.47 光电耦合器的典型结构

【例 8.7】 光电开关。

图 8.48～图 8.51 分别是对射式光电开关、扩散反射式光电开关、镜面反射式光电开关、光幕传感器的典型应用举例。

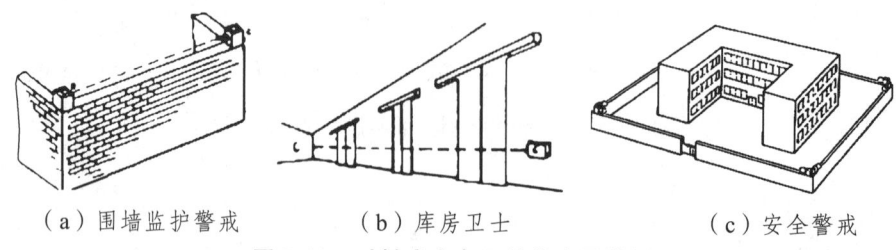

（a）围墙监护警戒　　（b）库房卫士　　（c）安全警戒

图 8.48 对射式光电开关的应用举例

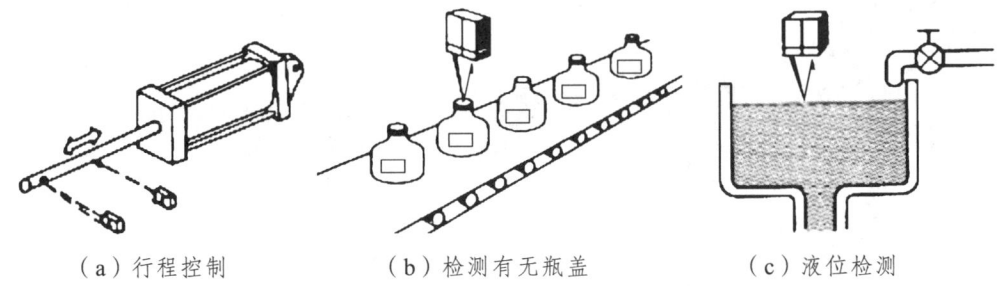

(a)行程控制　　　　(b)检测有无瓶盖　　　　(c)液位检测

图 8.49　扩散反射式光电开关的应用举例

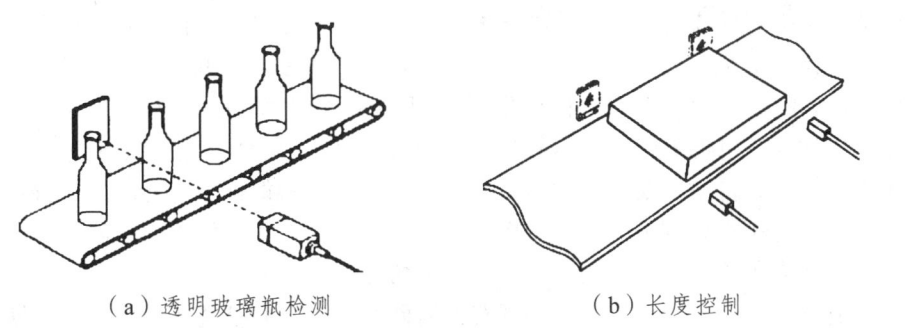

(a)透明玻璃瓶检测　　　　(b)长度控制

图 8.50　镜面反射式光电开关的应用举例

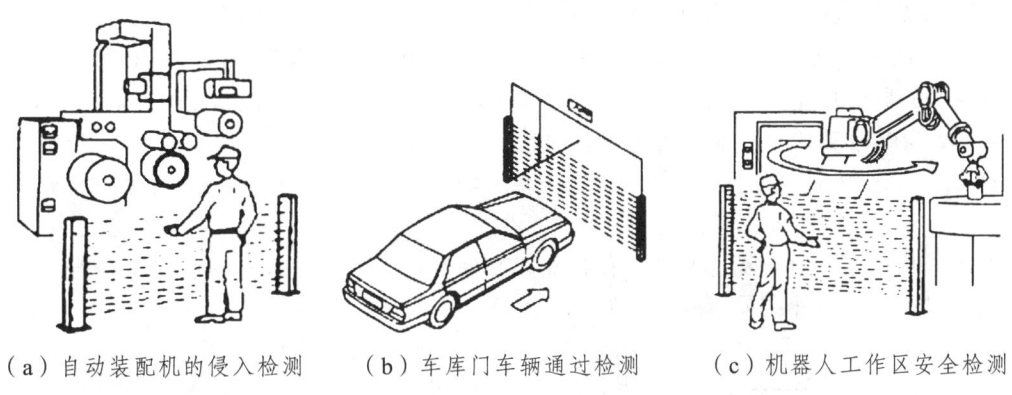

(a)自动装配机的侵入检测　　(b)车库门车辆通过检测　　(c)机器人工作区安全检测

图 8.51　光幕传感器的应用举例

3. 光电池的应用

光电池有两大类型的应用：一类是将其作为光生伏特器件使用，直接将太阳能转换成电能，即太阳能电池，这是人类探索新能源的重要研究课题；另一类是将光电池作为光电转换器应用，需要它具有灵敏度高、响应时间短等特性，而不像太阳能电池那样需要高的光电转换效率，主要用于光电检测和自动控制系统。

【例 8.8】　太阳能电池电源系统。

太阳能电池电源系统主要由太阳能电池方阵、蓄电池组、调节控制器和阻塞二极管组成。若要向交流负载供电，则加一个直流-交流变换器（逆变器），如图 8.52 所示。

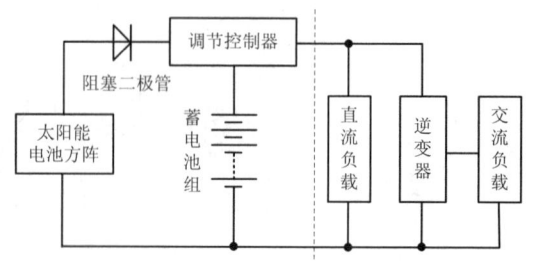

图 8.52　太阳能电池电源系统方框图

太阳能电池方阵是将太阳辐射直接转换成电能的发电装置。选用若干性能相近的单体太阳能电池，经串、并联后形成可单独作电源使用的太阳能电池组件，然后由多个这样的组件经串、并联构成一个阵列。有阳光照射时，太阳能电池方阵发电并对负载供电，同时也对蓄电池组供电，储存能量，供无太阳光照射时使用。这里，调节控制器实现充、放电自动控制，当充电电压达到蓄电池上限电压时，自动切断充电电路，停止对蓄电池充电；而当蓄电池电压低于下限值时，自动切断输出电路，这样，调节控制器保证蓄电池电压保持在一定范围，以防止因充电电压过高或过低而受损伤。阻塞二极管是在太阳能电池方阵不发电或出现短路故障时，起到避免蓄电池通过太阳能电池放电的作用。

光电池作为光电探测器使用时，具有不需外加偏压、光谱范围宽、频率特性好等优点，应用十分广泛。

【例 8.9】　路灯光电自动开关。

图 8.53 所示为路灯自动控制器的线路。路灯主回路的相线由交流接触器 CJD-10 的三个常开触头并联，以适应较大负载的需要，而接触器触头的通断由控制回路控制。当天黑无光照射时，光电池 2CR 本身的电阻和 R_1、R_2 组成分压器，使 T_1 基极电位为负，T_1 导通，经 T_2、T_3 和 T_4 构成多级直流放大，T_4 导通使继电器 J 动作，从而接通交流接触器，使常开触头闭合，路灯亮。当天亮时，硅光电池受光照后，产生 0.2 ~ 0.5 V 的电动势，使 T_1 截止，多级放大器不工作，T_4 截止，继电器 J 释放，使回路触头断开，灯灭。这里，调节 R_1 可调整 T_1 的截止电压，以达到调节开关灵敏度的目的。

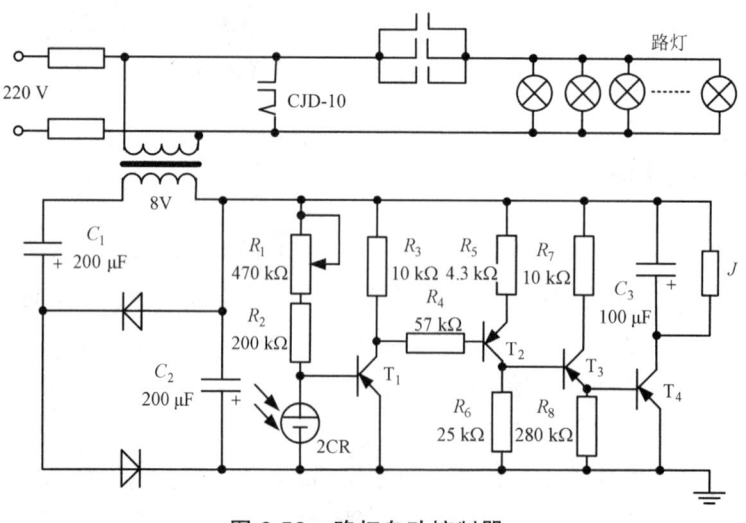

图 8.53　路灯自动控制器

4. 光敏电阻的应用

【例 8.10】 太阳能自动跟踪控制器。

如图 8.54 所示，四只光敏电阻和两个比较器分别构成两个光控比较器，控制电机的正反转，使太阳能接收器自动跟踪太阳转动。

控制电路如图 8.55 所示，双运放 LM358 与 R_1、R_2 构成两个比较器，光敏电阻 B_1、B_2 与电位器 R_{P1}，光敏电阻 B_3、B_4 与电位器 R_{P2} 分别组成光敏传感器电路。为了能根据环境光的强弱自动进行补偿，将 B_1、B_3 安装在控制电路外壳的一侧，B_2 和 B_4 安装在控制电路外壳的另一侧。当 B_1、B_2、B_3 和 B_4 同时受到环境自然光的作用时，R_{P1} 和 R_{P2} 中心点电压不变。如果只有 B_1 和 B_3 受阳光照射，B_1 的内阻减小，IC_1 同相端电位升高，输出端输出高电位，三极管 T_1 导通，继电器 K_1 工作，其触点 3 与触点 1 闭合。同时，B_3 的内阻减小，IC_1 同相端电位下降，继电器 K_2 不工作，其触点 3 与触点 2 仍处于闭合状态，电机 M 正向转动。同理，如果只有 B_2 和 B_4 受阳光照射，继电器 K_2 工作，K_1 停止工作，则电机 M 反向转动。当太阳能接收器旋转至面向太阳时，控制电路外壳两侧的光照度相同，继电器 K_1 和 K_2 同时工作，电机 M 停止转动。

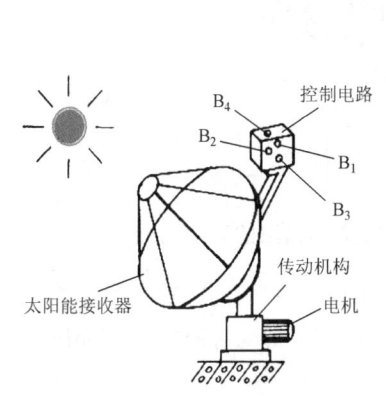

图 8.54 太阳能接收装置结构

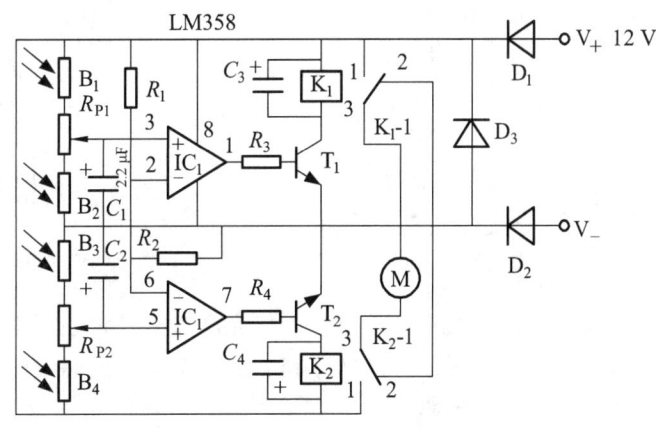

图 8.55 太阳能自动跟踪控制器电路

5. 光敏二极管和光敏三极管的应用

【例 8.11】 戒烟缸。

戒烟缸的功能是：当吸烟者向烟缸内弹烟灰时，烟缸内的红色指示灯立即显示"吸烟有害健康"的警示语。戒烟缸的电路如图 8.56 所示，电路主要由光敏二极管、555 时基电路、灯泡及外围元件等组成。当吸烟者向烟缸内弹烟灰时，烟头靠近光敏二极管 D_1，烟头发出的红外辐射使光敏二极管的内阻减小，相当于在 555 时基电路的 2 脚接入一个低电平信号，555 时基电路的输出端 3 脚输出高电平，点亮灯泡。调整 R_1 的阻值，使烟头在距烟缸中的光敏二极管 50～100 mm 范围内，灯泡均可发光。

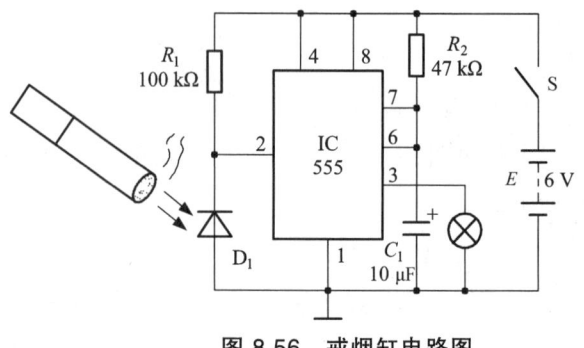

图 8.56 戒烟缸电路图

【例 8.12】 条形码扫描器。

条形码是由黑白相间、粗细不同的粗线条组成，带有商品型号、规格、价格等许多信息。对这些信息的检测是通过光电扫描笔来实现数据读入的。

扫描笔的前端是光电读入头，它由一个发光二极管和一个光敏三极管组成，如图 8.57 所示。当扫描笔在条形码上移动时，遇到黑色线条，发光二极管发出的光线被黑线吸收，光敏三极管接收不到反射光，呈现高阻抗，处于截止状态；当遇到白色间隔时，发光二极管所发出的光线被反射到光敏三极管的基极，光敏三极管产生光电流而导通。

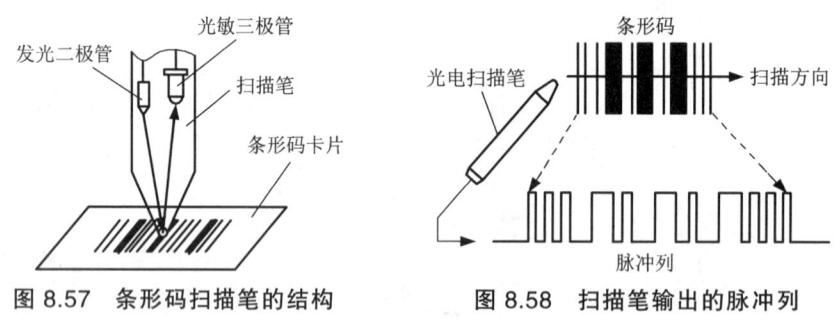

图 8.57 条形码扫描笔的结构　　图 8.58 扫描笔输出的脉冲列

整个条形码被扫描笔扫过之后，光敏三极管将条形码变成了一个个电脉冲信号，该信号经放大、整形后便形成了脉冲序列，其宽窄与条形码线的宽窄及间隔成对应关系，如图 8.58 所示，从而完成条形码的信息识别。

8.6　光固态图像传感器

1. 光固态图像传感器的原理和结构

光固态图像传感器由光敏元件阵列和电荷转移器件组成。它的核心是电荷转移器件 CTD（Charge Transfer Device），最常用的是电荷耦合器 CCD（Charge Coupled Device）。

1）CCD 的结构和基本原理

CCD 由若干个电荷耦合单元组成，该单元的结构如图 8.59 所示。

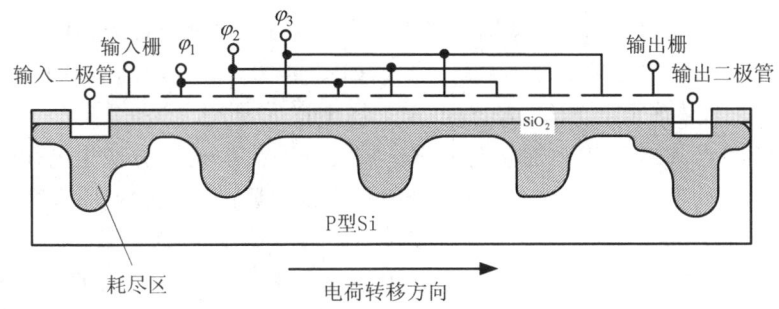

图 8.59　CCD 的基本 MOS 单元结构

CCD 的最小单元是在 P 型（或 N 型）硅衬底上生长一层厚度约为 120 nm（1 200Å）的 SiO_2 层，再在 SiO_2 层上依次沉积金属电极（Al）而构成金属-氧化物-半导体（MOS）的电容式转移器件。这种排列规则的 MOS 阵列再加上输入与输出端，便构成了 CCD。

当向 SiO_2 表面的电极加正偏压时，P 型硅衬底中形成耗尽区。所谓的耗尽区是指在外加正偏压的作用下，金属电极排斥 P 型 Si 中的空穴，形成没有空穴载流子的区域。较高的正偏压形成较深的耗尽区，而其中的少数载流子（电子）则被吸收到最高正偏压电极下的区域内（图 8.59 中 φ_2 电极下），形成电荷包。人们把加偏压后在金属电极下形成的深耗尽层称为"势阱"，阱内可存储少子（少数载流子）。对于 P 型硅衬底的 CCD 器件，电极加正偏压，少子为电子；而对于 N 型硅衬底的 CCD 器件，电极加负偏压，少子为空穴。

CCD 如何实现电荷定向转移呢？电荷转移的控制方法，非常类似于步进电机的步进控制方式，也有二相、三相等几种控制方法。下面以三相控制方式为例说明控制电荷定向转移的过程，如图 8.60 所示。

扫描下图可浏览 AR 资源——CCD 图像传感器电荷定向转移过程。

微课：CCD 图像传感器电荷定向转移输出

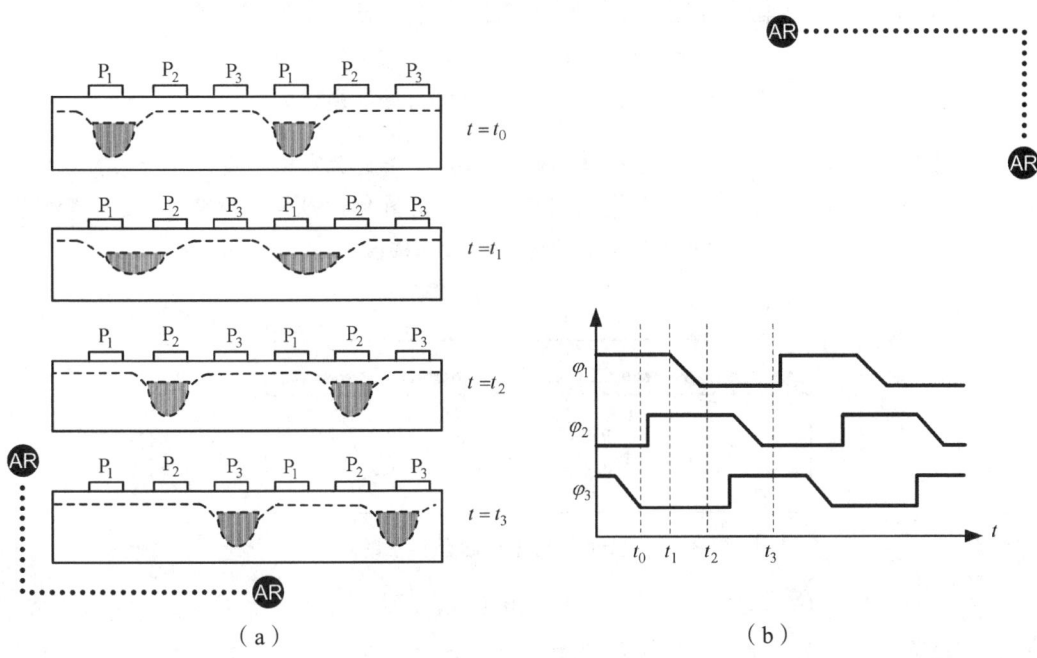

图 8.60　电荷在三相 CCD 中的转移过程

三相控制是在线阵列的每一级（即像素）上有三个金属电极 P_1、P_2 和 P_3，并在其上依次施加三个相位不同的时钟脉冲电压 φ_1、φ_2、φ_3，如图 8.60（b）所示。CCD 电荷的注入通常有光注入、电注入和热注入等方式。图 8.60 中采用电注入方式，输入二极管的 S 极加负电位，衬底接地，电子注入。当 P_1 极施加高电位时，吸引电子，在 P_1 下方产生电荷包（$t = t_0$）；当 P_2 极上加上同样的高电位时（$t = t_1$），由于两电极下面势阱间的耦合，原来在 P_1 下的电荷将在 P_1、P_2 两电极下分布；而当 P_1 回到低电位时（$t = t_2$），电荷包全部流入 P_2 下的势阱中，然后，P_3 的电位升高，P_2 回到低电位（$t = t_3$），电荷包从 P_2 下转到 P_3 下的势阱中；t_4 时刻，P_1 高电位，P_2、P_3 为低电位，电荷包流入下一级的 P_1 势阱中。可见，经过一个时钟脉冲周期，电荷将从前一级的一个电极下转移到下一级的同号电极下。这样，随着时钟脉冲有规则的变化，少数载流子便从 CCD 的一端转移到另一端，然后通过终端输出二极管（反向偏置的 PN 结）收集少子，并送入前置放大器处理，便实现了电荷定向转移。

由于上述信号输出过程中没有借助扫描电子束，故称为自扫描器件。它与传统的电子束扫描真空摄像管相比，具有体积小、重量轻、使用电压低（<20 V）、可靠性高和不需强光照明等优点，广泛地应用在微光电视摄像、信息存储和处理等方面。

2）线型 CCD 图像传感器

线型 CCD 图像传感器由一列感光单元（光敏元件）与一列 CCD 并行而构成一个主体，在它们之间有一个转移控制栅，如图 8.61 所示。每个感光单元都与一个电荷耦合元件相对应。

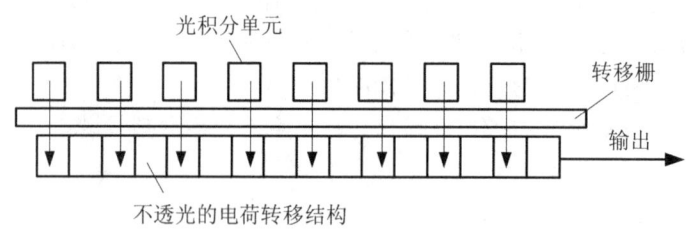

图 8.61 线型 CCD 图像传感器（单行结构）

每个感光单元是一个耗尽的 MOS 电容器，具有一个梳状公共电极，以及被称为沟阻的高浓度 P 型区，使各个感光单元在电气上彼此隔离，如图 8.62 所示。为使 MOS 电容器的电极不遮住入射光线，光敏元件的电极采用全透光的金属氧化物制造。

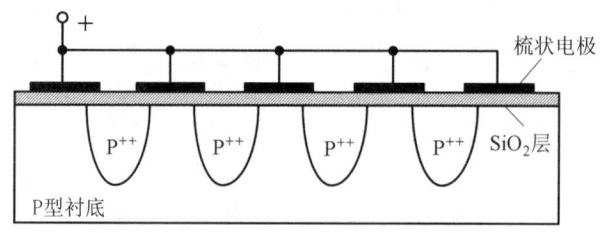

图 8.62 感光单元（光敏元件）的结构

光照在光敏单元上，在光敏元内产生光生电子-空穴对，由于在梳状电极上加高电位，光敏元收集的光电荷是光生电子，从而实现光积分。各个光敏元中所积累的光电荷与该光敏元上所接收到的光照强度成正比，也与光积分时间成正比。在光积分结束的时刻，转移栅上的电压提高（平时为低电压），形成电子通道；而 CCD 对应的电极也同时处于高电压状态，然后降低梳状电极电压，这样便确定了光电子的流向，于是各光敏元件中所积累的光生电荷并行地转移到移位寄存器中（CCD 基本单元）。当光电荷转移完毕后，转移栅电位降低，使电子通道消失，而梳状电极电压回复到原来的高电压状态，以迎接下一次光积分周期。同时，在 CCD 上加时钟脉冲（φ_1、φ_2、φ_3），将存储的电荷迅速从 CCD 中定向转移，并在输出端串行输出。这个过程重复进行就得到相继的行输出，从而读出电荷图形。

为避免在电荷转移到输出端的过程中产生寄生的光积分，CCD 上必须加一层不透光的覆盖层，以避免光照。

以尺寸检测为例，长度为 L 的物体，在光照射时，使敏感元件 1、7、8、9、10 感受到入射光，并进行光积分，而敏感单元 2、3、4、5、6 则由于物体的遮拦，不能感受到入射光，在其下没有光生电荷产生，如图 8.63 所示。这样，当光积分结束后，经过转移栅的并行转移和 CCD 在时钟控制下的串行输出后，输出端的输出为"1111000001"。如果已知单个敏感单元的尺寸，则物体的长度上就可求出。

扫描下图可浏览 AR 资源——线型 CCD 图像传感器工作过程。

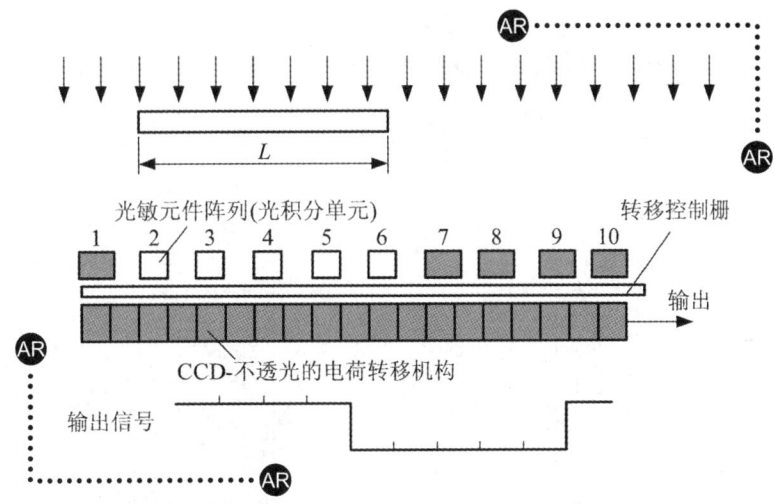

图 8.63 线型 CCD 图像传感器检测一维物体尺寸

目前，实用的线型 CCD 图像传感器为双行结构，在一排敏感元件的两侧，布置有两排屏蔽光线的移位寄存器，如图 8.64 所示。单、双数光敏元件中的信号电荷分别转移到上下方的移位寄存器中，然后信号电荷在时钟脉冲的作用下自左向右移动，从两个移位寄存器出来的脉冲序列，在输出端交替合并，按照信号电荷在每个光敏单元中按原来的顺序输出。

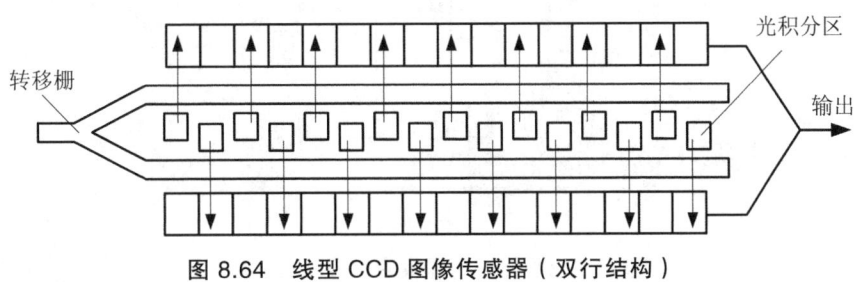

图 8.64 线型 CCD 图像传感器（双行结构）

图 8.65 所示是实际的线型 CCD 图像传感器。

图 8.65　线型 CCD 图像传感器

3）面型 CCD 图像传感器

线型 CCD 图像传感器只能在一个方向上实现电子自扫描，即只能用于一维检测系统。为获得二维图像，除了必须采用庞大的机械扫描装置外，另一个突出的缺点是每个像素的积分时间仅相当于一个行时，信号强度难以提高。为了能在室内照明条件下获得足够的信噪比，有必要延长积分时间，于是出现了类似于电子管扫描摄像管那样在整个帧时内均接受光照积累电荷的面型 CCD 图像传感器。这种传感器在 x、y 两个方向上都能实现电子自扫描。

面型 CCD 图像传感器在感光区、信号存储区和输出转移部分的安排上，主要有图 8.66 所示的三种方式。

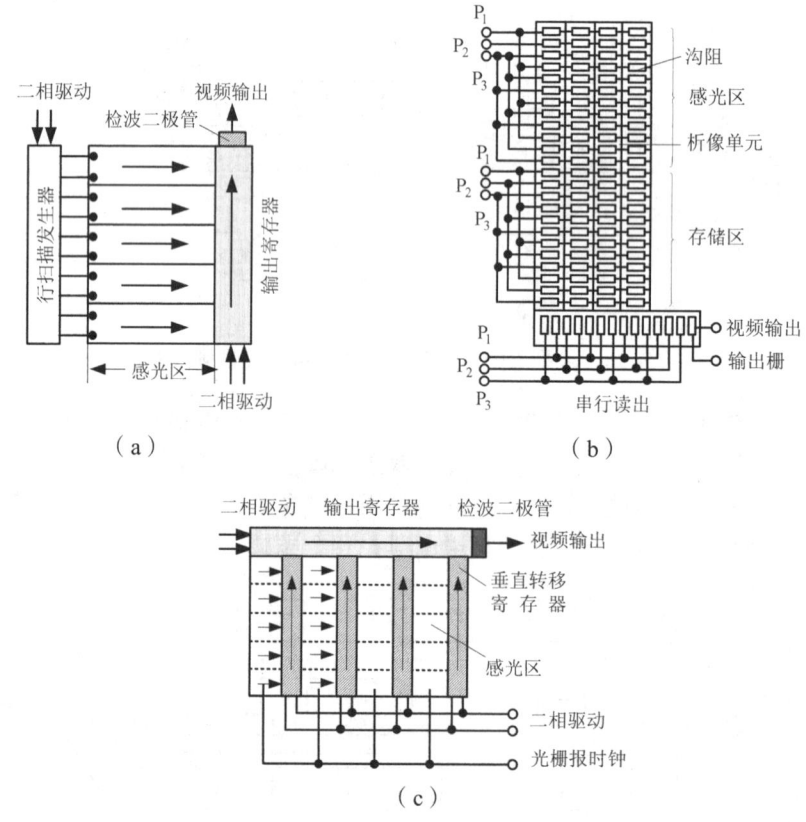

图 8.66　面型 CCD 图像传感器的各种结构

图 8.66（a）所示为由行扫描发生器将光敏单元内的信息转移到水平方向上，然后由垂直方向的寄存器向输出检波二极管转移的方式。这种面型 CCD 易引起图像模糊。图 8.66（b）所示的方式具有公共水平方向电极的感光区与相同结构的存储区。该存储器为不透光的信息暂存器，在电视显示系统的正常垂直回扫周期内，感光区中积累起来的电荷同样迅速地向下移位进入暂存区内。在这个过程结束后，上面的感光区回复光积分状态。在水平消隐周期内，存储区的整个电荷图像向下移动，每一次将底部一行的电荷信号移位至水平读出器，然后这一行电荷在读出移位寄存器中向右移动以视频输出。当整幅视频信号图像以这种方式自存储器移出并显示后，就开始下一幅的传输过程。这种面型 CCD 图像传感器的缺点是需要附加存储器，但它的电极结构比较简单，转移单元可以做得较密。图 8.66（c）表示一列感光区和一列不透光的存储器（垂直转移寄存器）相间配置的方式，这样帧的传输只要一次转移就能完成。在感光区光敏单元积分结束时，转移控制栅打开，电荷信号进入存储器。之后，在每个水平回扫周期内，存储区中整个电荷图像一次一行地向上移到水平读出移位寄存器中，接着这一行电荷信号在读出移位寄存器中向右移位到输出器件，形成视频输出信号。这种结构的器件操作比较简单，但单元设计较复杂，且转移信号必须不透光，使感光面积减小 30%～50%。由于这种方式所得的图像清晰，是电视摄像器件的最好方式。

2. CCD 图像传感器的应用

CCD 图像传感器可用于尺寸测量。图 8.67 所示是线型 CCD 图像传感器测量物体尺寸的基本原理。当所用光源含红外光时，可在透镜与传感器间加红外滤光片。当光源过强时，可再加一个滤光片。

扫描下图可浏览 AR 资源——CCD 图像传感器尺寸测量基本原理。

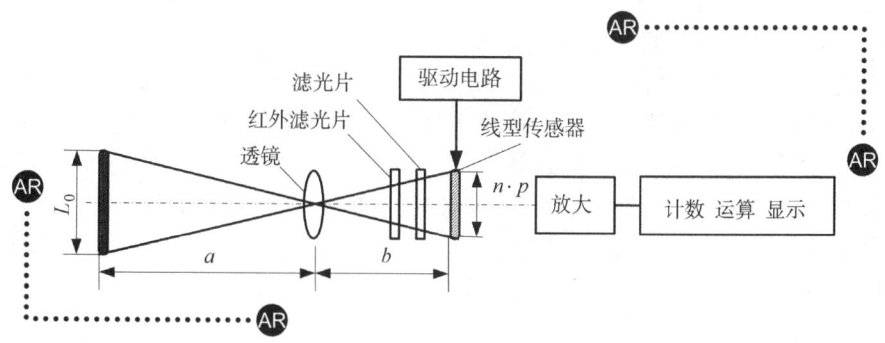

图 8.67　CCD 尺寸测量的基本原理

设所用透镜焦距为 f，物距与像距分别为 a 和 b，光学成像倍率为 M，像素间距和像素数分别为 p 和 n，视场为 L_0，传感器长度为 L_s，由几何光学可知

$$\frac{1}{a}+\frac{1}{b}=\frac{1}{f} \tag{8.9}$$

$$M=\frac{b}{a}=\frac{L_s}{L_0}=\frac{n\cdot p}{L_0} \tag{8.10}$$

若已选定透镜（即焦距 f 和视场 L_0 已知），且已知物距为 a，则所需传感器的长度 L_s 为

$$L_s = \frac{f}{a-f} \cdot L_0 \qquad (8.11)$$

【例 8.13】 用 CCD 图像传感器测量小尺寸物体。

测量原理如图 8.68 所示。测量小尺寸物体时,将被测物的未知长度 L_x 投射到 CCD 器件上,根据总像素数目和被物像遮掩的像素数目,可计算出尺寸 L_x。图(a)表示在透镜前方距离 a 处置有被测物,在透镜后方距离 b 处置有 CCD 器件,该器件的总像素数目为 N_0。若照明光源由被测物左方向右方照射,在整个视场范围 L_0 之中,将有 L_x 部分被遮挡,与此相应,在 CCD 上只有 N_1 和 N_2 两部分接受光照。于是有

$$\frac{L_x}{L_0} = \frac{N_0 - (N_1 + N_2)}{N_0} \qquad (8.12)$$

式中,N_1 为上端受光照的像素数,N_2 为下端受光照的像素数,如图 8.68(b)所示;N_0、L_0 为常数。

根据输出脉冲数可得 N_1、N_2 的值,从而可计算出被测尺寸 L_x。

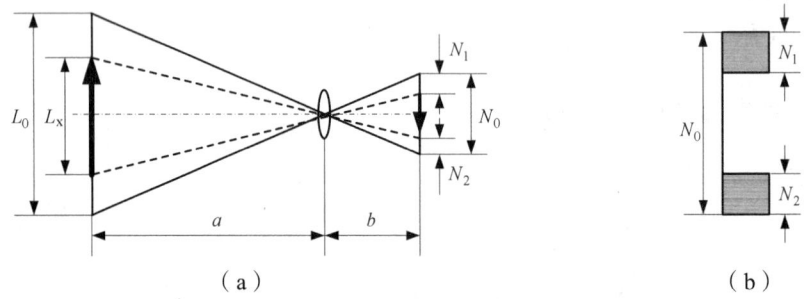

图 8.68 用 CCD 图像传感器测量小尺寸物体

【例 8.14】 用 CCD 图像传感器测量大尺寸物体。

当被测物尺寸很大时,可采用图 8.69 所示的方法,由两套光学成像系统和两个 CCD 器件,分别对被测物两端进行测量,然后计算出物体尺寸。以连续轧制的钢板宽度测量为例,在被测物左右边缘下方设置光源,经过各自的透镜将边缘部分成像在各自的 CCD 器件上。两器件间的距离是固定的。设两个 CCD 的像素数都是 N_0,两个 CCD 都监测不到的盲区的长度为 L_3,也是固定值。被测钢板的总宽度 $L = L_1+L_2+L_3$,其中 L_1 和 L_2 分别是由 CCD_1 和 CCD_2 测出的边缘宽度。

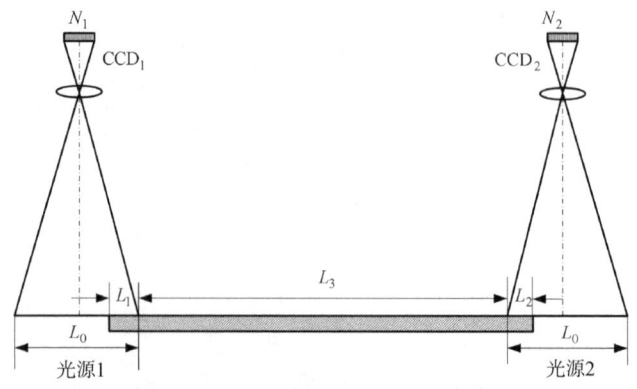

图 8.69 CCD 测量板材宽度的原理

对 CCD_1 有

$$\frac{L_1}{L_0} = \frac{N_0 - N_1}{N_0} \tag{8.13}$$

所以

$$L_1 = \frac{N_0 - N_1}{N_0} \cdot L_0 \tag{8.14}$$

对 CCD_2 有

$$L_2 = \frac{N_0 - N_2}{N_0} \cdot L_0 \tag{8.15}$$

则总尺寸为

$$\begin{aligned} L &= L_1 + L_2 + L_3 \\ &= [(N_0 - N_1) + (N_0 - N_2)]\frac{L_0}{N_0} + L_3 \\ &= [2N_0 - (N_1 + N_2)]\frac{L_0}{N_0} + L_3 \end{aligned} \tag{8.16}$$

采用这种方法测量尺寸,当被测物左右晃动时,N_1 和 N_2 一个增大一个减小,总的检测值不受影响。

【例 8.15】 自动方向识别器。

如图 8.70 所示,小车运行时,传感器实时地检测出车子与信号线之间的偏移量。CCD 自动方向识别器能自动识别出绘制在地面上的"信号线",以使搬运小车自动地沿线前进,检测信号经反馈通过车把的转动做相应的补偿。

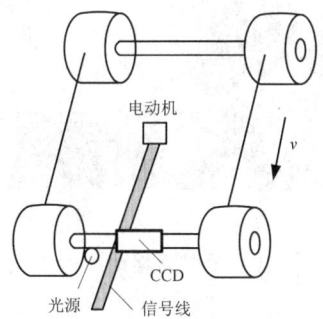

图 8.70 自动方向识别器的原理

【例 8.16】 铁路轮对外形尺寸动态检测系统。

图 8.71 是铁路轮对外形尺寸动态检测系统的原理。检测设备安装在列车运行的轨道旁边,当列车以一定速度到达检测区间时,轮对触发传感器给出信号,检测系统开始工作。首先,激光光源发出线激光,在通过车轮轮心的方向上形成从车轮轮缘到车轮踏面的光截线,这其中包含了车轮的外形尺寸信息;而图像传感器经光学镜头等成像器件捕获光截线图像,经图像处理算法提取以及与标准车轮外形曲线的比较获得车轮的相关尺寸参数,从而实现对车轮外形尺寸的动态检测。

扫描下图可浏览 AR 资源——铁路轮对外形尺寸动态检测原理。

图 8.71 铁路轮对外形尺寸动态检测原理

【例 8.17】 受电弓滑板磨耗动态检测系统。

图 8.72 是受电弓滑板磨耗动态检测系统的原理。当列车通过检测区间时，安装在检测棚上的图像传感器以一定的角度拍摄受电弓滑板的图像，通过图像拼接和处理提取出滑板磨耗参数。

扫描下图可浏览 AR 资源——铁路受电弓滑板磨耗动态检测原理。

图 8.72 受电弓滑板磨耗动态检测系统的原理

8.7 红外传感器

自然界一切温度高于绝对零度（-273.15 ℃）的物体，如人体、火焰、冰等，由于分子的热运动，都会辐射出红外线，只是它们发射的红外线的波长不同而已。人体的温度在 36～37 ℃，所放射的红外线波长为 100 μm（属于远红外线区），加热到 400～700 ℃ 的物体，放射出的红外线波长为 3～5 μm（属于中红外线区）。红外线传感器可检测到这些物体发射的红外线，用于测量、成像或控制。

红外辐射基本规律包括:
① 金属对红外辐射衰减非常大,一般金属基本不能透过红外线。
② 气体对红外辐射也有不同程度的吸收。
③ 介质不均匀,晶体材料不纯洁、有杂质或悬浮小颗粒等都会引起对红外辐射的散射。
④ 温度越低的物体辐射的红外线波长越长。由此在应用中根据需要有选择地接收某一定范围的波长,即可达到测量的目的。

用红外线作为检测媒介来测量某些非电量,有以下优越性:
① 可昼夜测量。红外线(指中、远红外线)不受周围可见光的影响,可在昼夜进行测量。
② 不用外设光源。以待测对象发射出的红外线作为光源。
③ 适用于遥感技术。大气对某些波长的红外线吸收非常少,所以适用于遥感技术。

1. 红外传感器的结构及工作原理

红外传感器由光学系统、红外探测器和转换电路及显示单元组成,如图 8.73 所示。光学系统按结构不同可分为透射式和反射式两类。红外探测器是红外传感器的核心,利用红外辐射与物质相互作用所呈现的物理效应来探测红外辐射。红外探测器按探测机理不同,可分为热探测器、光子探测器及波探测器三类。

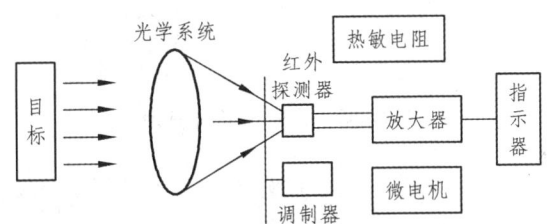

图 8.73 红外传感器系统的构成

1) 热探测器

热探测器的工作机理是利用红外辐射的热效应。探测器的敏感元件吸收辐射能后引起温度升高,进而使某些物理参数发生相应变化,通过测量物理参数的变化来确定探测器所吸收的红外辐射。

热探测器的探测机理有热胀冷缩效应、热阻效应、温差电效应和热释电效应等。

(1) 热胀冷缩效应

热探测器利用气体、液体或固体的热胀冷缩效应探测红外辐射,即气体、液体或固体吸收红外辐射热,将其转变为可以测量的物理量变化,并最终转换成电信号。

(2) 热阻效应

对红外辐射敏感的金属或半导体材料吸收红外辐射热导致温度变化,通过调制材料的电阻率再调制偏置电流形成电信号。

（3）温差电效应

热电探测器利用金属-金属或金属-半导体结的温差电效应探测红外辐射，即热电偶（Thermocouple）-热电堆（Thermocouple Pile）结吸收红外辐射热导致温度变化，直接调制结的温差电势形成电信号。

（4）热释电效应

电石、水晶及钛酸钡等晶体受热产生温度变化时，其原子排列将发生变化，晶体自然极化，在其两表面产生电荷，这一现象称为热释电效应，其形成原理如图 8.74 所示。用此效应制成的"铁电体"，其极化强度（单位面积上的电荷）与温度有关。当红外辐射照射到已经极化的铁电体薄片表面上时引起薄片温度升高，其极化强度降低，表面电荷减少，这相当于释放了一部分电荷，所以叫作热释电效应。如将负载电阻与铁电体薄片相连，则负载电阻上产生电信号输出，输出信号的强弱取决于薄片温度变化的快慢，从而反映出入射红外辐射的强弱。热释电型红外传感器的电压响应率正比于入射光辐射率变化的速率。

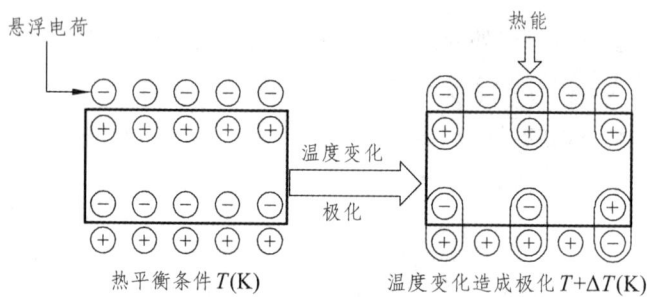

图 8.74 热释电效应原理

与光子探测器相比，热探测器的探测率比光子探测器的峰值探测率低，响应时间长。但热探测器响应波段宽，其响应范围可扩展到整个红外区域，并可在常温下工作。

2）光子探测器

光子探测器是利用红外辐射量子效应工作的，其工作原理是：在窄禁带半导体中红外光子与电子相互作用，直接将红外光子转换成电子生成对应红外辐射的电信号，最重要的光子探测器有光电导（Photoconductive）、光伏（Photovoltaic）探测器等。

光电导红外探测器利用均匀窄禁带半导体材料中的电子直接吸收红外辐射光子，转换为电阻率（电导率）的变化而形成电信号。

光伏红外探测器利用窄禁带半导体材料构成半导体 P-N 结或异质结，结区中价带电子直接吸收红外光子跃迁至导带并被自建电场分离转换为电压差信号。

3）波探测器

波探测器是利用波相互作用的红外探测器，其工作原理是：改变红外辐射的波长进行探测，或者利用红外辐射电磁波的电场或磁场分量直接与敏感材料中的电子作用进行探测，主要有红外辐射光学外差探测器、超导红外探测器等。

利用本机激光振荡器产生的红外辐射与入射红外辐射在红外光学混频器进行光波的调制，入射红外辐射的频率与本机激光频率差分后成为一个容易探测的频率，从而实现对入射红外辐射的探测。

波探测器的主要特点包括：

① 光谱响应可以精确选择波长，由作为本机振荡的激光源和混频器决定。
② 差分效应对背景噪声有很高的抑制能力，具有探测单个红外辐射光子的潜力。
③ 信号在光子-光子-电子之间转换，响应速度快。
④ 系统复杂，成本高，实现成像探测技术难度大。

2. 红外传感器的应用

【例 8.18】 红外测温仪。

红外测温仪是利用热辐射体在红外波段的辐射通量来测量温度的。当物体的温度低于 1 000 ℃ 时，其向外辐射的能量主要集中在红外波段，可用红外探测器检测其温度。采用红外滤光片或单色仪可使红外测温仪工作在任意红外波段。

图 8.75 所示为红外测温仪原理示意图。红外测温一般采用全辐射测温法，测量物体所辐射出来的全波段辐射能量从而计算物体的温度。它是斯特藩-玻尔兹曼定律（Stefan-Boltzmann Law）的应用，定律表达式为

$$W = \varepsilon \delta T^4 \tag{8.17}$$

式中 W——物体的全波辐射出射度，单位面积所发射的辐射功率；

ε——物体表面的法向比辐射率；

δ——斯特藩-玻尔兹曼常数；

T——物体的绝对温度（K）。

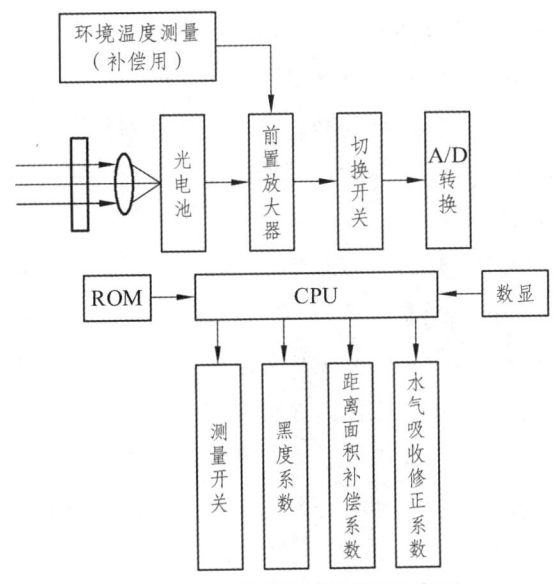

图 8.75 红外测温仪原理示意图

一般物体的 ε 在 $0\sim1$，$\varepsilon=1$ 的物体叫作绝对黑体。T 越大，物体的辐射功率就越大。红外探测器一般为光电池或钽酸锂（LiTaO₃）热释电探测器，透镜的焦点落在其光敏面上。被测目标的红外辐射通过透镜聚焦在红外探测器上，红外探测器将红外辐射变换为电信号输出。红外测温仪根据被测物体表面黑度系数、距离面积补偿系数、水气吸收修正系数、环境温度以及被测物辐射出来的红外光强度等参数，计算出被测物体的表面温度。当被测物不是绝对黑体时，则根据预先标定过的温度，输入光谱黑度修正系数。

【例 8.19】 红外热像仪。

红外热像仪是利用物体的热辐射，通过热图像技术，给出热辐射体的温度和温度分布，并能将其转换成可见热图像的仪器。

如图 8.76 所示，热成像的光学系统为全折射式，物镜材料为单晶硅，通过更换物镜可对不同距离和大小的物体扫描成像。光学系统中垂直扫描和水平扫描均采用具有高折射率的多面平行棱镜，由电机带动旋转，扫描速度和相位由扫描触发器、脉冲发生器和有关控制电路控制。

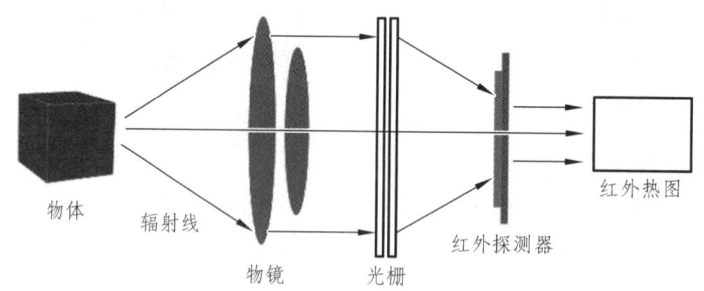

图 8.76 红外热像仪原理示意图

红外探测器输出的微弱信号送入前置放大器，以抵消目标温度随环境温度变化引起的测量误差。前置放大器的增益可通过调整反馈电路进行控制。前置放大器的输出信号，经视频放大器放大，再去控制显像屏上射线的强弱。由于红外探测器输出的信号大小与其所接收的辐照度成比例，因此显像屏上射线的强弱也与探测器所接收的辐照度成比例变化。

【例 8.20】 红外无损检测技术。

红外无损检测技术是基于物体的热辐射特性，扫描记录试件表面由于缺陷和材料不同的热特性引起的温度变化，通过表面温度场分布即可获取工件的缺陷信息，因此，又被称为热无损检测技术，其检测过程与被测物体的热扩散过程紧密相关。当热量加载在试件表面时，热流注入试件并在其内部扩散，如果工件内部有缺陷存在，热流被缺陷阻挡，经过一定时间就会在缺陷附近发生热量堆积，引起工件表面温度梯度的变化。用红外测温仪器扫描试件表面，测量试件表面的温度分布情况，检测到温度异常点时，就可以判断该位置表面或内部存在缺陷。

红外无损检测技术按其检测方式可分为两大类：主动式检测和被动式检测。主动式检测是在人工加热工件的同时或在加热后,经一段时间的延迟再扫描记录被观察试件表面的温度分布;被动式检测是利用工件自身与周围环境的温差,在被检测试件与周围环境热交换的过程中确定工件内部是否有缺陷存在。被动式检测多用于运行中的设备、工件或工作中的电子元器件的检测。

与其他无损检测方法相比,红外无损检测技术有以下特点:

① 能实现非接触测量。

② 检测精度和空间分辨率较高,反应快。

③ 操作简单、安全可靠,易于实现自动化和实时观察。

④ 采用周期性热源加热时,加热频率不同可探测不同深度的缺陷,当频率高时,有利于探测表面微裂纹,频率低时,可探测较深缺陷,但灵敏度降低。

⑤ 采用热像仪检测能显示缺陷的大小、形状和缺陷深度。

如图 8.77 所示,板状试件尺寸为 100 mm × 26 mm × 2 mm。为了模拟裂纹的检测,在试件一侧正中间用电火花加工出深 1 mm、宽 0.2 mm 的线槽,分别用不同电压加热,其热像图分别如图 8.77(b)和(c)所示。

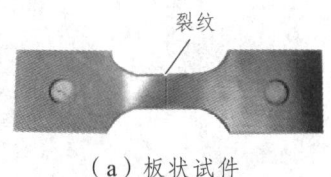

(a)板状试件

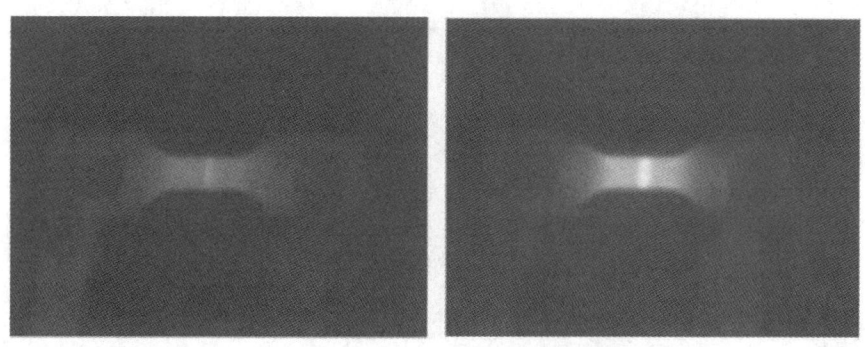

(b)加热电压为 3 kV 时的热像图　　(c)加热电压为 5 kV 时的热像图

图 8.77　板状试件红外无损检测

图 8.78 是钢轨缺陷的红外无损检测,采用电涡流线圈加热。其中,图 8.78(a)是静态测试结果,加热时间 200 ms,三匝线圈加热,疲劳裂纹的长度为 2 mm。图 8.78(b)和 8.78(c)是钢轨缺陷的动态测试设备及测试结果,采用的是双匝回形线圈加热。

扫描下图可浏览 AR 资源——红外热成像原理检测钢轨缺陷。

图 8.78　热红像红外传感器对钢轨缺陷的检测

【例 8.21】　红外传感器的军事应用。

自 20 世纪 50 年代起，红外传感器一直在精确制导武器领域占有一席之地，已在红外/热成像制导的空空导弹、空地导弹、制导导弹、灵巧导弹、巡航导弹、反舰导弹、防空导弹、反坦克导弹、制导炮弹等领域得到广泛应用。

夜战是一种主要的作战方式,包括红外成像技术在内的夜视技术已成为一种关键的军事技术,其核心就是红外探测技术。如果作战一方拥有红外/热成像技术装备,则可利用夜幕掩护形成"单向观察优势"。

红外传感器可用于探测隐形飞行器。隐形飞行器虽然采用的红外隐身技术,但其温度总比背景温度高,依旧有可能被红外传感器,尤其是红外成像设备探测到,可以精确提供目标的角位置信息,探测距离可达数百千米。

红外传感器也可用于炮弹告警。将凝视型红外传感器安装在飞机、舰艇等平台上,可用来对来袭导弹进行告警和其他红外威胁告警,或自动发出对抗指令,或自动启动红外干扰设备进行自卫。

习题及思考题

1. 什么是外光电效应和内光电效应?
2. 简述基于外光电效应的主要器件的结构及特性。
3. 简述基于内光电效应的主要器件的结构及特性。
4. 简述色敏光电传感器短路电流比与入射光波长的关系。
5. 光电开关包括哪四种主要类型?
6. 太阳能自动跟踪控制器是如何判断太阳的方位以控制电机正反转的?
7. 光电数字转速表的调制盘可以采用哪些结构?
8. 图像传感器是如何获取光像信息的?图像传感器的检测实质是什么?
9. CCD图像传感器怎样实现电信号图像的读取与输出?
10. 光积分产生的光电子数量与哪些因素有关?
11. CCD单元势阱内为什么存储的是少子电荷包?
12. CCD图像传感器也被称为自扫描器件的原因?
13. 线型CCD图像传感器在光积分过程中,光敏元件阵列、转移控制栅及CCD电极分别怎样加信号?
14. 线型CCD图像传感器并行转移过程中,光敏元件阵列、转移控制栅及CCD电极分别怎样加信号?
15. 线型CCD图像传感器定向输出过程中,光敏元件阵列、转移控制栅及CCD电极分别怎样加信号?
16. 采用线型CCD图像传感器,如何检测二维图像?
17. 三种结构的面阵图像传感器,哪种最具优势?
18. 如何计算图像传感器在测量物体尺寸时的检测视场?
19. 简述CCD图像传感器测量大尺寸物体的原理。

第 9 章

光纤传感器

光纤即光导纤维,是 20 世纪 70 年代发展起来的一种新兴的光电材料,是 20 世纪后半叶的重要发明之一。它与激光器、半导体光电探测器一起构成新的光学技术,即光电子学新领域。

光纤作为远距离传输光波信号的媒质,最早用于光通信技术中。但是,在实际光通信过程中发现,光纤受到外界环境因素的影响,如外界压力、温度、电场、磁场等环境条件变化时,将引起光纤传输的光波量,如光强、相位、频率、偏振态等变化。因此,如果能测出光波量变化的大小,就可以知道导致这些光波量变化的压力、温度、电场、磁场等物理量的大小,于是就出现了光纤传感技术。因此,光纤传感技术是随着光导纤维实用化和光通信技术的发展而形成的,它是一门崭新的技术,是传感器技术的新成就。到目前为止,光纤技术主要用于光纤通信、直接信息交换和光纤传感器。

光纤传感器与传统传感器相比有许多特点,如灵敏度高、结构简单、体积小、抗电磁干扰、耐腐蚀、绝缘性好、光路可弯曲,以及便于实现遥测等,因此它一出现就受到广泛重视,而且发展很快。目前,光纤传感器已可用于测量位移、振动、压力、弯曲、应变、速度、加速度、电流、磁场、电压、温度、湿度、流量、浓度、pH 等 70 多个物理量,具有十分广泛的应用潜力和发展前景。

光纤传感技术是一门多学科性科学,涉及知识面广,如纤维光学、光电技术、弹性力学、电磁学、电子技术和微机应用等。光纤传感器的研究还在蓬勃地开展着,随着新兴学科的交叉渗透,将会得到更广泛的应用。

9.1 光纤传感器基础

1. 光纤的结构

光导纤维,简称光纤,是一种多层介质结构的对称圆柱体,包括纤芯、包层和涂敷层,如图 9.1 所示。光纤的核心部分是折射率 n_1 较大的纤芯(光密介质)和折射率 n_2 较小的包层(光疏介质)构成的双层同心圆柱结构。

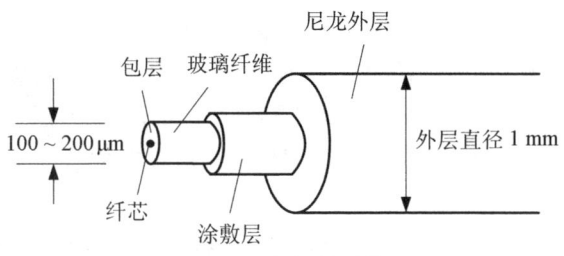

图 9.1 光纤的结构

纤芯材料的主体是二氧化硅，里面掺入极少量的其他材料，如二氧化锗、五氧化二磷等，其目的是提高材料的光折射率。纤芯直径为 5～75 μm。纤芯外的包层总直径为 100～200 μm。包层的材料一般为纯二氧化硅，也有的掺入极微量的三氧化二硼或四氟化硅。掺杂目的是降低包层对光的折射率。包层外涂上硅铜或丙烯酸盐等涂料，其作用是保护光纤不受外来的损害，增加光纤的机械强度。光纤最外层加上一层不同颜色的塑料管套，一方面起保护作用，另一方面以颜色区分各种光纤。

2. 光纤波导原理

根据几何光学理论，当光线以较小的入射角 θ_1（光线与法线间的夹角），由光密介质（n_1）射向折射率较小的光疏介质（n_2）时，一部分入射光以折射角 θ_2 折射入光疏物质，其余部分以 θ_1 角度反射回光密物质，如图 9.2 所示。根据光折射和反射的 Snell 定律，光入射和折射之间的关系为

$$n_1 \sin\theta_1 = n_2 \sin\theta_2 \tag{9.1}$$

当 θ_1 角逐渐增大，直至 $\theta_1 = \theta_c$ 时，透射入光疏介质（n_2）的折射光也逐渐折向界面，直至沿界面传播，$\theta_2 = 90°$。对应于 $\theta_2 = 90°$ 时的入射角 θ_1 称为临界角 θ_c。由式（9.1）则有

$$\sin\theta_c = \frac{n_2}{n_1} \tag{9.2}$$

因此，临界角 θ_c 仅与介质的折射率的比值有关。

根据这个原理，只要使光线射入光纤端面时与光轴的夹角小于一定值，即当光入射界面的角 ϕ > 临界角 θ_c 时，光线就射不出光纤的纤芯，如图 9.3 所示。光线在纤芯和包层的界面上不断地产生全反射而向前传播，从而从光纤的一端以光速传播到另一端，这就是光纤传光的基本原理。

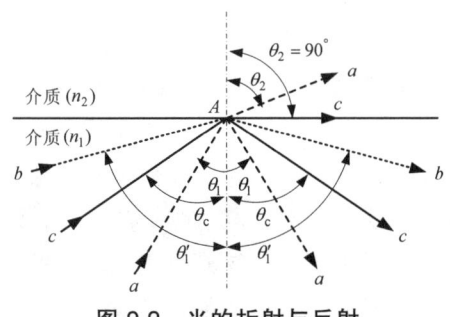

图 9.2 光的折射与反射

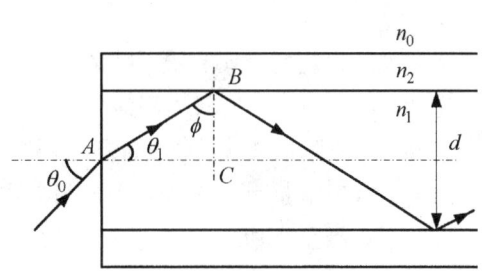

图 9.3 光在光纤中的全反射

光纤传输的光波,可以分解为沿纵轴向传播和沿横切向(剖面方向)传播的两种平面波成分。沿横切向传播的光波在纤芯和包层界面上产生全反射,当它在横切向往返一次的相位变化为 2π 的整数倍时,将形成驻波。只有能形成驻波的那些以特定角度射入光纤的光才能在光纤内传播。形成驻波的光线组称为模,它们是离散存在的,即某一种光纤只能传输特定模数的光。

通常用麦克斯韦方程导出的归一化频率 f 作为确定光纤传输模数的参数,f 的值可由下式确定

$$f = 2\pi r \frac{NA}{\lambda} \tag{9.3}$$

式中　r——纤芯半径;
　　　NA——光纤的数值孔径;
　　　λ——光波长。

3. 光纤的特性及分类

1) 光纤的特性

(1) 数值孔径 NA

由式(9.1)可导出光线由折射率为 n_0 的外界介质(空气 $n_0=1$)射入纤芯时实现全反射的临界角为

$$\sin\theta_c = \frac{1}{n_0}\sqrt{n_1^2 - n_2^2} = NA \tag{9.4}$$

式中,NA 称为数值孔径,它表示无论光源功率多大,只有 $2\theta_c$ 角内的光,才能被光纤接收和全反射传播。$2\theta_c$ 的大小表示光纤能接收光的范围,$2\theta_c$ 越大,光纤入射端的端面上接收光的范围越大,进入光纤的光线越多。所以,NA 是衡量光纤集光性能的主要参数,光纤产品通常不给出折射率,而只给出 NA。石英光纤的 $NA = 0.2 \sim 0.4$。

(2) 损　耗

设光纤入射端与出射端的光功率分别是 P_i 和 P_o,光纤长度为 L(km),则光纤的损耗 a(dB/km)可表示为

$$a = \frac{10}{L}\lg\frac{P_o}{P_i} \tag{9.5}$$

引起光纤损耗的因素有吸收损耗和散射损耗。物质的吸收作用将使传输的光能变成热能,造成光功能的损失。光纤对不同波长光的吸收率不同,石英光纤材料 SiO_2 对光的吸收发生在波长为 $0.16\ \mu m$ 附近和 $8 \sim 12\ \mu m$ 范围。散射损耗是由光纤材料不均匀或几何尺寸的缺陷引起的,如瑞利散射就是由材料缺陷引起折射率随机性变化所致。瑞利散射按 $1/\lambda^4$ 变化,因此它随波长的减小而急剧地增加。光导纤维的弯曲也会造成散射损耗,这是由于光纤边界条件的变化,使光在光纤中无法进行全反射传输所致,弯曲半径越小,造成损耗越大。

（3）色　散

所谓光纤的色散是指输入的光脉冲在光纤内传输时，由于光波的群速度不同而出现脉冲展宽现象。光纤色散使传输的信号脉冲发生畸变，从而限制了光纤的传输带宽，它是表征光纤传输特性的一个重要参数。光纤色散可分为材料色散、波导色散、多模色散，在单模光纤中起主要作用的是材料色散和波导色散。

2）光纤的分类

根据光纤的折射率的分布，光纤可分为阶跃型和梯度型两类。

（1）阶跃型

阶跃光纤的纤芯折射率不随半径而变，但在纤芯与包层界面处折射率有突变，呈台阶状。如图 9.4 所示，在纤芯内，中心光线沿光纤轴线传播，通过轴线的子午光线（光的射线在一个平面内运动的光线称为子午光线）呈锯齿形轨迹。

（2）梯度型

梯度型光纤纤芯内的折射率不是常数，而是从中心向外呈抛物线形递减，至界面处与包层折射率一致，中心轴线处的折射率最大。因此，这类光纤有聚焦作用，光线在纤芯内传播时会自动地从折射率小的界面向中心会聚，光纤传播的轨迹类似正弦波形，如图 9.5 所示。梯度型光纤又称为自聚焦光纤。

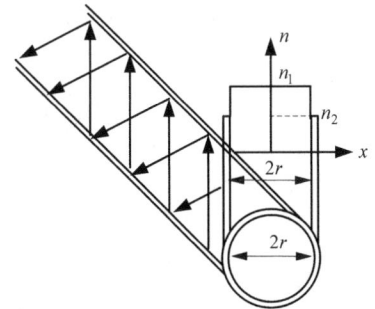

图 9.4　阶跃型光纤折射率分布曲线

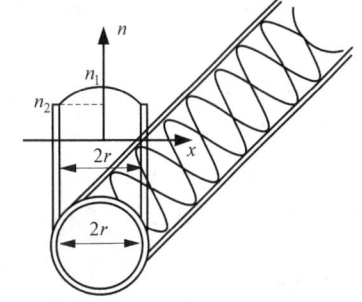

图 9.5　梯度型光纤折射率分布曲线

两种光纤传输模的总数 N 可表示为

$$N = \begin{cases} \dfrac{f^2}{2} & \text{（阶跃型）} \\ \dfrac{f^2}{4} & \text{（梯度型）} \end{cases} \quad (9.6)$$

由式（9.6）知，归一化频率 f 大的光纤传输的模数多，称之为多模光纤，通常纤芯直径较粗（几十微米以上），能传播几百个以上的模；而纤芯很细（5～10 μm），只能传输一个模（基模）的光纤，称之为单模光纤。单模光纤纤芯直径接近波长，常用于光纤传感器，其传输性能好，频带很宽，具有较好的线性，但因纤芯小，制造和耦合难度大。多模光纤纤芯直径远大于光的波长，这类光纤性能较差，带宽较窄，但由于纤芯的截面面积大，使得它容易制造，连接耦合比较方便。

4. 光纤传感器的基本原理及类型

光纤传感器一般由三部分组成，除光纤之外，还必须有光源和光探测器两个重要部件。

光纤传感器一般分为两大类：一类是传光型，也称非功能型光纤传感器；另一类是传感型，也称为功能型光纤传感器。前者多数使用多模光纤，以传输更多的光量；而后者是利用被测对象调制或改变光纤的特性，所以主要用单模光纤。

1）传光型光纤传感器

传光型光纤传感器中的光纤仅作为传输光的介质，只起传输光波的作用，对外界信息的"感觉"功能是依靠其他物质的敏感元件来完成的，因此，需要在光纤端面或中间加装其他敏感元件才能构成传感器。这样，传感器中的光纤中间是中断的、不连续的，中断部分要接上其他介质的敏感元件，如图 9.6 所示。

图 9.6 传光型光纤传感器的组成

调制器是敏感元件，置于入射光纤和接收光纤之间。在被测对象的作用下，敏感元件的光路被遮断或敏感元件的光穿透率发生变化，这样，光探测器所接收的光量便成为被测对象调制后的信号，经放大、解调后，就可得到被测对象。

传光型光纤传感器主要利用已有的敏感材料作为其敏感元件，这样可利用现有的优质敏感元件来提高光纤传感器的灵敏度。由于光纤只起传光的作用，所以采用通信光纤甚至普通的多模光纤就能满足要求。

传光型光纤传感器占据了光纤传感器的绝大多数。

2）传感型光纤传感器

传感型光纤传感器的传感元件是对外界信息具有敏感能力和检测功能的光纤，它将"传"和"感"合为一体，利用被测对象调制或改变光纤的传输特性。在传感型光纤传感器中，光纤不仅起传光的作用，还利用光纤在外界因素（弯曲等）作用下，其光学特性（光强、相位、偏振态等）的变化来实现检测功能。因此，传感型光纤传感器中的光纤是连续的，如图 9.7 所示。

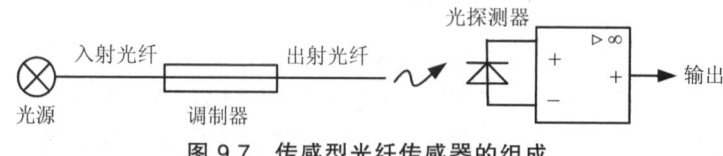

图 9.7 传感型光纤传感器的组成

根据对光调制手段的不同，光纤传感器可分为强度调制、相位调制、频率调制、偏振调制、波长调制等不同工作原理的光纤传感器。

光纤传感器有以下三大特点：
① 具有优良的传光性能，传光损耗很小。
② 频带宽，可进行超高速测量，灵敏度和线性度好。
③ 体积很小，重量轻，能在恶劣环境下进行非接触式、非破坏性以及远距离测量。

9.2 光纤传感器的调制技术

光纤对许多外界参数有一定的效应，如表 9.1 所示。光纤传感器原理的核心是如何利用光纤的各种效应，实现对外界被测参数的"传"和"感"的功能。光的调制技术可归结为将一携带信息的信号叠加到载波光波上，完成这一过程的器件称为调制器。调制器能使载波光波的参数随外加信号变化而变化。光纤传感器的核心就是光被外界参数调制的原理，此调制原理代表了光纤传感器的机理。研究光纤传感器的调制器就是研究光在调制区与外界被测参数的相互作用，外界信号可能引起光的特性（强度、波长、频率、相位、偏振态等）变化，从而构成强度、波长、频率、相位和偏振态的调制原理。

表 9.1 常用光纤传感器及性能

待测物理量	类型	调制方式	光学现象	纤芯材料	性能
电流磁场	FF	偏振	法拉第效应	石英系玻璃，铝丝玻璃	电流为 150~200 A，精度为 0.24%；磁场强度为 0.8~4 800 A/m，精度为 2%
		相位	磁致伸缩效应	镍，68 碳镍合金	最小检测磁场强度为 8×10^{-6} A/m（21~10 kHz）
	NF	偏振	法拉第效应	YIG 系强磁体，FR-5 铅玻璃	磁场强度为 0.08~160 A/m；精度为 0.5%
电压电场	FF	偏振	Pockels 效应	亚硝基苯胺	
		相位	电致伸缩效应	陶瓷振子、压电元件	
	NF	偏振	Pockels 效应	$LinNbO_3$，$LiTaO_3$，$Bi_{12}SiO_2$	电压为 1~1 000 V，电场强度为 0.1~1 kV/cm，精度为 1%
温度	FF	相位	干涉现象	石英系玻璃	温度变化量为 17 条/℃·m
		光强	红外透射	SiO_2，CaF_2，ZrF_2	温度为 250~1 200 ℃，精度为 1%
		偏振	双折射变化	石英系玻璃	温度为 30~1 200 ℃
湿度	NF	透射率	禁带宽度变化	半导体 GaAs，CdTe	温度为 0~80 ℃
		透射率	透射率变化	石蜡	开（63 ℃），关（52 ℃）
		光强	荧光辐射	$(Gd_{0.99}Eu_{0.01})_2O_2S$	−50~+300 ℃，精度为 0.1 ℃
速度	FF	相位 频率	Sagnac 效应 多普勒效应	石英系玻璃 石英系玻璃	$\omega=3\times10^{-3}$ rad/s 以上 流速为 10^{-4}~10^3 m/s

续表

待测物理量	类型	调制方式	光学现象	纤芯材料	性　能
振动压力	FF	频率	多普勒效应	石英系玻璃	最小振幅为 0.4 μm（120 Hz）
		相位	干涉现象	石英系玻璃	压力为 154 kPa·m/条
	NF	光强	散射损失	$C_{45}H_{78}O_2$ +vL·2255 N	压力为 0～40 kPa
		光强	反射角变化	薄膜	血压测量误差为 $2.6×10^3$ Pa
射线	FF	光强	生成着色中心	石英系玻璃、铅系玻璃	辐照量 0.01～1 Mrad
图像	FF	光强	光纤束成像 多波长传输 非线性光学元件 光的聚焦	石英系玻璃 石英系玻璃 非线性光学元件 多成分玻璃	长数米 长数米 长数米 长数米

下面介绍几种常用的调制原理。

1. 强度调制

光纤传感器中光强度调制是被测对象引起载波光强度变化，再通过光强的变化来测量外界物理量，其调制原理如图 9.8 所示。

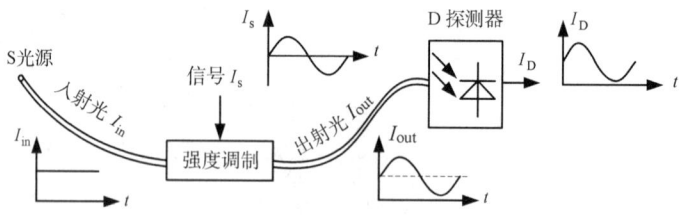

图 9.8　光强度调制原理

当一恒定光源的光波 I_{in} 注入调制区，在外力场强 I_s 的作用下，输出光波强度被 I_s 所调制，载有外力场信息的射出光 I_{out} 的包络线与 I_s 形状一样，光探测器的输出电流 I_D（或电压）也为同样的调制波。

强度调制是光纤传感器最早使用的调制方法，其特点是技术简单、可靠、价格低，可采用多模光纤，光纤的连接器和耦合器均已商品化。光源可采用 LED 和高强度的白炽光等非相干光源，探测器一般用光电二极管、三极管和光电池等。

1）小的线（角）位移外调制方式

外调制方式的调制环节通常在光纤外部，光纤本身只起传光作用。这里光纤分为两部分，即发射光纤和接收光纤。如图 9.9 所示，发射光纤与接收光纤间的距离为 2～3 μm，端面为平面。通常入射光纤不动，外界因素如压力、张力等使出射光纤作横向或纵向位移或转动，于是出射光纤输出的光强被其位移所调制。

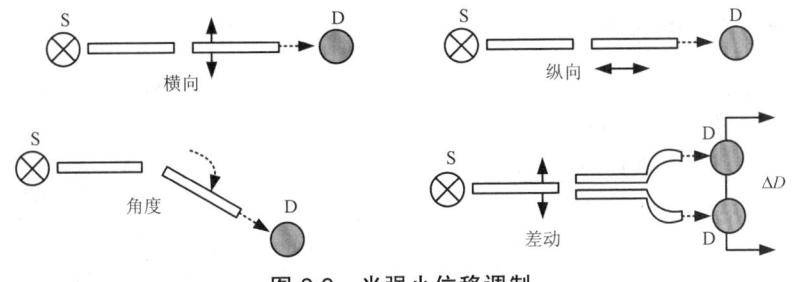

图 9.9　光强小位移调制

如果入射和出射光纤均用同性能的单模光纤，径向位移 d 与功率耦合系数 T 之间有如下关系：

$$T = e \cdot \frac{d^2}{S_0^2} \qquad (9.7)$$

式中，S_0 为光纤中的光斑尺寸，T 和 d 的关系为高斯形曲线。这种调制方法可以测量 10 μm 以内的位移。

反射式强度调制器的结构原理如图 9.10 所示。在光纤端面附近设有反光物体 A，光纤射出的光被反射后，有一部分再返回光纤。通过测出反射光强度，就可知道物体位置的变化。为增加光通量，也可以采用光纤束。

图 9.11 所示为遮光式光强度调制器原理。发送光纤与接收光纤对准，光强调制信号加在移动的遮光板上，使接收光纤只接收到发送光纤发送的一部分光，从而实现光强调制。

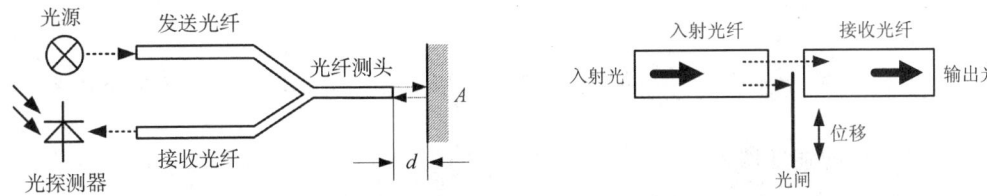

图 9.10　反射式光强调制器　　　图 9.11　遮光式光强度调制器原理

2）微弯损耗光强调制

根据模态理论，当垂直于光纤轴线的应力使光纤发生弯曲时，光纤中的传输光有一部分会折射到纤芯包层中去，不产生全反射，导致纤芯中的光强发生变化。因此，可通过纤芯能量变化来测量外界力，如重力、应力、加速度等物理量。这样，就可制成光纤压力传感器或微弯传感器等。

图 9.12 是根据微弯损耗光强调制原理制成的微弯光纤压力传感器示意图。传感器由两块波形板（或圆形滚筒）构成，其中一块活动，一块固定，称为变形器，一般采用尼龙、有机玻璃等非金属材料制成，光纤从波形板之间通过。当活动板受到微扰（如位移、压力等）作用时，光纤发生周期性微弯曲，引起传输光的散射损耗，一部分光从纤芯（传播模）耦合到包层（辐射模）中。当微扰增加时，泄漏到包层中的散射光随之增大，光纤纤芯的输出光强度相应减小，于是光强度受到调制，通过检测光纤纤芯透射光强度的变化就能测出被测量的大小。

扫描下图可浏览 AR 资源——光纤微弯损耗光强调制原理。

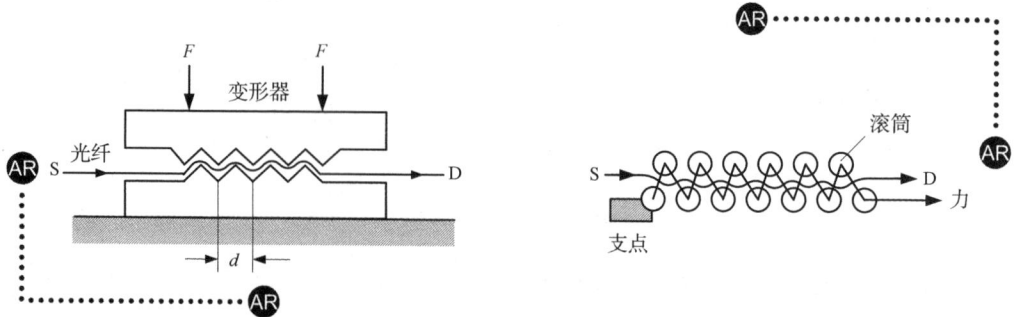

图 9.12 微弯损耗光强调制原理图

模态理论指出,引起耦合的两个模的有效传播常数之差为

$$\Delta\beta = |\beta_1 - \beta_2| = \frac{2\pi}{d} \tag{9.8}$$

式中,β_1 和 β_2 分别为纤芯传输模和包层辐射模的传播常数;d 为相邻两齿间的距离。

在阶跃型光纤中,传播常数之差为

$$\Delta\beta = \frac{2\sqrt{\eta}}{r} \tag{9.9}$$

在梯度型光纤中,传播常数之差为

$$\Delta\beta = \frac{\sqrt{2\eta}}{r} \tag{9.10}$$

式中,r 为纤芯半径;$\eta = \frac{n^2(0) - n^2(r)}{2n^2(0)}$,$n(0)$、$n(r)$ 为光纤轴心和径向上的折射率。

3) 吸收特性的强度调制

X、γ 射线等辐射会引起光纤材料的吸收损耗增加,光纤的输出功率降低,从而构成通过强度调制来测量辐射量的传感器。不同材料的光纤对不同射线的敏感程度不一样,可以鉴别不同的射线。例如,铅玻璃光纤对 X、γ 射线和中子射线特别灵敏,而且在小剂量射线时,有较好的线性关系,可以测量射线辐射剂量。

2. 频率调制与解调

利用外界因素改变光的频率,通过检测光的频率变化而测量外界物理量的原理,称为频率调制。频率调制中的光纤往往只起传输光信号的作用,而不作为敏感元件。目前,主要利用光学多普勒(Doppler)效应来实现频率调制。如图 9.13 中,S 为光源,P 为运动物体,Q 是观察者所处的位置,如果物体 P 的运动速度为 v,方向与 PS 和 PQ 的夹角分别为 θ_1 和 θ_2,则从 S 发出的频率为 f_1 的光经过运动物体散射,观察者在 Q 处观察到的频率为 f_2,根据多普勒原理

$$f_2 = f_1 \left[1 + \frac{v}{c}(\cos\theta_1 + \cos\theta_2) \right] \tag{9.11}$$

设计的激光多普勒光纤流速测量系统,如图 9.14 所示。

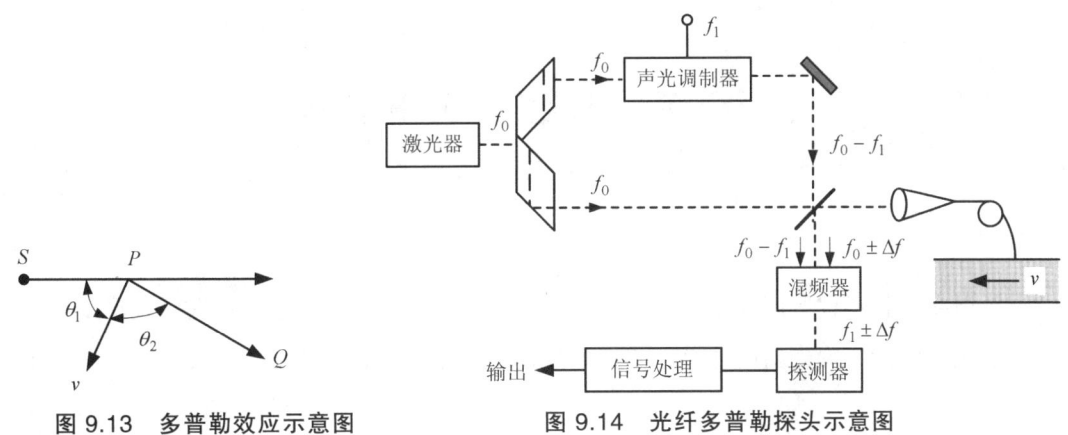

图 9.13 多普勒效应示意图　　　　图 9.14 光纤多普勒探头示意图

激光源的频率为 f_0。激光源发出的光经分束器分成两束：其中一束被声光调制器调制成频率为 f_0-f_1，并直接入射到探测器中；另一束频率为 f_0 的光经光纤射到被测流体内（如血流）。当血流里的红细胞以速度 v 运动时，根据多普勒效应，其反射光的光谱产生边带 $f_0 \pm \Delta f$，它与 f_0-f_1 的光在光电探测器中混频后，形成 $f_1 \pm \Delta f$ 的振荡信号，通过测量 Δf，即可求出速度 v。声光调制器的频率 f_1 一般取 40 MHz，血液流速则由 Δf 决定。

微课：光纤波长调制与解调

3. 波长调制与解调

利用外界因素改变光纤中光的波长，通过检测波长的变化来测量各种物理量的原理，称为波长调制。波长调制技术比强度调制技术用得少，其原因是解调技术比较复杂，通常要使用分光仪，但是采用光学滤波和双波长检测技术后，可使解调技术简化。

波长调制技术的优点在于它对引起光纤或连接器损耗增加的某些器件的稳定性不敏感，因而广泛用于液体浓度的化学分析、黑体辐射分析等。例如，利用热色物质的颜色变化进行波长调制测量温度。如图 9.15 所示，光源经光纤进入热色物质（热变色溶液如氯化钴溶液），其反射光被另一光纤接收后，两束光分别经过波长为 650 nm 和 800 nm 的滤光片，最后由光敏元件 D_1 和 D_2 接收。这种热变色溶液的光强与温度的关系如图 9.16 所示，当温度为 20 ℃时，在 500 nm 处有个吸收峰，流体呈红色；当温度升到 70 ℃ 时，在 650 nm 处也有一个吸收峰，溶液呈绿色；在波长为 650 nm 时，光强随温度变化最灵敏；在波长为 800 nm 时，光强与温度无关。因此，选用这两种波长进行检测（双波长检测），就能确定温度等外界物理量。

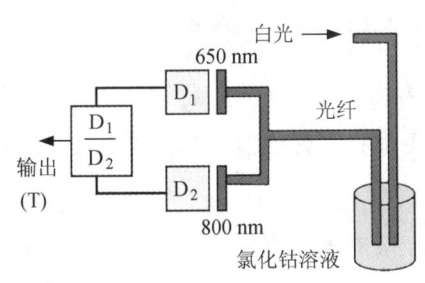

图 9.15 热色物质温度测量原理

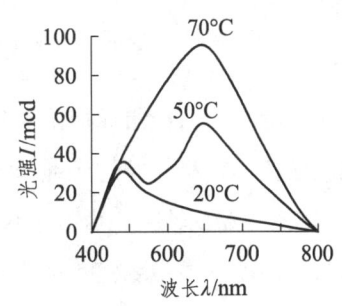

图 9.16 热色物质光强与温度的关系

9.3 光纤传感器应用举例

1. 光纤温度传感器

光纤温度传感器按照调制原理有相干型和非相干型两类。相干型包括辐射式温度计、半导体吸收式温度计、荧光温度计等,非相干型包括偏振干涉、相位干涉以及分布式温度传感器等。

以辐射式温度计为例,它属于被动式温度测量(即不需要光源),其测量原理是黑体辐射定律。对于理想黑体,辐射源发出的光辐射能量可用普朗克公式表示

$$M(\lambda,T) = C_1 \lambda^{-5} (e^{C_2/\lambda T} - 1)^{-1} \tag{9.12}$$

式中,$M(\lambda,T)$ 是黑体辐射发射的光谱辐射亮度;C_1 和 C_2 分别是第一和第二辐射常数;λ 是光谱辐射波长;T 是黑体辐射温度。

图 9.17 所示是黑体光谱辐射能量与波长 λ 和温度 T 的关系。当温度为 500 K 时,开始出现暗红色的辐射,随着温度的增加,亮度也在加强。利用光电检测器测量亮度即光强的变化,便能检测温度,这就是单波长的测量原理。

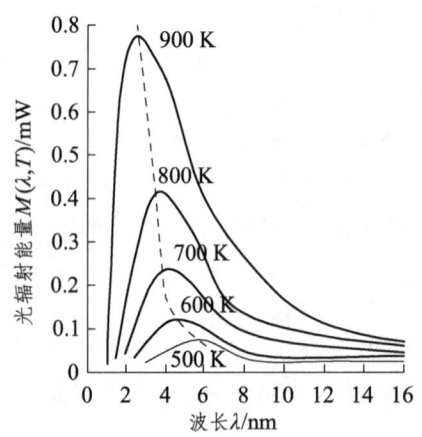

图 9.17 黑体光谱辐射能量与波长 λ 和温度 T 的关系

单波长测温的系统组成如图 9.18 所示。被测辐射能量由探头中的物镜会聚,经滤色镜限制工作光谱范围,将光经过光缆送到探测器,由探测器把光强度信号变换成电信号,经线性化、V/I 转换、A/D 转换,由数字仪表读出温度。

辐射式温度计的主要优点是非接触测量,可用于瞬时温度测量,响应快,能测量高温。光纤温度传感器在冶金、涡轮发动机、电站、油库等方面得到广泛应用。

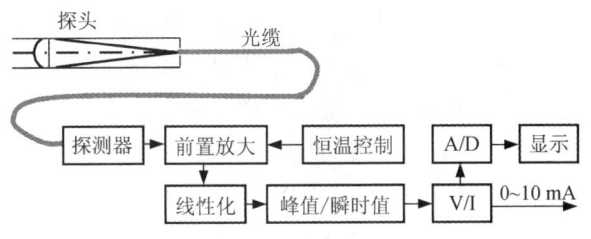

图 9.18　单波长测温系统的组成

2. 光纤图像传感器

光纤图像传感器是采用传像束来完成的。传像束由玻璃光纤按一定规则排列而成，在一条传像束中包含了数万甚至几十万条直径为 10~20 μm 的光纤，每一条光纤传送一个像元信息。

1) 工业用内窥镜

在工业生产过程中，经常需要检查系统内部结构情况，而这种结构由于各种原因不能打开或靠近观察。此时，用光纤图像传感器，将探头放入系统内部，通过光束的传输可以在系统外部观察、监视系统内部情况，其原理如图 9.19 所示。内窥镜系统由物镜、传像束、传光束、目镜组成，光源发出的光通过光束照射到被测物体上，照明视场，通过物镜和传像束把内部结构图像送出来，以便观察或照相。

同时，也可将内部结构的图像通过传像束送到 CCD 器件，将图像信号转换成电信号，送入计算机进行处理和控制。

2) 医用内窥镜

医用内窥镜的原理如图 9.20 所示，它由末端的物镜、光纤图像导管、顶端的目镜和控制手柄组成。照明光通过图像导管外层的光纤照射到被观察物体上，反射光通过传像束输出。由于光纤柔软、自由度大，末端通过手柄控制能偏转，传输图像失真小，因此它是检查和诊断人体内部各部位疾病和进行某些外科手术的重要仪器。

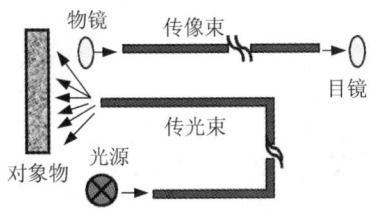

图 9.19　工业用内窥镜的原理

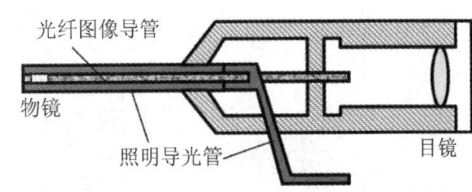

图 9.20　医用内窥镜的原理

3. 反射式光纤位移传感器

反射式光纤位移传感器的工作原理如图 9.21 所示。由恒定光源发出的光经耦合进入入射光纤，并从入射光纤的出射端射向被测物体，被测物体反射的光一部分被接收光纤接收，根据光学原理可知反射光的强度与被测物体的距离有关。

从图 9.22 所示特性曲线可看出,当被测物体从距离零逐渐远离光纤位移探头时,输出信号随位移的增大而增加,直到达到最大输出;如果被测物体再远离光纤位移探头时,输出信号逐渐减弱。出现上述现象的原因是光纤探头光照面积和光反射面积的变化。当光纤探头紧贴在被测物体上时,接收光纤接收不到反射光,光电转换元件没有光电流输出。当被测物体逐渐远离光纤探头时,由于入射光纤照亮被测物体表面的面积 A 越来越大,相应的发射光锥和接收光锥重合面积 B 也越来越大,因此接收光纤受反射光照射的面积也逐渐增大,使光电转换电路输出的电流逐渐增大,直达曲线上的最亮点 I_{max}。当到达 I_{max} 之后,被测物体继续远离时,反射光射入接收光纤的强度逐渐减小,所以光电转换电路的输出信号也逐渐减弱。

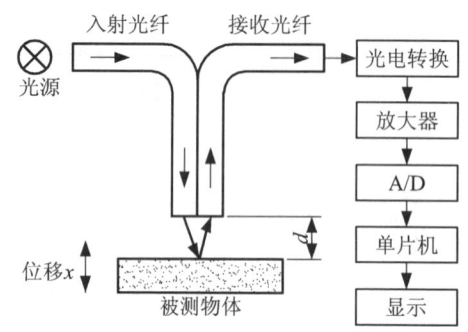

图 9.21 反射式光纤位移传感器的工作原理

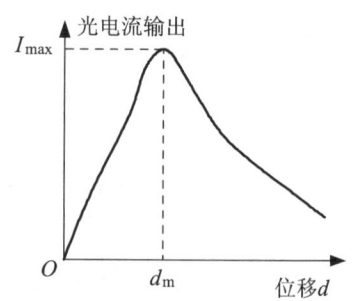

图 9.22 光纤位移传感器的输出特性

在实际应用中,常把位移的原点移至曲线的 d_m 处,这样就把曲线分为左右两边,左边的曲线为近程位移测量曲线,右边的为远程位移测量曲线。

光纤位移传感器的光反射原理如图 9.23 所示。

扫描下图可浏览 AR 资源——光纤位移传感器的光反射原理。

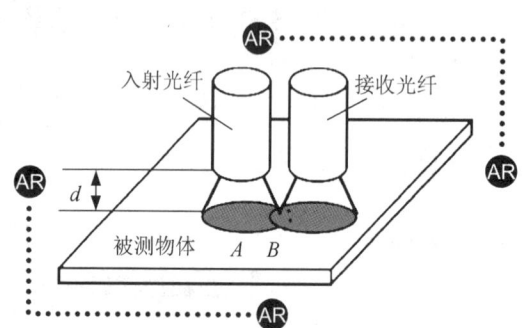

图 9.23 光纤位移传感器的光反射原理

4. 光纤风速计

光纤风速计的工作原理如图 9.24 所示。它由风轮、齿轮传动机构、凸轮、光纤连接器、光纤及检测电路组成。当风轮因空气流动产生转动时,经齿轮传动机构带动凸轮转动,凸轮的凸起部分在转动中可间断性地起遮光作用。凸轮遮断光源而形成的光脉冲由光纤传递,经光敏元件转换成电信号,再经检测电路处理,便可测知风速的大小。采用光纤传输信号可避免风速计受雷电干扰。

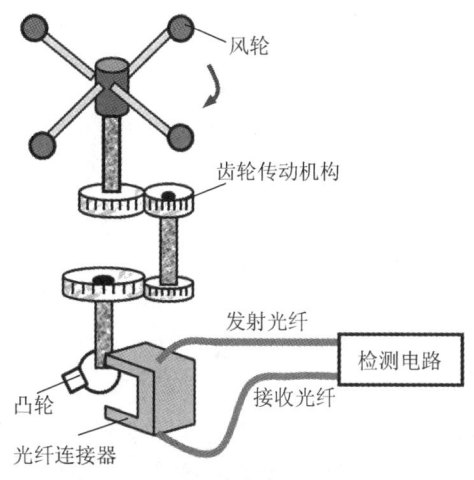

图 9.24 光纤风速计的工作原理

习题及思考题

1. 简述光纤传感器的组成及工作原理。
2. 说明传光型和传感型光纤传感器各自的特点。
3. 分析光纤传感器微弯损耗光强调制的基本原理。
4. 简述反射式光纤位移传感器的输出光电流与位移的关系。为什么会有近程和远程位移测量曲线?
5. 分析光纤多普勒探头测流速的结构及工作原理。
6. 阐述光纤波长调制的原理和特点。
7. 简述辐射式光纤温度传感器光辐射能量与波长及温度的关系。

第 10 章

新型传感器

在新材料、新工艺、新技术的不断更新迭代下,传感器性能得到了很大的提升;同时,随着微控制器多功能化和智能化的进步,智能传感器、生物传感器等新型传感器也得到了很大的发展。新型传感器技术含量高、功能强,相对传统传感器具有很多优点。本章将介绍生物传感器、微传感器、智能传感器等新型传感器以及多传感器的数据融合技术。

10.1 生物传感器

生物传感器是分析生物技术的一种重要仪器。它能够对所需要检测的物质进行快速分析和追踪。生物传感器经过几十年的发展,已经成为一个涉及内容广泛、多学科介入和交叉、充满创新活力的研究领域。

1. 生物传感器的基本概念及工作原理

生物传感器的概念来源于关于酶电极的描述,即传感器的构成中分子识别元件为具有生物学活性的材料。1990 年首届世界生物传感器学术大会上,将生物传感器定义为生物活性材料与相应的换能器的结合,能测定特定的化学物质(主要是生物物质);而将能用于生物参量测定但构成中不含生物活性材料的装置称为生物传感器。被广泛接受的生物传感器的定义是:结合一种生物(或生物衍生)的敏感元件与理化换能器,能够产生间断或连续的电信号,信号强度与被分析物成比例。

生物传感器的原理如图 10.1 所示,其构成包括两部分:生物敏感膜和换能器(又称一次仪表),待分析物扩散进入固定化的生物敏感膜层,经分子识别发生生物学反应,产生的信息继而被相应的化学或物理换能器转变成可定量和可处理的电信号,再经二次仪表(检测放大器)放大并输出。

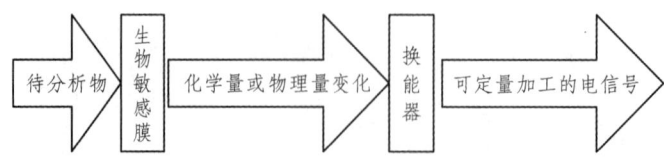

图 10.1 生物传感器的工作原理

生物敏感膜又称为分子识别元件，它是生物传感器的关键元件，如表 10.1 所示，直接决定传感器的功能与质量。根据生物敏感膜所选材料不同，其组成可以是酶、核酸免疫物质、全细胞、组织、细胞器或它们的不同组合，近年来还引入了高分子聚合物模拟酶，使分子识别元件的概念进一步延伸。

表 10.1　生物传感器的分子识别元件

分子识别元件（生物敏感膜）	生物活性材料	分子识别元件（生物敏感膜）	生物活性材料
酶	各种酶类	免疫物质	抗体、抗原、酶标抗原等
全细胞	细菌、真菌、动植物细胞	具有生物亲和能力的物质	配体、受体
组织	动植物组织切片	核酸	寡聚核苷酸
细胞器	线粒体、叶绿体	模拟酶	高分子聚合物

需要指出的是，这里所说的膜是采用固定化技术制作的人工膜而不是天然的生物膜（如细胞膜）。

换能器的作用是将各种生物的、化学的和物理的信息转变成电信号。生物学反应过程产生的信息是多元化的，微电子学和传感技术的现代成果为检测这些信息提供了丰富的手段。可供作生物传感器的基础换能器件见表 10.2。

表 10.2　生物学反应产生的信息和换能器的选择

生物学反应信息	换能器选择	生物学反应信息	换能器选择
离子变化	离子选择性电极	光学变化	光纤、光敏管、荧光计
电阻、电导变化	阻抗计、电导仪	颜色变化	光纤、光敏管
质子变化	场效应晶体管	质量变化	压电晶体等
气体分压变化	气敏电极	力变化	微悬臂梁
热焓变化	热敏电阻、热电偶	振动频率变化	表面等离子体共振

2. 生物传感器的种类及特性

生物传感器的类型和命名方法较多，主要的两种分类法是分子识别元件分类法和器件分类法，如图 10.2 所示。

根据分子识别元件的不同可将生物传感器分为七大类，即酶传感器、免疫传感器、组织传感器、细胞传感器、核酸传感器、微生物传感器、分子印迹生物传感器等。其中，分子印迹生物传感器属于生物衍生物。

器件分类法是根据所用换能器不同对生物传感器进行分类，主要包括电化学生物传感器或生物电极、光生物传感器、热生物传感器、半导体生物传感器、声波生物传感器、电导（阻抗）生物传感器、悬臂梁生物传感器等。

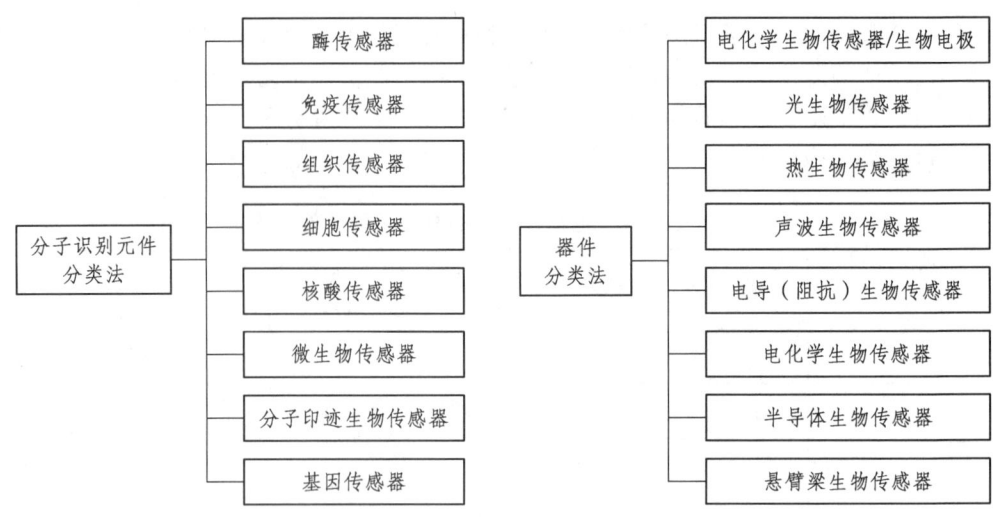

图 10.2 生物传感器的分类

根据生物传感器的特性不同还有一些其他的命名或分类方法，如尺寸在微米级甚至更小的生物传感器称为微型生物传感器、纳米生物传感器，这类传感器在活体测定方面有重要意义。以分子间特异识别和结合为基础的生物传感器称为亲和生物传感器，典型的亲和生物传感器包括免疫传感器、酶 PZ 生物传感器和 SPR（表面等离子激元共振）生物传感器等。能够同时测定两种以上指标或综合指标的生物传感器称为多功能传感器，如滋味传感器、嗅觉传感器、鲜度传感器、血液成分传感器等。由两种以上不同的分子识别元件组成的生物传感器，或采用两种或多种反应原理构成的生物传感器称为杂合生物传感器，如多酶传感器、酶-微生物杂合传感器、电化学热生物传感器等。

与传统的分析方法相比，生物传感器的检测手段具有以下优点：

① 生物传感器是由选择性好的生物材料构成的分子识别元件，因此一般不需要样品的预处理，样品中的被测组分的分离和检测可以同时完成，且测定时一般不需加入其他试剂。

② 生物传感器体积小，可以实现连续在线监测。

③ 响应快，样品用量少，生物传感器的敏感材料是固定化的，可以反复多次使用。

④ 生物传感器连同测定仪的成本远低于大型的分析仪器，便于推广普及。

3. 常见生物传感器及其应用

常见的生物反应有酶促反应、免疫学反应、微生物反应以及核酸反应等四类。下面将针对这四类生物反应介绍酶电极传感器、免疫传感器、微生物传感器、基因传感器以及它们的应用（图 10.3）。

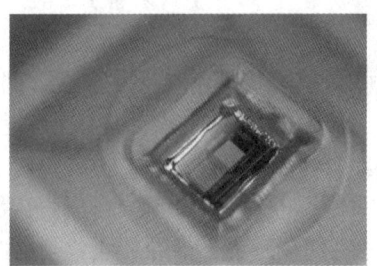

图 10.3 生物传感器

1) 酶电极传感器

酶电极是最早出现的生物传感器,酶电极传感器由固定化酶和基础电极组成。若固定化酶膜与基础电极紧密结合,称为密接型;若固定化酶充填在反应器内,与基础电极组成流动分析系统,称为分离型。大多数酶电极采用密接型结构。酶电极的设计主要参考酶促反应过程产生或消耗的电极活性物质,如果一个酶促反应是耗氧过程,就可以使用 O_2 电极或 H_2O_2 电极作为基础器件;若酶反应为产酸过程,则可使用 pH 电极。

酶电极传感器可用于临床、发酵和食品成分分析等。在临床应用中,采用酶、免疫传感器等生物传感器检测体液中的各种化学成分,为医生的诊断提供依据。如美国 YSI 公司推出一种固定化酶型生物传感器,可以测定运动员锻炼后血液中的乳酸水平或糖尿病患者的葡萄糖水平。又如癫痫患者可佩戴一个微小酶电极传感器,使用头皮电极预测癫痫发作,平均可以在 7 分钟以内预知癫痫发作到来,通过在植入的药泵中及时释放药物,成功制止癫痫发作。德国慕尼黑 Max Plank 生物化学研究所将蜗牛神经细胞置于一个硅芯片上,并使用微型塑料桩将它们围在特定位置,使邻近细胞彼此之间以及与芯片之间形成连接。神经细胞受刺激后会产生电冲动,作用于芯片上的电冲动从一个神经细胞传到另一个,再传回到芯片。这种生物芯片相当于在脊髓受损部分建立起连接"桥梁"。美国得克萨斯大学开发出一种大约 25 美分硬币大小的传感器,如图 10.4 所示,它是一款非入侵性可穿戴电化学生物传感器,能够从糖尿病患者的汗水中测算出葡萄糖水平,此外,这款传感器还印证了汗液化学成分随外界环境发生改变的事实,比如 pH 值会发生改变,而运动或压力也能导致皮质醇和乳酸化合物发生变化。

图 10.4 葡萄糖监测传感器

酶电极传感器广泛应用于食品工业中,如对食品原料、半成品和成品的质量检测,发酵生产的在线监测等。利用氨基酸氧化酶传感器可测定各种氨基酸(包括谷氨酸、L-天冬氨酸、L-精氨酸等十几种氨基酸)。食品添加剂的种类很多,如甜味剂、酸味剂、抗氧化剂等,生物传感器用于食品添加剂的分析已有许多报道。鲜度是评价食品品质的重要指标之一,以黄嘌呤氧化酶为生物敏感材料,结合过氧化氢电极,通过测定鱼在降解过程中产生的一磷酸肌苷、肌苷和次黄嘌呤的浓度,可以评价鱼的鲜度。

酶电极传感器也应用于农药和抗生素残留量的分析。随着科学技术的进步,不断有新的农药和抗生素用于农牧业,它们在给人类带来富足的同时,也带来了对健康的危害。因此,对农药和抗生素残留量的测定得到充分重视。采用乙酰胆碱酯酶和丁酰胆碱酯酶为敏感材料,制作离子敏场效应晶体管酶传感器,可用于蔬菜等样品中有机农药 DDVP 和伏杀磷等的测定,检测限为 $10^{-5} \sim 10^7$ mol/L。

2）微生物传感器

微生物细胞包含极为丰富的酶源，细胞膜本身又是良好的酶活动载体，因此，利用微生物细胞作为分子识别元件有其独特的优势。这种微生物传感器的电极识别部分为固定化微生物，即将活的微生物直接包埋在固相膜上，并将其密封在电极上。用于这种微生物传感器的电极有 O_2 电极、CO_2 电极、NH_3 电极、pH 值电极及晶体管电极等。根据检测原理不同，这类微生物传感器分为两种类别。一种为呼吸活性测定型传感器，由需氧性微生物固定化膜及 O_2 电极组合制成。检测时，将其置于含有有机物的待测标本液中，有机物随即扩散到生物敏感膜上并被微生物摄取，从而使微生物的呼吸活性增加，并被微生物的氧电极测出。另一种为电极活动物质测定型传感器，例如建立在自养菌基础上的 CO_2 传感器，当微生物摄取有机物后产生 CO_2、H_2 及 $HCOOH$ 等电活性物质，通过采用燃料电池型电极测量电活性物质的浓度后，便可计算出标本中有机物质的浓度。

在生物工业生产中利用这种微生物传感器可以测定葡萄糖、醋酸、甲烷、酒精、谷氨酸和头孢菌素等。在环境质量监测方面，通过对生物的化学需氧量测定，评价水质有机物污染和污水的生物处理效率指标。

利用环境中的微生物细胞（如细菌、酵母、真菌等）用作识别元件，这些微生物通常可从活性泥状沉积物、河水、瓦砾和土壤中分离出来。生物传感器在环境监测中应用最多的是水质分析。例如，在河流中放入特制的传感器可进行现场监测。一个典型应用是测定生化需氧量，传统方法需 5 天时间且操作复杂；基于微生物的生化需氧量传感器，只需 15 min 即能测出结果。国内外已研制出许多不同的微生物生化需氧量传感器用于水污染监测。

大气污染是一个全球性的严重问题，微生物传感器也可监测 CO_2、NO_2、NH_3、CH_3 等气体。如监测 NO_2 的生物传感器，利用氧电极和以亚硝酸物作为唯一能源的硝化杆菌，当存在亚硝酸物时，硝化杆菌的呼吸作用增加，氧电极中溶解氧浓度下降，从而测出 NO_2 的含量。这种方法克服了传统的监测分析速度慢、操作复杂、需要昂贵仪器、无法进行现场快速监测和连续在线分析的缺点。

3）免疫传感器

免疫传感器研制于 20 世纪 70 年代，利用抗体与相应抗原间具有特异性识别和结合能力的原理设计而成。免疫传感器不仅能识别生物大分子，而且选择性好，广泛应用于蛋白质、肽类、激素、药物等的测定。当电极上的固定化抗原与待测抗体接近时，在电极表面发生抗原抗体反应，因为抗体是带电荷的蛋白质，故能引起固定化抗原膜的电荷状态发生改变，并产生感应膜电位差，通过对膜电位差的测定，即可测算出标本的抗体量。

因为免疫传感器是以特异的抗原抗体反应为基础，根据所用抗体是否用标记物标记，免疫传感器可分为标记免疫传感器和非标记免疫传感器两类。标记免疫传感器在免疫电极的基础上，用酶标记抗体制成酶标免疫电极，其特点是利用酶的化学放大作用提高电极的灵敏度，可用于超微量抗原的测定。非标记免疫传感器在传感器的表面形成抗原抗体复合物，因而引起物理变化，用电化学装置直接转换成电信号。

通过动态观察抗原、抗体之间结合与解离的平衡关系，可较为准确地测定抗体的亲和力及识别抗原表位，帮助人们了解单克隆抗体特性，有目的地筛选各种具有应用潜力的单克隆抗体，而且较常规方法省时、省力，结果也更为客观可信，在生物医学研究方面已有较广泛的应用。如用生物传感器测定重组人肿瘤坏死因子 a（TNFa）单克隆抗体的抗原识别表位及其亲和常数，基于阵列碳电极修饰纳米金材料而制成的免疫传感器，如图 10.5 所示，可用于检测中东呼吸综合征病毒（MERS-CoV）。

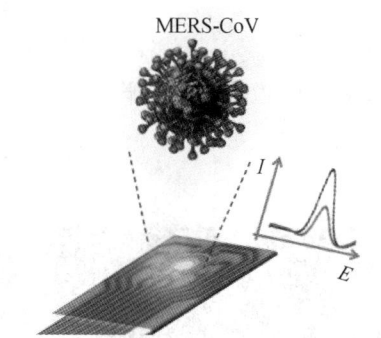

图 10.5 免疫传感器测量 MERS-CoV

4）基因传感器

DNA 基因生物传感器是一种能将目标 DNA 转变为可检测电信号的传感装置。DNA 基因生物传感器由两部分组成：一部分是识别元件，即 DNA 探针，另一部分是换能器。识别元件主要用来感知样品中是否含有待测目标 DNA；换能器则将识别元件感知的信号转换为能够观察记录的信号。基因生物传感器通常是在换能器上固化一条单链 DNA，经过 DNA 分子杂交，对另一条含有互补序列的 DNA 进行识别，构成稳定的双链 DNA，通过声、光、电信号的转换，对目标 DNA 进行检测，如图 10.6 所示。

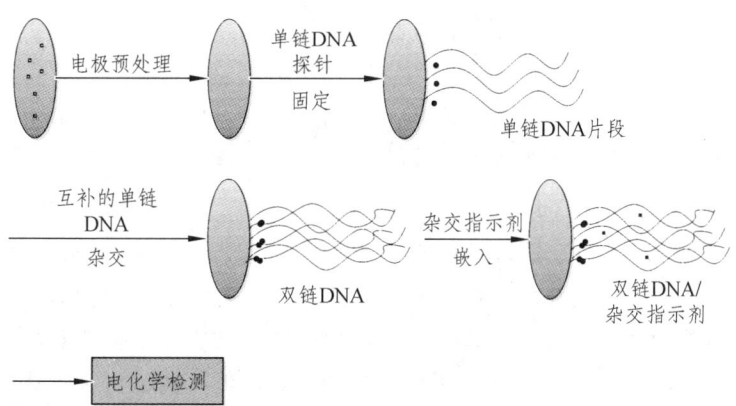

图 10.6 DNA 传感器的工作原理

现代战争往往是在核武器、化学武器、生物武器威胁下进行的战争。侦检、鉴定和监测是医学中的重要环节，是进行有效化学战和生物战防护的前提。由于基因传感器具有高度特异性、灵敏性和快速探测化学和生物战剂（包括病毒、细菌和毒素等）的特性，成为最重要的一类化学战剂和生物战剂侦检器材。美国海军研究出 DNA 探针生物传感器，在海湾沙漠风暴作战中用于检测生物战剂。用生物传感器检测生物战剂、化学战剂具有经济、简便、迅速、灵敏的特点。单克隆抗体的出现及其与微电子学的联系使得发展众多的小型、超敏感生物传感器成为可能。

随着分子生物学的发展,人们逐步意识到除外伤以外,包括传染性疾病、遗传性疾病及恶性肿瘤等疾病都与基因有关,用于基因检测的 DNA 基因传感器越发重要。新的电石墨烯生物传感器芯片被用作生物医学植入物,可以实时读取和检测 DNA 的突变,如图 10.7 所示。又如,乙型肝炎是乙肝病毒(HBV)所引起的一种传播快、潜伏期长、损害广的传染病,采用自组装单分子膜技术制得 DNA 电化学传感器能够取得特异性好、灵敏度高、响应时日短的 DNA 传感器,可以正确、疾速、高质量地检测出受试者体内是否已经感染慢性无症状 HBV 或者已经携带这种病毒。

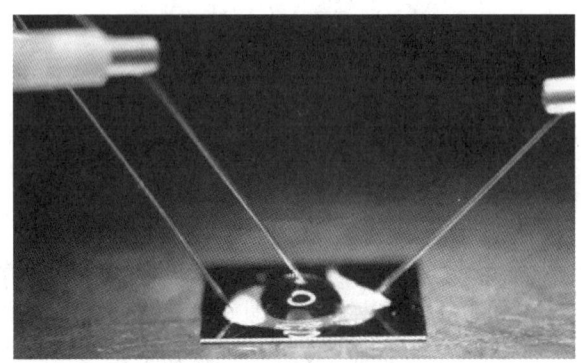

图 10.7　监测 DNA 突变

4. 生物传感器的发展趋势

生物传感器的最大特点是利用生化反应的专一性高选择性地分析目标物。但是,由于生物活性单元具有不稳定性、易变性,生物传感器的实用化还存在一些问题。随着生物传感器在食品、医药、环境和过程监控等方面应用范围的扩大,对生物传感器提出了更高的要求,需要在以下方面提高生物传感器的性能。

① 选择性。主要从两个方面提高生物传感器的选择性:改善生物单元与信号转换器之间的联系,以减少干扰;选择和设计新的活性单元,以增加其对目标分子的亲和力。研究表明,在酶电极中加入介体或对酶进行化学修饰可以提高这类电极的选择性;借助于介体或用于修饰的物质大都具有电子运载能力,一些研究者设想将酶活性中心与换能器之间用分子导线通过自组装技术连接来消除电化学干扰,而介质杂环芳烃的低聚物是研究的热点,它们极有可能成为此设想的突破口。另外,随着计算化学的发展,更精确地模拟、计算生物分子之间的结合作用已经成为可能,在此基础上就可根据目标分子的结构特点设计、筛选出选择性和活性更高的敏感基元。

② 稳定性。为了克服生物单元结构的易变性,增加其稳定性,最常用的手段是采用对生物单元具有稳定作用的介质和固定剂。研究表明,用合适的溶胶-凝胶作为生物单元的固定剂应用于酶光极,可以大大提高生物单元的稳定性。但就目前的技术水平而言,很多生物单元

的稳定性远远不能满足实际应用的需要。这种情况下寻求生物酶模拟技术的帮助是一种值得尝试的途径。

③ 灵敏度。对于一些特定的分析对象已发展了一些能大幅度降低检测限的技术，其中，检测限指在样品中能检出的被测组分的最低浓度。如一种以 DNA 为敏感源的传感器，利用液晶分散技术将 DNA 聚阳离子配合物固定在换能器上，所有能影响 DNA 分子间交联度的化学和物理因素均能被灵敏地捕获。

④ 开发新材料。功能材料是发展传感器技术的重要基础。在材料科学进步的基础上，可以通过控制材料的成分设计制造出各种用于传感器的功能材料。

⑤ 采用新工艺。传感器敏感元件的性能除了由其功能材料决定外，还与加工工艺有关，集成加工技术、微细加工技术、薄膜技术等的引入，有助于制造出性能稳定、可靠性高、体积小、重量轻的敏感元件。

⑥ 研究多功能集成传感器。生物传感器阵列对于复杂体系中多种组分的同时测定提供了直接、简便的解决方法。人们正尝试用干涉、三维高速立体喷墨、光刻、自组装和激光解吸等技术发展多功能集成传感器，在尽可能小的面积上排列尽可能多的传感器。可同时测定血液中 6 种组分的便携式外析仪和可测定 16 种组分的固定式分析仪已经在市场上推出。

⑦ 研究智能式传感器。带微型计算机兼有检测、判断、信息处理等功能的传感器，如一种平板式集成组件，它由 DNA 传感器阵列、特定的基因序列和生物电信号处理芯片三部分构成，完成信号采集、数据分析，并管理复杂基因信息。

⑧ 研究仿生传感器。仿生传感器就是模仿人感觉器官的传感器。目前视觉与触觉传感器解决得较好，其他真正能代替人的感觉器官功能的传感器还有待进一步研制。

⑨ 生物传感器的市场化。1975 年，Yellow Springs 仪器公司首次成功地将葡萄糖酶电极市场化。自此以后，生物传感技术的新进展不断地走向市场化应用。1976 年，Miles 公司将酶电极用于人造胰脏中的血糖监控。之后，VIA 医疗公司又研制成功了半连续导管型血糖测定仪。1990 年，BIAcore 公司将表面等离子共振技术市场化。由于生物传感器具有方便、快捷、选择性高、可用于复杂体系等突出优点，在分析仪器市场中所占的市场份额越来越大。

10.2 微传感器

MEMS（Micro-Electro-Mechanical System），即微机电系统，此处的"微"顾名思义，微机电系统其内部结构一般在微米甚至纳米量级。该系统集微传感器、微执行器、微机械结构、微电源微能源、信号处理和控制电路、高性能电子集成器件、接口、通信等于一体，是一个结构完整、功能独立的智能系统。

1. MEMS 技术理论基础

当前 MEMS 尺寸在微/纳米量级，区别于一般宏观世界，但并非进入物理上的微观层次，因此宏观世界的基本物理规律仍然起作用，但尺寸缩小使器件表面体积比大大增加，这将对多方面造成影响。在动力学方面，表面张力、静电力、黏性力等的作用相对增大，因此与传统器件普遍采用电磁力、惯性力不同，微型系统更普遍用静电力、表面张力作为驱动力；在热力学方面，微系统的热传导和化学反应速度加快；在摩擦学方面，微系统表面间摩擦阻力显著增大。因此，MEMS 的研究涉及微动力学、微流体力学、微热力学、微摩擦学、微光学和微结构学等多个学科，是交叉性非常强的研究领域。

2. MEMS 关键技术

在技术研究方面，传统机械加工技术在宏观上可以忽略的问题，如静电现象、表面边缘卷翘等，会在微纳米层面上对微机械构件造成巨大影响。因此，微机电加工技术很难直接沿袭传统机械系统技术。在微电子技术、微型机械加工技术的基础上，MEMS 技术逐渐发展起来。以下按照 MEMS 器件形成过程对微机械设计、微细加工、微装配与封装等关键技术进行介绍。

1）设计和模拟技术

MEMS 设计采用一种"自上而下"的方法，利用微电子和微机械加工技术将所有的零件、电路和系统在统筹考虑下几乎同时设计和制造出来。微机械设计和模拟主要包括微机构设计、微系统建模与仿真、有限元分析、CAD/CAM、虚拟现实等以计算机为工具的设计方法，其一般设计模拟流程如图 10.8 所示。

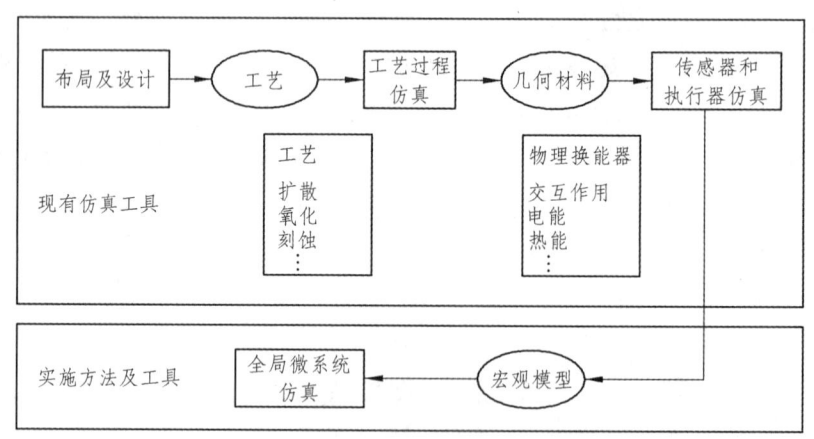

图 10.8 MEMS 器件的设计模拟流程

2）加工制造技术

微机械加工最初是从硅微（电子）加工技术发展起来的，故称之为硅基微机械加工。硅基微机械加工以传统集成电路工艺为基础，利用集成电路工艺技术或化学腐蚀法对硅基材料进行蚀刻加工，以形成复杂结构的微器件。硅基微加工技术主要分为体微加工技术和表面微加工技术，体微机械加工技术主要利用硅深层腐蚀方式，按结构要求沿着一定路径对硅片向内腐蚀从而得到复杂的中空结构。根据腐蚀原理的不同，体微机械加工主要包含湿法腐蚀、干法腐蚀和电化学腐蚀，不同的腐蚀方式又进一步包含各向同性腐蚀技术、各向异性腐蚀技术、多孔硅牺牲层技术等多种相关工艺技术。典型的硅深层腐蚀技术示例截面如图 10.9 所示。

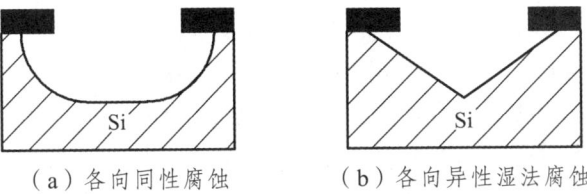

图 10.9 典型硅深层腐蚀技术结构图

与硅基微机械加工技术相对的非硅基微机械加工技术以 LIGA[Lithographie，Galvanoformung，Abformung（光刻、电铸和注塑）]技术为代表。LIGA 技术首先利用同步辐射 X 射线光刻技术光刻出所要求的图形，然后利用电铸方法制作出与光刻胶图形相反的金属模具，再利用微铸塑制备微结构，其基本工艺流程如图 10.10 所示。而准 LIGA 技术是 LIGA 技术经过改进，使用常规的近紫外线光刻代替同步 X 射线。

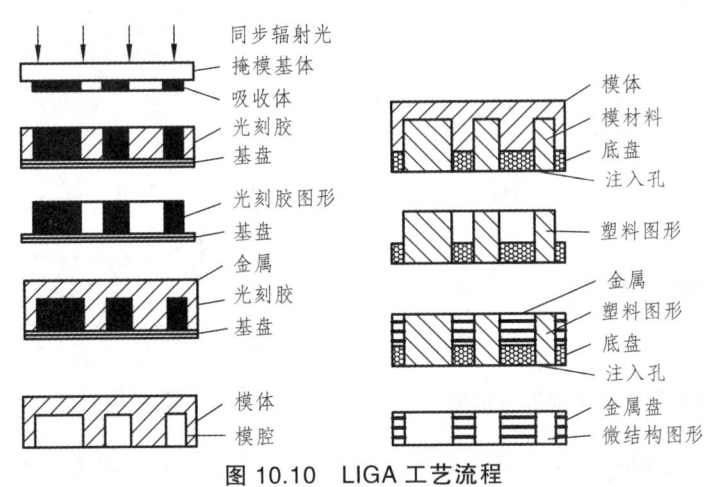

图 10.10 LIGA 工艺流程

超精密机械加工技术与前两种微机械加工方式不同，它是传统机械加工的微型化，这种加工方法就是用大尺寸机器来制造小尺寸机器，逐步递进，最终制造出符合尺寸要求的微型电子机械，这种加工技术适用于在特殊场合的应用，如微型工作台、微型机械手等。

3）封装集成技术

根据封装部件的不同，封装技术分为器件封装技术和晶片封装技术。器件封装旨在实现器件的整体外部封装，包括倒装封装技术、自对准封装技术等。晶片封装技术（晶片键合）旨在实现器件内部晶片之间的封装功能。晶片键合技术主要分为硅片直接键合工艺和中间层键合工艺。硅片直接键合工艺的原理是将两晶片进行原子清洁形成水合表面，这些表面在接触时被两个水合表面的表面吸引所束缚。中间层键合技术在被键合晶片间加入中间层，以促进晶圆键合。根据使用中间层的不同，中间层键合包括阳极键合技术、金属键合技术和聚合物键合技术等。

3. MEMS 的应用

MEMS 的最后一个字母"S"代表系统"System"，MEMS 器件常作为一个小型部件用在复杂系统中。从应用领域来看，MEMS 技术与不同的技术结合，往往便会产生一种新型的 MEMS 器件，因此其应用领域十分广泛。MEMS 技术因其微型化、多样化、集成化、批量化的特点，在生物医学、军事、航空航天、惯性器件产品等众多领域都得到了广泛应用。下面介绍的两种经典结构的微压力传感器和微加速度计，其敏感原理与传统尺寸的压力传感器和加速度计相同，只是在尺寸缩小要求下的器件微型化。

1）悬臂梁式电容 MEMS 加速度计

悬臂梁式电容 MEMS 加速度计的加速度检测部分，由上、下两个固定不动的电极和中间悬臂梁支撑的敏感质量块（动电极）三层结构组成，如图 10.11 所示。进一步进行力学分析，可将其等效为图 10.12 所示的质量-弹簧-阻尼系统，其中 k 为弹簧弹性系数，c 为阻尼系数，x 为敏感质量块的位移，a 为质量块的加速度，d_0 为电容极板标称间距。

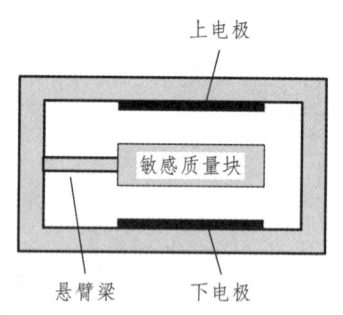

图 10.11 悬臂梁式电容微加速度计的结构

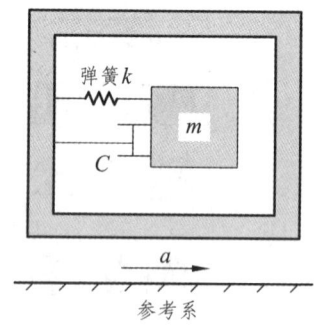

图 10.12 悬臂梁式电容微加速度计的结构模型

由此可得系统的动力学模型方程为（实际应用中，为保证电容量线性变化，通常要求 $x \ll d_0$）

$$m\frac{\mathrm{d}^2 x}{\mathrm{d}t^2} + c\frac{\mathrm{d}x}{\mathrm{d}t} + kx = ma \tag{10.1}$$

对式（10.1）进行零初始条件下的拉氏变换，得到以 a 为输入变量，x 为输出变量的传递函数为

$$\frac{X(s)}{A(s)} = \frac{m}{ms^2 + cs + k} = \frac{1}{s^2 + 2\frac{c}{2\sqrt{km}}\sqrt{\frac{k}{m}}s + \left(\sqrt{\frac{k}{m}}\right)^2} = \frac{1}{s^2 + 2\zeta\omega_0 s + \omega_0^2} \tag{10.2}$$

由式（10.2）等式两边一一对应，传感器无阻尼自振角频率为

$$\omega_0 = \sqrt{\frac{k}{m}} \tag{10.3}$$

传感器阻尼比为

$$\zeta = \frac{c}{2\sqrt{km}} \tag{10.4}$$

由此得出 x 和 a 的关系为

$$x = \frac{ma}{k} = \frac{a}{\omega_0^2} \tag{10.5}$$

从电学角度看，悬臂梁式电容加速度计的上电极与敏感质量块的上表面以及敏感质量块的下表面与下电极，可以等效为一对串联电容，并且在串联结构中敏感质量块的移动能够得到差动电容信号，有助于提高检测敏感度，其等效电路结构如图 10.13 所示。

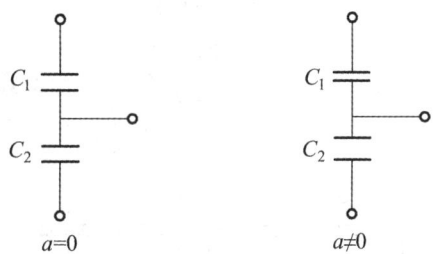

图 10.13 悬臂梁式电容微加速度计的等效电路

如图 10.13 所示，当加速度 $a = 0$ 时，敏感质量块处于两电容正中间平衡位置，两差动电容的电容量相等

$$C_1 = C_2 = C_0 = \frac{\varepsilon A}{d_0} \tag{10.6}$$

式中，ε 为介质介电常数；A 为电容极板间的有效面积。

当加速度 $a \neq 0$ 时，敏感质量块受到惯性力作用产生位移 x，两差动电容的极板间隙发生变化。

$$d_1 = d_0 - x \tag{10.7}$$

$$d_2 = d_0 + x \tag{10.8}$$

电容 C_1、C_2 随着 d_1、d_2 的变化而变化。

$$C_1 = \frac{\varepsilon A}{d_0 - x} = \frac{C_0}{1 - x/d_0} \tag{10.9}$$

$$C_2 = \frac{\varepsilon A}{d_0 + x} = \frac{C_0}{1 + x/d_0} \tag{10.10}$$

对式（10.9）和式（10.10）进行一阶泰勒级数展开，得到总的电容量变化为

$$\Delta C = C_1 - C_2 = \frac{2C_0 x}{d_0} \tag{10.11}$$

代入式（10.5）得电容变化量 ΔC 和加速度 a 的关系为

$$\Delta C = \frac{2C_0 a}{d_0 \omega_0^2} \tag{10.12}$$

目前微加速度计主要应用于安全控制方面，如汽车安全装置中的自动刹车、防抱死系统、安全气囊开启等功能。另外，在探矿测震领域也广泛使用微加速度计来提高地震检波器的性能指标；在医疗机械领域使用微加速度计来检测病人运动情况。随着电子器件朝着便携式方向的发展，微加速度计在各领域的应用前景十分广阔。

2）MEMS 压阻式压力传感器

MEMS 压阻式压力传感器的压力检测部分由四只具有敏感结构的高精密电阻组成，惠斯通电桥实现差动信号输出。多晶硅压敏电阻采用扩散工艺制作在硅膜片上，当被测压力作用在膜片上时，膜片产生形变，引起压敏电阻的阻值变化，电桥失衡，该失衡量与被测压力成比例，从而得到电阻变化率与不同压力的对应关系。其基本结构如图 10.14 所示。

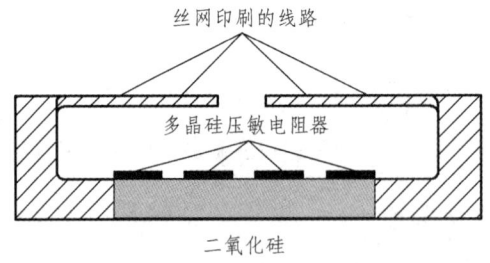

图 10.14 MEMS 压阻式压力传感器的结构

MEMS 压阻式压力传感器利用多晶硅材料的压阻效应，即多晶硅材料电阻值随受到外力的变化而变化，由此驱动惠斯通电桥输出电压信号。MEMS 压阻式压力传感器的传感机理与惠斯通电桥密切相关。

MEMS 压力传感器在汽车工业、生物医疗、能源化工、工业控制等各个领域都有广泛的应用。在汽车工业领域 MEMS 压力传感器主要应用在汽车安全控制方面，涵盖了发动机内燃机压力检测、气囊压力检测、内胎压力检测等；在生物医疗市场，外科手术使用的一次性低成本导管，在连续气道正压通气机中采用 MEMS 压力传感器感测压力与流差；在航空航天领域，MEMS 压力传感器主要用于航天器表面压力、运行速度、航天发动机内部压力等参数的精确测量。

3）新型 MEMS 传感器

（1）微机械陀螺仪

近年来，随着微电子技术、微机械加工技术的发展，许多更适于微机械加工的新型 MEMS 微传感器取得了重大研发成果，微机械陀螺仪就是其中得到广泛应用的一种典型惯性器件。

陀螺仪是一种角运动检测装置。传统的陀螺仪主要是利用角动量守恒原理，检测构件是一个转动的转子，其转轴指向不随承载它的支架的旋转而变化。因为微机械技术难以在硅片衬底上加工出一个可转动结构，所以无法将传统陀螺仪直接进行微型化得到微机械陀螺仪。但随着 MEMS 技术的日益成熟，推动了各种微机械装置和器件的发展，新型原理的微机械陀螺仪也逐渐发展起来。

微机械陀螺仪有多种类型结构和驱动方式，但其工作原理普遍采用振动物体传感角速度的概念，即利用振动来诱导和探测科里奥利力，按照这种原理设计的微机械陀螺仪不需要旋转部件和轴承，更有利于用微机械加工技术实现批量生产。

科里奥利力是在旋转体系中定义的一个虚拟力，只是为了便于理论分析而并不实际存在，为了便于理解，可以将科里奥利力类比离心力，都是惯性作用在非惯性系内的体现。

根据惯性定理，在惯性系中进行直线运动的质点，有沿着原运动方向继续运动的趋势，但相对旋转体系而言，在质点运动过程中，其在参考系中的位置就发生了一定程度的偏离，相对于旋转体系来看其轨迹是一条曲线，如图 10.15 所示。

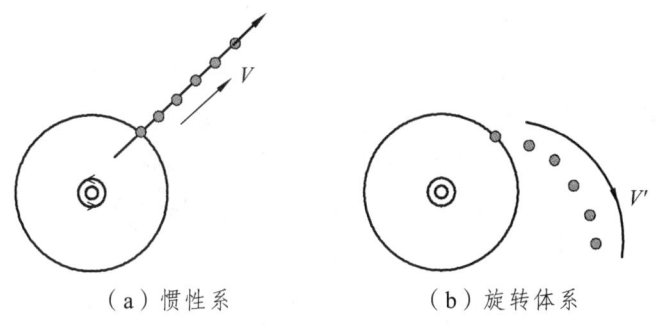

（a）惯性系　　　　　（b）旋转体系

图 10.15　科里奥利力示意图

在旋转体系，认为有一个驱使质点运动轨迹形成曲线的力，这个力就是科里奥利力，其计算公式为

$$F = -2m\omega \times v' \tag{10.13}$$

式中，m 为质点质量；ω 为旋转体系的角速度（矢量）；v' 为质点相对于转动参考系质点的运动速度（矢量）。

将图 10.15 所示的质点模型进一步引申，在一个旋转体系中，如某物体放置在一个旋转台上，有一个沿径向运动的谐振器。该谐振器在径向上往复运动，切向方向上与一个弹性系数为 A 的弹簧连接。由前面的分析可知，此时谐振器的质量块因受到科里奥利力作用而压缩弹簧，不断改变的科里奥利力成为切向方向上的激励源。

MEMS 微机械陀螺仪就可以视作这样一个谐振器。MEMS 陀螺仪通常有两个方向正交的可移动电容板。径向的电容板加震荡电压迫使物体做径向运动，横向的电容板测量由于横向科里奥利运动带来的电容变化。因此，微机械陀螺仪检测部件的内部结构等效为一个两轴正交的质量-弹簧-阻尼系统，如图 10.16 所示。x 轴方向为驱动轴，y 轴方向为敏感轴，z 轴为角速度输入轴。首先需要在陀螺仪的驱动轴上施加一个激励，使器件在驱动轴上产生谐振，若外界条件不变，器件将保持这种驱动模态。一旦有角速度输入系统，在这个旋转体系中将产生科里奥利效应，在科里奥利力的作用下，陀螺仪在敏感轴方向也会产生谐振。振幅与输入角速度大小成正比，相位也与角速度方位有关。后续通过测量在敏感轴方向上的振动情况就可实现对系统角速度的检测。

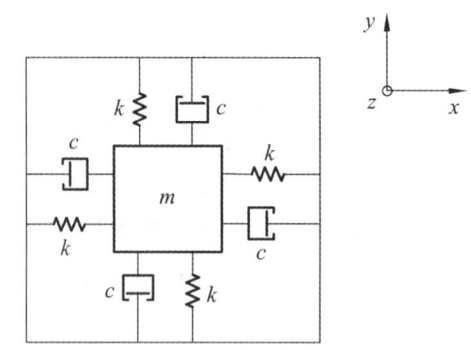

m—中心质量块的质量；k—弹簧弹性系数；c—阻尼系数。

图 10.16　微机械陀螺仪的基本结构

微机械陀螺仪作为一种惯性器件，在汽车制造、便携智能设备等方面得到了广泛应用。在汽车制造领域，微机械陀螺仪用于测量汽车的旋转速度，它与加速度计一起构成高端汽车上的主动控制系统，一旦发现汽车的状态异常，系统在车祸尚未发生时及时纠正这个异常状态以阻止车祸的发生。在便携式智能设备制造领域，微机械陀螺仪由于其微型化、成本低等优点，广泛应用于惯性导航、图像稳定、无线惯性鼠标制造等方面。

（2）电容可变型直线 MEMS 静电马达

传统的电磁马达主要利用电磁原理，即通过通电线圈在磁场中受力转动带动起动机转子旋转，转子上的小齿轮带动发动机飞轮旋转。传统气马达将压缩空气的压力转换为旋转的机械能。但 MEMS 的电子器件由于尺寸变小，表面体积比大大增加，器件表面电磁力、惯性力的作用相对减小，表面张力、静电力、黏性力等的作用相对增大，传统原理的马达效率会大大降低。随着 MEMS 技术深入发展，作为 MEMS 中的关键部件——驱动源，微型马达需要改变传统的驱动方式，静电马达就是一种利用静电为能量源的能量转换装置。

静电马达利用两个极板间电荷分布产生的引力和斥力，把电能转换成机械能。按电荷传递方式的不同，静电马达可分为接触型、电火花型、电晕型、驻极体型等；根据马达旋转速度与施加电压的周期关系，可将静电马达分为同步和异步两种类型；按照运行原理不同，静电马达可分为感应型和变电容型。变电容型静电马达因其结构和原理简单，得到迅速发展并在工业领域实现了大规模生产。

变电容型静电马达依据电容可变原理工作，利用带电极板之间基于静电能的能量变化产生机械位移，这种作用力使两个电极趋于互相接近并达到一个能量最小的稳定位置。马达定子为静止电极，转子（对于直线电机为动子）为移动电极，通过限制转子向定子方向移动的自由度，就可以使转子获得单一方向的位移，其基本结构如图 10.17 所示。

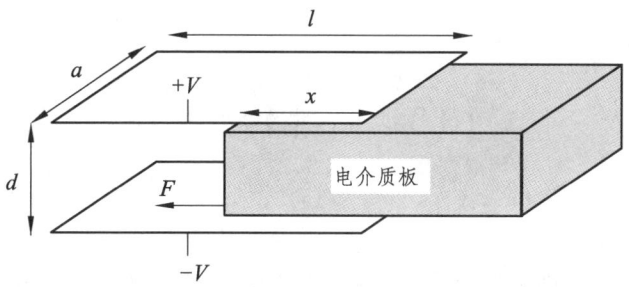

图 10.17 变电容型静电马达的基本结构

对于变电容型静电马达,由于在频率较高时静电马达的介电损耗很小,可近似为平行板电容器,其电容可变原理如图 10.18 所示。

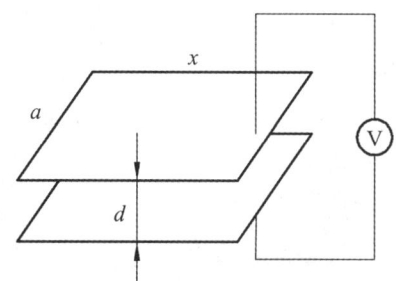

图 10.18 变电容型静电马达的电容可变原理

其中,a 为极板的宽,x 为电容极板运动过程中两电容板的有效长度,d 为两极板间距,两板间是相对介电常数为 ε_r 的绝缘层。

当在两极板间施加电压 V,电容器的储能为

$$W = \frac{1}{2}CV^2 = \frac{\varepsilon_0 S}{2d}V^2 = \frac{\varepsilon_0 ab\varepsilon_r}{2d}V^2 \qquad (10.14)$$

分布在两平行电容板表面的电荷由于相互作用产生静电力,为计算电容极板沿 x 方向的力,可求 W 对 x 方向上的负偏导数,则此时推力 F_x 为

$$F_x = -\frac{\partial W}{\partial x} = -\frac{\varepsilon_0 \varepsilon_r a V^2}{2d} \qquad (10.15)$$

在推力 F_x 的作用下,转子在平行方向上水平移动,电能转化为机械能,驱动马达运转。

静电马达因其具有结构简单、微型化、能耗小等特点,在医疗器械、机器人伺服控制、定位平台等自动化装置及航空航天、军事武器等工业领域具有广泛的应用。当前静电马达的一个重要研究方向为如何获得较大的推力。目前主要有两种方式:一是在结构上可将静电马达制成多层、多元件结构,以获得高的力体积比;二是在驱动条件上通过增大驱动电压使马达获得较大的机械推力。总体而言,静电马达的研究将侧重于新材料和新结构,开发新型的机械加工工艺和方法,探索其在工业中更多的应用。

10.3 智能传感器

传感器在经历了模拟量信息处理和数字量交换这两个阶段后,正朝着智能化、集成一体化、小型化方向发展,利用微处理技术使传感器智能化是新型传感器的一大进展,通常称之为智能传感器(Smart Sensor)。

1. 智能传感器的功能特点

智能传感器是一种带有微处理器,兼有信息检测、信号处理、信息记忆、逻辑思维与判断功能的传感器。其实质是用微处理器形成一个智能化的数据采集处理系统,实现人们需要的功能。其最大的特点是将传感器信息检测的功能与微处理器的信息处理功能有机融合在一起。具体地说,凡是在同一壳体内既有传感元件,又有信号预处理电路和微处理器,就构成了智能传感器。也可以将传感器、微处理器等集成在同一硅片上实现集成一体化的智能传感器。

图 10.19 所示为一种智能压力传感器的结构。

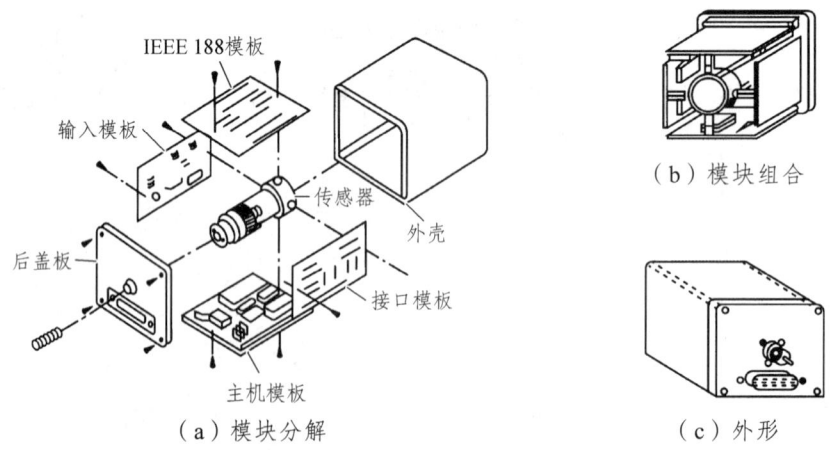

图 10.19 智能压力传感器的结构

1) 智能传感器的基本功能

智能传感器与传统传感器相比,不仅在物理层次上进行分析设计,而且更重要的是有数据处理或软件算法,使传感器增加了以下新功能:

① 自补偿功能。例如,非线性、温度误差、响应时间、噪声、交叉耦合干扰以及时漂补偿等。

② 自诊断功能。例如,在接通电源时进行自检,在工作中实现运行检查及诊断测定,以确定哪一组件有故障等。由于智能化传感器具有自补偿能力和自诊断能力,所以传感器的精度、稳定性、重复性和可靠性都得到提高。

③ 信息存储和记忆功能。例如，可以存储传感器工作的日期、时间、空间位置坐标、校正数据等。

④ 数字量的输出或总线式输出功能。

⑤ 双向通信功能。微处理器和传感器之间具有双向通信功能，构成闭环工作模式，这是智能传感器的标志之一。在网络化分布式测控系统中，可远程对传感器实施量程以及组合状态控制，使其成为一个受控的灵巧检测节点，而传感器又可通过网络节点把信息反馈给测控中心。

2）智能传感器的特点

（1）精度高

智能传感器有多项功能来保证它的高精度，例如：通过自动校零去除零点误差；与标准参考基准实时对比以自动进行整体系统标定；自动进行系统误差校正；通过对采集的大量数据进行统计处理以消除随机误差的影响等，从而保证了智能传感器的高精度。

（2）高可靠性与高稳定性

智能传感器能自动补偿因工作条件与环境参数发生变化后引起的系统特性的漂移，例如：温度变化而产生的零点和灵敏度的漂移；在被测参数变化后能自动调整量程；能实时进行系统的自检验，分析和判断所采集到数据的合理性，并给出异常情况的应急处理（报警或故障提示）。

（3）高信噪比与高分辨率

由于智能传感器具有数据存储、记忆与信息处理功能，通过软件数字滤波和相关分析等处理，可去除输入数据中的噪声，将有用信号提取出来；通过数据融合和神经网络技术，可消除多参数状态下交叉灵敏度的影响，从而保证在多参数状态下对特定参数测量的分辨率，故智能传感器具有高的信噪比与高的分辨率。

（4）自适应性强

智能传感器具有判断、分析与处理功能，能根据系统工作情况决策各部分的供电情况以及与上位计算机的数据传送速率，使系统工作在最优低功耗状态并优化传送速率。

（5）性价比高

智能传感器所通过与微处理器结合，采用集成电路工艺以及强大的软件来实现高性能，具有很高的性价比。智能化设计是传感器传统设计中的一次革命，是传感器的发展趋势。世界各国正在利用智能技术研究开发各种类型的智能传感器。

2. 智能传感器的基本结构及实现的技术途径

1）智能传感器的基本结构

智能传感器的结构多样，主要包括如图 10.20 所示的几个部分。

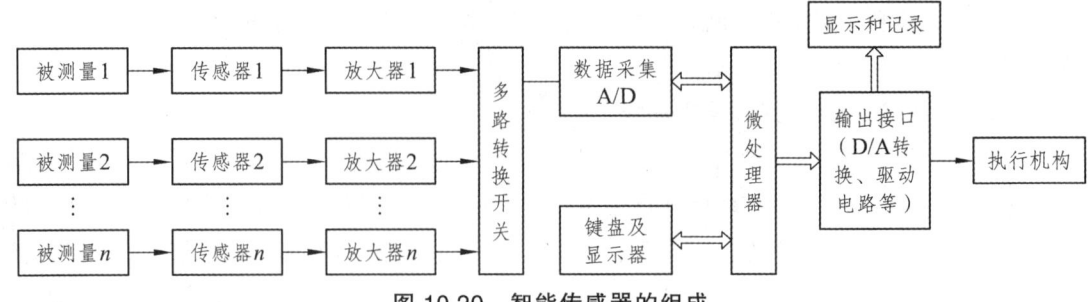

图 10.20 智能传感器的组成

其中,微处理器部分是智能传感器的核心部分;A/D 部分主要决定智能传感器的精度;传感器测量及信号调理部分主要包括信号的放大、滤波、电平转换等;其他辅助部分,如键盘、显示电路等。

2) 智能传感器实现的技术途径

(1) 非集成化实现

具有非集成化结构的智能传感器是将传统的传感器(采用非集成化工艺制作的传感器,仅具有获取信号的功能)、信号调理电路以及带数字总线接口的处理器组合为整体而构成的一种智能传感器。非集成化智能传感器的结构框图如图 10.21 所示,信号调理电路用来调理传感器的输出信号,即将传感器的输出信号进行放大并转换为数字信号后送入微处理器,再由微处理器通过数字总线接口挂接在现场数字总线上。

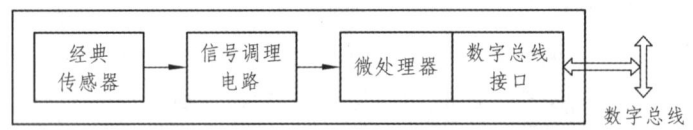

图 10.21 非集成化智能传感器的结构框图

(2) 集成化实现

具有集成化结构的智能传感器系统是采用微细加工技术和大规模集成电路工艺技术,利用硅作为基本材料制成敏感元件、信号调理电路和微处理单元,并把它们集成在一块芯片上而构成的,故可称为集成化智能传感器,其外形如图 10.22 所示。

图 10.22 集成化智能传感器

随着微电子技术的发展,微米、纳米技术的问世和大规模集成电路工艺技术的日臻完善,集成电路器件的密集度越来越高,使用各种数字电路芯片、模拟电路芯片、微处理器芯片、存储器电路芯片使传感器的性价比大幅提升。反过来,这又促进了微细加工技术的发展,形成了与传统传感器制作工艺完全不同的现代传感器技术。

（3）混合实现

将传感器系统各个集成化环节，如敏感单元、信号调理电路、微处理器单元、数字总线接口以不同的组合方式集成在两块或三块芯片上，并制作到一个电路板上，这就是智能传感器的混合实现方式。图10.23所示为智能传感器的混合集成实现结构。

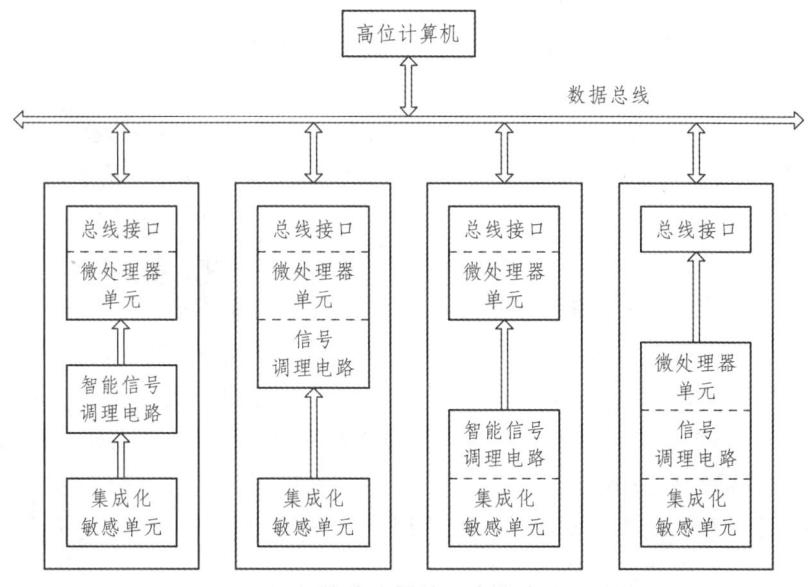

图10.23 智能传感器的混合集成实现结构

集成化敏感单元包括弹性敏感元件及变换器。信号调理电路包括多路开关、放大器、基准、模/数转换器（ADC）等。

微处理器单元包括数字存储器（EEPROM、ROM、RAM）、I/O接口、微处理器、数/模转换器（DAC）等。

3. 智能传感器的应用

智能传感器作为整个物联网的最前端，已广泛应用于航天、航海、国防、工农业、医疗、交通和机器人等各个领域。

① 航空航天领域。为检测制造载人飞船的材料是否达到使用寿命，及时了解航天器舱内设施以及各个关键部件结构的健康状况，在舱身各部位安装传感器和接收器，构成监测网络，提供了一种结构健康监测的实现方法。

② 海洋监测领域。开发海洋资源的前提是海洋信息的实时收集与监测，包括对海水温度、盐度、深度和海况等基本海洋信息的智能采集，成为保证海洋环境监测的基础。

③ 国防军事领域。军事力量是衡量国防实力的关键指标，其武器装备智能化水平对于国防建设具有重要的作用。在武器装备系统中引入智能传感器不仅能够实时监测战场形势变化，从而及时调整侦察和作战计划，而且可以通过应用各类微小传感装置实现隐蔽性监视，为摧毁敌人目标点和攻击武装力量奠定基础。

④ 工业生产领域。智能传感器是支撑智能制造的必备基础。为实现对产品质量指标（如黏度、硬度、表面光洁度、成分、颜色及味道等）快速直接测量并在线控制，智能传感器通过测量与产品质量指标有函数关系的生产过程参数（如温度、压力、流量等），再利用智能算法建立的数学模型推断出产品的质量，这种方法称为模型化测量。

⑤ 智慧农业领域。智慧农业依托安置在农产品种植区的各个传感器节点和通信网络，实时监测温度、湿度、光照、环境气体组分等农业生产的田间智慧种植数据，实现可视化智能监管、智能预警等。

⑥ 生物医学领域。生物医学传感器作为核心部件应用到了众多的检测仪器中，由于关乎人体健康，对医用传感器往往有更高要求，不仅对其精确度、可靠性、抗干扰性，同时在传感器的体积、重量等外部特性上也有特殊的要求，因此传感器在医学中的应用在一定程度上反映了传感器的发展水平。随着可穿戴式、可植入式微型智能传感器逐渐面世，如测量血液流动的微型化压力传感器可以放在注射器针头内送进血管，医学检测仪器的发展有了里程碑式的飞跃。

⑦ 自动驾驶与机器人领域。用于自动驾驶汽车上的常见的传感器有激光雷达、图像传感器、毫米波雷达等。机器人是由计算机控制的复杂机器，它具有类似人的肢体及感官功能，传感器在机器人控制中起了非常重要的作用，传感器智能化水平决定着未来机器人可达到的类似人类的感知功能和反应能力。

【例 10.1】 智能传感器在机器人中的应用。

① 机器人用位置检测传感器。

机器人用位置检测传感器主要由微型限位开关、光电断路器和电磁式接近开关等构成。微型限位开关的实现原理是在移动体上安装一挡块，该物体移至一定位置后，挡块碰上机械开关，引起开关触点的开闭，从而通过控制电路，控制机器人的动作。光电断路器由发光二极管、光电三极管组成，当被测物体移动时，隔断其"光路"，引起光电三极管输出电位的变化。电磁式接近开关利用感应线圈靠近磁性物体，从而产生感应信号控制触点的导通与关闭。

② 机器人用位移检测传感器和角位移检测传感器。

机器人用位移检测传感器主要有直线电位器、可调变压器等。机器人用角位移检测传感器除了有旋转式电位器、旋转式可调变压器外，还有鉴相器、光电式编码器等。鉴相器由互相正交的两个线圈组成定子和转子，它们之间的磁耦合在互为平行时最大，垂直时为零，因而产生的电压信号随转子和定子相对角度变化而变化。

③ 机器人用速度检测传感器。

机器人用速度检测传感器常用的有测速发电机及脉冲发生器两类，它不仅可以测试速度，还可以测试动态响应补偿。测速发电机的输出是与转速成正比的连续信号，而脉冲发生器是一种数字型速度传感器，其结构与光电编码器类似，同时检测输出脉冲数和脉冲频率，以便确定旋转速度。

④ 机器人用加速度检测传感器。

机器人用加速度检测传感器主要有差动变压器型和应变仪型。差动变压器型加速度传感器由弹簧支撑的铁芯和转轴构成。当速度变化时，由于惯性，铁芯产生位移，因为铁芯处于差动变压器中，所以差动变压器线圈中将产生相应的信号，用来检测加速度。应变仪型加速度传感器是由质量块和粘贴有应变片的弹簧片构成，加速度的变化将引起应变片的尺寸产生微小变化，因而可得到所需要的加速度信号。

⑤ 听觉传感器。

听觉传感器是利用语音信息处理技术制成的。若仅要求它对声音产生反应，可选用一个开关量输出形式的听觉传感器。这种传感器比较简单，只需用一个声-电转换器就能实现。但一个高级的机器人不仅能够听懂人的语言指令，而且能讲出人能听懂的语言，前者为语音识别技术，后者为语音合成技术。

⑥ 光电式接近传感器。

光电式接近传感器安装在机器人手或脚上，能够检测机器人手臂或腿部运动路线上的各种物体。

⑦ 嗅觉传感器。

嗅觉传感器仿真人鼻功能，能感受各种气味，用来识别其所在环境中的有害气体，并测定有害气体的含量。常用的嗅觉传感器是半导体气体传感器，它利用半导体气敏元件的物理性质变化，测定特定的气体成分及其含量。

【例 10.2】 智能传感器在物联网中的应用。

① 基于物联网技术的农业环境监测。

在现代农业领域，物联网技术可在监控农作物生长状况、土壤灌溉情况、环境生态因子变化、畜禽水产养殖场环境状况以及农产品安全溯源等方面发挥作用。如图 10.24 所示，通

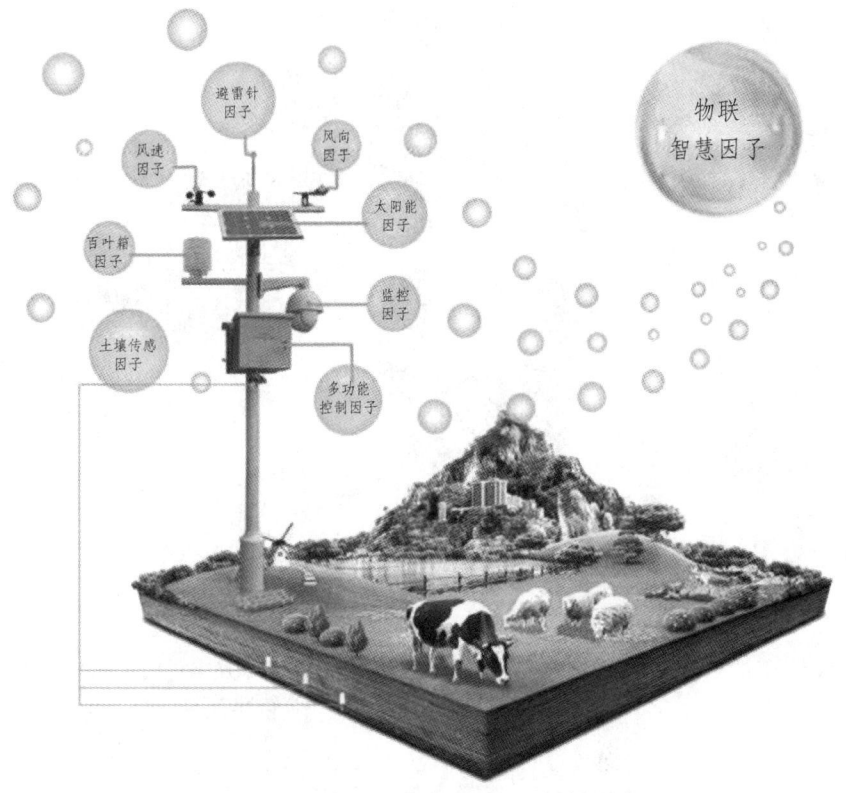

图 10.24 基于物联网技术的农业环境监测站

过收集温度、湿度、养分、风力、大气、降雨、pH等土壤、植物、水体和环境数据信息，进行远程监控和管理。ZigBee技术由于模块的功耗和成本较低，时延较短，组网节点容量较大，在农业信息采集和远程监控中得到了广泛的应用。物联网技术可广泛应用于温室栽培设施的精准化管理，控制系统根据监测到的实时数据将温室内水、肥、气、光、热等植物生长所必需的条件调节到最佳状态，以保证栽培作物的产量和品质。

② 基于物联网技术的节能减排系统。

智能节能系统如图10.25所示，主要由终端控制系统、物联网网关以及家庭内部的家电网络和传感器网络等几部分组成。网络总体上分为家庭外部网络和家庭内部网络两部分，分别对应因特网和ZigBee网络。物联网网关是系统的灵魂和核心控制所在，它一般是一台装载了嵌入式操作系统平台的专用主机，并且外接一个ZigBee短程无线收发模块，以实现对家庭区域网内的各种信息家电和传感器的控制。物联网网关对外可以提供各种远程智能控制接口，操作者可以通过任何一台连接Internet的PC访问Web页面，通过该网关，对家中的终端节点进行数据访问或控制。终端节点单元包括射频收发模块、传感器或受控终端以及两者之间的接口控制模块。射频收发模块作为系统中网络节点的通信接口，负责网络中各节点设备的网络无线连接和无线数据或指令的收发。系统的终端传感或受控单元主要负责电量、温度等各种数据的采集以及对各种家电的控制。这种控制或检测功能需要通过接口控制模块直接操作并完成。

图 10.25 基于物联网技术的智能节能系统

【例 10.3】 自动驾驶中的传感技术。

自动驾驶汽车的自动驾驶系统包括三大模块，即环境感知模块、行为决策模块和运动控制模块。

① 环境感知模块。

环境感知模块主要由传感器和算法两部分组成。目前主流传感器包括激光雷达、毫米波雷达、超声波雷达、单目或多目摄像头、组合导航系统终端等，用于获取车身状态的信息。激光雷达、毫米波雷达、超声波雷达主要用来测距，在理想状态下车辆可以探测到周围所有的障碍物并计算出与障碍物之间的距离；单目或多目摄像头利用计算机视觉技术使自动驾驶汽车能够实时识别交通信号灯、交通标志、车道线、近距离低速障碍物等，同时加上与道路基础设施及云端数据库的通信，实时识别自动驾驶汽车一定范围内的所有物体，包括人员、车辆、建筑区、鸟类、自行车等。除了这些判断路况的传感器外，自动驾驶汽车本身还有车速、加速度、转角度等车况传感器。

② 行为决策模块。

行为决策是指自动驾驶汽车根据路网信息、获取的交通环境信息和自身行驶状态，产生遵守交通规则的驾驶决策的过程。行为决策模块主要由自动驾驶汽车搭载的计算机和通信设备组成的控制中心完成，它将接收到的多源异构传感器数据进行分析处理，得出控制策略并下达控制指令，且整个过程必须达到实时，所以控制中心必须具备极高性能的实时运算能力，以及实现路径规划、障碍物躲避、加速度控制、姿态控制等多种功能的软件算法。此外，自动驾驶汽车需要不断向云端数据中心上传和接收实时数据，必须具备高速率的无线通信设备。

③ 运动控制模块。

运动控制模块是根据规划的行驶轨迹和速度，以及当前的位置、姿态和速度，产生对油门、刹车、方向盘和变速杆的控制命令。对于传统燃油汽车，其发动机自动控制系统、自动变速箱、电子制动等系统的控制已成熟，车身电子稳定系统、驱动防滑系统、定速巡航系统、自适应巡航系统等也已经广泛使用。对于电动汽车而言，其拥有更高效率的电机、优良的调速性能、宽泛的调速区间，这些特性决定了电动汽车更容易实现自动驾驶，也将成为未来自动驾驶的主力。

【例 10.4】 可穿戴技术中的传感器。

可穿戴无线传感器网络，一般由穿戴在人体上的可穿戴设备或医疗器械（见图 10.26），

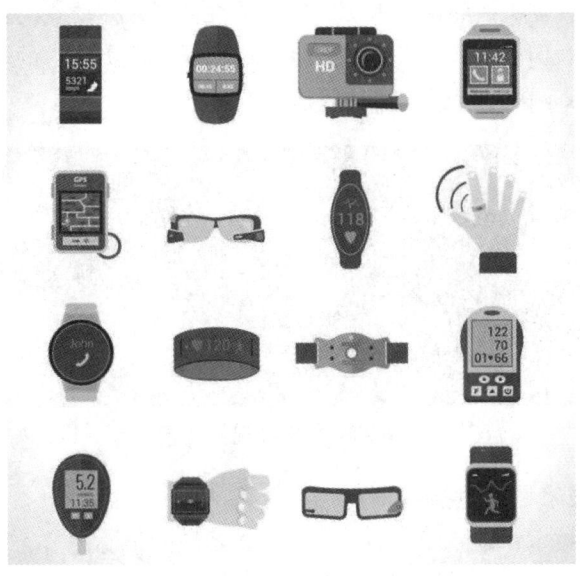

图 10.26　可穿戴设备中的传感器

以及普通传感器节点、汇聚节点和远程控制节点组成。可穿戴设备与医疗器械等分布式地构成自组织网络，普通的传感器节点通过对人体的各项重要指标进行数据收集，并将处理后的信息发送给汇聚节点，作为可穿戴无线传感器网络的核心，汇聚节点一般具有较强的处理能力、存储能力和通信能力，因此对能量的需求也很大。汇聚节点将来自各传感器节点的信息进行处理后发送给远程控制节点，远程控制节点对整个可穿戴无线传感器网络进行控制和管理操作，同时会对传感器节点下达监测任务和数据收集等指令。各个节点互相通信、协调工作，才能保证可穿戴无线传感器网络整体能够稳定工作，满足人们的应用需求。

目前，可穿戴无线传感器设备的应用领域日趋广泛，在人们运动健身过程中，通过佩戴手环等可穿戴设备，可以实时了解自身的身体状况（心率、血压、血糖等），防止因运动过度产生的一些不良影响。同时可以将自身的体能信息发送给亲人或医院，在受到意外伤害时可以得到及时的救助。在医疗领域，可穿戴传感器的摆放位置已经覆盖了身体的各个部位，穿戴方便简单，便于收集人体血压、血氧、体温、心率、心电图、呼吸等临床观察的各种体征信息，具有低负荷、可移动操作、使用简便、支持无线数据传输等特点，对疾病诊疗起着关键作用。在军事方面，为每一名士兵佩戴可穿戴设备，检测士兵身体状况的同时可以准确定位到士兵在战场中的位置，这在战争中是至关重要的。不仅如此，士兵也可以将自己所勘察的敌情通过可穿戴无线传感器设备发送给指挥中心，指挥中心通过每个士兵发送回来的信息可以更好地对战场数据进行评估，制定相应的作战策略。在工业上，给工人们佩戴的可穿戴无线传感器设备可以对工作环境进行检测，一旦发现异常，立刻组织人群疏散和撤离。当发生紧急情况时，可以通过工人们身上佩戴的可穿戴设备准确快速找到受困人员，尽最大努力保护生命财产安全。

【例 10.5】 虚拟现实技术。

虚拟现实（Virtual Reality，VR）技术是一种能够使人以沉浸的方式进入和体验人为创造的虚拟世界的计算机仿真技术，具有沉浸性、交互性、多感知性、构想性、自主性等特点（图10.27）。随着 5G 高速传输、物联网、人工智能、柔性显示、移动式高性能图形计算等技术的出现，为 VR 技术进入商用奠定了基础。目前，基于虚拟现实技术的应用和设备已经开始出现在教育、传媒、娱乐、医疗、遗产保护等诸多领域。

图 10.27 虚拟现实技术

虚拟现实的关键技术主要包括：

① 动态环境建模技术：虚拟环境的建立是 VR 系统的核心内容，目的就是获取实际环境的三维数据，并根据应用的需要建立相应的虚拟环境模型。

② 实时三维图形生成技术：三维图形的生成技术已经较为成熟，那么关键就是"实时"生成。为保证实时，至少保证图形的刷新频率最好高于 30 帧/s。

③ 立体显示和传感器技术：虚拟现实的交互能力依赖于立体显示和传感器技术的发展，现有的力学和触觉传感装置的研究有待进一步深入，虚拟现实设备的跟踪精度和跟踪范围也有待提高。

④ 应用系统开发工具：虚拟现实应用的关键是寻找合适的场合和对象，选择适当的应用对象可以大幅度提高生产效率，减轻劳动强度，提高产品质量。想要达到这一目的，则需要研究虚拟现实的开发工具。

⑤ 系统集成技术：VR 系统中包括大量的感知信息和模型，因此系统集成技术起着至关重要的作用，集成技术包括信息的同步技术、模型的标定技术、数据转换技术、数据管理模型、识别与合成技术等。

在国际上，VR 技术已经逐渐走向成熟，并且向着视觉、听觉、触觉多感官沉浸式体验的方向发展。同时，相应硬件设备也在朝着微型化、移动化发展。随着 VR 设备便携化和小型化，微型传感器的空间定位能力逐渐增强，基于有限空间定位技术的 VR 装置可以迅速将周边的环境虚拟化，相应技术研发和应用的热潮已拉开序幕。轻量级的 Web VR 可以通过网页将虚拟空间应用到整个互联网，这意味着可以以即插即用的方式将更加生动的内容呈现到传播、教育、娱乐领域。另外，图像识别技术、眼球追踪技术、语义与情感识别技术、大数据技术以及信息融合技术，也可能使 VR 技术在智慧城市、智慧工业、数字孪生领域得到更为广泛的应用和推广。

10.4 多传感器系统中的数据融合技术

1. 基本概念及融合原理

数据融合又称作信息融合或多传感器数据融合，对数据融合还很难给出一个统一、全面的定义。但根据国内外研究成果，多传感器数据融合的定义可概括为：充分利用不同时间与空间的多传感器数据资源，采用计算机技术对按时间序列获得的多传感器观测数据，在一定准则下进行分析、综合、支配和使用，获得对被测对象的一致性解释与描述，进而实现相应的决策和估计，使系统获得比它的各组成部分更充分的信息。这里所讲的传感器是广义的，不仅包括物理意义上的各种传感器，也包括与观测环境匹配的各种信息获取系统，甚至人或动物的感知系统。

多传感器数据融合技术的基本原理就像人脑综合处理信息一样，充分利用多个传感器资源，通过对多传感器及其观测信息的合理支配和使用，把多传感器在空间或时间上冗余或互补信息依据某种准则来进行组合，以获得被测对象的一致性解释或描述。具体地说，多传感器数据融合原理如下：

① 多个不同类型的传感器（有源或无源的）收集观测目标的数据。
② 对传感器的输出数据（离散的或连续的时间函数数据、输出矢量、成像数据或一个直接的属性说明）进行特征提取变换，提取代表观测数据的特征矢量。
③ 对特征矢量进行模式识别处理（如聚类算法、自适应神经网络或其他能将特征矢量变换成目标属性判决的统计模式识别法等），完成各传感器关于目标的说明。
④ 将各传感器关于目标的说明数据按同一目标进行分组，即关联。
⑤ 利用融合算法将每一目标各传感器数据进行合成，得到该目标的一致性解释与描述。

2. 多传感器数据融合方法

利用多个传感器所获取的关于对象和环境全面完整的信息，主要体现在融合算法上。因此，多传感器系统的核心问题是选择合适的融合算法。对于多传感器系统来说，信息具有多样性和复杂性，因此，对信息融合方法的基本要求是具有健壮性和并行处理能力。此外，还要考虑方法的运算速度和精度、与前续预处理系统和后续信息识别系统的接口性能、与不同技术和方法的协调能力、对信息样本的要求等。一般情况下，信息融合方法是基于非线性的数学方法，具有容错性、自适应性、联想记忆和并行处理能力。

多传感器数据融合在不少应用领域根据各自的具体应用背景，已经提出了许多成熟并且有效的融合方法。多传感器数据融合的常用方法基本上可概括为随机和人工智能两大类，随机类方法有加权平均法、卡尔曼滤波法、多贝叶斯估计法、Dempster-Shafer（D-S）证据推理、产生式规则等；而人工智能类则有模糊逻辑理论、神经网络、粗集理论、专家系统等。可以预见，神经网络和人工智能等新概念、新技术在多传感器数据融合中将起到越来越重要的作用。

1）随机类方法

（1）加权平均法

信号级融合方法中最简单、最直观的方法是加权平均法，该方法将一组传感器提供的冗余信息进行加权平均，结果作为融合值，该方法是一种直接对数据源进行操作的方法。在每一个数的权重相同的情况下，加权平均值就等于算术平均值；在权重不同时，表示各个传感器对最后评估的贡献或者影响力就不一样。

（2）卡尔曼滤波法

卡尔曼滤波主要用于融合低层次实时动态的多传感器冗余数据。该方法用测量模型的统计特性递推，决定统计意义下的最优融合和数据估计。如果系统具有线性动力学模型，且系统与传感器的误差符合高斯白噪声模型，则卡尔曼滤波将为融合数据提供唯一统计意义下的最优估计。卡尔曼滤波的递推特性使系统处理时不需要大量的数据存储和计算。但是，采用单一的卡尔曼滤波器对多传感器组合系统进行数据统计时，存在一些潜在的问题，例如：在组合信息大量冗余的情况下，计算量将以滤波器维数的三次方剧增，实时性不能满足；同时，传感器子系统的增加使故障随之增加，在某一系统出现故障而没有及时被检测出时，故障会污染整个系统，使可靠性降低。

（3）多贝叶斯估计法

贝叶斯估计为数据融合提供了一种手段，是融合静环境中多传感器高层信息的常用方法。它使传感器信息依据概率原则进行组合，测量不确定性并用条件概率表示，当传感器组的观测坐标一致时，可以直接对传感器的数据进行融合，但大多数情况下，传感器测量数据要以间接方式采用贝叶斯估计进行数据融合。

多贝叶斯估计将每一个传感器作为一个贝叶斯估计，将各个单独物体的关联概率分布合成一个联合的后验的概率分布函数，通过使用联合分布函数的似然函数为最小，提供多传感器信息的最终融合值，融合信息与环境的一个先验模型提供整个环境的一个特征描述。

（4）D-S 证据推理方法

D-S 证据推理是贝叶斯推理的扩充，其三个基本要点是：基本概率赋值函数、信任函数和似然函数。D-S 方法的推理结构是自上而下的，分为 3 级：第 1 级为目标合成，其作用是把来自独立传感器的观测结果合成为一个总的输出结果（ID）；第 2 级为推断，其作用是获得传感器的观测结果并进行推断，将传感器观测结果扩展成目标报告，这种推理的基础是一定的传感器报告以某种可信度在逻辑上会产生可信的某些目标报告；第 3 级为更新，各种传感器一般都存在随机误差，所以，在时间上充分独立地来自同一传感器的一组连续报告比任何单一报告可靠。因此，在推理和多传感器合成之前，要先组合（更新）传感器的观测数据。

（5）产生式规则

产生式规则采用符号表示目标特征和相应传感器信息之间的联系，与每一个规则相联系的置信因子表示它的不确定性程度。当在同一个逻辑推理过程中，两个或多个规则形成一个联合规则时，可以产生融合。应用产生式规则进行融合的主要问题是每个规则的置信因子的定义与系统中其他规则的置信因子相关，如果系统中引入新的传感器，需要加入相应的附加规则。

2）人工智能类方法

（1）模糊逻辑推理

模糊逻辑是多值逻辑，通过指定一个 0 到 1 之间的实数表示真实度，相当于隐含算子的前提，允许将多个传感器信息融合过程中的不确定性直接表示在推理过程中。如果采用某种系统化的方法对融合过程中的不确定性进行推理建模，则可以产生一致性模糊推理。与概率统计方法相比，逻辑推理存在许多优点，它在一定程度上克服了概率论所面临的问题，对信息的表示和处理更加接近人类的思维方式，一般比较适合于在高层次上的决策应用。

模糊集合理论对于数据融合的实际价值在于它外延到模糊逻辑，模糊逻辑是一种多值逻辑，隶属度可视为一个数据真值的不精确表示。在多传感器信息融合过程中，存在的不确定性可以直接用模糊逻辑表示，然后，再使用多值逻辑推理，根据模糊集合理论的各种演算对各种命题进行合并，进而实现数据融合。

（2）人工神经网络法

神经网络具有很强的容错性以及自学习、自组织及自适应能力，能够模拟复杂的非线性映射。神经网络的这些特性和强大的非线性处理能力，恰好满足了多传感器数据融合技术处理的要求。在多传感器系统中，各信息源所提供的环境信息都具有一定程度的不确定性，对这些不确定信息的融合过程实际上是一个不确定性推理过程。神经网络根据当前系统所接受的样本相似性确定分类标准，这种确定方法主要表现在网络的权值分布上，同时，可以采用经标定的学习算法来获取知识，得到不确定性推理机制。利用神经网络的信号处理能力和自动推理功能，即实现了多传感器数据融合。

（3）专家系统方法

专家系统是一种在相关领域中具有专家水平的智能程序系统，它能运用领域专家多年积累的经验与专门知识，模拟人类专家的思维过程，求解需要专家才能解决的困难问题。一般说来，该类系统的优点是具有专家水平的专门知识，能进行有效的推理，具有获取知识的能力，具有灵活性、透明性、交互性和适用性。专家系统发展的趋势是分布协同式专家系统，但需要处理好专家之间的任务分配和交互作用问题。

3. 多传感器数据融合的应用领域

随着多传感器数据融合技术的发展，应用的领域也在不断扩大，多传感器融合技术已成功地应用于众多的研究领域。多传感器数据融合作为一种可消除系统的不确定因素、提供准确的观测结果和综合信息的智能化数据处理技术，已在军事、工业监控、智能检测、机器人、图像分析、目标检测与跟踪、自动目标识别等领域获得普遍关注和应用。

1）军事应用

数据融合技术起源于军事领域，数据融合在军事上应用最早、范围最广，涉及战术和战略上的检测、指挥、控制、通信和情报任务等各个方面。实现目标探测、跟踪和识别的系统包括指挥自动化技术系统、自动识别武器系统、自主式运载制导系统、遥感系统、战场监视和自动威胁识别系统等（如对舰艇、飞机、导弹等的检测、定位、跟踪和识别），以及海洋监视系统、空对空防御系统、地对空防御系统等。海洋监视系统包括对潜艇、鱼雷、水下导弹等目标的检测、跟踪和识别，传感器有雷达、声纳、远红外、综合孔径雷达等。空对空、地对空防御系统主要用来检测、跟踪、识别敌方飞机、导弹和防空武器，传感器包括雷达、ESM（电子支援措施）接收机、远红外敌我识别传感器、光电成像传感器等。目前，各国已研制出了上百种军事数据融合系统，比较典型的有 TCAC 战术指挥控制、BETA 战场利用和目标截获系统、AIDD 炮兵情报数据融合等。在近年发生的几次局部战争中，数据融合技术显示了强大的威力，特别是在海湾战争和科索沃战争中，多国部队的融合系统发挥了重要作用。

2）复杂工业过程控制

复杂工业过程控制是数据融合技术应用的一个重要领域。目前，数据融合技术已在核反应堆和石油平台监视等系统中得到应用。融合的目的是识别引起系统状态超出正常运行范围的故障条件，并据此触发若干报警器。通过时间序列分析、频率分析、小波分析，从各传感器获取的信号模式中提取出特征数据，同时，将所提取的特征数据输入神经网络模式识别器中，神经网络模式识别器进行特征级数据融合，以识别出系统的特征数据，并输入模糊专家系统进行决策级融合；专家系统推理时，从知识库和数据库中取出领域知识规则和参数，与特征数据进行匹配和融合；最后，决策出被测系统的运行状态、设备工作状况和故障等。

3）机器人

多传感器数据融合技术的另一个典型应用领域是机器人。目前，主要应用在移动机器人和遥控操作机器人上，因为这些机器人工作在动态、不确定与非结构化的环境中，如：火星车，这些高度不确定的环境要求机器人具有高度的自治能力和对环境的感知能力，而多传感器数据融合技术正是提高机器人系统感知能力的有效方法。实践证明：采用单个传感器的机器人不具有完整、可靠地感知外部环境的能力；智能机器人应采用多个传感器，并利用这些传感器的冗余和互补的特性来获得机器人外部环境动态变化的、比较完整的信息，并对外部环境变化作出实时响应。目前，机器人学界提出向非结构化环境进军，其核心的关键技术之一就是多传感器系统和数据融合技术。

4）遥　感

多传感器融合在遥感领域中的应用，主要是通过高空间分辨力全色图像和低光谱分辨力图像的融合，得到高空间分辨力和高光谱分辨力的图像，融合多波段和多时段的遥感图像来提高分类的准确性。

5）刑　侦

多传感器数据融合技术在刑侦中的应用，主要是利用红外、微波等传感器设备进行隐匿武器检查、毒品检查等。将人体的各种生物特征，如人脸、指纹、声音、虹膜等，进行适当的融合，大幅度提高对人的身份识别与认证能力，这对提高安全保卫能力是非常重要的。

6）全局监视

监视较大范围内的人和事物的运动和状态，需要运用数据融合技术。例如：根据各种医疗传感器、病历、病史、气候、季节等观测信息，实现对病人的自动监护；从空中和地面传感器监视庄稼生长情况，进行产量预测；根据卫星云图、气流、温度、压力等观测信息，实现天气预报。

7）交通管理系统

数据融合技术可应用于地面车辆的定位、跟踪、导航以及空中交通管制系统。在自动驾驶感知和定位中，传感器数据融合技术成为无人驾驶领域的发展趋势。融合按照实现原理分为硬件层的融合、数据层融合和任务层融合。硬件层融合，如禾赛和Mobileye等传感器厂商，利用传感器的底层数据进行融合。数据层融合则是利用传感器得到的各种后期数据，即每个传感器各自独立生成目标数据，再由主处理器融合这些特征数据来实现感知任务。任务层融合,先由各传感器完成感知或定位任务,如障碍物检测、车道线检测、语义分割和跟踪以及车辆自身定位等,然后添加置信度进行融合。

4. 无人驾驶汽车应用案例

无人驾驶汽车是汽车未来发展的方向,是各种顶尖科技成果集成为一体的智慧型汽车。如图 10.28 所示,无人驾驶汽车的数据融合涉及激光测距雷达、相机、测速雷达、惯性导航器件、GPS/北斗卫星定位与导航、环境感知等。

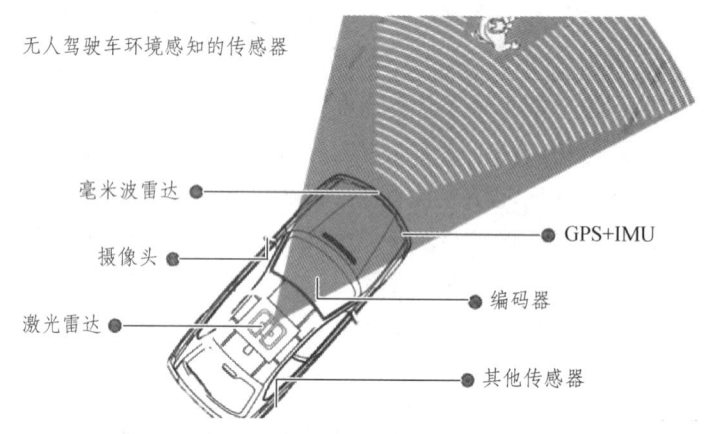

图 10.28 无人驾驶汽车的传感器排布示意图

1)定位与导航模块

美国的 GPS 是目前应用最为广泛的定位系统,技术较为成熟。但目前民用的 GPS 定位精度远达不到无人驾驶汽车的需求,GPS 官方民用定位精度"<<10 m"。虽然我国自主研发的北斗导航系统目前已投入使用,其中很多定位模块都采用了多种模式进行定位,但定位精度尚不能满足无人驾驶汽车的技术需求。

更高精度的定位信息,需要通过激光雷达对周边环境进行三维重构,如图 10.29 所示,将重构的地图与高精度地图信息进行匹配获取高精度定位,在运动过程中通过惯性导航器件、编码器、测速雷达等配合进行车辆的运行速度估计,然后将多种数据进行数据融合达到高精度定位的目标。

图 10.29 激光雷达重构的三维地图

组合导航系统已成为导航系统的主要发展方向之一，目前运用最多的是 GPS/INS 组合导航系统。INS 的主要部件 IMU（包括陀螺、加速度计等）与 GPS 或者北斗定位信号接收机的主要部分构成硬件的一体化组合系统。一般会将定位观测数据与 INS 数据（加速度、车辆的姿态）进行同步，并结合滤波算法进行最优估计，从而实现组合定位与导航。

2）环境感知

从图 10.30 中可以看出，无人驾驶概念车全身布满各种传感器，主要包括超声探测、雷达探测以及机器视觉等对环境进行感知，而车载控制计算机则像人类大脑一样分析处理和决策需要进行的操作。

扫描下图可浏览 AR 资源——无人驾驶概念车环境感知原理。

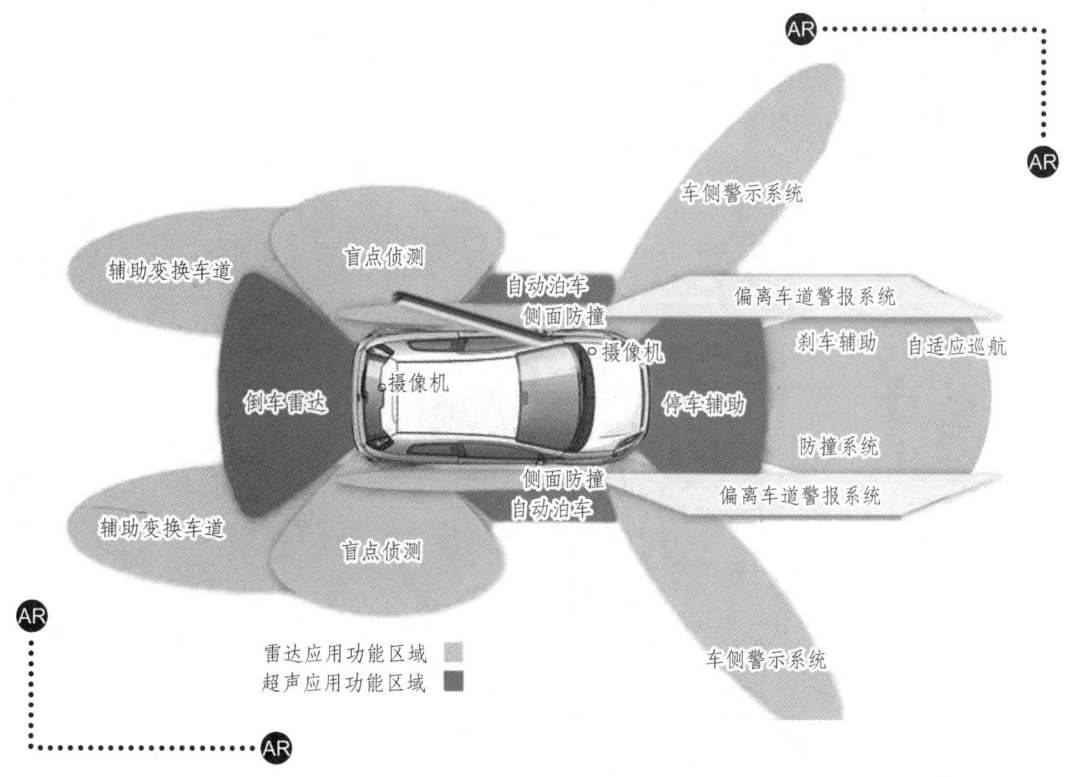

图 10.30　无人驾驶概念车环境感知示意图

对于搭载摄像头、激光雷达、位置传感器和测距雷达几种传感装置的无人驾驶汽车，各传感器的主要作用如下：其中，摄像头用来判断交通信号灯以及任何移动物体的识别；测距雷达用于探测车辆周围的障碍物，一旦有物体接近，车辆将自动减速；位于左右后轮处的位置传感器用来侦测和估算车辆的侧向位置偏移，以判断车辆在地图上的位置；车头两侧的长距雷达可以更早地发现远处的路口；另外，长距雷达监控车辆前后的交通路况；车身四角的四个短距雷达可迅速侦测车辆周围的情况（包括其他车辆）；车前风挡处的摄像机负责识别交通标识，后风挡处的摄像机拍摄街景，通过与导航系统中的地形特点比对和辨别来确定车辆的精确位置。

习题及思考题

1. 为什么分子识别元件是生物传感器中的关键组成部分？它主要包括哪些材料？
2. 与传统的分析方法相比，生物传感器的检测手段有哪些优势？
3. 说明标记免疫传感器和非标记免疫传感器的主要区别和各自特点。
4. 简述 DNA 基因生物传感器的识别元件和换能器的作用和特点。
5. MEMS 微机电系统的技术理论基础主要涉及哪些学科的交叉？
6. 实现 MEMS 微机电系统的关键技术有哪些？
7. 分析微机械陀螺仪利用科里奥利力进行检测的原理。
8. 怎样理解电容可变型直线 MEMS 静电马达基本结构中的电容可变原理？
9. 智能传感器相对于传统传感器的新功能主要有哪些？
10. 实现智能传感器的主要技术途径是什么？
11. 可穿戴设备中所用到的传感器的主要特点有哪些？
12. 简述多传感器数据融合中随机和人工智能两大类方法各自的特点和分类。
13. 如何理解在无人驾驶汽车中多传感器数据融合技术的应用。

第 11 章

实　验

"传感器技术"是一门理论性和实践性都很强的学科,许多理论问题需要通过实验来验证并加深理解。传感器的使用、检测方法及测试装置也只有通过实验才能真正掌握。通过实践环节(基础实验及课程设计),不仅可以巩固所学的理论知识,加深对基本概念的理解,而且可以培养分析问题和解决问题的能力。

本章包括 4 个基础演示实验、4 个半自拟实验和 4 个小组课程设计实验。在团队协作的课程设计实验中,采取了基于 PBL(基于问题/项目的学习)和 TBL(基于团队的学习)的专业课教学模式。

11.1　基础演示实验

实验 1-1　电位器式传感器及对接触线抬升量的测量

在电气化铁路中,接触网导线与受电弓之间的可靠接触,是保证电力机车良好受流的重要条件。在电力机车运行中,其受电弓的抬升力对接触悬挂产生机械作用,使接触线升高,并产生振动。接触线位移抬升量的数值与接触悬挂的结构、弹性以及受电弓在跨距内的位置有关。因此,通过实际测量,获得机车高速运行时接触线典型位置的位移抬升量数值及振动特性,对高速受流稳定性的研究和最佳弓网参数的选择具有重要意义。

1. 实验目的

① 掌握电位器式位移传感器的结构、工作原理及使用方法。
② 分析电位器式位移传感器线性不均匀及产生滞后误差的原因。
③ 了解用电位器式位移传感器测量接触线位移抬升量的方法。

2. 实验原理

1) 电位器式位移传感器

图 11.1 所示为电位器式位移传感器的外形,图 11.2 是其接插头的结构。

电位器式位移传感器的接插头是四芯航空插头，1 端和 3 端是固定端，通过它们输入传感器的工作电压；4 端是空端头；2 端是滑动端，作为传感器信号输出端。其等效端头如图 11.3 所示。

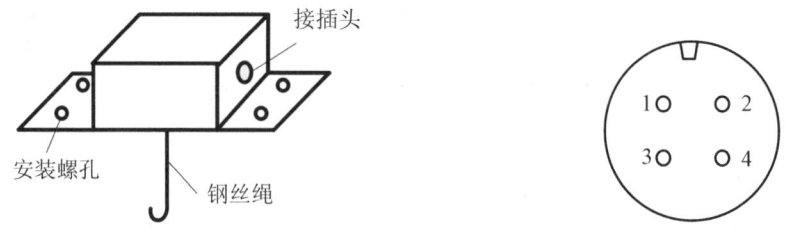

图 11.1　电位器式位移传感器的外形　　图 11.2　电位器式位移传感器的接插头结构

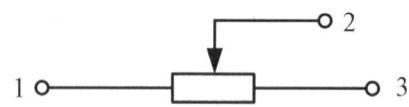

图 11.3　电位器式位移传感器的等效端头

电位器式位移传感器的内部结构如图 11.4 所示，多股细钢丝绕成的钢丝绳绕在内轴上，钢丝绳的一端固定在内轴的 C 点处，另一端接外加位移量，内轴通过联轴器与电位器和簧条片相连。当外力拉伸钢丝绳产生位移时，钢丝绳由其固定点 C 端带动内轴转动，簧条被拉紧，角位移电位器经联轴器产生相应的转动，其阻值发生相应变化。当在电位器两固定端加上电压后，其滑动端就有相应的电压输出，且与外加位移量成比例。当外力撤除后，钢丝绳在簧条片回复力作用下恢复到初始位置。

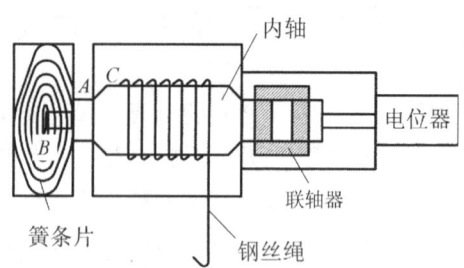

图 11.4　电位器式位移传感器的内部结构

传感器的输出信号电压为

$$U = \frac{a}{a_{max}} U_{max} = \frac{x}{x_{max}} U_{max} \tag{11.1}$$

式中　a ——角位移电位器的旋转角度；

a_{max} ——角位移电位器的最大旋转角度；

x ——传感器钢丝绳的拉伸长度；

x_{max} ——传感器钢丝绳的最大拉伸长度；

U_{max} ——传感器的最大输出电压范围，即满量程输出。若工作电压为 -5 ~ +5 V，一般 $U_{max} = 10$ V。

2)接触线位移抬升量的测量方法

在电气化铁路中,对于通常的接触线,在机车通过时的振动频率都在 60 Hz 以下,因此,这种电位器式位移传感器的响应频率($f_{max} = 100$ Hz)满足测量要求。

实际的接触网结构及传感器的安装位置、固定方法如图 11.5 所示。为测量接触线在 156# ~ 157#支柱(跨距 $L = 50$ m)内典型位置的振动位移抬升量,将电位器式位移传感器分别安装在跨中($L/2 = 25$ m)、1/4 跨($L/4 = 12.5$ m 及 37.5 m)和定位点($L = 0$ m 及 50 m)的位置。

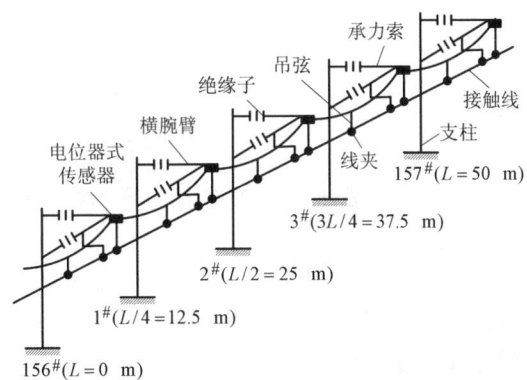

图 11.5 接触网结构以及传感器的安装位置和固定方法

156#和 157#是原有的定位支柱,1#、2#和 3#是为实验增设的支柱。传感器则通过定位支柱和增设支柱的横腕臂固定在接触线的正上方,保证列车通过时,传感器相对地面不振动。传感器的钢丝绳用接触网专用吊弦线夹固定在接触线上,并经调整工作在其线性区域。当列车经过这段接触网时,机车受电弓的抬升力对接触线产生机械作用,使接触线发生振动。安装在跨距内典型位置的电位器式位移传感器,将各点的振动位移情况分别转换为相应的电信号输出。

3)接触网导线模拟实验架

图 11.6 所示为实验设计的接触网模拟实验架,它由支撑杆、模拟承力索、吊悬及模拟接触线等几部分组成。

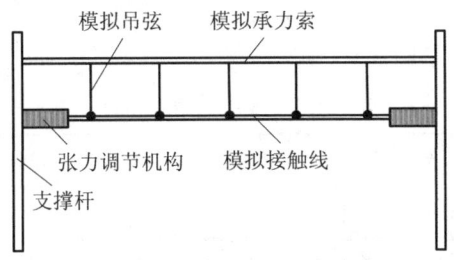

图 11.6 接触网模拟实验架

3. 实验仪器及材料

① 接触网模拟实验架
② 电位器式位移传感器

③ 稳压电源（DH1718-4 型）
④ 万用表（DT9208）
⑤ 示波器（40 MHz）
⑥ 弹簧秤（10 kg 量程）
⑦ 导线若干
⑧ 电烙铁及焊锡等
⑨ 卷尺（精度 1 mm）
⑩ X-Y 记录仪

4. 实验内容及步骤

① 用万用表的欧姆挡测量传感器接插头的各连接端子，根据测量结果判断端子属性，并正确连线（工作电压 – 5 ~ + 5 V）。

② 上下拉伸位移传感器的钢丝绳，用示波器观察输出信号的变化情况。

③ 拉伸传感器的钢丝绳，先逐渐拉伸至最大，再慢慢收缩回至最小，记录拉伸长度和对应的输出电压值，将实验结果填入表 11.1 中。

表 11.1　实验结果（Ⅰ）

拉伸长度/mm	0	20	40	60	80	100	120	140	160	180	200	220	240	260	280	300
输出电压/V																
拉伸长度/mm	300	280	260	240	220	200	180	160	140	120	100	80	60	40	20	0
输出电压/V																

④ 根据实验数据绘出传感器的输入-输出特性曲线，计算其灵敏度，找到传感器的线性中点及线性工作区。

⑤ 在接触网模拟实验架上固定、安装传感器，并根据其线性中点和线性工作区调整钢丝绳的拉伸长度。

⑥ 用弹簧秤向下拉伸和向上抬升模拟接触线，记录拉伸（抬升）力和对应的输出电压，填入表 11.2 中，并绘出其关系曲线。

表 11.2　实验结果（Ⅱ）

拉伸长度/mm	0	20	40	60	80	100	120	140	160	180	200	220	240	260	280	300
输出电压/V																
拉伸长度/mm	300	280	260	240	220	200	180	160	140	120	100	80	60	40	20	0
输出电压/V																

⑦ 用手给导线加载，再突然松开，用 X-Y 记录仪记录下这一过程的输出电压的波形，并说明此波形的含义。

5. 实验报告要求

① 简述电位器式位移传感器的结构和工作原理。
② 根据表 11.1 的数据结果计算传感器的滞后误差,并说明产生滞后误差的原因。
③ 根据表 11.1 的数据结果确定传感器的拟合直线,并说明产生线性不均匀的原因。
④ 比较表 11.2 和表 11.1 的结果,并说明原因。
⑤ 回答实验步骤⑦的问题。

实验 1-2　电阻应变式传感器及电阻应变仪的原理和使用

1. 实验目的

① 掌握电阻应变计的粘贴技术。
② 掌握电阻应变仪的基本工作原理及使用方法。
③ 了解电阻应变计的各种温度补偿方法。
④ 在接触网模拟试验架上,作单臂温度补偿电桥和双臂差动输出电桥的特性曲线。

2. 实验原理

1) 电阻应变计

导电丝材的应变电阻效应为

$$\frac{\Delta R}{R} = K_0 \varepsilon \tag{11.2}$$

式中　K_0——导电丝材的灵敏系数;
　　　ε——材料的轴向线应变,单位为 $\mu\varepsilon$,$1\ \mu\varepsilon = 1 \times 10^{-6}$ mm/mm。

金属丝材的应变电阻效应以结构尺寸变化为主,而半导体材料的应变电阻效应主要基于压阻效应。利用导电丝材的应变电阻效应,制成测量试件表面应变的敏感元件,在较小的尺寸范围内敏感较大的应变输出,即电阻应变计。

应变计的结构类型很多,如丝式、箔式和半导体应变计等,各种应变计的主要组成部分基本相同,如图 11.7 所示。

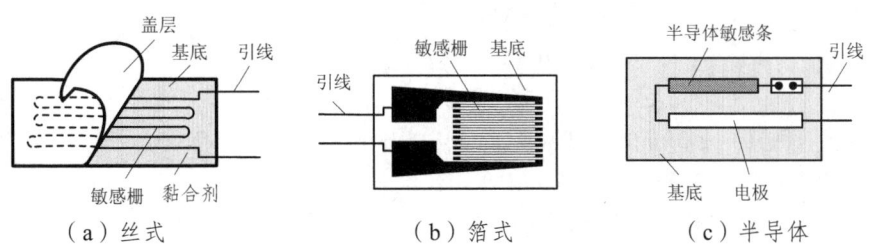

图 11.7　典型应变计的结构及组成

2) 电阻应变仪

电阻应变仪把应变计的 $\Delta R/R$ 变化转换成电压或电流的变化,并能进一步放大、显示。电阻应变仪通常由应变测量电桥、振荡器、放大器、相敏检波器、滤波器、平衡指示器和稳压电源等部分组成。图 11.8 所示为典型的动态电阻应变仪的组成及原理框图。应变计接入应变电桥的工作臂,振荡器的正弦载波信号作应变电桥的电源,应变电桥对应变计的应变信号 $\varepsilon(t)$ 进行调制,输出调制信号 ΔU_1,经放大、相敏检波后得到一对应于应变波形的解调信号 ΔU_3。对于静态测量,ΔU_3 即可直接由指示器显示;对于动态测量,ΔU_3 则由低通滤波器去除残余载波后,送入终端仪器进行显示和记录。

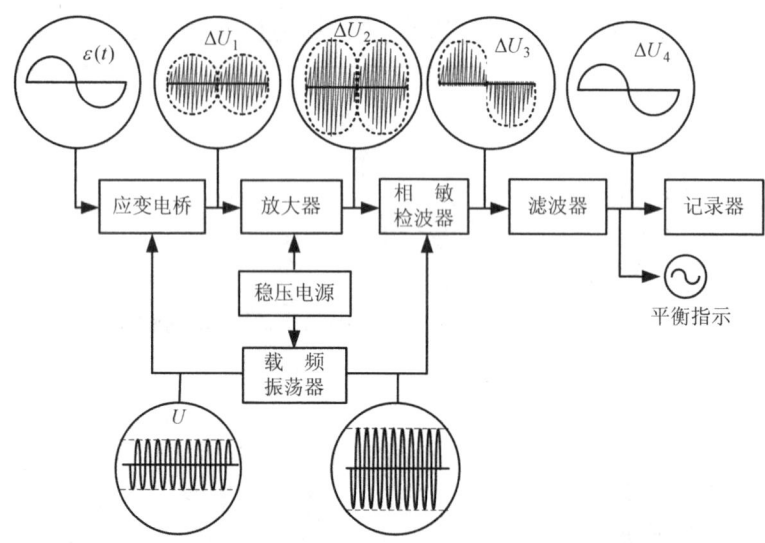

图 11.8 典型电阻应变仪的组成原理

本实验采用的是 YD-21 型动态电阻应变仪,其基本技术指标如下:

① 测量点数:6 通道
② 测量应变量范围:0 ~ ±10 000 με
③ 标定:±50、±100、±200、±500、±1 000 με
   标定误差:≤ ±0.5%,最小为 ±0.5 με
④ 衰减器:1/2、1/5、1/10、0,四挡
   衰减误差:≤ ±0.5%
⑤ 输出灵敏度和线性误差:
   • 电压 0.01 V/με,负载电阻 >10 kΩ
          0 ~ ±2 V,线性误差 0.3%
   • 电流 0.1 mA/με,负载电阻 15 Ω
          0 ~ ±10 mA,线性误差 0.5%
          ±10 ~ ±30 mA,线性误差 2%
⑥ 工作频率:0 ~ 2 kHz (≤0.5 dB)
⑦ 电桥电压:载波频率 10 kHz ± 0.2%
          正弦有效值 3 V

⑧ 电阻平衡范围：±2 500 Ω
⑨ 电容平衡范围：±2 000 pF
⑩ 信噪比：45 dB
⑪ 电阻应变片阻值：
- 全桥　60~600 Ω
- 半桥测量时，标定精度≤0.5%时不需要修正

3）电阻应变计的温度补偿方法

电阻应变计的温度补偿方法有温度自补偿法、桥路补偿法和补偿块法等。

补偿块法采用两个参数相同的应变计 R_1 和 R_2。其中，R_1 贴在被测试件上，接入电桥作工作臂；R_2 贴在与被测试件同材料、同环境温度但不参与机械应变的补偿块上，并接入电桥相邻臂作补偿臂，如图11.9所示。R_3 和 R_4 为平衡电阻。这样，补偿臂产生与工作臂相同的温度热输出，通过求差接桥，起到了补偿作用。

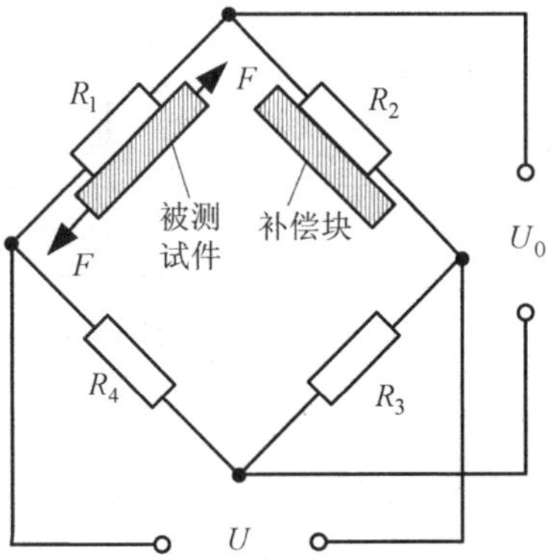

图 11.9　补偿块半桥热补偿应变电桥

3．实验仪器及材料

① 动态电阻应变仪（YD-21型）及桥盒
② 接触网模拟试验架（参见图11.6）
③ 兆欧表
④ 示波器（型号：YB4312）
⑤ 应变片：BFl20-6.35AA（11）
⑥ 万用表（型号：MF-30）
⑦ 502胶、砂纸、丙酮、棉花、套管、绝缘胶布等
⑧ 电烙铁
⑨ 导线

4．实验内容及步骤

1）粘贴应变片

① 用砂纸打磨接触线待测应变表面，并用丙酮擦洗去油。打磨方向应与主轴成45°，以保证牢固粘贴。
② 用502胶粘贴应变计，粘贴时，应变片轴向应与主应变方向平行一致。
③ 用万用表检查有无短路或断路，用兆欧表测量引线与试件间的绝缘电阻，一般应大于200 MΩ，或用万用表电阻最高挡测量时指针基本上无摆动。
④ 焊接导线，在焊接处套上套管，并用绝缘胶布固定。应变计引线脚与被测试件间用绝缘胶布隔离，防止短路。

2）桥路连接

图 11.10 是 YD-21 型动态电阻应变仪桥盒的结构示意图。其中，端子 1 和 5、端子 3 和 7 及端子 4 和 8 之间是短接片，端子 7 和 8 及端子 5 和 8 之间分别是平衡电阻 R_3 和 R_4。

按图 11.11 进行桥盒的桥路连接，应变计 R_1 和 R_2 接入电桥的两相邻臂。连接测量和补偿应变计的导线长度和线径应分别相同，屏蔽层电容尽量要求一致，芯线线径要粗一些，连接时连接端要牢靠，以减小接触电阻。

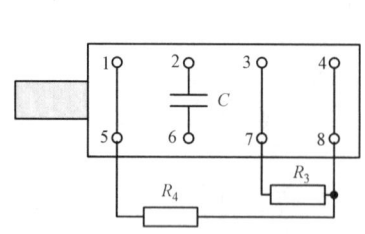 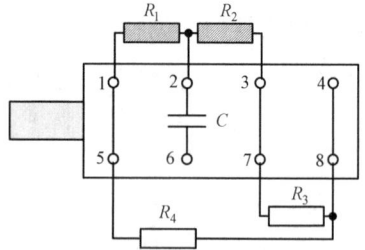

图 11.10　YD-21 型动态电阻变仪桥盒的结构　　图 11.11　YD-21 型动态电阻应变仪桥盒的连接方法

3）YD-21 型动态电阻应变仪的连接

① 将桥盒输出的应变信号经专用的四芯电缆线，接至电阻应变仪背面板的输入插头端，注意插头口的位置应对准确。

② 根据仪器的使用说明熟悉前后面板上各开关、旋钮的使用方法。

4）单臂温度补偿块电桥实验

① 将测量应变计和补偿应变计按要求接入桥盒电路。

② 对电阻应变仪进行测量准备（桥路平衡选择、衰减倍数确定、标定等）。

③ 在接触网模拟试验架上逐步加质量，每加一次在应变仪表头上读一次指示值，然后再逐步减小质量，同样读数，最后根据标定值算出对应的应变量，记入表 11.3 中。

④ 在实验过程中，用示波器从应变仪的信号输出口观察波形的变化情况。

⑤ 用手给导线加载，再突然松开，观察示波器显示波形，说明此波形的含义。

表 11.3　实验结果（Ⅰ）

质量/kg										
表头指示										
应变/$\mu\varepsilon$										

5）双臂差动输出电桥实验

① 将导线上下表面的测量应变计分别接入桥盒电路。

② 对电阻应变仪进行测量准备（桥路平衡选择、衰减倍数确定、标定等）。

③ 重复实验内容（4）的测量过程，将结果记入表 11.4 中。

表 11.4　实验结果（Ⅱ）

质量/kg										
表头指示										
应变/$\mu\varepsilon$										

5. 实验报告要求

① 根据实验记录结果（表 11.3、表 11.4），画出单臂温度补偿电桥和双臂差动输出电桥的输出特性曲线，分别计算其灵敏度并比较。
② 简述应变计的粘贴方法及注意事项。
③ 说明用补偿块进行温度补偿的基本原理。
④ 分析各种可能造成系统测量误差的原因。

实验 1-3　电涡流位移传感器的原理及其静态标定方法

电涡流传感器广泛应用在位移振动监测、金属材质鉴别、无损探伤等技术领域。

1. 实验目的

① 了解电涡流位移传感器的结构和工作原理。
② 了解电涡流位移传感器的静态标定方法。

2. 实验原理

1) 结　构

变间隙式电涡流传感器是最常用的一种电涡流传感器，它由一个扁平线圈固定在框架上构成，如图 11.12 所示。线圈用高强度漆包铜线或银线绕制，用黏结剂粘在框架端部或绕制在框架槽内。线圈框架应采用损耗小、电性能好、热膨胀系数小的材料，常用高频陶瓷、聚酰亚胺、环氧玻璃纤维、氮化硼和聚四氟乙烯等。由于激励频率较高，一般使用专用的高频电缆和插头。

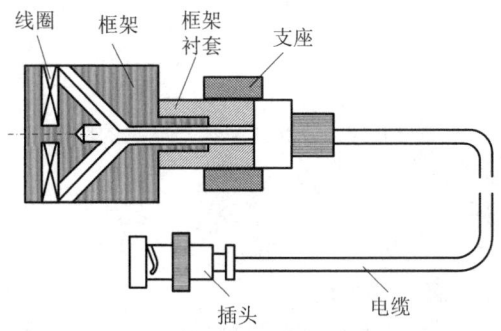

图 11.12　变间隙式电涡流传感器的结构

2) 工作原理

如图 11.13 所示，在传感器线圈中通以高频电流（通常为 2.5 MHz 左右），则在线圈中产

生 $\dot{H}_1$，从而导致线圈的电感量、阻抗和品质因数发生变化，这些参数的变化与导体的几何形状、电导率、线圈的几何参数、电流的频率以及线圈与被测导体间的距离有关。如果控制上述参数的变化，在其他条件不变的情况下，仅是线圈与金属板之间距离的单值函数，从而达到测量位移间隙的目的。

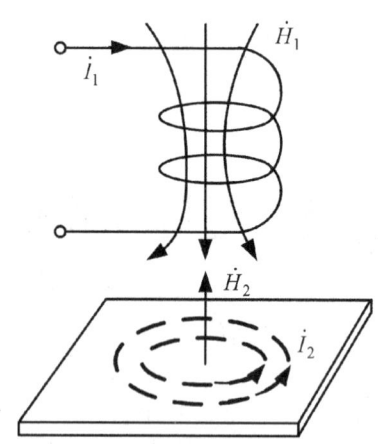

图 11.13　电涡流传感器的基本原理

3）测量电路

图 11.14 是定频调幅谐振电路的原理框图。图中，L 为传感器线圈电感，与电容 C 组成并联谐振回路，晶体振荡器提供高频激励信号。在无被测导体时，LC 并联谐振回路调谐在与晶体振荡器频率一致的谐振状态，这时回路阻抗最大，回路压降最大。当传感器接近被测导体时，损耗功率增大，回路失谐，输出电压相应变小。这样，在一定范围内，输出电压幅值与间隙（位移）呈近似线性关系。输出电压的频率始终恒定，因此称为定频调幅式。

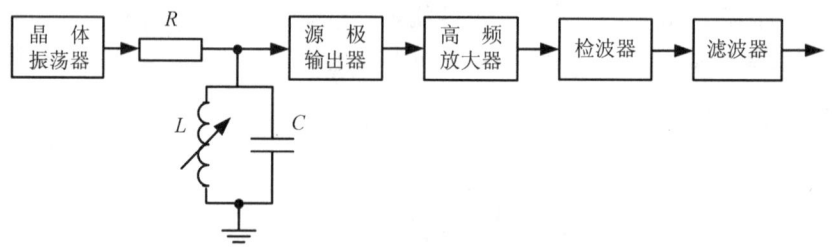

图 11.14　定频调幅谐振电路的原理

3. 实验仪器与材料

① 电涡流位移传感器静态标定系统

电涡流传感器的静态标定系统由静校器、测量电路、高稳定度稳压电源、数字电压表、被测导体及被校传感器组成。如图 11.15 所示，被校传感器固定于静校器上，传感器输出接到测量电路中，测量电路由稳压电源供电，输出电压用数字电压表记录。被测导体与静校器的千分尺连接，旋动千分尺，被测导体和电涡流传感器之间便有相对位移。

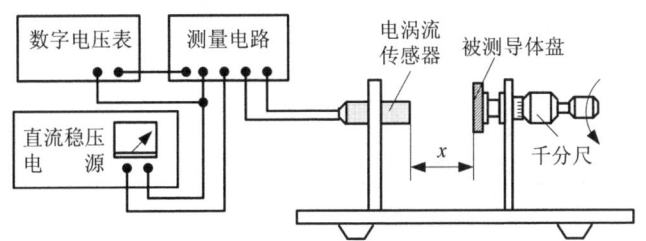

图 11.15　电涡流传感器静态标定系统示意图

② HZ-8500 探头前置器
- 电源：$U_T = -24$ V
- 输出灵敏度：0.8 V/mm（金属板材质 45）
- 测量范围：0~15 mm
- 加长电缆：4 m

③ 85811 型电涡流探头

④ 电涡流传感器测量装置

图 11.16 所示为电涡流传感器测量系统的前面板。

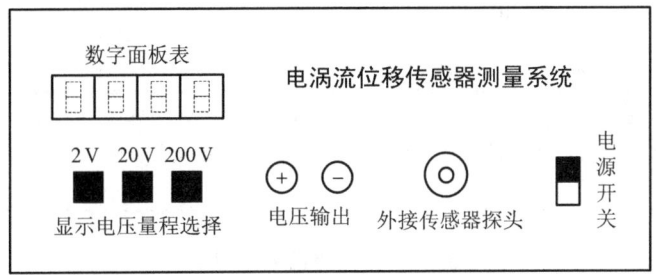

图 11.16　电涡流传感器测量系统前面板

⑤ 高精度数字万用表

4. 实验内容及步骤

① 测量系统输出电压 U（V）和距离 x（mm）之间的关系

被测金属板采用铝质板，测试时，转动微调机构（千分尺），使金属板与传感器端面吻合，即 $x=0$，记下相应的输出信号电压值；然后反转千分尺，记下不同的 x 值时的电压读数，逐一填入表 11.5 中，根据所测得的数据，绘出传感器的 U-x 特性曲线。

表 11.5　实验结果（Ⅰ）

距离 x/mm	0	1	2	3	4	5	6	7	8	9	10
输出电压 U/V											
距离 x/mm	11	12	13	14	15	16	17	18	19	20	21
输出电压 U/V											

② 被测金属板仍采用铝质板，但直径较小，重复实验步骤①的内容，并记录实验结果于表 11.6 中。

表 11.6　实验结果（Ⅱ）

距离 x/mm	0	1	2	3	4	5	6	7	8	9	10
输出电压 U/V											
距离 x/mm	11	12	13	14	15	16	17	18	19	20	21
输出电压 U/V											

③ 选择不同材质的金属板（45#钢板、铜板），直径大小与步骤①相同，重复上述试验过程，记录实验数据，并填入表 11.7 和表 11.8 中。

表 11.7　实验结果（Ⅲ）

距离 x/mm	0	1	2	3	4	5	6	7	8	9	10
输出电压 U/V											
距离 x/mm	11	12	13	14	15	16	17	18	19	20	21
输出电压 U/V											

表 11.8　实验结果（Ⅳ）

距离 x/mm	0	1	2	3	4	5	6	7	8	9	10
输出电压 U/V											
距离 x/mm	11	12	13	14	15	16	17	18	19	20	21
输出电压 U/V											

思考：在传感器与金属板之间加入纸、塑料、油和脂等物，对测量电压输出有无影响？加入金属板后的情况如何？为什么？

5. 实验报告要求

① 简述电涡流传感器的结构及基本工作原理。
② 根据实验结果，给出实验步骤①～③的表格数据，并分别画出其标定的 U-x 特性曲线。
③ 根据 U-x 特性曲线分析被测金属板直径大小对测量灵敏度的影响，以及不同材质的测试对象在使用上有何影响。
④ 根据实验结果，回答实验步骤③后的思考问题。

实验1-4 光纤高低电压隔离信号传输实验

由于电气化铁路接触网具有 27.5 kV 的高电压,要将测量到的传感器信号从高电压侧传递到低电压侧,就必须采取可靠的隔离措施,将高电压侧的检出装置和低电压侧的测量装置分开。其中,隔离(绝缘)变压器方式,由于频率响应低、体积大、安装困难、维修麻烦,不宜采用;而无线电发送、接收方式容易受干扰,特别是在直接测量 27.5 kV 高压接触网信号时,更增加了抗干扰的难度。为此,可采用光纤通信方式的高低电压隔离技术。

准高速铁路接触网动态参数地面测量系统,是将各种传感器安装在接触网上,测量设备固定在测量支柱平台及地面上,当电力机车的受电弓沿接触网运行时,测量接触线典型位置的位移抬高量、应力和冲击加速度参数,以获得接触网在准高速下的振动规律。

1. 实验目的

① 了解光纤高低电压隔离信号传输系统的组成和工作原理。
② 了解电压-频率变换器(VFC)和频率-电压变换器(FVC)的基本原理。
③ 了解光发射机和光接收机的组成及原理。

2. 实验原理

1) 光纤信号传输系统的组成

如图 11.17 所示,高电压部分的传感器测量信号经放大、整形后,进行电压-频率变换,并调制发光二极管 LED 的工作。信号经光纤的发送端到 PIN(光电二极管)接收端,实现信号传输和高低电压隔离,经放大电路和频率-电压变换后,供后续处理及计算。

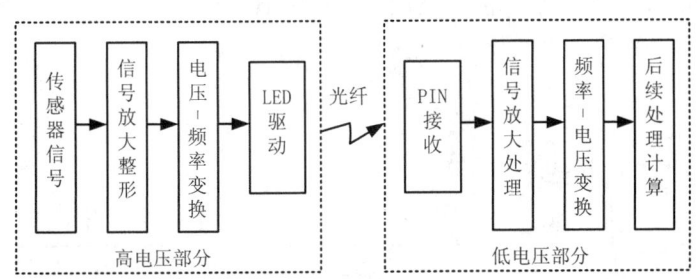

图 11.17 光纤高低电压隔离信号传输系统的组成框图

2) 电压-频率变换电路

电压-频率变换器(VFC)将模拟电压或电流变换为相应的频率脉冲。电路采用精密电荷分配器和标准时基,其输出脉冲频率与输入模拟信号精确成比例,连续跟踪并直接响应于输入信号的电平,如图 11.18 所示。

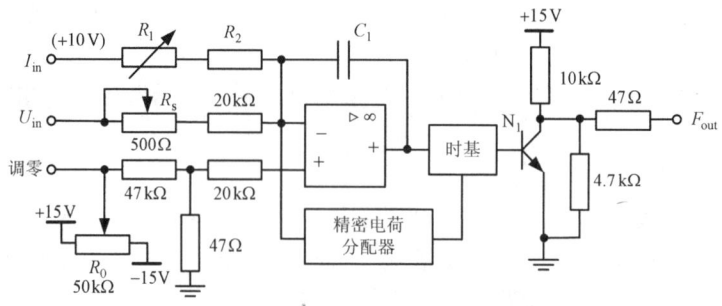

图 11.18 电压-频率变换器方框图

3) 数字信号的 LED 驱动电路

数字信号抗干扰性好,传输质量高,对于光接收机而言,只需判断有无光脉冲,对脉冲信号形状的要求不高,因此,数字信号调制不受 LED 的非线性影响。而且,光纤通信系统有带宽的特点,LED 开关速率高,便于窄光脉冲的产生,使数据准确率提高。图 11.19 (a) 所示为数字信号光源驱动电路,它用晶体管作开关完成对 LED 的调制。

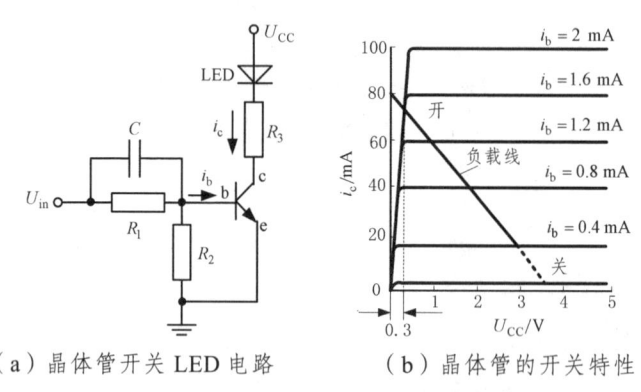

(a) 晶体管开关 LED 电路　　(b) 晶体管的开关特性

图 11.19 数字信号光源驱动电路

当基极电流为零时,i_b 非常小,相当于 LED 被关闭。当基极电流在 1.45 mA 以上时,由图 11.19 (b) 可知,$i_b \approx 72$ mA,并始终保持不变。当信号脉冲高度在一定数值以上且有幅度变化时,电路能保证光脉冲幅度相同。电容 C 用于提高开关速度。

4) 光接收机

图 11.20 所示为光接收机及其放大电路。

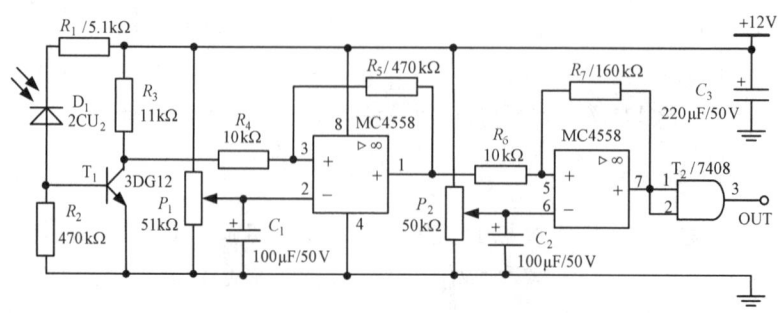

图 11.20 光接收机及其放大电路

5) 频率-电压变换电路

图 11.21 是频率-电压变换器（FVC）电路原理图。U_{ref} 为阈值电压（可调）。为与后续计算机采集部分接口，本电路通过在相加点加偏流和改变内部运放闭环增益，使 FVC 输出电压控制在 $-5 \sim +5\,V$。FVC 的输出级是 RC 低通滤波器，为进一步减少输出纹波，在相加点和输出端之间连接电容 C_F。

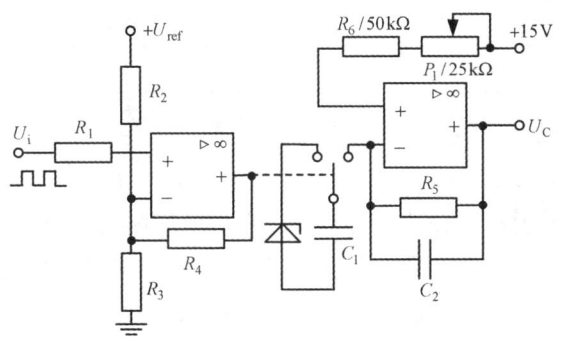

图 11.21　频率-电压变换器（FVC）的电路

3. 实验仪器及材料

① 接触网模拟实验架
② 稳压电源（DHl718-4）
③ 示波器
④ 高精度万用表（DT9208）
⑤ 电位器式位移传感器（参见实验 1）

传感器的线性工件长度为 250 mm，150 mm 处为线性区的中点，并接电位计的中点。电位计为 5 圈线绕结构，阻值为 1 kΩ。

⑥ 信号传输光纤

光纤外形如图 11.22 所示，两端分别为 LED 端和 PIN 端，端口采用 Q9 插头形式。在 LED 端，Q9 插头内置有红外 LED，在发射驱动电路作用下，LED 发出的红外光经光纤端面入射至光纤内，并经光纤传至 PIN 端。PIN 端的 Q9 插头内置有相应的 PIN 光电二极管，将接收到的红外光信号转化为电信号至接收箱内。

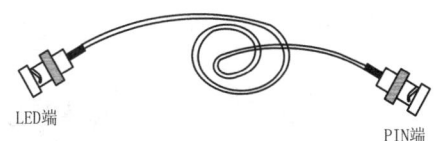

图 11.22　光纤外形及端口

⑦ 光纤高低电压隔离信号传输系统发射箱（XNJD-9705A 型）
⑧ 光纤高低电压隔离信号传输系统接收箱（XNJD-9705B 型）

4. 实验内容及步骤

① 在接触网模拟实验架上固定、安装电位器式位移传感器，用万用表判断传感器连接端口各端子，根据判断结果正确连线。

② 上下拉伸位移传感器的钢丝绳，用示波器观察传感器输出信号的变化情况。

③ 将传感器的钢丝绳逐渐拉伸至最大,再慢慢收缩回至最小,记录拉伸长度和对应的输出电压值,将实验结果填入表 11.9 中。

表 11.9 实验结果(Ⅰ)

拉伸长度/mm	20	40	60	80	100	120	140	160	180	200	220	240
输出电压 U/V												
拉伸长度/mm	240	220	200	180	160	140	120	100	80	60	40	20
输出电压 U/V												

④ 利用光纤高低压隔离信号传输系统,实现高低电压隔离的信号传输。将光纤正确接到发射箱的频率输出口(光纤 LED 端)和接收箱的频率输入口(光纤 PIN 端),位移传感器的输出信号接至高电压侧发射箱的输入信号端子,在低电压侧接收箱测量与接触线的位移抬升量相对应的电压值,并重复实验步骤①的测量过程,记录实验数据,填入表 11.10。

表 11.10 实验结果(Ⅱ)

拉伸长度/mm	20	40	60	80	100	120	140	160	180	200	220	240
输出电压 U/V												
拉伸长度/mm	240	220	200	180	160	140	120	100	80	60	40	20
输出电压 U/V												

5. 实验报告要求

① 根据检测数据表 11.10 和表 11.11 分别给出电位器式位移传感器、光纤高低电压隔离信号传输系统的输入-输出特性曲线。
② 对两条输入-输出曲线分别给出灵敏度及线性工作区,并进行比较。
③ 从传感器的安装方法、电路设计等方面分析系统误差产生的原因。

11.2 半拟实验

实验 2-1 热电式传感器的温度自动控制实验

1. 实验目的

① 掌握热电式传感器(热电阻、热电偶)的结构和基本工作原理。
② 掌握热电式传感器温度自动控制的原理及实现方法。
③ 了解热电式传感器二次仪表(数字式指示调节仪)的功能及使用方法。

2. 实验内容

用热电式传感器（热电阻、热电偶）设计一个电热水器，当热水器内的水温低于 95 ℃ 时，控制电路给出控制信号，使电热水器的电源接通，给水加热，同时红色指示灯亮，表示正在给水加热。当热水器内的水温达到 95 ℃ 时，控制电路自动切断热水器的电源，停止给水加热，使其处于保温状态，同时，红色指示灯熄灭，给出可饮用信号。

温度自动控制系统及电路自行设计完成。

3. 实验原理

1）热电偶的基本工作原理及结构

热电偶工作的物理基础是热电效应，如图 11.23 所示，将两种不同性质的导体 A、B 组成闭合回路，若节点（1）、（2）处于不同的温度（$T \neq T_0$）时，两者之间将产生热电势，在回路中形成一定大小的电流，这种现象称为热电效应。分析表明，热电效应产生的热电势由接触电势和温差电势两部分组成。

如果热电偶两电极的材料相同，虽然两端温度不同，闭合回路的总热电势仍为零，因此，热电偶必须使用两种不同的材料作电极。如果热电偶两电极材料不同，而热电偶两端的温度相同，即 $T = T_0$，闭合回路中也不产生热电势。

普通热电偶的结构如图 11.24 所示，由热电极、绝缘套管、保护套管、接线盒及接线盒盖等部分组成。普通热电偶主要用于测量气体、蒸气和液体等介质的温度，这类热电偶已做成标准形式，可根据测温范围和环境条件来选择合适的热电极材料和保护套管。

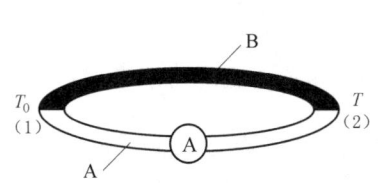

图 11.23 热电效应原理示意图

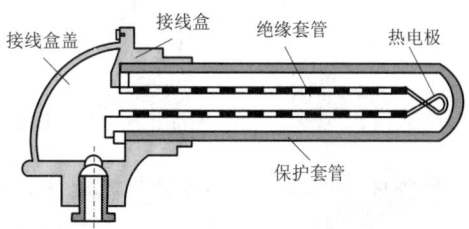

图 11.24 普通热电偶结构示意图

2）热电阻的基本工作原理及结构

热电阻是利用导体的电阻随温度变化而变化的特性测量温度的。因此，要求作为测量用的热电阻材料必须具备这些特点：电阻温度系数要尽可能大和稳定，电阻率高，电阻与温度之间关系最好呈线性，并且在较宽的测量范围内具有稳定的物理和化学性质。目前应用得较多的热电阻材料是铂和铜等。

铂电阻的物理、化学性能在高温和氧化性介质中很稳定，它能用作工业测温元件和作为温度标准。铂电阻与温度的关系：

$$\begin{cases} R_T = R_0(1 + AT + BT^2) & (0\ ℃ \leqslant T \leqslant 630.74\ ℃) \\ R_T = R_0[1 + AT + BT^2 + C(T-100)T^3] & (-190\ ℃ \leqslant T \leqslant 0\ ℃) \end{cases} \quad (11.3)$$

式中　R_T——温度为 T 时的电阻；
　　　R_0——温度为 0 时的电阻；
　　　T——任意温度；
　　　A、B、C——分度系数。

热电阻的结构形式可根据实际使用需要制作成各种形状，通常都是将双线电阻丝绕在用石英、云母、陶瓷和塑料等材料制成的骨架上。图 11.25 是工业用铂热电阻体的结构，主要由铆钉、铂丝、骨架和银导线等部分组成。

图 11.25　工业用铂热电阻体的结构

3) XM 系列数字指示调节仪

XM 系列数字指示调节仪是热电式传感器的专用二次仪表，可直接显示传感器的输出温度值。其原理框图如图 11.26 所示。

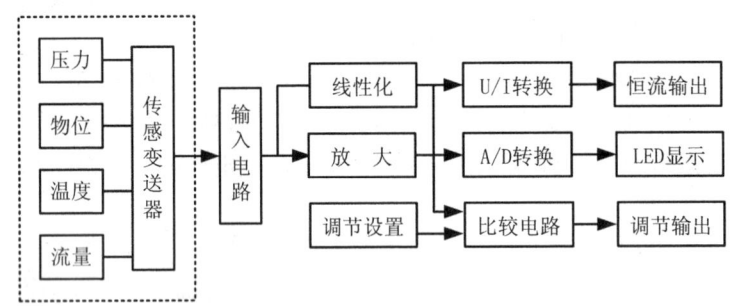

图 11.26　XM 系列数字指示调节仪的原理

被测各种物理量经传感器转换成电压、电阻或电流量输入，经输入电路变换成统一的毫伏信号，送放大器放大，同时进行线性化处理，使被测量与信号呈线性关系。处理后的信号分三路输出：第一路送 A/D 模数转换器，经译码驱动、自动调零、极性显示等电路，直接驱动 LED，用数码管显示被测值；第二路送 U/I 转换器转换和功率放大，恒流输出；第三路则送比较电路与设置值进行比较，通过执行电路以接点信号形式作调节输出。

对热电偶类指示调节仪，其电路输入部分采用桥路形式进行温度补偿和调零，然后进入放大部分。放大电路采用交叉耦合差动跟随式放大电路，具有抗共模能力强、漂移低、失调小等特点。线性补偿由专用补偿板完成，线路简单，提高了长期工作的稳定性和可靠性。

XM 系列数字指示调节仪的主要技术指标如下：

① 使用方式：盘装式

② 指示方式：$3\frac{1}{3}$ LED 数码管显示，最大读数为 1 999

③ 基本误差：±5%F·S ±1（F·S 为显示量程）

④ 分辨力：|200 °C|以下为 0.1 °C，|200 °C|以上为 1 °C
⑤ 最大波动量：小于两个分辨力值
⑥ 零点漂移：1 h 内小于基本误差的 1/5
⑦ 工作电源：220（1 ± 10%）V，50 Hz
⑧ 工作环境：温度 – 10 ~ +50 °C，相对湿度≤90%
⑨ 恒流输出：负载能力 0 ~ 10 mA 为 0 ~ 1.5 kΩ，负载能力 4 ~ 20 mA 为 0 ~ 450 Ω
⑩ 位式控制：设定范围为全量程，控制误差小于 ± 0.5%F·S ± 1 个字，输出节点容量为 220 V/3 A

4. 实验仪器及材料

① 热电偶传感器及 XMT-101 数字指示调节仪
   分度号：E；测温范围：0 ~ 200 °C；准确度：0.5 级
② 热电阻传感器及 XMT-122 数字指示调节仪
   分度号：Pt100；测温范围：0 ~ 200 °C；准确度：0.5 级
③ 水银温度计（0 ~ 300 °C）
④ 万用表（BF-30）
⑤ 电炉及水壶
⑥ 稳压电源（DH1718-4）
⑦ 继电器（控制电压为 DC5 V）
⑧ 电源线
⑨ 导线
⑩ 绝缘胶带
⑪ 剥线钳、改刀、尖嘴钳、剪刀等工具

5. 实验报告要求

给出温度自动控制系统的电连接图。

6. 实验仪器使用说明

1）XMT-101 数字指示调节仪

XMT-101 数字指示调节仪是热电偶类型的二位式调节（上限报警式）指示调节仪，准确度为 0.5 级，分度为 E，量程为 0 ~ 200 °C。该仪器的正面板上有一个数字显示面板表，用于显示温度值，单位为 °C，如图 11.27 所示。

当"H"键按下后，数字面板表显示的是实际测量温度值。而当"H"键弹起时，显示的是预设置的"上限温度"值。这个"上限温度"值可通过面板上的调节旋钮进行调节和设定。

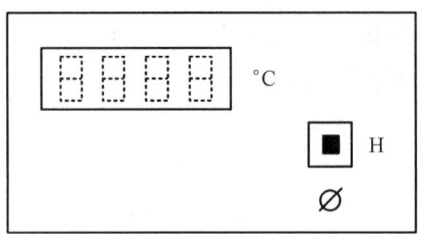

图 11.27　XMT-101 数字指示调节仪的前面板

XMT-101 数字指示调节仪的后面板端子如图 11.28 所示。两个输入端连接热电偶传感器的输出线，"+"和"-"极分别接红色和绿色输出线。电源采用 220 V（50 Hz）的交流电。

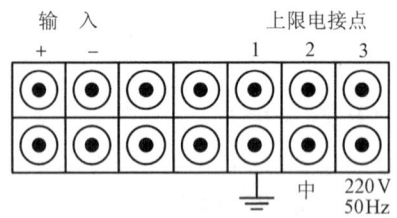

图 11.28　XMT-101 数字指示调节仪的后面板端子

上限电接点 1、2、3 的状态说明：

① 当热电偶实测温度低于"上限温度"时，电接点端子 1、2 开路，处于"断"状态，而端子 1、3 短路，处于"通"状态。

② 当热电偶实测温度达到或高于"上限温度"时，电接点端子 1、2 短路，处于"通"状态，而端子 1、3 开路，处于"断"状态。

2）XMT-122 数字指示调节仪

XMT-122 数字指示调节仪是热电阻类三位宽中间带调节（上、下限报警式）的指示调节仪，其准确度为 0.5 级，分度为 Pt100，量程为 0 ~ 200 ℃。XMT-122 指示调节仪的前面板包括数字显示面板表、"H"键、"L"键及相应的调节旋钮，如图 11.29 所示。

当"H"键和"L"键同时按下，数字面板表显示的是实际测量温度。当"H"键按下，而"L"键弹起时，面板表显示的是"上限温度"值，对应的是仪表后面板"上限电接点"端子。"上限温度"值可通过前面板上相应的调节旋钮进行调节和设置。当"H"键弹起，而"L"键按下，面板表显示的是"下限温度"值，对应的是仪表后面板的"下限电接点"端子。"下限温度"值也可通过前面板上相应的调节旋钮进行调节和设置。当"H"键和"L"键均弹起，此时与"H"键弹起、"L"键按下时的状态相同。

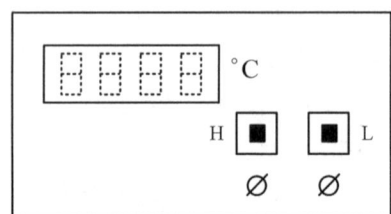

图 11.29　XMT-122 数字指示调节仪的前面板

XMT-122 数字指示调节仪的后面板端子如图 11.30 所示。三个输入端连接热电阻传感器的输出线，A、B、C 端子分别接热电阻的红、黑、黄色输出线。电源采用 220 V（50 Hz）的交流电。

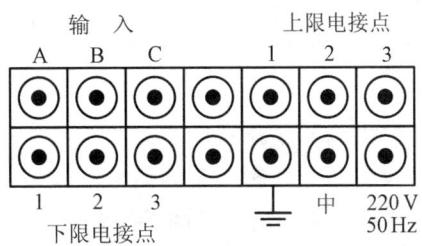

图 11.30　XMT-122 数字指示调节仪的后面板端子

上（下）限电接点 1、2、3 的状态说明：

① 当热电阻实测温度低于"上（下）限温度"时，上（下）限电接点端子 1、2 开路，处于"断"状态，而端子 1、3 短路，处于"通"状态。

② 当热电阻实测温度达到或高于"上（下）限温度"时，上（下）限电接点端子 1、2 短路，处于"通"状态，而端子 1、3 开路，处于"断"状态。

实验 2-2　光电报警实验

光电报警是一种重要的监视系统，其种类多且应用广泛，有对飞机、导弹等军事目标入侵进行报警的系统，也有对机场、重要设施或危禁区域防范进行报警的系统。一般来说，被动报警系统的保密性好，但是设备比较复杂；而主动报警系统可以利用特定的调制编码规律，达到一定的保密效果，设备比较简单。本实验采用的是有特定编码的主动报警系统。

1. 实验目的

① 练习设计简单的光电系统。
② 对影响光电探测性能的各种参数进行探讨，以求最大限度地发挥系统的探测能力。
③ 熟练掌握和运用多谐振荡器、跟随器、有源滤波器及放大等电路。

2. 实验内容

用砷化镓发光管组成发射系统，在发射和接收系统之间有红外光束警戒线，当警戒线被阻断时，接收系统发出报警信号。要求系统在给定器件的条件下作用距离尽可能远。

3. 实验基本原理

本光电系统由几个部分组成，如图 11.31 所示。

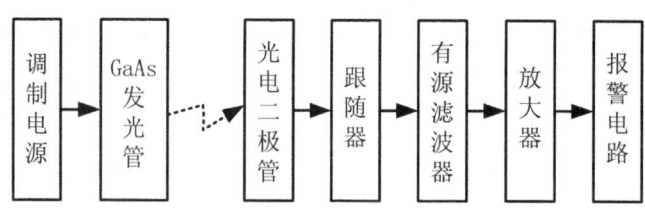

图 11.31　光电报警系统原理方框图

调制电源给 GaAs 发光管提供确定变化规律的调制电压，使发光管发出红外调制光。在一定距离以外用光电二极管接收调制光，转换后的信号经放大、检波后控制报警器。

本实验全部实验电路自拟，对有关的调制电源、有源滤波及报警电路各举一个简单例子，以供参考。

1) 用 NE555 定时器构成多谐振荡器作调制电源

NE555 集成电路的内部结构如图 11.32 所示。若不考虑管脚 5（即不使用 5 时），当管脚 2 外加电压小于 $1/3U_C$（电源电压）时，比较器 Ⅱ 翻转，从而导致 RS 触发器翻转，管脚 3 将输出高电平。同时，晶体管 Q 截止，使 7 脚内部开路。当管脚 6 外加电压高于 $2/3U_C$ 时，比较器 Ⅰ 翻转，导致 RS 触发器翻回，管脚 3 将输出低电平。此时，晶体管 Q 导通，管脚 7 端内部近似接地。若管脚 5 端外加电压，则 NE555 在外加比较电压下工作，比较器 Ⅰ 或 Ⅱ 的翻转阈电平由管脚 5 端外加电压在电阻尺上的压降决定。

由 NE555 构成的多谐振荡器如图 11.33 所示。

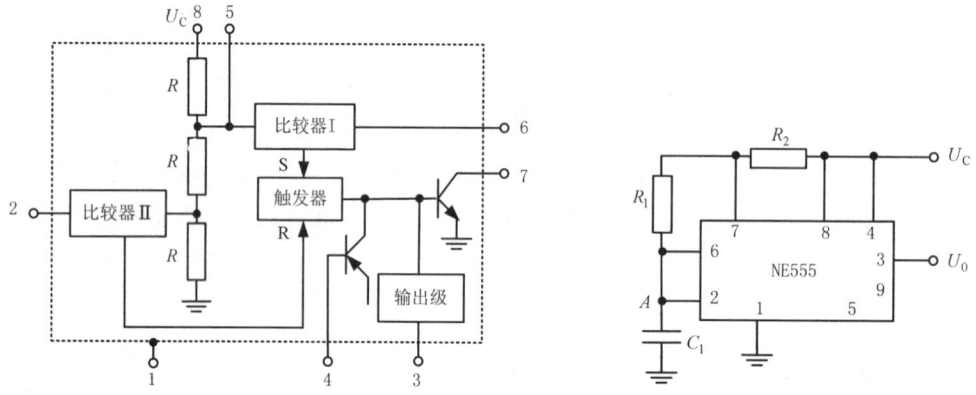

图 11.32　NE555 内部结构原理图　　图 11.33　多谐振荡器原理图（占空比为 0.5）

当 3 脚为高电平（略低于 U_C）时，输出电压将通过 R_1 对 C_1 充电，A 点电压按指数规律上升，时间常数为 R_1C_1。当 A 点电压上升到上限阈值电压（约为 $2U_C/3$）时，定时器输出翻转成低电平（略大于 0 V），这时，A 点电压将随 C_1 放电而按指数规律下降。当 A 点电压下降到下限阈值电压（约为 $U_C/3$）时，定时器输出又变成高电平，调节 R_2 的电阻值可得到严格的方波输出。

参考值：$R_1 = 10$ kΩ，$R_2 = 750$ Ω，C_1 待选，$f \approx 1/(1.7R_1C_1)$。

2) 发光管限流电阻的选取

用 NE555 组成振荡器来驱动发光管时，要注意发光管上要串联一个限流电阻，使输出电

流小于或等于发光管的最大正向电流 I_F。若振荡器输出电压为 U_0，则限流电阻 R 取值为

$$R \geqslant \frac{U_0 - U_F}{I_F} = \frac{U_0 - 1.5}{30} \quad (\Omega) \tag{11.4}$$

如果限流电阻取值低于根据式（11.4）所得数值，或未加限流电阻，则会造成发光管和定时器烧毁。

3）报警用参考电路原理

报警用参考电路如图 11.34 所示。

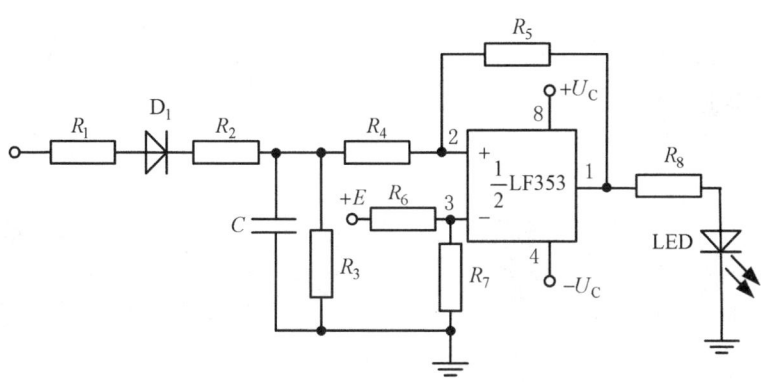

图 11.34 报警用参考电路

用 $\frac{1}{2}$ LF353 构成一个比较放大器。放大器的正端加 2 V 左右偏压，负端加信号电压。当光线未阻断时，从主放大器来的交流信号经二极管检波电路，再经 R_2C 低通滤波器后得到直流电压，使后面的放大器负输入端电位大于（或等于）正输入端电位，则放大器输出电压近似为零，LED 管截止，不发光。当光线被阻断时，信号消失，放大器只有正端加正电压，输出为正电压，LED 指示管导通，发出红（或黄）色光以示报警。电阻 R_3 是 LED 的限流电阻。

4）二阶带通有源滤波器

二阶带通有源滤波器如图 11.35 所示。

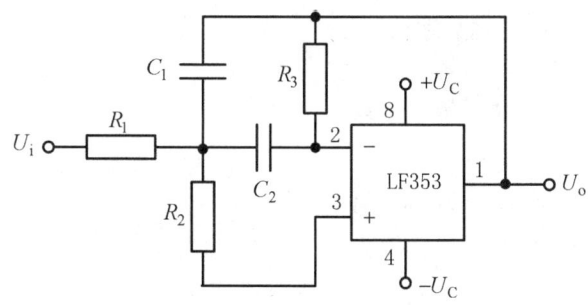

图 11.35 二阶带通有源滤波器

二阶带通有源滤波器的电路参数计算如下：
① 电路在频带中心频率 f_0 处增益：

$$G = \frac{R_3 C_2}{R_1(C_1 + C_2)} \tag{11.5}$$

② 中心频率：

$$f_0 = \frac{1}{2\pi}\left(\frac{\frac{1}{R_1} + \frac{1}{R_2}}{R_3 C_1 C_2}\right)^{\frac{1}{2}} \tag{11.6}$$

③ 电路的品质因数：

$$Q = \frac{\left[R_3\left(\frac{1}{R_1} + \frac{1}{R_2}\right)\right]^{\frac{1}{2}}}{\left(\frac{C_2}{C_1}\right)^{\frac{1}{2}} + \left(\frac{C_1}{C_2}\right)^{\frac{1}{2}}} \tag{11.7}$$

④ 通带宽度：

$$\Delta f = \frac{f_0}{Q} = \frac{\frac{1}{C_1} + \frac{1}{C_2}}{2\pi R_3} \tag{11.8}$$

设 $f_0 = 5$ kHz，$Q = 5$，$G = 10$，利用滤波器归一化公式确定电路参数

$$K = \frac{100}{f_0 C} \tag{11.9}$$

其中，f_0 的单位是赫兹（Hz），C 的单位是微法（μF）。

令 $K = 1$，求出 C，并使 $C_1 = C_2 = C$，再利用式（11.5）~（11.8）计算出电路参数 R_1、R_2、R_3。

4. 实验提供的器件及其参数

1) HG412A 砷化镓发光二极管参数

正向工作最大电流：$I_F = 30$ mA

正向电压：$U_F \leqslant 1.5$ V（$I_F = 30$ mA 时）

发射光功率：1.5 ~ 2 mW

反向耐压：$\geqslant 5$ V

工作截止频率：1 MHz

发光峰值波长：940 nm

发光二极管外形、发光光谱分布曲线、注入电流 I_F 与发光功率 P_F 关系、发光角分布曲线分别如图 11.36（a）~（d）所示。

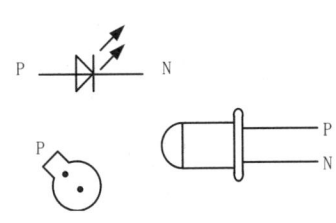

（a）发光二极管外形

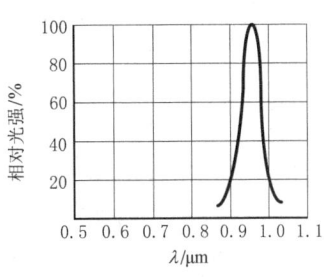

（b）发光光谱分布曲线

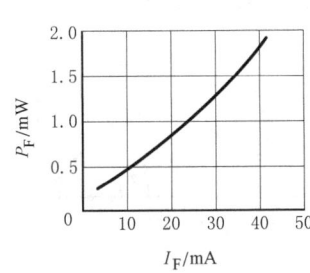

（c）注入电流 I_F 与发光功率 P_F 的关系

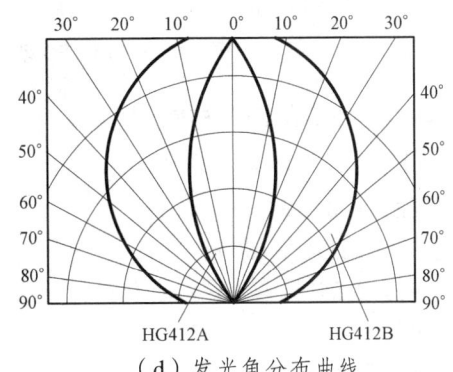

（d）发光角分布曲线

图 11.36　砷化镓发光二极管的参数

2）2CU2D 型光电二极管参数

2CU2D 型光电二极管光谱响应曲线如图 11.37 所示。

最高工作电压：$U_{max} = 30$ V

暗电流：$I_P \leqslant 0.1$ μA

电流响应度：$\geqslant 0.5$ μA/μW（$U = U_{max}$）

结电容：$\leqslant 5$ pF

响应时间：10^{-7} s（$R_L = 100$ Ω）

结构：同 HG412 发光管

颜色：黑色

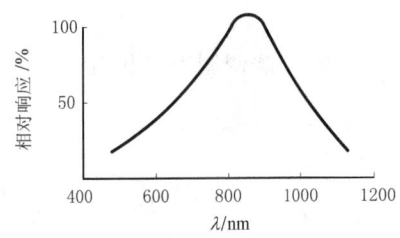

图 11.37　光电二极管（2CU2D）的光谱响应曲线

3）LF353 型双运算放大器参数

电大电源电压：±18 V

电压增益：100 dB

输入阻抗：10^{12} Ω

共模抑制比：100 dB

增益带宽：4 MHz

等效输入噪声电压：$16 \, nV/\sqrt{Hz}$

图 11.38 是 LF353 型运算放大器的管脚图。

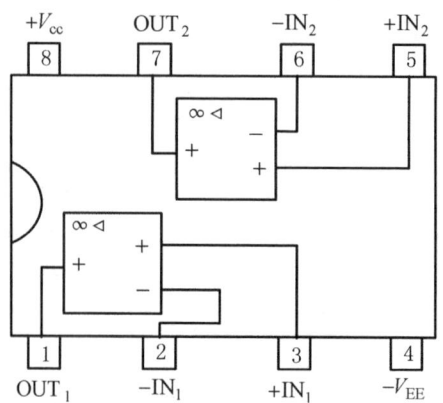

图 11.38　LF353 型运算放大器的管脚图

4) NE555 定时器电路性能参数

电源电压：+5 ~ +15 V
最大功耗：600 mW
开关上升时间：t_r = 100 ns
图 11.39 是 NE555 定时器集成电路的管脚图。

5. 实验报告要求

① 画出所做实验的全部电路图，并注明参数。
② 分析影响作用距离的因素，提出提高作用距离的措施。
③ 光源调制频率和占空比怎样对提高作用距离有利？

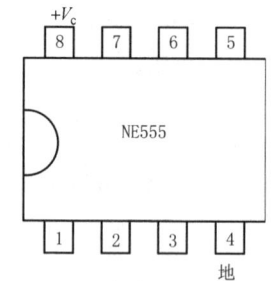

图 11.39　NE555 电路管脚图

实验 2-3　热释电红外传感器探测人体

热释电红外传感器以非接触形式检测人体辐射的红外能量变化，并将其转换成电压信号输出，驱动各种控制电路，如电源开关控制、防盗防火报警、自动检测等。由于红外线是不可见光，具有较强的隐蔽性，所以在探测设备领域有广泛的应用。本实验是以红外探测集成电路为基础，通过对探测器发出的信号来实现对人体的探测功能。

1. 实验目的

根据热释电传感器的工作原理设计人体遥感灯光/门铃装置，要求：当有人在传感器周围 1 m 范围内活动时，灯亮铃响；人离去，灯灭铃停。

① 学习使用 HN911 热释电红外传感器模块搭建电路进行人体探测。
② 掌握 555 定时器用作单稳触发器和三极管控制电路。
③ 选择热释电红外传感器探头，并设计信号放大滤波电路。

2. 实验基本原理

1) 热释电探头

热释电红外传感器属于"被动式"红外传感器。所谓"被动"是指传感器本身不发出任何形式的能量，只是靠接收自然界能量及变化来完成探测。

人体恒定的温度约在 37 ℃，会发出特定波长 10 μm 左右的红外线。被动红外探头探测到人体辐射的红外线，通过菲涅尔滤光片增强后聚集到红外感应源上。红外感应源通常是采用热释电元件，这种元件在接收人体红外辐射温度变化时就会失去电荷平衡，向外释放电荷。热释电红外传感器探头及其内部结构如图 11.40 和图 11.41 所示。

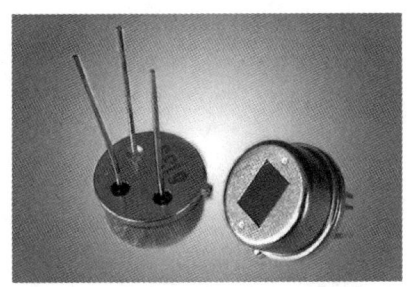

图 11.40 热释电传感器探头

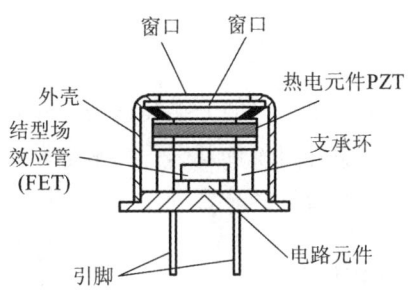

图 11.41 热释电传感器的内部结构

2) 热释电探测模块 HN911

HN911 是一个将热释电红外传感器、放大器、信号处理电路、延时电路和高低电平输出电路集于一体的器件，它具有灵敏度高、抗干扰能力强、耐低温及使用方便等特点。其内部电路结构如图 11.42 所示。在未检测到红外线的时候，1 端输出低电平，2 端输出高电平；当移动发热体进入检测范围时，热释电红外传感器接收到红外能量，并输出检测信号，该信号经过放大器放大之后，由比较器进行比较判断，再由信号处理电路处理后输出控制信号。此时，输出端 1 变为高电平，输出端 2 变为低电平。

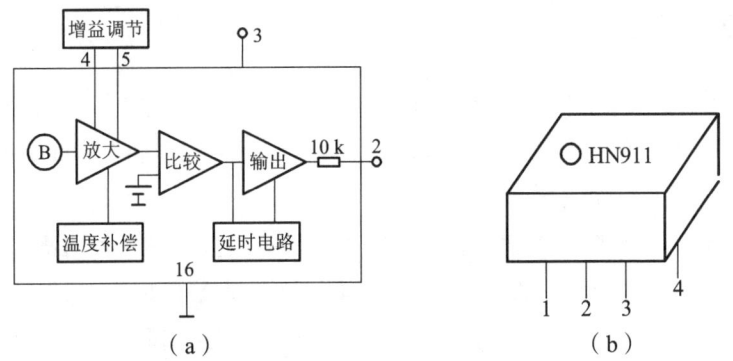

图 11.42 HN911 模块内部电路图

3. 实验报告要求

① 设计过程：解决的主要问题。
② 设计方案：电路原理图及分析。
③ 实验报告：调试及实验情况描述、实验结果及分析。

实验 2-4　光电式传感器测速实验

光电接近开关是光电式传感器中的一种，它利用被检测物体对光束的遮挡或反射检测物体的有无。被检测物体不限于金属，所有能反射光线的物体均可被检测。工业中用于检测机械臂的运动次数等。

1. 实验目的

① 了解光电开关的分类和选型，并设计光电开关传感器。
② 学习单片机硬件及编程技术，设计光电开关测速装置。
③ 利用所设计的装置进行列车地面测速实验。

2. 实验内容

安装两对光电对射开关，二者距离 s 固定。车轮通过时，依次遮挡两对光电开关之间的时间差为 t，由此计算出速度 v，即实现列车地面测速功能。要求：
① 测量装置安装在地面，列车通过时检测其速度并显示，同时通过串口输出到上位机。
② 测速精度为 1 km/h，测速范围为 5~250 km/h。
③ 自行完成电路设计与器件选型，并充分考虑设备现场的安装及维护。
④ 完成电路板焊接与程序调试。
⑤ 实物演示设计结果，完成设计实验报告。

3. 实验基本原理

1）光电开关

光电开关是一种利用感光元件对变化的入射光加以接收，并进行光电转换、放大和控制，从而获得最终的控制输出开关信号的器件。

光电开关一般由发送器、接收器和检测电路三部分组成。发送器对准目标发射光束，发射的光束一般源于半导体光源、发光二极管、激光二极管及红外发射二极管等。光束不间断地发射，也可改变脉冲宽度。接收器可由光电二极管、光电三极管、光电池组成。在接收器前有透镜和光圈等光学元件，其后的检测电路能滤除干扰，保留有效信号。

根据检测方式的不同，光电开关可以分为：漫反射式光电开关、镜面反射式光电开关、对射式光电开关、槽式光电开关、光纤式光电开关等。光电开关实物如图 11.43 所示。

对射式光电开关包含在结构上相互分离且光轴相对放置的发射器和接收器，发射器发出的光线直接进入接收器。当被检测物体经过发射器和接收器之间且阻断光线时，光电开关就产生了开关信号。光电开关内部电路如图 11.44 所示。

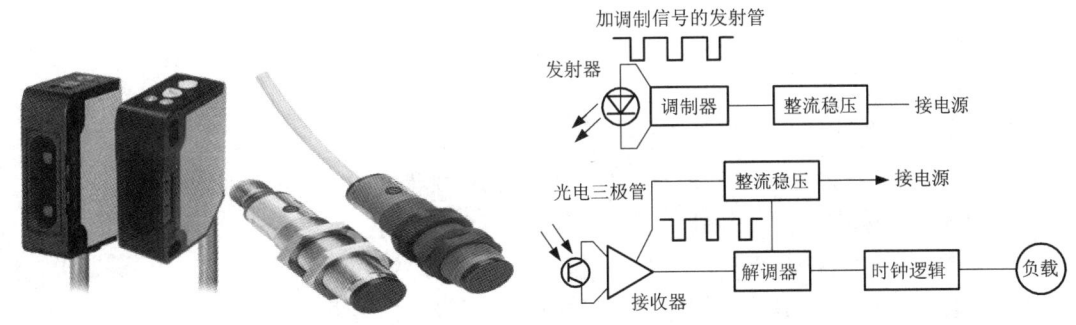

图 11.43　光电开关实物图　　　　图 11.44　光电开关内部原理图

2）测速装置

在轨道上安装距离 s 固定的两对光电对射开关，当列车通过时其车轮先后遮挡两对光电开关。若先后遮挡的时间间隔为 t，则可计算出火车通过的速度 v，如图 11.45 所示。

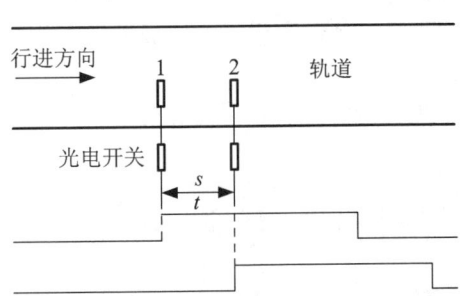

图 11.45　列车地面测速装置原理图

测速装置主要由发光器件、光电接收器件和单片机系统组成。其中发光器件可选择发光二极管或激光二极管，光电接收器件可选择光电二极管或光电三极管，单片机系统可选择常用的 51 单片机系统，如图 11.46 所示。

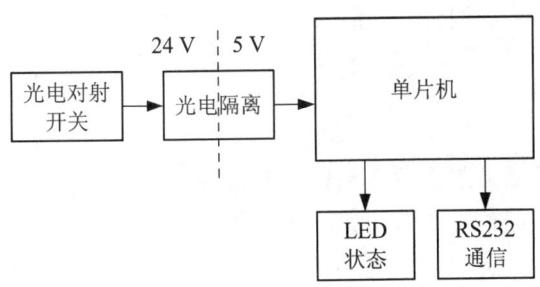

图 11.46　列车地面测速装置系统组成

4. 实验报告要求

① 设计过程：解决的主要问题。
② 设计方案：电路原理图及分析。
③ 实验报告：调试及实验情况描述、实验结果及分析。

11.3　小组课程设计实验

为保证小组课程设计实验的顺利进行，总体要求及建议如下：
① 课程设计采用学生自由组队方式，每组 6~8 人为宜。
② 原则上设计题目四选一，经老师同意可以自主选题。
③ 课程设计时间为 10~12 周，规定时间内完成设计内容并展示。
④ 课程设计成果要求形成 Word 总结报告、PPT 展示报告和实物演示，在总结报告中要求包括设计背景、产品应用场景、方案设计、电路及系统调试、遇到的问题及解决思路、试验器材成本核算、收获与体会等内容。
⑤ 课程设计采用小组制管理，设组长、副组长各一名。
⑥ 建议课程设计配置一名有电子电路设计经验的助教作为指导。
⑦ 根据组员在小组中的贡献，由组长和副组长给出个人贡献分；最终个人成绩由小组成绩和个人贡献权重系数确定。
⑧ 课程设计成绩按一定比例折算课程的最终成绩。

实验 3-1　基于红外热释电传感器的人体遥感装置设计

1. 设计内容

设计人体遥感灯光/门铃装置，要求：当有人在传感器周围 1 m 范围内活动时，灯亮铃响，人离去，灯灭铃停。

在上述基本设计内容的基础上，进一步设定传感器的具体应用场景，扩展设计更多的功能，实现红外热释电传感器的特定应用。

2. 设计要求

① 掌握热释电传感器的工作原理和检测电路。
② 完成热释电传感器信号放大、滤波，以及灯/铃控制电路的设计。
③ 发挥课程设计小组优势，结合具体设定的应用场景，实现更多功能设计。
④ 实现电路原理图、PCB 板绘制，电路板焊接、调试和效果演示。

3. 注意事项

① 设计要求选用三引脚模拟信号输出的热释电传感器。
② 热释电传感器输出信号微弱，建议采用示波器方便信号的捕捉和分析。

实验 3-2　基于光电对射开关的列车测速装置设计

1. 设计内容

在钢轨上安装两对光电对射开关，两者距离 s 固定。列车车轮以一定的速度通过时，依次挡断两对光电开关，它们之间的时间差为 t。根据公式 $v = s/t$ 可知，当 s 一定时，只需测量出 t，即可得出速度 v。

在上述基本设计原理的基础上，进一步思考设定传感器的具体应用场景，扩展设计更多的功能。

2. 设计要求

① 测量装置安装在地面，列车通过时实时检测其速度并显示。
② 可选择蓝牙输出检测结果，设计手机 App 实现结果显示。
③ 测速精度为 1 km/h，测速范围为 5~250 km/h。
④ 充分考虑设备现场的安装及维护条件。

3. 注意事项

① 要求选用发光二极管和光电二极管光电对射开关。
② 需要考虑列车正向和反向行进时均能实现测速功能。

实验 3-3　基于温度传感器的环境智能温控设计

1. 设计内容

利用模拟温度传感器（LM35，TO92 封装）和单片机技术，设计智能化温度控制系统。要求能够根据设定的温度范围，自动控制加热或降温。加热/降温通过单片机控制继电器实现。

2. 设计要求

① 测量精度不小于 0.5 ℃，测量范围不小于 0~100 ℃。

② 设定温度保持范围为 40 ℃，低于 35 ℃ 时启动环境加热功能，高于 45 ℃ 时启动降温功能。

③ 采用数码管或液晶屏显示结果，可选择蓝牙输出检测结果，设计手机 App 实现结果显示。

3. 注意事项

要求选用模拟温度传感器开展本设计。

实验 3-4　基于超声传感器的智能小车避障设计

1. 设计内容

利用超声波传感器（HC-SR04）、单片机等技术，设计智能小车避障系统。要求搭建自动行走的小车平台，通过蓝牙模块遥控单片机小车系统行进，通过超声波传感器主动探测并避开障碍物。

2. 设计要求

① 小车运行速度不小于 0.5 m/s。
② 小车距离障碍物 0.2 m 时作出避障反应，不得碰撞障碍物。
③ 采用蓝牙遥控小车，小车上设置障碍物指示灯。

3. 注意事项

至少在小车前进方向设计避障功能，预留或具备双向避障功能为宜。

参考文献

[1] 袁希光. 传感器技术手册[M]. 北京：国防工业出版社，1986.
[2] 彭军. 传感器与检测技术[M]. 西安：西安电子科技大学出版社，2003.
[3] 贾伯年，俞朴. 传感器技术[M]. 南京：东南大学出版社，1992.
[4] 黄贤武，郑筱霞. 传感器原理与应用[M]. 成都：电子科技大学出版社，1995.
[5] 孙余凯，吴鸣山，项绮明. 传感器技术基础与技能实训教程[M]. 北京：电子工业出版社，2006.
[6] 王煜东，刘笃仁. 传感器应用技术[M]. 西安：西安电子科技大学出版社，2006.
[7] 刘笃仁，韩保君. 传感器原理及应用技术[M]. 西安：西安电子科技大学出版社，2004.
[8] 何希才，薛永毅. 传感器及其应用实例[M]. 西安：机械工业出版社，2004.
[9] 张福学，等. 传感器敏感元器件大全[M]. 北京：电子工业出版社，1990.
[10] 张福学. 传感器应用及其电路精选[M]. 北京：电子工业出版社，1992.
[11] 王厚枢，等. 传感器原理[M]. 北京：航空工业出版社，1987.
[12] 王正清，胡渝，林崇杰. 光电探测技术[M]. 北京：电子工业出版社，1994.
[13] 黄继昌，等. 传感器工作原理及应用实例[M]. 北京：人民邮电出版社，1998.
[14] 张如一，等. 应变电测与传感器[M]. 北京：清华大学出版社，1999.
[15] 王化祥，张淑英. 传感器原理及应用[M]. 天津：天津大学出版社，1999.
[16] 吕俊芳. 传感器接口与检测仪器电路[M]. 北京：北京航空航天大学出版社，1995.
[17] 孙传友，孙晓斌. 感测技术基础[M]. 北京：电子工业出版社，2001.
[18] 王博亮，等. 医用传感器及其接口技术[M]. 北京：国防工业出版社，1998.
[19] 井口征士. 传感工程[M]. 北京：科学出版社，2001.
[20] 何金田，等. 传感器原理与应用[M]. 郑州：河南科学技术出版社，1996.
[21] 王家桢，王俊杰. 传感器与变送器[M]. 北京：清华大学出版社，1996.
[22] 钱浚霞，郑坚立. 传感技术[M]. 杭州：浙江大学出版社，1995.
[23] 陈尔绍. 传感器实用装置制作集锦[M]. 北京：人民邮电出版社，2000.
[24] 黄贤武，郑筱霞，等. 传感器实际应用电路设计[M]. 成都：电子科技大学出版社，1997.
[25] 单成祥. 传感器的理论与设计基础及其应用[M]. 北京：国防工业出版社，1999.
[26] 徐科军. 传感器动态特性的实用研究方法[M]. 合肥：中国科学技术大学出版社，1999.
[27] 郭凤珍，于长泰. 光纤传感技术与应用[M]. 杭州：浙江大学出版社，1994.
[28] 张国顺，何家祥，肖桂香. 光纤传感技术[M]. 北京：水利电力出版社，1988.
[29] 李艳红，李海华，杨玉蓓. 传感器原理及实际应用设计[M]. 北京：北京理工大学出版社，2016.
[30] 叶明超. 自动检测与转换技术[M]. 2版. 北京：北京理工大学出版社，2017.

[31] 王晓鹏. 传感器与检测技术[M]. 北京：北京理工大学出版社，2016.

[32] 刘光定. 传感器与检测技术[M]. 重庆：重庆大学出版社，2016.

[33] 李艳红，李海华，杨玉蓓. 传感器原理及实际应用设计[M]. 北京：北京理工大学出版社，2016.

[34] 史锐. 触摸屏技术及应用[M]. 成都：电子科技大学出版社，2002.

[35] 王祁. 智能仪器设计基础[M]. 北京：机械工业出版社，2010.

[36] 陈有祺. 多媒体技术应用基础[M]. 天津：南开大学出版社，2001年.

[37] 杜诗超. 触摸屏、组态软件入门与典型应用[M]. 北京：中国电力出版社，2012.

[38] 方家熊，等. 中国电子信息工程科技发展研究（领域篇）——传感器技术[M]. 北京：科学出版社，2018.

[39] 卢君宜，程涛，等. 传感器原理及检测技术[M]. 武汉：华中科大出版社，2019.

[40] 郭天太，等. 传感器技术[M]. 北京：机械工业出版社，2019.

[41] 程德福，等. 传感器原理及应用[M]. 2版. 北京：机械工业出版社，2019.

[42] 王化祥. 传感器原理与应用技术[M]. 北京：化学工业出版社，2017.

[43] 凯文，等. 智能传感器及其融合技术[M]. 王卫兵，等，译. 北京：机械工业出版社，2019.

[44] 熊伟，贾宗仁，薛超. 测绘地理信息带我自动驾驶[M]. 北京：测绘出版社，2018.

[45] 詹卡洛，等. 可穿戴计算：基于人体传感器网络的可穿戴系统建模与实现[M]. 冀臻，孙玉洁，等，译. 北京：机械工业出版社，2019.

[46] 杰拉德，等. 智能传感器系统：新兴技术及其应用[M]. 靖向萌，等，译. 北京：机械工业出版社，2018.

[47] 魏学业. 传感器技术与应用[M]. 武汉：华中科大出版社，2019.

[48] 蒋亚东，谢光忠，杨邦朝. 先进传感器技术[M]. 成都：电子科技大学出版社，2012.

[49] 付华，徐耀松，王雨虹. 传感器技术[M]. 北京：煤炭工业出版社，2015.

[50] 张巍，王海娜. 传感器技术及应用[M]. 北京：北京理工大学出版社，2013.

[51] 樊尚春. 传感器技术及应用[M]. 北京：北京航空航天大学出版社，2016.

[52] 何道清，张禾，谌海云. 传感器与传感器技术[M]. 北京：科学出版社，2014.

[53] 蒋万翔，张亮亮，金洪吉. 传感器技术及应用[M]. 哈尔滨：哈尔滨工业大学出版社，2018.

[54] 张文娜，罗武胜. 传感器技术[M]. 北京：清华大学出版社，2011.

[55] 沈燕卿. 传感器技术[M]. 北京：中国电力出版社，2019.

[56] 林若波，陈耿新，陈炳文，姜世芬. 传感器技术与应用[M]. 北京：清华大学出版社，2016.

[57] 刘捷. 传感器技术[M]. 北京：化学工业出版社，2013.

[58] 野边继男. 深入理解 ICT 与自动驾驶[M]. 陈慧，张诚，陈恭羽，译. 北京：机械工业出版社，2018.

[59] 付梦印，邓志红，张继伟. Kalman 滤波理论及其在导航系统中的应用[M]. 北京：科学出版社，2003.